山西省畜牧学重点学科建设计划系列丛书
山西省“1331 工程”畜牧学重点学科建设计划专项资助

反刍动物营养学

Ruminant Nutrition Science

刘　强　主编

中国农业大学出版社
·北京·

内 容 提 要

本书是按照农业高校动物营养与饲料科学专业研究生应掌握的反刍动物营养学的基础知识、基本原理和基本技能而编写。全书分为8章，重点介绍反刍动物胃肠道结构及内容物特性、反刍动物胃肠道微生物、蛋白质营养、碳水化合物营养、脂类营养、能量与营养、矿物质营养和维生素营养的营养理论和代谢调控等内容。本书可以作为农业高校动物营养与饲料科学专业研究生教学用书，也可以作为本科生、畜牧兽医科研人员和管理人员、饲料和养殖企业技术人员的参考用书。

图书在版编目(CIP)数据

反刍动物营养学 / 刘强主编. -- 北京：中国农业大学出版社，2022.6
ISBN 978-7-5655-2794-4

Ⅰ.①反… Ⅱ.①刘… Ⅲ.①反刍动物－家畜营养学－研究生－教材 Ⅳ.①S823.5

中国版本图书馆 CIP 数据核字(2022)第 099346 号

书　名　反刍动物营养学
作　者　刘　强　主编

策划编辑　赵　中　　责任编辑　赵　中
封面设计　郑　川
出版发行　中国农业大学出版社
社　址　北京市海淀区圆明园西路2号　　邮政编码　100193
电　话　发行部 010-62733489，1190　　读者服务部 010-62732336
　　　　编辑部 010-62732617，2618　　出　版　部 010-62733440
网　址　http://www.caupress.cn　　E-mail cbsszs@cau.edu.cn
经　销　新华书店
印　刷　北京时代华都印刷有限公司
版　次　2022年6月第1版　　2022年6月第1次印刷
规　格　185 mm×260 mm　　16开本　　14.25印张　　355千字
定　价　45.00元

山西省畜牧学重点学科建设计划系列丛书
编审指导委员会

主　编：刘　强

副主编：王　聪　裴彩霞

编　者：（按姓氏拼音排序）

陈　雷　陈红梅　郭　刚　霍文婕　刘　强　裴彩霞

宋献艺　王　聪　夏呈强　杨致玲　张　静　张建新

张拴林　张亚伟　张延利　张元庆

前　言

随着社会经济的发展、人们生活水平的提高、消费观念的转变，牛羊产品越来越受到青睐。为此，本书编写组成员在查阅大量资料的基础上，总结实验室多年来的教学科研实践，编写了本书。

通过借鉴他人研究结果，并结合我校反刍动物营养学者的研究实践，从反刍动物肠道结构及内容物特性、反刍动物胃肠道微生物、反刍动物蛋白质营养、反刍动物碳水化合物营养、反刍动物脂类营养、能量与营养、矿物质营养，以及维生素营养等方面较为系统地编写反刍动物营养基本理论以及营养代谢调控。目的是为了满足动物科学专业本科生的教学、反刍动物营养与饲料科学专业研究生的培养和科研工作者从事科学研究对反刍动物营养学基本理论的需要。

本书撰写历时较长，虽经反复修改和校对，但难免有疏漏和不当之处，恳切希望广大读者提出宝贵意见，共同商榷，以便再版时修正。本书在审校过程中，各位编者及实验室博士和硕士做了大量的工作，在此一并致谢。

本书的编写和出版得到山西省“1331 工程”畜牧学重点学科建设计划专项资助，在此表示衷心的感谢！

编　者

2021 年 5 月 18 日

目　　录

第一章　反刍动物胃肠结构及其内容物的特性

第一节　前胃及其内容物的特性

反刍动物的胃分为瘤胃、网胃、瓣胃和皱胃四个部分。其中,前三个胃通常被合称为前胃,胃内共生着庞大的微生物群落,是消化粗饲料的主要场所;皱胃又称为真胃,其功能与非反刍动物的胃相似,通过分泌盐酸和多种消化酶对营养物质进行化学消化。本节将从前胃的发育及对营养物质的吸收阐述反刍动物的前胃生理;从瘤胃内容物的外流与特性两个方面阐述反刍动物瘤胃消化特性。

一、前胃的发育

新生的犊牛,其瘤胃和网胃的体积之和仅占 4 个胃总容积的 30%,而且结构不完善,此时,瘤胃微生物区系还没有建立起来,对粗饲料消化作用弱。犊牛开始采食固体饲料后,瘤胃微生物逐渐在前胃中定居,瘤胃和网胃也快速发育,4 月龄时,瘤、网胃的体积占胃总体积的 80%,到 18 月龄时,基本达到成年牛的水平(占 85%),具备了有效消化纤维物质的能力。成年反刍动物的瘤胃位于腹腔的左侧(图 1-1),瘤胃的体积绵羊约为 4.8 L,牛约为 56.9 L。网胃位于瘤胃前下方,在 4 个胃中体积最小,约占总体积的 5%。瓣胃位于瘤胃和网胃的右侧,占总体积的 7%～8%。

二、前胃对营养物质的吸收

瘤胃是饲料降解的主要场所,同时也是营养物质吸收的重要场所。反刍动物采食粗糙,饲料未经充分咀嚼就进入瘤胃,之后通过反刍将饲料磨碎。瘤胃微生物将饲料中的碳水化合物降解为挥发性脂肪酸,将蛋白质降解为肽类、氨基酸和氨,并利用这些物质合成微生物蛋白质。瘤胃上皮可以有效吸收挥发性脂肪酸(吸收量 75%),未被细菌利用的氨、小肽和氨基酸,钠、钾与氯等离子。

网胃与瘤胃紧邻,对营养物质的吸收与瘤胃相似。

瓣胃可吸收食糜中的水分,使食糜变干。此外,瓣胃还可以吸收蛋白质在瘤胃内降解产生的小肽。

三、瘤胃内容物的外流

饲料在瘤胃中经微生物消化后,从瘤胃进入后部消化道的过程称为瘤胃内容物的外流,常

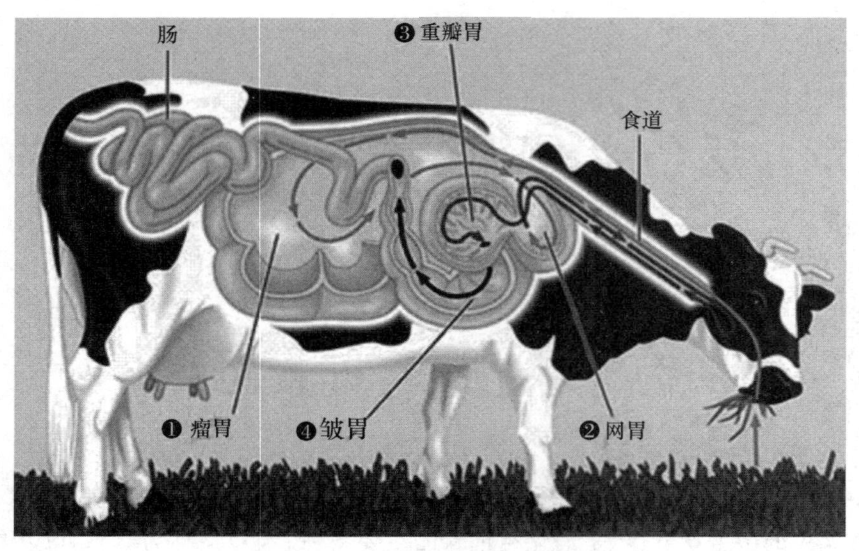

图 1-1　牛胃肠道结构示意图

用稀释率和外流速度来表示。根据瘤胃内容物的形态，可将其分为固相和液相两部分。瘤胃内容物的稀释率和外流速度也相应的分为固相和液相的稀释率和外流速度。

瘤胃内容物的稀释率是指流入瘤胃的液体或固体的体积占瘤胃中液体或固体体积的百分比，即瘤胃内容物被稀释的百分比，一般用 K 来表示，单位为%/h。通常假设瘤胃的体积处于相对稳定的状态，流入瘤胃和流出瘤胃的固体或液体的体积是相同的。因此，瘤胃液稀释率一般也可用从瘤胃中流出的固体或液体的体积占瘤胃内容物固体或液体的百分比来计算。

瘤胃内容物的外流速度是指单位时间内从瘤胃中流出的固体或液体的绝对量。一般用 F 来表示，单位为 mL/h 或 mL/d。外流速度 V(mL/h)与稀释率 K(%/h)之间的关系为：$F=K\times V$。

饲料的种类、加工方式及瘤胃液渗透压等影响瘤胃内容物的稀释率和外流速度。一般情况下，精饲料比粗饲料的外流速度快；饲料粉碎越细，外流速度越快；瘤胃液渗透压升高，瘤胃食糜稀释率和外流速度升高，因为高渗透压会刺激动物饮水。

瘤胃内容物稀释率和外流速度的变化，在一定程度上影响瘤胃中微生物区系的变化，进而会影响到瘤胃内挥发性脂肪酸的组成和 pH。此外，瘤胃内微生物区系的变化也会对瘤胃内氨态氮的浓度以及微生物蛋白的合成效率产生影响。

四、瘤胃的特性

(一)瘤胃的温度

瘤胃温度是影响微生物对饲料消化的一个重要因素。牛的体温为 38.5℃，瘤胃温度略高于体温，为 39～40℃。动物采食后，饲料发酵产热会使瘤胃温度升高；饮用温度为 25℃的饮水后，瘤胃内容物的温度会下降 5～10℃，而后大约需要 2 h 才能使瘤胃温度恢复到正常。

(二)瘤胃 pH

瘤胃 pH 的变动范围一般为 5.4～7.5，与瘤胃中挥发性脂肪酸的浓度呈负相关。反刍动物采食后，瘤胃 pH 的变化规律一般为先降低，后升高。这是因为，采食的饲料在瘤胃中被微生物发酵，短时间内产生大量的挥发性脂肪酸，而瘤胃上皮吸收挥发性脂肪酸的速度低于产生的速度，造成挥发性脂肪酸浓度逐渐升高，使 pH 下降。而随着饲料发酵产生的挥发性脂肪酸浓度降低，瘤胃上皮对挥发性脂肪酸吸收速度相对加快，以及动物反刍时产生的大量弱碱性唾液的缓冲，最终导致 pH 逐渐上升。日粮中粗饲料占的比例较大时，瘤胃 pH 较高。这是因为，粗饲料中纤维素、半纤维素等不易被降解的多糖类物质含量较多，而淀粉、可溶性糖等易被降解的多糖类物质含量较少，导致挥发性脂肪酸产量较少，pH 较高(图 1-2)。

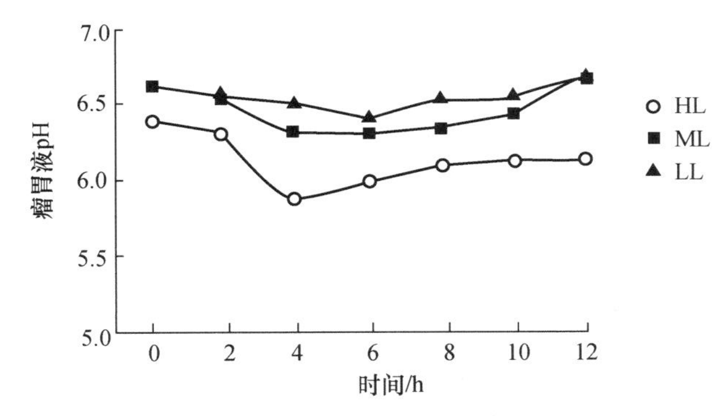

图 1-2　不同精料水平下肉牛瘤胃液 pH 的变化(引自周韶等，2003)

HL：精料 75.6%；ML：精料 55.6%；LL：精料 9.4%

瘤胃 pH 的变化影响瘤胃内营养物质降解与挥发性脂肪酸的产量。以瘤胃内纤维素降解为例，当瘤胃 pH 低于 6.2 时，瘤胃内纤维降解细菌的生长繁殖就会受到抑制，反刍动物对粗饲料的消化率下降；当 pH 低于 6 时，几乎所有的纤维降解细菌都停止生长，粗饲料消化率急剧下降(图 1-3)。

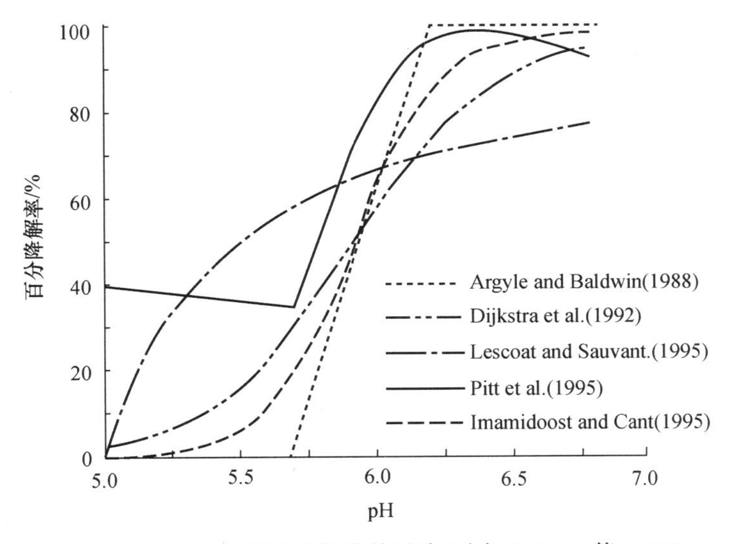

图 1-3　瘤胃 pH 对纤维降解率的影响(引自 Dijkstra 等，2012)

(三)氧化还原电位

氧化还原电位可用来反映溶液中所有物质的宏观氧化还原性，是衡量瘤胃内容物中含氧量的常用指标。瘤胃内的气体主要为二氧化碳、甲烷及少量氮与氢，氧气含量很低。因此，瘤胃是一个厌氧的环境，其氧化还原电位通常位于－250～－450 mV，平均为－350 mV。瘤胃内的厌氧环境，为微生物的生长繁殖提供了良好条件。

(四)瘤胃内容物的酸碱缓冲能力

瘤胃内容物具有较稳定的酸碱缓冲能力，这与反刍动物在进食和反刍过程中分泌的唾液紧密相关。反刍动物唾液中含有大量的碳酸盐与磷酸盐等呈弱碱性的缓冲盐类，因此呈弱碱性。据报道，绵羊唾液的 pH 一般为 8.23～8.54，牛唾液的 pH 一般为 8.8。这些碱性唾液进入瘤胃后，与微生物发酵产生的挥发性脂肪酸相互作用，使瘤胃内容物呈弱酸性，从而维持瘤胃内的酸碱平衡。反刍动物唾液分泌量大，一只成年绵羊每天的唾液分泌量为 6～16 L，一头成年牛每天唾液分泌量可达 100 L。

瘤胃内容物的酸碱缓冲能力与动物的采食时间以及饲料的组成和特性等有密切关系。当日粮中粗饲料含量高，动物采食和反刍的时间就长，唾液分泌量也就多。当动物采食饲料的 pH 为 6.8～7.8 时，瘤胃内容物能够发挥很好的酸碱缓冲能力，但超出这一范围时，缓冲能力就会显著降低。除此之外，瘤胃内容物的缓冲能力还受唾液的产量与成分、挥发性脂肪酸的浓度以及 CO_2 产量、瘤胃上皮对挥发性脂肪酸吸收速度等因素的影响。

(五)瘤胃液的渗透压

渗透压是指溶液中离子对水分子的吸引力，用渗透摩尔来表示(Osmoles)。1 个渗透摩尔(1 000 个毫渗透摩尔，mOsm)表示每升溶液中含有 6.0×10^{23} 个溶解离子。正常情况下，瘤胃液的渗透压为 260～340 mOsm/L，平均为 280 mOsm/L。

一般情况下，反刍动物采食前，瘤胃液渗透压较低，而采食后，瘤胃液渗透压逐渐升高，随后逐步下降至采食前水平。这是因为，反刍动物采食后，饲料中的营养成分被瘤胃微生物逐渐降解，并产生各种离子和分子，使瘤胃液中的离子或分子浓度升高，造成瘤胃液渗透压升高，但随着这些分子或离子被瘤胃上皮吸收或流入后部消化道，瘤胃液中离子或分子的浓度逐步下降，造成瘤胃液渗透压下降，直至下一次采食。

瘤胃液渗透压不但受采食时间的影响，还受日粮粗精比以及饮水的影响。日粮中精料比例提高，会导致瘤胃液渗透压升高，这是因为精料中的营养成分在瘤胃中更容易被微生物降解，产生挥发性脂肪酸、肽类、氨基酸和氨等，使瘤胃液中离子或分子浓度提升。大量饮水会导致瘤胃内离子或分子浓度降低，造成渗透压下降，但随着瘤胃中水分子被瘤胃上皮吸收以及流入后部消化道，瘤胃液渗透压又稳定升高。

瘤胃液渗透压升高会影响瘤胃内微生物正常的生长繁殖；渗透压过高时，有可能造成微生物脱水、死亡，瘤胃上皮对挥发性脂肪酸吸收速率下降，导致饲料纤维素消化率降低，动物反刍停止。

(六)瘤胃内的气体

瘤胃内气体主要成分为 CO_2(65.5%)和 CH_4(28.8%)，此外还有少量的 N_2、O_2 和氢气。其中，CO_2 主要由瘤胃微生物在进行糖发酵和氨基酸脱羧时产生，小部分由唾液内的 HCO_3^- 转化产生。CH_4 主要是由 CO_2 在产甲烷菌的作用下与氢结合转化生成。N_2 和 O_2 是反刍动物采食和饮水过程中摄入的。

第二节　皱胃及其内容物的特性

皱胃是反刍动物的第四个胃，也是唯一能够分泌消化酶的胃，具有真正意义上的消化。本节将从皱胃的发育及其对营养物质的消化吸收两个层次阐述反刍动物的皱胃生理；从皱胃内容物的外流和特性两个方面阐述反刍动物皱胃消化特性。

一、皱胃的发育及其体积

新生反刍动物皱胃的体积是四个胃中最大的，新生犊牛皱胃体积约占全胃体积的70%。初生反刍动物采食的鲜奶或代乳品能避开网胃和瘤胃直接进入皱胃，在皱胃中的消化方式与单胃动物的胃相近。随着固体饲料的采食，瘤胃、网胃和瓣胃开始迅速发育，虽然皱胃体积也在逐渐增大，但相对体积不断缩小，成年时，牛的皱胃体积仅占全胃总体积的8%左右。

二、皱胃运动的调节

在反刍动物消化系统中，食糜不断从前胃排入皱胃，经皱胃消化后，借助于皱胃的运动流入十二指肠。皱胃运动不像前胃那样具有节律性，与单胃动物的胃运动相似。皱胃运动与十二指肠的充盈度有关，十二指肠排空时，皱胃运动加强；十二指肠充盈时，皱胃运动减弱。另外，皱胃运动也受进食影响，采食前和采食过程通过非条件和条件反射，引起胃窦部的强烈收缩，促进运动，而进食后运动相对减弱。

三、皱胃胃液分泌的调节

反刍动物胃液分泌与单胃动物相似，主要为神经调节和体液调节。

神经调节主要来自于植物性神经系统，以迷走神经和交感神经为主。当食糜进入皱胃后，刺激胃内感受器，通过迷走-迷走神经长反射和壁内神经丛的短反射，促进胃液分泌。

体液调节则主要通过释放乙酰胆碱、胃泌素及组胺等来调节胃液的分泌。皱胃黏膜含有丰富的胃泌素，是体液调节中作用最显著的。胃泌素的分泌受迷走神经和胃内食糜酸度的影响，迷走神经兴奋或酸度降低，均使胃泌素的释放增加。十二指肠也参与胃液分泌的调节。十二指肠黏膜可以产生胃肠激素和胃泌素刺激胃酸分泌，同样也可以产生胰泌素和胆囊收缩素减弱皱胃运动与分泌。

四、皱胃内容物的特性

皱胃内容物由皱胃分泌的胃液和前胃排入的食糜混合而成。胃液中因含有盐酸，故呈强酸性，成年绵羊胃液pH一般在1.0～1.3，牛胃液pH一般在2.0～4.1。在盐酸和胃蛋白酶的作用下，食糜中含有的未被消化的蛋白质以及微生物菌体被水解，随后进入小肠被进一步消化和吸收。皱胃中酶的含量和盐酸浓度随年龄而有所变化，如幼畜凝乳酶的含量比成年家畜高；胃蛋白酶的含量随幼畜的生长逐渐增多，酸度也逐渐升高。

皱胃液的分泌是连续性的，这与食糜不断从前胃排入皱胃有关。皱胃分泌的胃液量和酸度，取决于从瓣胃进入皱胃的食糜容量和挥发性脂肪酸的浓度。

皱胃内虽然为酸性环境，但也定居有微生物。Davies 等利用最大可能计数法（MPN）通过梯度稀释后培养，发现牛皱胃中存在数量为 3.1×10^6/CFU 厌氧真菌。

五、皱胃对营养物质的消化与吸收

反刍动物的皱胃与单胃动物的胃功能相似，借助于分泌的胃蛋白酶、凝乳酶（幼畜）、盐酸和少量黏液，消化在瘤胃内未消化的营养物质和随瘤胃食糜一起进入皱胃的瘤胃微生物菌体。皱胃可以消化吸收部分蛋白质，但基本上不消化吸收脂肪、纤维素及淀粉。

胃蛋白酶由胃腺主细胞分泌，但刚分泌出的胃蛋白酶以无活性的酶原存在，必须依赖胃酸激活才具有活性。胃蛋白酶是胃液中主要的消化酶，是多种具有同类性质的蛋白水解酶组成的复合物，其最适宜的 pH 范围为 1.5～2.5，当 pH＞5.0 时便失去活性。胃蛋白酶对蛋白质或多肽进行水解时，具有一定的氨基酸序列特异性，主要水解含有苯丙氨酸、酪氨酸和亮氨酸的肽键，产物为蛋白䏡和蛋白胨，也有少量的多肽或氨基酸。

凝乳酶主要存在于未断奶的反刍动物皱胃中，可专一地切割乳中 k-酪蛋白的苯丙氨酸与蛋氨酸之间的肽键，破坏酪蛋白胶束使牛奶凝结，以便于各种蛋白质酶所消化。

皱胃中的盐酸由壁细胞分泌，大部分以游离形式存在，少部分与黏液中的有机物结合形成结合酸。盐酸的主要作用为：激活胃蛋白酶原，并为其提供适宜的酸性环境；使食糜中的蛋白质变性膨胀，利于胃蛋白酶的水解；抑制或杀死食糜中的微生物，便于后续微生物蛋白的降解与利用；盐酸造成的酸性环境有助于钙和铁的吸收。

第三节　小肠及其内容物的特性

反刍动物小肠的消化是前胃消化的延续，也是整个消化过程中重要的环节。食物经过前胃消化后变成食糜经胃排空进入小肠，开始小肠消化。食糜在小肠内经胰液、胆汁和小肠液的化学性消化与小肠运动的物理性消化，大部分营养物质被消化成可吸收的小分子物质被小肠黏膜吸收，没有被消化的部分如纤维素等进入大肠。

一、小肠的发育及其体积

小肠分为十二指肠、空肠和回肠，是食物进行消化吸收的主要部位（图 1-4）。肠的长度与所摄取的食物的性质有关，牛肠为体长的 20 倍，几乎全部位于体正中矢面右侧，依附总肠系膜附着于腹腔顶壁。牛小肠平均长 40 m，直径 5～6 cm；羊小肠平均长 25 m，直径 2～3 cm。小肠由黏膜、黏膜下组织、肌膜和浆膜构成。

（一）十二指肠

十二指肠为小肠的第一段，位于右季肋部和腰部。牛十二指肠长约 1 m，羊的约 0.5 m，可分为三部三曲，顺次为前部、十二指肠前曲、降部、十二指肠后曲、升部和十二指肠空肠曲。前部在第 9～11 肋骨下端起自幽门，在胆囊内侧沿肝的脏面向背侧伸延，形成乙状袢，后接十二指肠前曲。降部由此向后向上延伸，约在髋结节前方折转向内、向前，形成十二指肠后曲。

升部由此向前，与降结肠并行，在右肾腹侧借十二指肠空肠曲延续为空肠。

(二)空肠

空肠为小肠的第二段，很长，形成无数肠圈，借短的空肠系膜附着于结肠旋袢周围，形似花环状，大部分位于腹腔右侧，少部分往往绕过瘤胃后端而至腹腔左侧。空肠外侧和腹侧隔着大网膜与腹壁相邻，内侧也隔着大网膜与瘤胃腹囊相邻，前方为瓣胃和皱胃，背侧为大肠。

(三)回肠

回肠短而直，牛长约 0.5 m，羊长约 0.3 m，向前上方伸延，约在第 4 腰椎平面以回肠口开口于盲结肠交界处腹侧。回肠与盲肠之间有回盲襞相连。

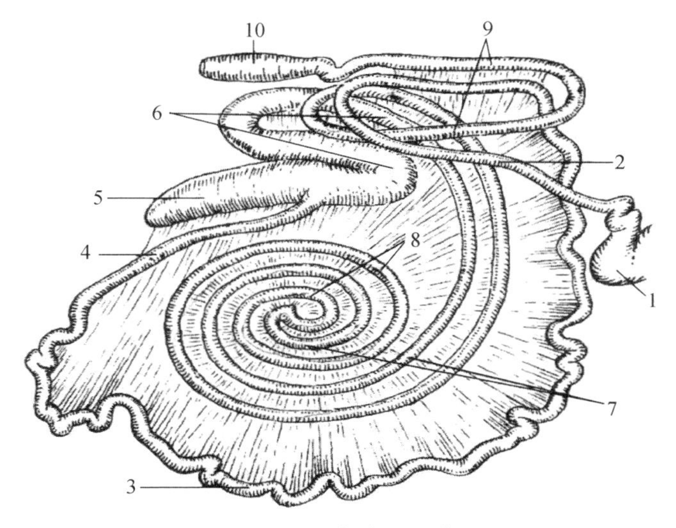

图 1-4　反刍动物肠道

1. 皱胃　2. 十二指肠　3. 空肠　4. 回肠　5. 盲肠　6. 结肠初袢
7. 结肠旋袢向心回　8. 结肠旋袢离心回　9. 结肠终袢　10. 直肠

小肠上皮细胞的发展和小肠绒毛结构的变化决定了小肠消化和吸收能力，绒毛高度、隐窝深度和绒毛高度/隐窝深度(*V*/*C*)是衡量小肠消化功能的重要指标，这些指标决定小肠是否健康的发育。隐窝深度反映了细胞的生产率，隐窝变浅，表明细胞成熟率上升，分泌功能增强。*V*/*C* 综合反映了小肠的功能状态，比值下降，表示消化功能下降可能还伴有腹泻；比值上升，说明肠内膜面积较大，消化吸收能力随着日龄的增长而提高。动物初生时的肠道形态和胚胎末期相比变化不大，一旦开始饲喂母乳后，为了吸收母乳中的营养成分，肠道的质量，表面积都会有很大程度的增长，在日粮结构改变之前，其黏膜形态随日龄的增长变化不大。当日龄逐渐增大，以及日粮结构发生转变后(由母乳转为采食饲料)，由于饲料残渣对肠道的磨损会使肠绒毛高度降低、隐窝加深。直到动物基本适应了饲料结构的变化，消化器官趋于成熟后，小肠形态才能恢复，甚至有更好的改善。

研究表明，随着日龄的增长，陕北白绒山羊十二指肠、空肠和回肠的 *V*/*C* 值下降，主要是因为绒毛高度的增长慢于隐窝深度的加深造成的。另外，十二指肠和回肠的绒毛高度在 21～42 日龄呈现下降趋势，可能是在这一阶段纤维采食量上升影响肠绒毛的生长并导致脱落。就 *V*/*C* 而言，在 0、28、56 日龄，十二指肠＞空肠＞回肠，说明十二指肠的吸收能力大于空肠和回肠。单纯就隐窝深度而言，也呈现上述规律。另有试验证明，羔羊生长阶段不同，小肠内消化酶活性也不同。纤维素酶活性在4周龄羔羊中明显升高；2～6周龄羔羊淀粉酶、蛋白酶活性显著升高；麦芽糖酶活性在7周龄羔羊中逐渐显现；而8周龄羔羊的胰脂肪酶活性最高。

小肠形态发育的完整性和功能性直接影响羔羊的健康和生产性能，如何促进消化道发育完善是提高生产性能的关键因素之一。断奶前后的小肠发育发生了巨大变化，这主要是由于幼畜从母乳饲喂到固态饲料饲喂的转化。为应对断奶期间的各种应激，由于自身营养供应不足，羔羊必须动员自身能量，最终导致细胞膜损伤和膜组成的变化，致使肠黏膜功能发生紊乱，出现绒毛缩短、隐窝加深等现象。换句话说，在断奶前，羔羊用于生长发育的唯一营养物质来源于母羊的乳汁；断奶后，转变为主要来自固体植物性饲料，前后摄入物质的差异导致小肠的结构和功能出现变化。断奶太早，羔羊小肠黏膜呈现不可逆行的破坏，断奶10 d后的恢复能力变差，会出现绒毛高度变小，隐窝深度加深等现象。而在30日龄断奶时，对羔羊小肠黏膜造成的损伤会变小，而且后期其恢复较好。

二、小肠对营养物质的消化与吸收

食物经胃内消化后形成食糜，经胃排空逐渐进入小肠，开始小肠消化。食糜在小肠内经胰液、胆汁和小肠液的化学性消化与小肠运动的物理性消化，大部分被消化成可吸收的小分子物质，并被小肠黏膜吸收。在反刍动物体内，胆汁和胰腺分泌物分别通过各自的导管进入十二指肠前段，这些分泌物中的HCO_3^-可以中和经幽门括约肌从皱胃外流的酸性胃内容物。反刍动物皱胃内容物呈酸性，当通过小肠时其pH会缓慢提升，由于胰腺及小肠黏膜分泌的淀粉分解酶和蛋白质水解酶的最适pH环境为中性至弱碱性。因此，这对于小肠消化非常重要。

胆汁在肝脏中合成，在胆囊中储存并分泌出来。反刍动物胆汁中含有黏液、电解质、胆盐和色素。胆盐在消化过程中发挥重要作用，可以乳化和溶解进入小肠的脂类，并增强胰脂肪酶的活性。在称之为肝肠循环的过程中，分泌到十二指肠的胆盐超过95%会在回肠中被重吸收，再回到肝脏。胆汁中的色素不具有消化功能，其中含有大量胆红素，是肝细胞分解血红素后的产物。在肉牛体内，胆红素经过氧化成为胆绿素。

反刍动物分泌的胰液中含有淀粉分解酶、脂肪分解酶和蛋白质水解酶，这些物质存在于由电解质、HCO_3^-和水组成的胰液内。牛的胰液分泌量为2.7～3.3 L/d。在禁食(15.7～18 mL/h)和自由采食(27.2～33.7 mL/h)的绵羊体内也有稳定的胰液分泌速率。阉牛每天饲喂12次，其全天胰液分泌量非常稳定。食糜进入十二指肠的过程可能是调控胰液分泌量的最重要的因素，因为在反刍动物中已经观测到与连续食糜流量相一致的连续胰液分泌模式，阻止食糜流入十二指肠可使胰液分泌量减少70%。

小肠黏膜是肠道酶的发源地，这些酶对饲料中碳水化合物和蛋白质在瘤胃后的消化过程中发挥重要作用。十二指肠腺分泌的中性到弱碱性的液体中含有淀粉酶和核糖核酸酶。绵羊每天只饲喂1次时，十二指肠液的分泌速率估测为13 mL/h，而每天饲喂3次时则为26 mL/h。

除了十二指肠分泌的酶外，二糖酶、乳糖酶、麦芽糖酶和异麦芽糖酶等其他酶也存在于整个小肠。这些酶在肠黏膜细胞的刷状缘上与它们的底物发生作用，但是并不会分泌到肠腔中。动物的年龄和饲粮影响小肠中二糖酶的相对活性。1—44日龄奶用犊牛，乳糖酶的活性在1日龄时最高，此后便逐渐下降，但麦芽糖酶的活性不受日龄的影响。进入肠道的碳水化合物类型对不同二糖酶的相对活性也没有影响，相反，在犊牛 11 周龄时给其饲喂乳糖含量梯度水平增加的饲粮，其肠道中乳糖酶的活性与对照组相比有显著提高。

乳糖酶、麦芽糖酶和异麦芽糖酶的活性似乎在空肠最高，而在十二指肠和回肠中都很低。Ben-Ghedalia 等(1974)观察到，在十二指肠和距幽门尾部约 7 m 的位点之间，胰腺分泌的蛋白水解酶、糜蛋白酶、羧基肽酶 A 的活性逐渐增高，在肠道剩余区段其活性逐渐降低。这一规律恰好与报道的反刍动物肠道中 pH 的特性规律相一致。空肠中段的 pH 为 6～7，大致在大部分酶的最适 pH 范围内。十二指肠和空肠近端(pH 2.6～5.1)对许多消化酶来说可能酸性过强，而回肠(pH 7.8～8.2)则偏碱性。

(一)小肠中淀粉的消化吸收

反刍动物小肠中淀粉的消化是在胰腺分泌的 α-淀粉酶催化下由十二指肠开始的。淀粉经 α-淀粉酶消化产生麦芽糖和一些支链产物—通常称为极限糊精。但是，反刍动物的胰腺对于饲粮中淀粉的增加缺乏适应性的反应。有人推测，胰腺 α-淀粉酶是肠道淀粉消化作用的限制性因素。也有人指出，谷物颗粒的物理化学特性会限制肠道内淀粉的消化。

肠道内淀粉消化吸收的第二阶段发生在小肠刷状缘膜上，通过刷状缘糖酶(如麦芽糖酶和异麦芽糖酶)的作用完成。通常，这些酶无明显特征，而且与胰腺酶相类似，但它们对饲粮几乎没有适应性反应。研究者分析了阉牛皱胃灌注葡萄糖、玉米糊精或玉米淀粉后回肠食糜的成分，发现在由二糖和极少量游离葡萄糖组成的回肠食糜中存在 α-糖苷累积的现象。作者得出的结论是，在他们的试验条件下，淀粉的消化作用受刷状缘上 α-葡萄糖苷酶活性的限制。

肠道内淀粉消化吸收的第三阶段，是将葡萄糖从肠腔中转运至门静脉系统。虽然，通常认为葡萄糖穿过小肠上皮的刷状缘膜是通过依赖钠的葡萄糖转运载体 SGLT1 完成的，但在牛体内，这种载体依然对其肠腔中底物没有任何适应性反应。尽管葡萄糖的运输缺乏适应性反应，但皱胃中灌注的葡萄糖会全部从肠腔内消失，这表明，在牛体内除了 SGLT1 载体外，可能还存在其他机制调控葡萄糖的转运。

(二)小肠中脂类的消化吸收

在到达小肠之前，脂类成分便会在瘤网胃中经微生物消化而发生改变。瘤胃中并不发生大量长链脂肪酸的降解，除挥发性脂肪酸(VFA)外，几乎所有脂类的消化吸收过程均在小肠发生。肠道内脂类的消化依赖于胆汁和胰腺分泌物的存在。如果将这两种物质从小肠中移除，将会导致饲粮中的脂类仅有 15%～20%被吸收。

到达皱胃的大部分脂类(70%～80%)都以非酯化脂肪酸(NEFA)的形式存在，而 NEFA 是饲粮中甘油三酯经瘤胃微生物脂解作用后的产物。由于瘤胃微生物对甘油三酯进行水解随后对甘油进行发酵，只有非常少量的甘油能够通过瘤胃。躲过瘤胃降解的甘油三酯和来源于瘤胃微生物的酯化脂肪酸经胰脂肪酶水解，释放出 NEFA。随后 NEFA 由胆盐和溶血卵磷脂携带，进入胶束溶液中。微胶粒在肠黏膜的微绒毛表面被破坏，而且 NEFA 由黏膜细胞吸收。大部分脂类的吸收发生在小肠近端 1/2 处，胆盐在空肠远端和回肠内借助肝肠循环被重吸收。与非反刍动物不同的是，反刍动物的肠道并不吸收甘油单酯。

经肠黏膜吸收的脂类再经淋巴循环由肠道转运出去。肠道中吸收的脂类在淋巴中以乳糜微粒的形式存在，乳糜微粒的脂类成分由 70%～80%甘油三酯和 15%～20%磷脂组成，其中也存在较小比例的 NEFA、胆固醇和胆固醇酯。由于脂类以 NEFA 的形式被黏膜吸收，所以很显然，被吸收的脂肪酸在肠黏膜细胞内又被重组为甘油三酯。但是，甘油极少能被小肠吸收，因此，重新合成甘油三酯所需的甘油是内源性的。肠黏膜细胞很大程度上依赖于从糖降解中间产物获得的 α-磷酸甘油，将其作为甘油来源。在肠黏膜上重新合成的甘油三酯和磷酸被包裹成乳糜微粒，随后被转运至淋巴，再经胸导管进入静脉循环。反刍动物食糜不断地被消化并流入十二指肠，使得饲料脂类被小肠持续吸收。

(三)小肠中蛋白质的消化吸收

反刍动物摄入的日粮蛋白质，一部分在瘤胃中被微生物降解，降解蛋白质(RDP)被用于合成瘤胃微生物蛋白质(MCP)、日粮的瘤胃非降解蛋白质(UDP)和瘤胃菌体蛋白质进入小肠被消化、吸收和利用。反刍动物小肠胰蛋白分解酶主要包括胰蛋白酶、糜蛋白酶和羧肽酶。由胰腺细胞分泌的胰蛋白酶原、糜蛋白酶原和羧肽酶原经胰导管进入十二指肠，胰蛋白酶原在肠激酶的作用下被激活变为胰蛋白酶，糜蛋白酶原和羧肽酶原被胰蛋白酶激活变为糜蛋白酶和羧肽酶，胰蛋白酶和糜蛋白酶对蛋白质的消化起主要作用，经这两种酶的共同作用，将蛋白质水解为多肽，羧肽酶则降解多肽为寡肽和氨基酸。与非反刍动物相似，反刍动物的蛋白质消化也起始于胃部，通过胃壁细胞分泌盐酸启动消化。胃蛋白酶原转化为胃蛋白酶及胃蛋白酶活性的维持都需要盐酸的参与。皱胃的主细胞分泌的胃蛋白酶原具有提高瘤胃微生物蛋白及过瘤胃蛋白在小肠被胰蛋白酶攻击敏感性的功能，胰蛋白酶攻击蛋白质的过程是打开三级和四级结构，将 AA 残基暴露给胰内肽酶。一旦胃蛋白酶在皱胃内出现，便会自动开始催化反应，包括对肽链及肽片段的分离。胃蛋白酶在 pH 小于 4.0 条件下活性最高，在 pH 超过 6.0 时便不再有活性，但是不同物种间其胃蛋白酶的最适 pH 不同。反刍动物体内还存在溶菌酶协同盐酸和胃蛋白酶原的分泌，协助对细菌的分解，并加快瘤胃微生物蛋白质的消化。

胃蛋白酶对含有苯丙氨酸、酪氨酸、亮氨酸、缬氨酸和谷氨酸等氨基酸的肽键分解活性最高，在亮氨酸和缬氨酸、亮氨酸和酪氨酸，或芳香族氨基酸之间(如苯丙氨酸-苯丙氨酸或苯丙氨酸-酪氨酸)的作用效果最为突出。虽然在酸性条件下胃蛋白酶消化也能产生游离的或与肽键结合的氨基酸，但其在皱胃的主要消化功能是将蛋白质转化为大分子的多肽。如上所述，这些酶也有利于刺激胰腺酶分泌的某些激素的释放(如胆囊收缩素)。最终，皱胃中蛋白质水解过程的目标是将蛋白质转化为易于被小肠中蛋白质水解酶进一步水解的肽分子。

1. 小肠腔内消化

盐酸和胃蛋白酶消化的产物经过幽门括约肌进入十二指肠，在这里，蛋白质和多肽成为胰腺及小肠分泌的酶作用底物。进入十二指肠的蛋白质和多肽在肠道中经胰外肽酶(如胰蛋白酶、糜蛋白酶、弹性蛋白酶、胰肽链内切酶、羧肽酶 A 和羧肽酶 B)作用进一步水解。胰腺分泌酶原到十二指肠中，当酶原被激活后便开始水解肽键。未激活的胰蛋白酶原转化为激活的胰蛋白酶需要脱掉一个 N 端肽链，同时这一过程受刷状缘酶(肠激酶)的催化。肠激酶选择性地从胰蛋白酶原的氨基末端切掉一个六肽链(H_2N－Val-Asq-Asq-Asq-Asq-Lys)，从而得到胰蛋白酶。肠激酶的活性受胰腺分泌的调控，而且可能还受到十二指肠内蛋白质浓度的影响。随着胰蛋白酶原被转化为胰蛋白酶，后者再去激活其他酶原，当然对胰蛋白酶原的激活程度较低。

在十二指肠，胰蛋白酶、糜蛋白酶和弹性蛋白酶可催化蛋白质、多肽及肽水解为小分子肽和 AA。胰腺分泌的每一种蛋白酶都有其唯一且互补的作用。胰蛋白酶可催化分解含有赖氨酸和精氨酸的肽键，而携带有芳香族氨基酸残基的肽键则受到糜蛋白酶的催化。弹性蛋白酶通常催化分解含有脂肪族氨基酸残基的肽键。胰蛋白酶、糜蛋白酶和弹性蛋白酶的催化活动释放了大量末端肽键，它们将会被位于肠腔中及肠黏膜上的氨肽酶、羧基肽酶及其他特殊的肽酶进一步消化掉。胰羧基肽酶A和胰羧基肽酶B是催化多肽链中带有羧基末端的肽键进行水解的肽链端解酶，可以将AA逐一水解掉。从氨基末端区域水解掉大约100个残基片段即可激活羧基肽酶原。经糜蛋白酶或弹性蛋白酶催化作用而暴露出的羧基端芳香族或非极性AA，可被羧基肽酶A剪切掉，而经胰蛋白酶催化作用暴露出的羧基端AA可被羧肽酶B剪切掉。经胰腺酶消化的产物为寡肽，至少有6种AA残基(大约60%)及一些游离氨基酸(大约40%)。

2. 黏膜相消化

蛋白质消化的最后阶段是在广泛分布的刷状缘和细胞溶质肽酶作用下完成的。小肠的肽酶有分解胰腺酶消化产物的能力。这些酶分两组存在于肠道黏膜上，与不同的细胞组分相关联——顶膜和胞质。顶端膜酶吸附于微绒毛的外表面，并从肠上皮细胞的腔面伸展出来。虽然在细胞中有发现胞质酶，但是它们与肠腔内容物并没有直接接触。因此，这两组酶在其存在的位置和物理化学、免疫化学等特性方面都明显不同。

许多二肽和三肽被完整吸收进入细胞，并在肠上皮细胞中胞内肽酶的作用下分解。对哺乳动物来说，黏膜肽酶中高达90%的二肽分解活性、40%的三肽分解活性及10%的四肽分解活性都与胞质组分有关联。胞质酶对超过3个AA的寡肽的水解能力有限。长度在4～6个AA的寡肽则被位于顶端微绒毛膜上的肽酶分解为更短的肽和游离氨基酸。而许多二肽和三肽则为顶端膜酶和胞内肽酶两种酶的潜在底物，因此，在这个过程中肽在膜上被水解，以氨基酸的形式被转运吸收，在细胞内形成水解氨基酸。

哺乳动物肽链和游离氨基酸转运系统的特点表明，肠道组织中至少有两种氢离子依赖型和一种非氢离子依赖型肽的转运通道，以及一种氢离子依赖型氨基酸转运载体和至少8种游离AA转运系统。虽然目前的相关数据还非常有限，但牛的肠道上皮表现出与其他物种相似的转运活性和特定的转运蛋白。为了解释反刍动物体内通过肠道上皮细胞吸收的AA的数量和相对比率，有关单个肽和氨基酸转运载体的表达与功能是否一致的信息，目前还相当有限。

(四)小肠对矿物元素的吸收

反刍动物对钙的吸收主要在前胃和真胃，部分经十二指肠和空肠吸收，离子钙是胃和小肠上段吸收的主要形式。磷的吸收部位主要在十二指肠和空肠，瘤胃、瓣胃及皱胃仅吸收少量。幼龄反刍动物与单胃动物相似，镁的吸收部位主要在小肠，随着前胃发育，前胃成为吸收的主要部位。钾主要是在十二指肠通过简单扩散形式吸收，部分吸收发生在空、回肠及大肠。钠的吸收在瘤胃、真胃、瓣胃和十二指肠，是个主动转运过程，在小肠壁亦可进行被动吸收。当处于相当高的浓度梯度时，钠的主动吸收亦可发生在小肠末端及大肠部位。饲料中的硫元素以硫酸盐或硫化物阴离子的形式被吸收，硫酸盐中的硫在小肠中能有效吸收。菌体蛋白中的硫以含硫氨基酸的形式(胱氨酸和蛋氨酸)在小肠被吸收。铜在消化道吸收的主要部位在小肠，反刍动物前胃也可能参与铜的吸收。绵羊在大肠也吸收铜。饲料中铁的吸收率很低。铁在消化道中解离出来，以离子形式被细胞吸收。可溶的Fe^{2+}，能被小肠绒毛吸收，饲料中铁以Fe^{3+}形式存在，小肠吸收较差。硒的主要吸收部位是十二脂肠，瘤胃和真胃几乎不吸收硒。动物锌的吸收部位主要是小肠，小肠细胞刷状缘从肠腔中摄取锌，上皮细胞的锌被转运到基膜结合的位点上由铁传递蛋白和白蛋白结合进入门静脉循环。

(五)水的吸收

小肠内水分是依赖渗透压推动而被动吸收的。各种溶质和营养物质吸收的结果增加了上皮细胞内的渗透压,从而促进了水的吸收,其中以钠离子的主动转运、特别是氯化钠的主动吸收所产生的渗透压梯度是水分吸收的主要动力。

水分经过胃肠黏膜可作双向透过,但吸收量极微,大部分水分在小肠及大肠内吸收。在十二指肠和空肠前部,水的吸收量很大,但该段消化液的分泌量也很大,因此,水的净吸收量较小。回肠内水的净吸收量较多。例如,牛一昼夜通过十二指肠的水分约有 100 L,其中 75%来自消化液。这些水分约有 90%被肠道所吸收,其中小肠吸收约占 80%。

三、小肠内容物的外流

食糜在进入小肠后的消化吸收过程中,不仅需要消化液的作用,同时还需要小肠运动的配合。这样将食糜与消化液充分的混合,促进消化吸收,同时也将小肠内容物继续向前推进向肠的后段移动。空腹时,小肠运动很弱,进食后逐渐增强,小肠的运动是依靠肠壁内平滑肌的舒缩活动实现的。小肠壁内含有两层平滑肌,内层环行肌的收缩使肠腔口径缩小;外层纵行肌的收缩使肠管的长度缩短。这两种平滑肌的协同复合收缩作用,使小肠产生各种运动形式,包括紧张性收缩、分节运动、蠕动和移行性复合运动。前两种形式的运动主要是将食糜与消化液充分混合,促进肠内消化。当分节运动持续一段时间后由蠕动将食糜推到下一段肠管。蠕动可发生于小肠的任何部位,并向肠的远端传播,速度一般为 0.5～2 cm/s,每个蠕动波只把食糜推进一小段距离。在小肠还有一种推进速度很快(5～25 cm/s),传播较远的蠕动,称为蠕动冲。它可将食糜从小肠的始端一直推送到末端或直达结肠。在十二指肠和回肠末端有时还会出现与蠕动方向相反的逆蠕动,可以使食糜在肠管内来回移动,延长食糜在肠内的停留时间,有利于充分消化和吸收。移行性复合运动的作用是推送未消化的食物离开小肠,同时还有助于阻止回肠内细菌向十二指肠移行。

随着反刍动物营养研究的不断深入,需要了解饲料营养物质在消化道不同部位的消化代谢情况,采用瘘管技术,对消化道各个部位可以进行连续采样,并测定食糜流量及各部位消化率。有报道表明,采用双标记法(三氧化二铬和聚乙二醇)测定小尾寒羊十二指肠、回肠的平均食糜流量分别为:10.05 L/d 和 5.63 L/d,变异系数分别为 17.17%和 11.60%。对于反刍动物来说,食糜在小肠内停留的时间为 25～40 h。小肠食糜流量也受到诸多因素的影响,例如动物本身、日粮组成、采食量、养分的瘤胃降解情况等都会改变小肠食糜流量。

四、小肠内容物的特性

小肠内容物主要包括前胃消化后进入小肠的食糜、小肠内的消化液(胰液、胆汁和小肠液)以及一些内源性脱落的肠上皮细胞、白细胞和肠上皮细胞分泌的免疫球蛋白。小肠内有三种类型的消化液分泌,这些消化液的性质也决定着小肠的内环境。胰液是无色、无臭的碱性液体,pH7.8～8.4,胆汁是一种有色、黏稠、带苦味的碱性液体,小肠液 pH 为 7.6～8.7。因此,食糜从瘤胃、皱胃到小肠首先经历的是 pH 的变化,瘤胃内 pH 为 6.5～7.8。皱胃的胃底腺能分泌胃液,其中含有消化酶和盐酸,还有少量黏液。皱胃分泌胃液是持续的,这与食糜不断地流入有关,因此,胃液分泌的生物持续期亦不间断。胃泌素是引起皱胃液分泌的主要体液因素,而胃泌素的释放又受皱胃食糜的影响。皱胃内容物增多,胃泌素释放增加,胃液分泌增多,这样使皱胃内 pH 维持在 2～2.5。有研究测得牛小肠中 pH 分别为：十二指肠 6.20、空肠 7.25、回肠 7.47。食糜进入小肠后仍保持一段时间的酸性，胃蛋白酶活性逐渐降低，胰蛋白酶活性逐渐增强。有报道表明，羊小肠中的胰蛋白酶、糜蛋白酶和羧肽酶的活性距幽门 7 m 处达到最大。

在反刍动物小肠内，空肠中细菌菌群的种类最多，回肠次之，十二指肠最少。菌群数量分别为：十二指肠 10^4/mL，空肠 10^4～10^8/mL，回肠末端 10^8/mL。十二指肠、空肠及回肠近端中的优势菌群主要有乳酸菌和链球菌属，回肠末端出现了梭菌属、拟杆菌、放线菌及棒状杆菌。

第四节 大肠及其内容物的特性

大肠分为盲肠、结肠和直肠，主要功能是消化纤维素、吸收水分、形成和排除粪便。大肠为消化管的最后一段，对于反刍动物来说，大肠内的微生物仍然具有重要作用。

一、大肠的发育及其体积

牛的大肠长 6.4～10 m，羊的长 7.8～10 m，管径比小肠略粗。大肠壁的结构与小肠壁基本相似，除直肠后部外，也由黏膜、黏膜下组织、肌膜和浆膜组成。直肠后部为腹膜外部，表面无浆膜，仅为一般的外膜。大肠黏膜无肠绒毛，有肠腺、淋巴孤结、淋巴集结，纵肌层不形成肠带，因此也无肠袋。

（一）盲肠

盲肠为圆筒状的盲管，牛的长 0.5～0.7 m，羊的长约 0.37 m，位于右髂部。自回肠口起向后伸延，盲端游离，向后可达骨盆前口，羊的则常伸入骨盆腔内。盲肠在腹侧借回盲襞与回肠相连，在回肠口前方与结肠相连。

（二）结肠

牛的结肠长约 10 m，羊的长 4～5 m，起始部口径与盲肠的相似，以后逐渐变细。结肠分为升结肠、横结肠和降结肠三部分，形态复杂。

1. 升结肠(colon ascendens)

升结肠最长，顺次分为近袢（也称为初袢）、旋袢和远袢。

近袢(ansa proximalis coli)呈“S”形，从回肠口起向前伸至第 12 肋骨下端附近，然后折转向后沿盲肠背侧伸达骨盆前口，然后再折转向前，在肠系膜左侧前行至第 2～3 腰椎腹侧延续为旋袢。近袢大部分位于右髂部，在小肠和旋袢的背侧，其前部直径与盲肠近似，后部管径急剧减小与旋袢相似。

旋袢(ansa spiralis coli)位于瘤胃右侧，盘曲呈一平面的圆盘状，夹于总肠系膜两层之间，管径与小肠相似。旋袢分为向心回(gyri centripetales)和离心回(gyri centrifugales)，二者在肠盘中心借中央曲(flexura centralis)相连。从旋袢右侧观察，向心回和离心回在牛各旋转 1.5～2 圈，绵羊 3 圈，山羊 4 圈。离心回最后一圈在相当于第一腰椎处延续为远袢。

远袢(ansa distalis coli)位于近袢内侧，向后至第 5 腰椎处，再折转向前，沿肠系膜右侧前行至最后胸椎处，最后急转向左延续为横结肠。

2. 横结肠(colon transversum)

横结肠为自右向左横越肠系膜前动脉前方的一段结肠，很短，右侧接升结肠远袢，左侧折转向后移行为降结肠。

3. 降结肠(colon descendens)

降结肠为结肠的后段，沿肠系膜根的左侧面后行，在骨盆前口处形成S形弯曲，称乙状结肠(colon sigmoideum)，入盆腔后延续为直肠。

(三)直肠

直肠位于骨盆腔内，在脊柱与子宫和阴道(母畜)或尿生殖褶和膀胱(公畜)之间，前部(约3/5)为腹膜部，借直肠系膜悬挂于盆腔顶壁，后部为腹膜外部，很短，不形成明显的直肠壶腹(ampulla recti)。

大肠黏膜光滑、无环形皱襞，但有纵行皱襞、无肠绒毛，黏膜上皮由单层柱状细胞和大量杯状细胞组成，大肠腺发达，固有层内纤维成分多、淋巴小结丰富，直肠壁内纤维不明显。大肠微生物发酵产生的短链脂肪酸对宿主有着重要的生理功能，如抗病原微生物、抗肿瘤、调节肠道菌群、改善肠道功能、维持体液和电解质平衡、给宿主尤其是结肠上皮细胞提供能量等。有研究结果显示，山羊大肠各段黏膜层厚度、肌层厚度，0日龄时，均为盲肠>直肠>结肠，28日龄时，盲肠>结肠>直肠，而到56日龄时，结肠>盲肠>直肠。由此可以看出，结肠在整个阶段发育是最快的，说明结肠的作用随着日龄的增长日益凸显。

二、大肠对营养物质的吸收

对于反刍动物，纤维和淀粉成分的消化过程主要发生在瘤胃，但也有一部分发生在盲肠和大肠的近端，尤其当瘤网胃的消化过程受到限制的时候，一些加快饲料通过瘤胃速率的因素，如干物质采食量提高或饲喂高精料日粮，会降低瘤胃中淀粉和纤维的消化率，从而增加后肠道的消化率，还有一部分过瘤胃的可消化淀粉和纤维，会在大肠被消化。

与瘤胃发酵相似，反刍动物盲肠和近端结肠中也有通过厌氧菌发酵作用完成的消化过程，后肠道的细菌浓度也与瘤胃相近，而且后肠道的发酵产物种类也与瘤胃相似，即VFA、NH_3、微生物细胞和气体。后肠道发酵产生的甲烷占牛排出甲烷总量的6%～14%，产生的VFA占全部吸收VFA的17%。对于饲喂高谷物日粮的牛，小肠中可发酵碳水化合物过多地流入后肠道，会造成后肠道酸中毒，其特征是VFA和乳酸产生速率加快、粪便pH下降以及肠上皮损伤导致的粪便中出现黏蛋白管型物等。

纤维素在盲肠和大肠内的降解途径类似于瘤胃，同样产生VFA、CH_4、CO_2和微生物物质。盲肠的VFA中乙酸比例比瘤胃中高一些，这说明有相当大比例的粗纤维到达这个部位。饲喂干草的绵羊，盲肠产生的VFA占总VFA的5.3%，饲喂粉状苜蓿的绵羊，盲肠产生的CH_4占全部生成CH_4的10%。半纤维素在大肠中的消化率(可达15%～30%)高于纤维素，其原因可能是由于半纤维素除了能被大肠中的微生物所降解外，还对皱胃和十二指肠中的部分酸水解作用更为敏感的缘故。可见，纤维素与半纤维素在不同的消化部位，消化率有所不同。

蛋白质和可溶性糖一样，大多在小肠中被消化吸收，这可能在一定程度导致了大肠微生物合成蛋白质所需的氮源不足。然而，在盲肠和结肠中也存在类似瘤胃尿素再循环现象，以此来补充氮源的不足，有利于微生物蛋白质合成。盲肠中异位酸(主要指异丁酸和异戊酸等氨基酸脱氨基后的发酵产物）的比例也相当大，反映蛋白质的快速降解。大肠内所产生的气体有 CO_2、CH_4、N_2 和少量 H_2，其中一部分经肛门直接排出体外，另一部分由肠黏膜吸收入血，再经肺呼出体外。

大肠黏膜与小肠黏膜相似，具有很强的主动吸收 Na^+ 的能力和强大的吸收水的能力。大肠上皮细胞之间结合的紧密度高于小肠，这可防止离子的逆向扩散。Na^+ 的主动吸收带动 Cl^- 和水的吸收。大肠在吸收 Cl^- 时，通过 Cl^-—HCO_3^- 的逆向转运，伴有 HCO_3^- 分泌。进入肠腔内的 HCO_3^- 可中和结肠内细菌产生的酸性产物。严重腹泻会导致 HCO_3^- 的大量丢失，造成代谢性酸中毒。

大肠还能吸收由细菌分解食物残渣产生的 VFA 等，也能吸收肠内微生物合成的 B 族维生素和维生素 K。利用大肠的吸收功能进行直肠灌肠，是一种有效的给药途径，如某些麻醉药、镇静剂等可以通过灌肠给药而被大肠吸收。除治疗给药外，还可以营养灌肠，为患病动物补充营养。

三、大肠内容物的外流

大肠运动的特点是微弱和缓慢，这有利于大肠内微生物活动和粪便的形成。盲肠通过推进运动和蠕动将内容物移动，最终送入结肠。结肠通过其往返运动、分节推进运动和蠕动将全部内容物推向远端，最终出现排粪。

绵羊的盲肠是一个直径为 5～7 cm、长度为 25～35 cm 的盲囊，在回盲口与结肠相连，盲肠和结肠前段的活动类似一个独立的部位，可以有效控制食糜的通过，其食糜量超过 1 000 g，是大肠发酵的主要部位。而绵羊后肠道的食糜总量随进食量变化，范围在 700～1 200 g，相当于瘤胃内容物总量的 15%～26%，其 DM 含量相当于瘤胃内容物 DM 的 10%～22%，相当于 DM 进食量的 14%～40%，日粮类型也会影响后肠道内容物的数量，但进食后的不同时间测定的后肠道内容物的总量变化不大。

通过在回肠末端安装返回式瘘管，测得回肠食糜被间歇性地推入盲肠和结肠前段，一般在 10～30 min 的时间，出现一连串肠道蠕动收缩，每次有 20～30 mL 食糜被推入到盲肠和结肠前段，80～90 mL 食糜被推入后肠道之后，有 1～2 h 的间歇。日粮变化、饲料进食量以及饲料在瘤胃和小肠的消化量都会影响回肠食糜进入后肠道的流速及数量。羊在饲喂消化性高的饲草日粮时，每天大约有 1.5 kg 食糜流经回肠进入后肠道，而饲喂消化性中等的干草加精料或仅喂干草时，食糜流量将增加一倍。

放射测定表明，食糜通过回盲接口后，在盲肠和结肠前段有节律地收缩作用下迅速扩散，并与原有食糜混合。食糜在绵羊大肠的平均停留时间随进食量而改变，每天进食 400 g 饲粮时，存留时间大约为 29 h，而进食量增加到 1200 g 时，则停留时间缩短为 10.5 h。但在阉牛试验中得出结论，不同种类的高谷物日粮在大肠的停留时间为 13.1～15.5 h，变化不大。羊在饲喂不同进食量的苜蓿干草时，食糜在后肠道不同部位的停留时间分布为：盲肠和结肠前段 50.6%～63.2%、结肠后段 20.8%、直肠 16.8%～28.1%，由此可见，后肠道的食糜在盲肠和结肠前段的停留时间最长。总体来看，食糜在后肠道的存留时间比在瘤胃要短，但比在小肠要长。有研究者认为大肠的肠腔窄长，其单位容积的吸收能力可能超过瘤胃。另外，食糜在后肠道的固相流速比在瘤胃中的固相流速快，这也是造成后肠道对营养物质的消化吸收与瘤胃不同的原因之一。

四、大肠内容物的特性

大肠内容物主要包括前段肠道未被消化的食物残渣和大肠内的消化液。大肠液是大肠腺细胞、大肠黏膜表面的柱状上皮细胞和杯状细胞分泌的、富含黏蛋白和碳酸氢盐的黏稠液体，pH为8.3～8.4。由于反刍动物的盲肠内具有与瘤胃类似的发酵作用，所以内容物pH会随着发酵产酸下降至6～7。通过直肠从肛门排出的粪便主要组成为：未消化的残留食物、消化酶、消化道脱落的细胞、未消化的残留微生物。反刍动物每天粪便量的多少取决于采食量和饲料组成成分。饲喂高粗料日粮比饲喂高精料日粮的排便量大。排泄物干物质中约含85%的有机物和15%的无机质。无机质包括氮、磷、钾、镁、钙、钠、硫、铁、锌、锰和铜。排泄物中50%的氮和60%的钾是来自尿，90%的磷来自粪便。奶牛粪便中优势微生物为厚壁菌门(63.7%)、变形菌门(18.3%)、放线菌门(6.8%)、拟杆菌门(7.6%)和柔膜菌门(1.6%)，同时粪便中挥发性脂肪酸含量与微生物丰度具有显著相关性。

参考文献

陈代文，王恬．2011．动物营养与饲料学[M]．北京：中国农业出版社．

柳巨雄，杨焕民．2011．动物生理学[M]．北京：高等教育出版社．

孟庆翔，周振明，吴浩(主译)．2018．肉牛营养需要(第8次修订版)[M]．北京：科学出版社．

牛化欣，胡宗福，常杰，等．2020．瘤胃微生物对反刍动物饲料效率和甲烷排放的影响及其营养调控研究进展[J]．中国畜牧杂志，56(8)：50-56．

王之盛，李胜利．2016．反刍动物营养学[M]．北京：中国农业出版社．

赵广永．2012．反刍动物营养[M]．北京：中国农业大学出版社．

周安国，陈代文．2010．动物营养学[M]．北京：中国农业出版社．

周韶，李树聪．2003．不同精料水平对肉牛瘤胃和小肠pH的影响[J]．饲料工业，(05)：27-28．

Dijkstra, J., Forbes, J. M., France, J., 2005. Quantitative Aspects of Ruminant Digestion and Metabolism[M]. Second Edition, CABI Publishing.

Dijkstra, J., Ellis, J., Kebreab, E., et al. 2012. Ruminal pH regulation and nutritional consequences of low pH[J]. Animal Feed Science and Technology, 172(1-2): 22-33.

McDonald, P., Edwards, R. A., Greenhalgh, J. F. D., et al. 2011. Animal nutrition[M]. 7th edition, Benjamin cummings.

NRC. 2007. Nutrient requirements of small ruminants: sheep, goats, cervids, and new world camelids[M]。National Academies Press, Washington DC.

Sejrsen, K., Hvelplund, T., Nielsen, M. O., 2006. Ruminant Physiology[M]. Wageningen Academic Publishers.

(本章编写者：霍文婕、夏呈强；审校：裴彩霞)

第二章　反刍动物胃肠道微生物

反刍动物胃肠道中的微生物群被称为动物的“第二基因组”，参与动物的消化、代谢、免疫，以及神经系统与内分泌等生理过程，对动物的健康至关重要。微生物群与宿主之间的共生关系可以促进宿主胃肠道的发育。同时，胃肠道菌群受动物生理阶段和肠道部位的影响，并影响动物的营养需要。对于反刍动物胃肠道微生物的研究主要集中于牛和羊的瘤胃微生物，本章主要从瘤胃微生物的种类及其特点、瘤胃微生物区系的建立及其相互关系、反刍动物肠道微生物种类及其特点、反刍动物胃肠道微生物区系调控途径及进展等方面进行阐述。瘤胃微生物的种类及其特点、瘤胃微生物区系的建立及其相互关系是本章的重点。

第一节　瘤胃微生物种类及其特点

反刍动物前胃中栖息着复杂、多样、非致病的各种微生物，包括瘤胃细菌、厌氧真菌、瘤胃原虫、产甲烷古菌和噬菌体。反刍动物的胃(包括瘤胃、网胃、皱胃和皱胃)是消化道中微生物丰富度和多样性最高的部分。一般每克瘤胃内容物中含细菌 $10^9 \sim 10^{10}$ 个，原虫 $10^5 \sim 10^6$ 个，真菌 10^5 个菌体形成单位(thallus-forming units，TFU)，10^9 个噬菌体。这些微生物的多样性是宿主和微生物之间选择和协同进化的结果，宿主完全依赖这些微生物群落来降解摄入的纤维素和半纤维素等物质，能满足动物超过 2/3 的能量需求。此外，成年奶牛的瘤胃微生物组成与奶牛的生产性能有关。

瘤胃微生物区系受宿主的基因、日粮和气候等因素的影响。在 90%以上的反刍动物瘤胃中发现了 30 个最丰富的细菌群，均为已知的瘤胃细菌，其中 7 个最丰富的细菌群占所有细菌序列的 67.1%，在所有样本中都能检测到，被认为是“优势”瘤胃细菌。它们分别是普雷沃菌属(*Prevotella*)、丁酸菌弧属(*Butyrivibrio*)和瘤胃球菌属(*Ruminococcus*)，以及未分类的乳酸菌科(Lachnospiraceae)、瘤胃拟菌科(Ruminococcaceae)、拟杆菌科(Bacteroidaceae)和梭菌科(Clostridiaceae)的细菌，这些菌被认为是瘤胃“核心微生物群(Core microbiome)”。

一、瘤胃细菌

(一)纤维降解细菌

在已知的瘤胃细菌中，能降解纤维素的细菌主要有产琥珀酸丝状杆菌(*Fibrobacter succinogenes*)、黄色瘤胃球菌(*Ruminococcus flavefaciens*)、白色瘤胃球菌(*Ruminococcus albus*)、溶纤维丁酸弧菌(*Butyrivibrio fibrisolvens*)和小瘤胃杆菌(*Ruminobacter parvum*)，以及梭菌属(*Clostridium cellobioparum*、*Clostridium longisporum*、*Clostridium lochheadii* 和 *Clos-*

tridium chartatabidum)和真细菌属(*Eubacterium cellulosolvens*)的一些菌株。

1. 产琥珀酸丝状杆菌(*Fibrobacter succinogenes*)

产琥珀酸丝状杆菌在瘤胃中普遍存在,并具有很强的纤维素降解能力,是瘤胃中主要的纤维素降解细菌,隶属于纤维杆菌纲(Fibrobacteres)、纤维杆菌目(Fibrobacterales)、纤维杆菌科(Fibrobacteraceae)、纤维杆菌属(*Fibrobacter*)。它过去被称为产琥珀酸拟杆菌(*Bacteroides succinogenes*),1988 年研究发现其种群发生关系上与拟杆菌相差较大,故被重新命名。此菌是严格厌氧的革兰氏阴性菌,初次分离细胞主要为杆状(图 2-1a),继续培养后变成球状、柠檬状或卵状(图 2-1b),长 1.0～2.0 μm,宽 0.3～0.4 μm,大多呈单体存在,也成对或短链状、玫瑰花团状排列。长时间培养,细胞易迅速死亡。

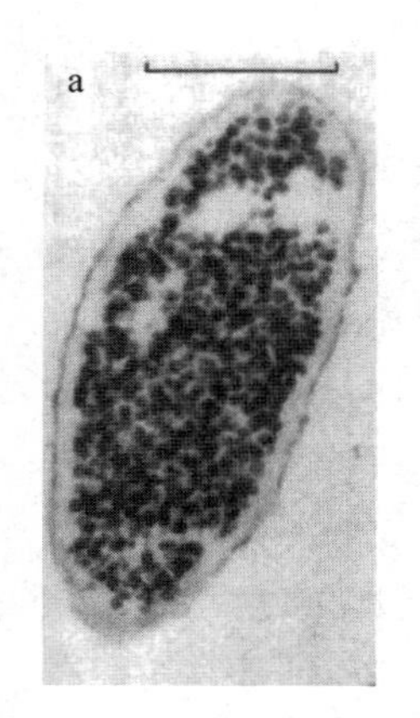

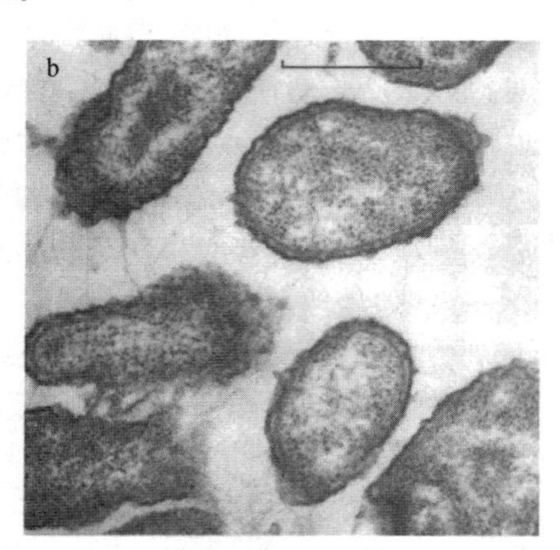

图 2-1　产琥珀酸丝状杆菌的电镜照片(Strewart 等,1981)

产琥珀酸丝状杆菌能利用纤维素、纤维二糖、葡萄糖等底物,但不能利用木聚糖、蔗糖、D-木糖、阿拉伯糖、果糖等底物,其纯培养菌具有很强的降解结构性的、坚韧物质如秸秆的能力,能够降解一些不被黄色瘤胃球菌降解的某些同质异晶体纤维素,发酵产物主要为乙酸和琥珀酸,不产生氢气。该菌的生长必需戊酸和异丁酸,也常需要生物素和对氨基苯甲酸。脂肪酸主要用来合成磷脂,异丁酸用来合成脂肪醛和支链 16 碳及 14 碳脂肪酸,戊酸转化成脂肪醛和直链 13 碳及 15 碳脂肪酸。

与黄色瘤胃球菌和白色瘤胃球菌等纤维素降解细菌相比,产琥珀酸丝状杆菌对抗生素具有较强的耐受能力,当动物饲用抗生素阿伏霉素时,该菌可成为瘤胃中占主导地位的纤维素降解细菌。但是,近来研究表明,某些植物次生代谢物,如酚类物质和黄芪的可溶性物质,可抑制产琥珀酸丝状杆菌。

2. 瘤胃球菌(*Ruminococcus* species)

瘤胃球菌隶属于梭菌纲(Clostridia)、梭菌目(Clostridiales)、毛螺菌科(Lachnospiraceae)、瘤胃球菌属。其中,黄色瘤胃球菌(*R. flavefaciens*)和白色瘤胃球菌(*R. albus*)广泛存在于草食动物胃肠道中,是瘤胃中主要的纤维降解菌,通常在瘤胃中白色瘤胃球菌数量大于黄色瘤胃球菌。它们均为严格厌氧型革兰氏阳性球菌,直径 0.7～1.6 μm。黄色瘤胃球菌细胞革兰氏染色反应常发生变异而出现革兰氏阴性反应,细胞常排列成长链(图 2-2),产生黄色色素。白色瘤胃球菌革兰氏染色呈稳定的阳性反应,常以成双球菌存在,不产生黄色色素,菌落常呈白色。

黄色瘤胃球菌和白色瘤胃球菌均能利用纤维素、纤维二糖、木聚糖等底物,不能发酵淀粉、麦芽糖和半乳糖等底物。黄色瘤胃球菌产生的木聚糖酶属于结构极其复杂的复合酶体，该菌还能产生多种内切葡聚糖酶和一种外切葡聚糖酶。很多黄色瘤胃球菌菌株都能降解通常难降解的、坚韧的纤维，如棉花纤维，而白色瘤胃球菌中有些不是纤维降解菌。这些瘤胃球菌都能利用纤维二糖，白色瘤胃球菌优先利用纤维二糖，然后利用葡萄糖，但是黄色瘤胃球菌通常不能利用葡萄糖。黄色瘤胃球菌和白色瘤胃球菌的生长都需要异戊酸、异丁酸和生物素。白色瘤胃球菌在培养基中快速生长、荚膜的形成和纤维素降解时都需要3-苯基丙酸，而黄色瘤胃球菌则不需要。许多瘤胃球菌需要苯丙氨酸和吡哆胺，有的需要硫胺素、核黄素和叶酸。很多菌株需要氨，氨的利用优先于氨基酸。黄色瘤胃球菌和白色瘤胃球菌降解半纤维素和果胶的程度通常受生长底物的诱导。黄色瘤胃球菌的主要发酵产物为琥珀酸和乙酸，还有甲酸及少量的氢气、乙醇和乳酸。白色瘤胃球菌的主要发酵产物为乙酸，几乎不产生琥珀酸，但可产生大量的氢气和乙醇，有的菌株可产生乳酸。

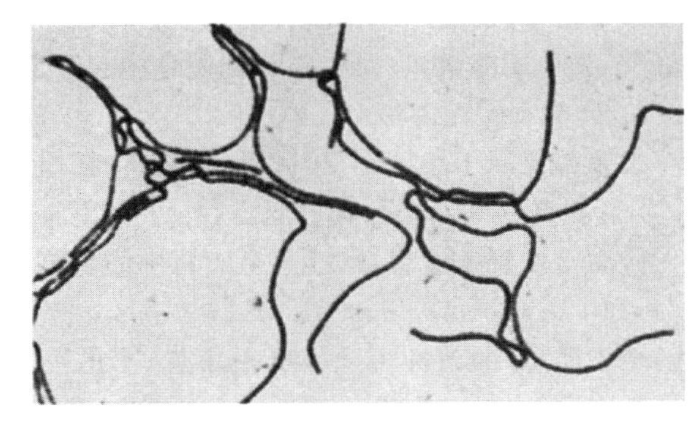

图 2-2　黄化瘤胃球菌的显微镜照片（Sijpesteijn，1951）

白色瘤胃球菌可产生细菌素，对黄色瘤胃球菌具有抑制作用。瘤胃球菌属菌产生的一些代谢物还可抑制瘤胃真菌降解纤维。另外，瘤胃球菌对离子载体抗生素如莫能菌素、瘤胃低 pH 都很敏感。

除白色瘤胃球菌和黄色瘤胃球菌外，瘤胃中还发现有其他瘤胃球菌，其中 *R. bromii* 具有降解淀粉的作用，在瘤胃淀粉降解过程中起很大作用。

3. 溶纤维丁酸弧菌（*Butyrivibrio fibrisolvens*）

溶纤维丁酸弧菌属于梭菌纲、梭菌目、毛螺旋菌科、丁酸弧菌属。该菌细胞呈典型的弧状杆菌，一端逐渐变细，长 2.0～5.0 μm，宽 0.4～0.6 μm，单个或成对或呈链状排列，具有荚膜，菌体一端生有一根鞭毛，因此可以运动，是一种严格厌氧型革兰氏阳性菌。溶纤维丁酸弧菌菌株间差异大。DNA 杂交以及 16S rDNA 序列分析表明菌株在基因型上可分为几个组，有三种不同的生物型（乙酸利用型、乙酸产生型和丙酸产生型），因此，现有的溶纤维丁酸弧菌种将来很可能还需要重新分类。

溶纤维丁酸弧菌是一种代谢最丰富多样的瘤胃细菌，可发酵的底物范围广，但不同菌株表现出很大差异。大多数菌株可生长在单糖上，包括戊糖、木糖和阿拉伯糖，可生长在其他微生物产生的可溶性降解产物的培养基上，还可生长在含淀粉、果胶多糖以及其他非纤维多糖的培养基上。该菌在完整细胞壁和纤维素上生长较差。但从瘤胃中能分离到具有纤维降解活性的菌株，菌细胞能迅速彻底地消化纤维素，但这种活性在实验室条件下不常见，可能因培养过程中基因丢失的缘故。很多菌株具有降解木聚糖的能力，除产生胞外木聚糖酶活性外，还产生乙酰木聚糖酯酶。这些菌株还可利用木聚糖的降解产物，但其利用程度与不同植物木聚糖侧链的特性和部位有关。有研究表明，糖醛酸以及带有酚酸的木寡糖可以被用于菌株的生长。溶纤维丁酸弧菌的发酵产物主要有二氧化碳、氢气、乙醇、乙酸、丁酸、甲酸和乳酸。如果培养基中含有瘤胃液，该菌则不是产生乙酸而是吸收乙酸，可能转化成丁酸。

溶纤维丁酸弧菌具有淀粉降解酶活性、蛋白降解酶活性，以及氢化作用，可能对瘤胃中淀粉降解、蛋白质降解，以及生物氢化过程中起一定作用。

4. 梭菌属(*Clostridium* species)

梭菌属隶属于梭菌纲、梭菌目、梭菌科、梭菌属(*Clostridium*)。其菌细胞呈杆状，长3.0～6.0 μm，直径约0.8 μm，具有周身鞭毛，可以运动，是严格厌氧型革兰氏阴性菌。

梭菌常发现于瘤胃，虽然不是瘤胃中的主要细菌，但其在瘤胃中的种类多，有纤维素降解梭菌，如*C. cellobioparum*、*C. longisporum*、*C. lochheadii* 和 *C. chartatabidum*，有的菌株可降解几丁质，有的菌株可降解含羞草素，有的可水解蛋白质。产气荚膜梭菌(*C. perfingens*)和丁酸梭菌(*C. butyricum*)可分离自饲喂高含量淀粉的反刍动物瘤胃。发酵底物范围广，发酵产物主要为甲酸、丁酸和乙酸，还有丙酸和氢气等。

5. 小瘤胃杆菌(*Ruminobacter* parvum)

小瘤胃杆菌隶属于γ-变形菌纲(Gammaproteobacteria)、气单胞菌目(Aeromonadales)、琥珀酸弧菌科(Succinivibrionaceae)、瘤胃杆菌属(*Ruminobacter*)。该菌细胞呈短杆状，可运动，是严格厌氧，细胞革兰氏染色呈阴性。

小瘤胃杆菌能发酵丙酮酸、D-阿拉伯糖、D-木糖、纤维二糖、蔗糖、麦芽糖、纤维素、糊精、木聚糖和果胶等，发酵纤维二糖的产物有乳酸、乙醇、乙酸、CO_2 和氢气。该菌生长需要酵母提取物中一种耐热的非B族维生素、金属或VFA的物质，并且不能长期传代培养。

6. 真细菌(*Eubacterium* species)

真细菌隶属于梭菌纲、梭菌目、真杆菌科(Eubacteriaceae)、真杆菌属(*Eubacterium*)。瘤胃中的真细菌最早由Bryant和Burkey在1953年发现，此后已发现多种，有的可利用二氧化碳和氢气产生乙酸，有的可降解木聚糖或没食子酸盐，其中研究较多的是反刍兽真细菌(*E. ruminantium*)和溶纤维真细菌(*E. cellulosolvens*)。

反刍兽真细菌细胞呈短杆状，长0.7～2.0 μm，宽0.5～0.7 μm，一般单体、成对或短链排列，不运动，严格厌氧，细胞革兰氏染色呈阳性，老龄细胞染色后易褪色。氨是该菌生长必需的氮源，生长还需一种或多种挥发性脂肪酸：n-戊酸、异戊酸、2-甲基丁酸或异丁酸。可发酵纤维二糖、葡萄糖和果糖，发酵产物主要为丁酸、甲酸和乳酸。据报道，该菌可占分离自牛瘤胃的可培养细菌的5%。

溶纤维真细菌形状与反刍兽真细菌相近，但有数根鞭毛，可运动。该菌具有纤维降解能力，有研究估计，该菌在饲喂青干草和精饲料的奶牛瘤胃中的数量可占总纤维降解细菌的50%。体外培养时，表现出较强的降解植物细胞壁的能力。

瘤胃中还存在其他真细菌，如纤维分解菌 *Eubacterium* sp. F1(Wong和Chee，未发表，http://www.ncbi.nlm.nih.gov/nuccore/161703203)发现于牛的瘤胃，而在羊驼第一胃中大量存在；*E. oxidoreducens* 能以氢气和甲酸为电子供体降解没食子酸和连苯三酚，产生乙酸和丁酸等产物。

(二)淀粉降解细菌

一些纤维素降解菌，如 *Clostridium lochheadii*、产琥珀酸丝状杆菌和溶纤维丁酸弧菌的某些菌株，也可以降解淀粉。能降解淀粉的非纤维降解菌有：牛链球菌、嗜淀粉瘤胃杆菌、栖瘤胃普雷沃氏菌、溶淀粉琥珀酸单胞菌以及反刍兽新月型单胞菌的很多菌株。

1. 牛链球菌(*Streptococcus bovis*)

牛链球菌是广泛存在于瘤胃中的淀粉降解菌，隶属于芽孢杆菌纲(Bacilli)、乳杆菌目(Lactobacillales)、链球菌科(Streptococcaceae)、链球菌属(*Streptococcus*)。该菌细胞呈圆形或卵圆形，直径 0.9～1.0 μm，常排列成链状。革兰氏阳性，但老龄细胞也可呈革兰氏阴性。无鞭毛，不具游动性。多数菌株兼性厌氧，有的严格厌氧，也有的菌株可以耐氧。牛链球菌生长快，其群体对数期数量倍增时间(population doubling time)与大肠杆菌的相当。

牛链球菌可以利用氨作为其唯一氮源，但其生长需要生物素、二氧化碳等物质，硫胺素、精氨酸等物质也可以刺激其快速生长。该菌不能降解纤维素，淀粉发酵产物为乳酸，因此，该菌与瘤胃乳酸中毒密切相关，而受到广泛关注。据报道，该菌是淀粉降解菌中降解谷类淀粉能力最强的一种。该菌产生的淀粉降解酶主要为作用于粗淀粉的一种胞外酶，也有作用于可溶性淀粉的胞内酶。该菌细胞内 pH 可以随细胞外的 pH 降低而降低，因此瘤胃中脂肪酸积累引起的酸性环境不会影响牛链球菌的生长。在通常情况下，该菌常以葡萄糖被动转运机制利用葡萄糖，但当葡萄糖浓度很高时，过量部分可以通过扩散机制被利用，因此该菌常限制了其他糖降解菌对底物的利用。另外，牛链球菌也可以利用水溶性纤维糊精，因此，在粗饲料日粮条件下，该菌在瘤胃中依然可以生存。

2. 嗜淀粉瘤胃杆菌(*Ruminobacter amylophilus*)

嗜淀粉瘤胃杆菌是瘤胃中主要淀粉降解菌之一，隶属于γ-变形菌纲、气单胞菌目、琥珀酸弧菌科、瘤胃杆菌属。该菌原名嗜淀粉拟杆菌(*Bacterorides amylophilus*)，1986 年 Stackebrandt 和 Hippe 根据 16S rRNA 序列重新命名。该菌其形态多样，从卵球形到圆端长杆状，或不规则的弧形，长 1.0～3.0 μm，宽 1.0 μm。在酵母提取液＋类胰蛋白酶＋瘤胃液的液体培养基中培养，一般呈单体或成对存在，是严格厌氧的革兰氏阴性菌。一般情况下，嗜淀粉瘤胃杆菌在瘤胃中的数量较少，但当动物采食谷物类混合日粮时该菌数量迅速增加。

嗜淀粉瘤胃杆菌主要发酵淀粉。有研究报道，嗜淀粉瘤胃杆菌通过其胞内淀粉酶降解淀粉：淀粉颗粒首先与细胞表面受体结合，然后转运至细胞内进行水解。嗜淀粉瘤胃杆菌还可利用麦芽糖、糖原和糊精，但不能发酵和利用其他糖类。发酵产物主要为甲酸、乙酸和琥珀酸，还有少量乳酸。嗜淀粉瘤胃杆菌生长还需要二氧化碳和氨。

嗜淀粉瘤胃杆菌具有很强的降解蛋白质的能力，与栖瘤胃普雷沃氏菌和溶纤维丁酸弧菌一起是瘤胃中三种主要的蛋白降解菌。与后两者不同，嗜淀粉瘤胃杆菌的生长需要二氧化碳和氨，而无需肽或氨基酸，即使肽或氨基酸存在下该菌也主要利用氨。蛋白酶活性并不依赖于培养基中蛋白质或肽或氨基酸的存在。

3. 普雷沃氏菌(*Prevotella* species)

普雷沃氏菌是广泛存在于瘤胃且数量最多的一类细菌，隶属于真细菌(eubacteria)的拟杆菌门(Bacteroidetes)、拟杆菌目(Bacteroidales)、普雷沃氏菌科(Prevotellaceae)、普雷沃氏属。此菌过去被认为是拟杆菌属的栖瘤胃拟杆菌(*Bacteroides ruminicola*)，1990 年 Shah 和 Collins 重新定义拟杆菌属，认为栖瘤胃拟杆菌不应属于拟杆菌属，从而被划分为普雷沃氏菌属，称栖瘤胃普雷沃氏菌(*Prevotella ruminicola*)。栖瘤胃普雷沃氏菌严格厌氧，革兰氏阴性，多形性杆状或球杆状，长 0.8～3.0 μm，宽 0.5～1.0 μm。

栖瘤胃普雷沃氏菌的菌株间遗传差异大。过去只有栖瘤胃亚种(*Prevotella ruminicola* subsp. *ruminicola*)和短栖瘤胃亚种(*Prevotella ruminicola* subsp. *brevis*)的区分。近年来，

经过16S rRNA序列分析以及鸟嘌呤+胞嘧啶(G+C)含量、形态和代谢等的研究，人们重新命名了栖瘤胃普雷沃氏菌种，并提出了3个新种，即短普雷沃氏菌(*Prevotella brevis*)、布氏普雷沃氏菌(*Prevotella bryantii*)和*Prevotella albensis*。Pei等(2010)的研究发现在绵羊瘤胃中类似于栖瘤胃普雷沃氏菌的16S rRNA有7种不同的序列。

普雷沃氏菌在瘤胃中可降解和利用淀粉和植物细胞壁多糖如木聚糖和果胶，但是不能降解纤维素。栖瘤胃普雷沃氏菌和布氏普雷沃氏菌可产生木聚糖酶和羧甲基纤维素酶，但是由于缺少真正的纤维素酶，因此在纯培养时不能降解细胞壁，但与纤维降解菌共培养时能有效地利用木聚糖和果胶。某些栖瘤胃普雷沃氏菌株具有很强的降解燕麦木聚寡糖的能力，但短普雷沃氏菌几乎不产生木聚糖酶和羧甲基纤维素酶。普雷沃氏菌的发酵产物主要包括乙酸、琥珀酸和丙酸，其中丙酸主要通过丙烯酸途径合成。另外，栖瘤胃普雷沃氏菌的一些菌株在代谢过程中会产生大量的黏液，与瘤胃鼓胀病的发生有一定的关系。

普雷沃氏菌在瘤胃中蛋白质的降解以及肽的吸收和发酵过程中起作用，其中栖瘤胃普雷沃氏菌是瘤胃中主要蛋白降解菌之一，而短普雷沃氏菌的蛋白酶活性为普雷沃氏菌中最高。具蛋白酶活性的普雷沃氏菌在瘤胃中普遍存在，而且，迄今发现的普雷沃氏菌菌株都具有二肽酶活性，这是其他瘤胃细菌所没有的特性。

在一些菌株中发现温和性噬菌体、烈性噬菌体以及携带某些抗生素抗性的质粒(如抗四环素基因质粒)。通常普雷沃氏菌对莫能霉素敏感，但现已发现抗莫能霉素的突变株。

4. 溶淀粉琥珀酸单胞菌(*Succinimonas amylolytica*)

溶淀粉琥珀酸单胞菌隶属于γ-变形菌纲、气单胞菌目、琥珀酸弧菌科、琥珀酸单胞菌属(*Succinimonas*)。其最早分离自饲喂稻草和谷类的牛瘤胃。菌细胞呈圆头直杆状或卵圆形，长1.0～3.0 μm，宽1.0～1.5 μm，端生单鞭毛、能运动，单体或成对排列，是严格厌氧型革兰氏阴性菌。

溶淀粉琥珀酸单胞菌也属于淀粉降解细菌，但其在瘤胃中的数量不及普雷沃氏菌和嗜淀粉瘤胃杆菌。该菌在动物中数量分布也无规律，有时在饲喂高谷物精料的动物中，一头动物瘤胃中很多而另一头动物瘤胃中很少，但一般情况下，当动物饲喂青贮苜蓿、苜蓿干草或麦秸时该菌在瘤胃中的数量很少。溶淀粉琥珀酸单胞菌通常只发酵淀粉和麦芽糖。发酵产物主要为乙酸和丙酸。该菌生长需要二氧化碳，乙酸能刺激它生长。

5. 反刍兽新月形单胞菌(*Selenomonas ruminantium*)

反刍兽新月形单胞菌隶属于梭菌纲、梭菌目、韦荣氏菌科(Veillonellaceae)、新月形单胞菌属(*Selenomonas*)。该菌细胞似新月形或半月形，长3.0～6.0 μm，宽0.9～1.1 μm，在新月形的凹侧面中央有一束多达16根的鞭毛，所以可以滚动，但当葡萄糖过剩和磷酸盐有限时，鞭毛会失去，菌体呈螺旋状，菌体单在或成对排列，革兰氏阴性，一般是严格厌氧，但也有菌株能耐少量的氧气，其中有菌株具有还原型辅酶I(NADH)过氧化物酶，可以将氧气还原成水或双氧水。

反刍兽新月形单胞菌不能发酵纤维素、木聚糖或果胶，但是可有效利用这些多糖的降解产物如纤维二糖，还可以利用麦芽糖以及各种单糖。该菌的很多菌株能发酵淀粉，有的菌株还发酵乳酸。所有菌株都能产生乙酸和丙酸，但丁酸、琥珀酸、乳酸和甲酸的产生因菌株而异。该菌生长需要因菌株而异，但一般都需戊酸、二氧化碳和B族维生素。该菌的乳酸利用菌株利用乳酸时常需要氨基酸，尤其是天门冬氨酸，以及对氨基苯甲酸。该菌主要特征是多数菌株可从含半胱氨酸的培养基产生硫化氢，生长后培养液的最终pH很低(4.3)，仅次于牛链球菌和一些乳酸杆菌(4.0)。

反刍兽新月形单胞菌存在不同亚种，如反刍兽新月形单胞菌乳酸分解亚种(*S. ruminantium* subsp. *lactilytica*)可以发酵乳酸和甘油；反刍兽新月形单胞菌栖瘤胃亚种(*S. ruminantium* subsp. *ruminicola*)不发酵乳酸和甘油；反刍兽新月形单胞菌布氏亚种(*S. ruminantium* subsp. *bryantii*)，包括大细胞菌株，其细胞长 5～10 μm，宽 2～3 μm，不能发酵阿拉伯糖、木糖、乳糖或半乳糖醇，也不能从半胱氨酸产生硫化氢。其中，大多数菌株归属于前两个亚种。

反刍兽新月形单胞菌纯培养只产生很少量的氢气，但是与产甲烷菌共培养时可产生大量甲烷。有的菌株还可以利用其他微生物产生的氢气。有的菌株在葡萄糖含量很高的条件下主要产生乳酸，在葡萄糖含量低时则由琥珀酸主要产生乙酸和丙酸。对于乳酸利用菌株，其在葡萄糖条件下，可利用累积的乳酸形成乙酸和丙酸。有研究认为，乳酸的利用是通过一种不依赖辅因子型的乳酸脱氢酶起作用，而乳酸的形成则由依赖辅酶 I 型的乳酸脱氢酶介导作用。反刍兽新月形单胞菌还有脱羧基作用，能使琥珀酸脱羧基形成丙酸。

反刍兽新月形单胞菌通常有质粒存在，但迄今均属隐性。反刍兽新月形单胞菌的乳酸利用特性可在菌株之间转移，虽然供体有大质粒存在，但是不能转给受体，转移机制尚不清楚。反刍兽新月形单胞菌通常对莫能菌素不敏感。

6. 双歧杆菌(*Bifidobacterium* species)

双歧杆菌隶属于放线菌纲(Actinobacteridae)、双歧杆菌目(Bifidobacteriales)、双歧杆菌科(Bifidobacteriaceae)、双歧杆菌属(*Bifidobacterium*)。该类菌细胞杆状，常分枝，分叉呈 Y 或 V 形，是严格厌氧型革兰氏阳性菌。可发酵葡萄糖能产生乙酸和乳酸，两种酸的摩尔比例为 3∶2。

瘤胃内容物中经常分离到双歧杆菌，它们包括瘤胃双歧杆菌(*B. ruminale*)，*B. merycicum*，*B. ruminantium*，伪长双歧杆菌(*B. pseudolongum*)，其中 *B. ruminale* 分离到的频率最高。瘤胃中双歧杆菌能水解淀粉，当犊牛采食淀粉类饲料时，其瘤胃中双歧杆菌数量增加。

(三)半纤维素降解细菌

所有纤维降解菌都具有降解半纤维素的能力。另外，还有多毛毛螺菌(*Lachnospira multipara*)、螺旋体(Spirochaetes)和溶糊精琥珀酸弧菌(*Succinivibrio dextinosolvens*)等也具有半纤维素降解活性。

1. 多毛毛螺菌(*Lachnospira multipara*)

多毛毛螺菌隶属于梭菌纲、梭菌目、毛螺旋菌科、毛螺旋菌属(*Lachnospira*)。该菌细胞呈杆状，有时出现螺旋状，排列成非常长的链状，具有侧生单鞭毛，可运动。菌细胞长 2.0～4.0 μm；宽 0.4～0.6 μm，是严格厌氧型革兰氏阳性菌，但常常呈现革兰氏阴性。

该菌可利用果胶、蔗糖、纤维二糖、葡萄糖、果糖等，发酵产物主要有甲酸、乙酸和乳酸，还有氢气和二氧化碳等。该菌生长对 B 族维生素的需要因菌株而异，乙酸可促进生长，氨、氨基酸或肽是生长所需的氮源。植物果胶大量存在能促进多毛毛螺菌的繁殖，因此，在饲喂富含果胶的豆科牧草时该菌在瘤胃中大量存在。

2. 螺旋体纲(Spirochaetes)

螺旋体纲的细菌，是一类菌体细长、柔软、弯曲呈螺旋状、能活泼运动的原核单细胞微生物，在瘤胃中大量存在，在牛瘤胃中其数量可占生物活体总计数的1%～6%，常见于瘤胃纤维分解细菌的分离过程。密螺旋体（*Treponema* spp.）是瘤胃中最主要的螺旋体。以果聚糖为底物可分离到布氏螺旋体（*Treponema bryantii*）和糖螺旋体（*T. saccharophilum*）。

布氏密螺旋体菌细胞呈螺旋杆状，通常长3～8 μm，各端生一根轴丝，革兰氏阴性。生长需要二氧化碳、异丁酸、2-甲基丁酸和B族维生素，而核黄素可促进生长。可发酵果胶、纤维二糖、蔗糖以及单糖等，发酵产物主要为甲酸、乙酸和琥珀酸。

糖密螺旋体菌体呈螺旋状，细胞大，长可达20 μm，具有一股（通常16根）轴丝。生长底物范围广，包括多聚半乳糖醛酸、果胶、可溶性淀粉、糊精、蔗糖、麦芽糖、纤维二糖、葡萄糖醛酸以及单糖等。生长需要异丁酸，戊酸也可促进生长，但无需二氧化碳。以葡萄糖为底物纯培养时，发酵产物主要为甲酸、乙酸和乙醇。

瘤胃中还存在其他种类的大型螺旋体（长12～25 μm），这些螺旋体只能发酵少数底物，如果胶、阿拉伯糖、菊粉和蔗糖。

3. 溶糊精琥珀酸弧菌（*Succinivibrio dextinosolvens*）

溶糊精琥珀酸弧菌隶属于γ-变形菌纲、气单胞菌目、琥珀酸弧菌科、琥珀酸弧菌属（*Succinivibrio*）。该菌最早发现于牛瘤胃，菌细胞呈螺旋杆状，长1.0～8.0 μm，宽0.3～0.8 μm。但在瘤胃液—葡萄糖—纤维二糖固体培养基上培养，菌细胞变成直杆状或稍微呈弧状。具有端生一根鞭毛、能运动，是严格厌氧型革兰氏阴性菌。

溶糊精琥珀酸弧菌主要发酵糊精，也能发酵牧草中的果聚糖，也有菌株具有植物细胞壁降解酶。发酵产物主要有乙酸和琥珀酸，但不产生气体。有的菌株生长时必需氨，有的菌株在氨缺乏时可利用某些氨基酸作为生长所需氮源。有研究表明，当氨浓度低时，氨主要通过高亲和力的谷氨酰氨合成酶途径被利用，当有过量的氨存在时，低亲和力的谷氨酰氨脱氢酶起作用。

（四）蛋白降解细菌

除了主要的纤维降解菌外，大多数瘤胃细菌都具有某些蛋白酶活性。研究最多的是嗜淀粉瘤胃杆菌、溶纤维丁酸弧菌和栖瘤胃普雷沃氏菌。嗜淀粉瘤胃杆菌是目前已知的蛋白降解活性最高的菌株之一，因为它也有淀粉分解能力，所以被认为在淀粉日粮中起重要的作用。溶纤维丁酸弧菌是分离自动物的最主要的蛋白分解菌，当日粮中存在许多不易被降解类型的蛋白时，该菌即会大量繁殖。数量最多的蛋白降解菌可能是栖瘤胃普雷沃氏菌。在不同比例的精粗日粮条件下反刍动物瘤胃中都会存在该属的蛋白降解菌株，但是，一般很难分离到这样的菌株。

（五）脂肪降解细菌

目前，能降解脂肪的已知瘤胃细菌只有脂解厌氧弧杆菌（*Anaerovibrio lipolytica*）。该菌在瘤胃中的主要作用是对脂肪的分解和乳酸的利用，其隶属于梭菌纲、梭菌目、韦荣氏菌科、厌氧弧杆菌属（*Anaerovibrio*）。菌细胞呈弯曲的弧杆状，长1.5～4.0 μm，宽0.3～0.5 μm。单个或成对存在，偶尔聚集成团块。一般端生单鞭毛，也有的菌株有2根或多根鞭毛，能游动，是严格厌氧型革兰氏阴性菌。

脂解厌氧弧杆菌可以利用果糖、甘油、乳酸、核糖、三酰甘油酯和磷脂。其发酵产物随发酵底物而异：发酵甘油时主要产物为丙酸和琥珀酸，还有少量氢气和乳酸；发酵核糖和果糖时产生乙酸、丙酸和二氧化碳，及少量的琥珀酸、氢气和乳酸；*D* 型和 *L* 型乳酸被发酵主要产生乙酸、丙酸和二氧化碳，及少量的琥珀酸和氢气。脂解厌氧弧杆菌生长必需一些氨基酸、叶酸、泛酸盐及盐酸维生素 B_6。

(六)酸利用细菌

1. 乳酸利用菌

瘤胃中的乳酸利用菌主要有：反刍兽新月型单胞菌、埃氏巨球型菌(*Megasphaera elsdenii*)、脂解厌氧弧杆菌和向碱性韦荣氏球菌(*Veillonella alcalescens*)。

(1)埃氏巨球型菌(*Megasphaera elsdenii*) 埃氏巨球型菌隶属于梭菌纲、梭菌目、韦荣氏菌科、巨球型菌属(*Megasphaera*)。该菌原名为埃氏消化链球菌(*Peptostreptococcus elsdenii*)，菌细胞直径 2.4～3.0 μm，不能运动，一般成对或成链存在，是一种严格厌氧革兰氏阴性菌。

埃氏巨球型菌主要存在于幼畜和饲喂高谷物日粮的成年动物的瘤胃中。可利用葡萄糖、果糖和乳酸进行生长，还可利用麦芽糖和甘露醇。乳酸发酵主要产生丙酸、丁酸、异丁酸、戊酸、二氧化碳，还有少量氢气和微量己酸。葡萄糖发酵时主要产生己酸和甲酸，以及少量的乙酸、丙酸、丁酸和戊酸。发酵产物中还有一些醇类化合物。该菌生长需要氨基酸为氮源，酵母浸膏提供生长因子，而乙酸可促进其生长。

埃氏巨球型菌在瘤胃中的作用主要在于 *D* 型和 *L* 型乳酸的发酵。这种能力与日粮和动物有关。有研究表明，该菌的乳酸发酵作用不受葡萄糖或麦芽糖调节，因此该菌对乳酸的利用随可溶性糖的增加而增加。与埃氏巨球型菌不同，反刍兽新月形单胞菌及其他乳酸利用细菌发酵乳酸的能力因可溶性糖的增加受到抑制。埃氏巨球型菌的不同菌株对底物的选择存在差异。Hino 等(1994)报道了一株菌株，优先发酵乳酸产生丙酸，然后才发酵葡萄糖，并且发酵葡萄糖不产生丙酸。

另外，埃氏巨球型菌还具有使氨基酸脱氨和脱羧作用，在瘤胃支链挥发性脂肪酸的形成过程中起重要作用。该菌对莫能菌素、拉斯洛德、来德洛霉素等离子载体抗生素不敏感。

(2)向碱性韦荣氏球菌(*Veillonella alcalescens*) 向碱性韦荣氏球菌隶属于梭菌纲、梭菌目、韦荣氏菌科、韦荣氏球菌属(*Veillonella*)。这是瘤胃中很小的一种球菌，直径只有 0.3～0.5 μm，不运动，通常单个、成对存在，偶尔出现群聚现象，但很易散开，严格厌氧型革兰氏阴性菌。根据 DNA 杂交研究，该菌被重新命名为 *V. parvula*。与埃氏巨球型菌相似，向碱性韦荣氏球菌细胞膜磷脂含有磷脂酰丝氨酸、磷脂酰乙醇胺和缩醛磷脂。

分离自瘤胃的向碱性韦荣氏球菌不能发酵糖类物质，但能发酵 *D* 和 *L* 型乳酸、丙酮酸、*L*-苹果酸、延胡索酸和 *D*-酒石酸，能使琥珀酸脱羧基化产生丙酸和二氧化碳。该菌能利用乳酸，发酵产物为乙酸、丙酸、二氧化碳和氢气，对采食高淀粉精料动物避免瘤胃乳酸积累具有一定意义，但是该菌在瘤胃中的数量少，因此其在瘤胃中的作用不如埃氏巨球型菌。

(3)痤疮丙酸杆菌(*Propionibacterium acens*) 痤疮丙酸杆菌隶属于放线菌纲、放线菌目(Actinomycetales)、丙酸杆菌科(Propionibacteriaceae)、丙酸杆菌属(*Propionibacterium*)。该菌细胞呈多态现象，单体有时呈棍棒状，单个或成对或呈 V 形和 Y 形。细胞长 0.9～1.2 μm，宽 0.4～0.5 μm，是厌氧型革兰氏阳性菌。能发酵乳酸产生丙酸。

(4)梭杆菌属(*Fusobacterium*) 梭杆菌属隶属于梭杆菌纲(Fusobacteria)、梭杆菌目(Fusobacteriales)、梭杆菌科(Fusobacteriaceae)、梭杆菌属(*Fusobacterium*)。菌细胞似梭状，或弯曲和直杆状，长 5.0～10.0 μm，宽 1.0～3.0 μm，单个或成对存在，是严格厌氧型革兰氏阴

性菌。

2. 产琥珀酸弧菌(*Vibrio succinogenes*)

产琥珀酸弧菌隶属于γ-变形菌纲、弧菌目(Vibrionales)、弧菌科(Vibrionaceae)、弧菌属(*Vibrio*)。该菌菌体短小,弯曲成弧状或逗号状,长3.0 μm,宽0.6 μm,端生一根鞭毛,单体和成对存在,有时排列成螺旋形的链状,严格厌氧型革兰氏阴性菌。

产琥珀酸弧菌在瘤胃中数量少,其主要意义在于它能利用中间发酵产物如氢气、甲酸、延胡索酸和苹果酸进行氧化还原反应。该菌通过氧化氢气或甲酸提供电子,还原延胡索酸和果酸,产生琥珀酸和二氧化碳,将硝酸盐等还原成亚硝酸盐或氨,能将硒酸盐和亚硒酸盐还原成元素硒。该菌还能还原*L*-天冬氨酸、*L*-天冬酰氨、硫、阿魏酸等。虽然该菌的主要发酵产物为琥珀酸,而琥珀酸的产生可促进瘤胃中一氧化二氮转化为氮气,但是由于数量有限,因此该菌的意义尚待深入研究。瘤胃中苹果酸、延胡索酸或硝酸盐的浓度可能限制了该菌的生长。

3. 其他的酸利用菌

Succiniclasticum ruminis 是 VanGylswyk 于 1995 年从牛瘤胃中分离,菌细胞短杆状,长1.8 μm,宽0.3~0.5 μm。该菌能使琥珀酸转化成丙酸,可能是瘤胃微生物区系的正常菌。

Oxalobacter formigenes 是杆状的革兰氏阴性菌,长1.2~2.5 μm,宽0.4~0.6 μm,能利用草酸、氨基酸等,在瘤胃中可能具有去除植物次生代谢物毒性的作用。

Acidaminococcus fermentans 为革兰氏阴性的双球菌,不能运动,能利用谷氨酸、柠檬酸和植物次生代谢物反乌头酸等。反乌头酸能络合镁,因此,该菌能分解反乌头酸从而对动物的健康非常重要。

(七)乳酸产生细菌

乳酸是瘤胃中重要的中间产物,它可由很多细菌产生,但目前一般认为瘤胃中产乳酸较多的是牛链球菌和乳酸杆菌(*Lactobacillus* species),还有 *Mitsuokella multiacidus*。

1. 乳酸杆菌(*Lactobacillus* species)

乳酸杆菌隶属于芽孢杆菌纲、乳杆菌目、乳杆菌科(Lactobacillaceae)、乳酸杆菌属(*Lactobacillus*)。乳酸杆菌通常存在于幼龄尤其是哺乳期反刍动物以及饲喂精饲料的成年动物。瘤胃中乳酸杆菌种类很多。常分离到的耐氧的乳酸杆菌有嗜酸乳酸杆菌(*L. acidophilus*)、干酪乳酸杆菌(*L. casei*)、发酵乳酸杆菌(*L. fermentum*)、胚芽乳酸杆菌(*L. plantarum*)、布氏乳酸杆菌(*L. buchneri*)、短乳酸杆菌(*L. brevis*)、*L. cellobiosus*、*L. helveticus*、*L. salivarius* 等。

最早分离到的厌氧的乳酸杆菌是瘤胃乳酸杆菌(*L. ruminis*)和小牛乳酸杆菌(*L. vitulinus*)。瘤胃乳酸杆菌细胞长1.0~2.0 μm,宽0.5~0.7 μm,往往呈单体存在,具有稀疏的周鞭毛,因此可运动,革兰氏染色为阳性。可发酵麦芽糖、纤维二糖、蔗糖以及单糖,属同型发酵,发酵产物主要为*L*型乳酸。小牛乳酸杆菌革兰氏阳性,细胞长0.8~3.0 μm,宽0.5~0.6 μm,单体或成对存在,无鞭毛,不运动,发酵底物范围除与瘤胃乳酸杆菌的相同外,还可利用乳糖,同型发酵,发酵产物为*D*型乳酸。

乳酸杆菌一般是无害的共生菌,但在瘤胃中常由于产生大量乳酸,与瘤胃乳酸中毒有关。

2. *Mitsuokella multiacidus*

Mitsuokella multiacidus 隶属于梭菌纲、梭菌目、韦荣氏菌科、光冈菌属(*Mitsuokella*)。该菌原名 *Bacteroides multiacidus*,后被重新被命名为 *Mitsuokella multiacidus*。菌细胞无鞭毛,是革兰氏阴性菌杆菌。该菌利用的底物范围广,乳酸是其主要发酵产物。但该菌在瘤胃

中的数量分布还不清楚。

(八)其他瘤胃细菌

1. 脱硫弧菌(*Desulfovibrio*)

脱硫弧菌隶属于δ-变形菌纲(Deltaproteobacteria)、脱硫弧菌目(Desulfovibrionales)、脱硫弧菌科(Desulfovibrionaceae)、脱硫弧菌属(*Desulfovibrio*)。该属细菌细胞呈弧杆状,有时呈S形,具有端生鞭毛,严格厌氧型革兰氏阴性菌。能还原硫酸盐和其他硫化物,在含铁盐乳酸—硫酸—琼脂培养基内培养,产生黑色菌落,能氧化乳酸、丙酮酸和苹果酸盐生成乙酸和二氧化碳。

2. 瘤胃脱硫肠状菌(*Desulfotomaculum ruminis*)

瘤胃脱硫肠状菌隶属于梭菌纲、梭菌目、消化球菌科(Peptococcaceae)、脱硫肠状菌属(*Desulfotomaculum*)。菌细胞呈直杆状或弧杆状,长3.0～7.0 μm,宽0.3～0.5 μm。菌细胞的两端呈圆形,单独或成对存在,鞭毛分布在菌细胞体表的周围,内生孢子呈卵圆形或圆形,通常位于菌细胞的一端,是严格厌氧型革兰氏阴性菌。当还原硫酸时,氧化乳酸和丙酮酸、亚硫酸盐,可还原硫化物生成硫化氢。当硫酸不足时,该菌也可利用丙酮酸。

3. *Oscillospira guillermondii*

Oscillospira guillermondii 隶属于芽孢杆菌纲、乳杆菌目、颤螺旋菌科(Oscillospiraceae)、颤螺旋菌属(*Oscillospira*)。该菌体是一种圆头大型杆菌,长达10.0～50.0 μm,宽2.0～8.0 μm,在细胞壁上有许多横向的空隙,使菌细胞体呈现横斑状。内生孢子1个或2个,位于菌细胞的中央,它的长度3.0～5.0 μm。在宿主动物放牧的草场上经常发现这种颤螺菌属的内生孢子。可能是厌氧的,因为菌细胞暴露到空气即停止了能动性,是革兰氏阴性菌。

4. 消化链球菌属(*Peptostreptococcous* species)

消化链球菌属隶属于梭菌纲、梭菌目、消化链球菌科(Peptostreptococcaceae)、消化链球菌属(*Peptostreptococcous*)。幼年反刍动物瘤胃内常有消化链球菌存在,它们具有氨基酸脱氨基酶活性,可使苏氨酸、精氨酸脱氨基。Chen等(1988)发现,消化链球菌属的一菌株不仅具有高活性的产氨活性,而且在以肽或氨基酸为唯一能量来源时能迅速生长,该菌株后被鉴定为*P. anaerobius*。

二、瘤胃原虫

原虫即原生动物,是单细胞的真核生物,最原始最简单的动物,生物学上分为鞭毛纲(Mastigophora)、肉足纲(Sarcodina)、孢子纲(Sporozoa)和纤毛纲(Ciliata)四个纲。瘤胃原虫分属于鞭毛虫(Flagellateprotozoa,简称flagellates)和纤毛虫(Ciliateprotozoa,简称ciliates),鞭毛虫多存在于出生不久的反刍动物中,但随着动物日龄的增加,鞭毛虫的数量减少,成年后反刍动物体内的主要原虫类群为纤毛虫。纤毛虫是原虫中结构最复杂、种类最多的一个门,以纤毛为运动胞器,多数种类终生全身被有纤毛,虫体可分为质膜、胞质和胞核。瘤胃纤毛虫种类繁多,分类至今没有统一标准,一般将其分成毛口目(Trichostomatida)、全毛目(Holotticha)和内毛目(Entodinomorphida)三大类,其中内毛目中的内毛属(*Entodinium*)及全毛目中均毛属(*Isotricha*)和密毛属(*Dasytricha*)纤毛虫研究较多。健康动物瘤胃内容物纤毛虫种类和数量会因宿主的饲喂条件、生理等因素的变化而发生变动,健康动物每毫升瘤胃内

容物约含 10^5～10^6 个纤毛虫。根据形态学研究，一头牛瘤胃内至少有 20 种的原虫，反刍动物瘤胃内总的原虫大约有 250 种。然而，根据分子生物学技术发现，原虫种类要远远多于以前报道的 250 种。尽管原虫数量相对于细菌和产甲烷菌较少，但其个体较大，因此其生物量可占到总瘤胃微生物的 50%或更多，达到瘤胃内容物总重量的 20%。

瘤胃纤毛虫可直接利用植物纤维素和淀粉，将其转变成挥发性脂肪酸。据 Hobson 和 Stewart(1997)估计，原虫可消化瘤胃内 1/3 的纤维。Kasuya 等(2007)的研究表明，原虫主要影响次级细胞壁的降解。瘤胃纤毛虫能吞食大颗粒的淀粉和瘤胃细菌，降低瘤胃细菌消化淀粉的速率，可防止淀粉迅速发酵引起瘤胃 pH 迅速下降引起的不良后果。此外，瘤胃原虫还有抗氧化的作用，有利于消除瘤胃微量的溶解氧。纤毛虫还能吞食瘤胃真菌的菌体、游动孢子和孢子囊。原虫对细菌和真菌的吞食可能有助于细菌和真菌蛋白在瘤胃中的转化。瘤胃纤毛虫的繁殖速度非常快，在正常的反刍动物瘤胃内，每天能增加 2 倍，并以相同的数量流到后面的皱胃和小肠，作为蛋白营养源被宿主消化吸收。另一方面，有人认为原虫对宿主动物营养并无显著影响，驱除可以减少瘤胃甲烷的产生，还可以提高反刍动物对蛋白质的利用效率。

(一)瘤胃纤毛虫

瘤胃纤毛虫经常保持比较稳定的形状，一般多近似卵圆、椭圆、侧扁椭圆形等，通过虫体的中心的长轴可分为两极：顶端或前端和后端。虫体的体表上覆盖着细长的纤毛，是用于游泳运动和摄食的细胞器。瘤胃纤毛虫的生殖可分为无性和有性生殖。无性生殖是横二分裂，在光学显微镜下观察新鲜的瘤胃内容物，可以看到这种分裂生殖；有性生殖是接合生殖，但在新鲜的瘤胃内容物内很难被发现。虫体的大小(或体长)通常介于 20～200 μm。

1. 布契利属(*Buetschliium*)

布契利属属裸口亚纲(Cymnostomata)原口目(Prostomatida)初口亚目(Archistomatina)布契利科(Buetschliidae)，此属仅有一种即小布契利虫(*Buetschliium parva*)。小布契利虫是一种栖息在水牛瘤胃内、且出现的频率比较低的纤毛虫，虫体较小而近卵形，但顶端扁平，胞口位于顶端。除围口纤毛较长外，体表被有均匀等长的纤毛，大核呈圆形，如图 2-3 所示。在体内前部有一个结石泡，后部有一个伸缩泡。体长(从顶端至后端胞肛之间的距离)30～40 μm，体宽(与虫体中心长轴相垂直最宽处)20～30 μm。

2. 等毛虫属(*Isotricha*)

等毛虫属属于前庭亚纲(Vestibulifera)毛口目毛口亚目(Trichostomatin)等毛科(Isotrichidae)，包括原口等毛虫(*I. prostoma*)和肠等毛虫(*I. intestinalis*)两种。广泛地发现于反刍动物的瘤胃内。

原口等毛虫的虫体近似略扁长椭圆形，体表有等长的纤毛。口部位于端顶。大核呈杆状而稍微弯曲，并且大核上有一根细纤维丝即核带(karyophore)附着在体内前面的表膜下，把它悬挂而固定在前腔的附近。伸缩泡 2～4 个，并成行排列在体内的后半部，如图 2-4 所示。虫体较大，体长 108～207 μm，体宽 73～128 μm。

肠等毛虫的虫体似椭圆形，口部位于距顶端 1/3 处，大核由核带固定在体内中部近前庭腔的附近，如图 2-5 所示。大核略似三角形，体长 135～200 μm，体宽 108～155 μm。这种瘤胃纤毛虫不仅栖息在反刍动物的瘤胃内，而且在马的肠道内也有发现。

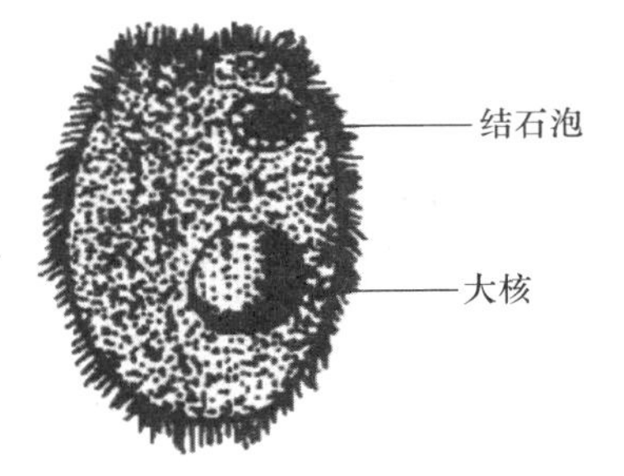

图 2-3　小布契利虫

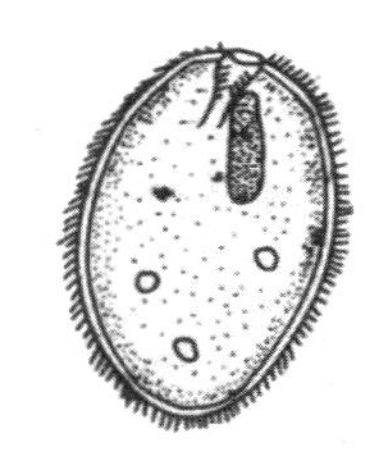

图 2-4　原口等毛虫

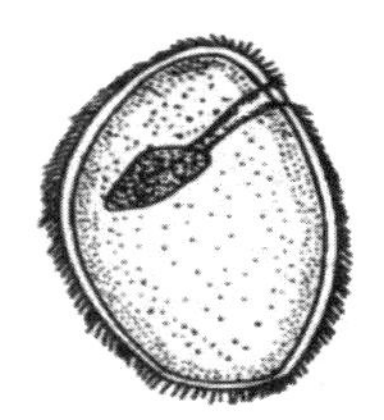

图 2-5　肠等毛虫

3. 厚毛虫属(*Dasytricha*)

厚毛虫属属于前庭亚纲毛口目毛口亚目等毛科，仅一种即反刍厚毛虫(*D. ruminantium*)。反刍厚毛虫的虫体呈略扁椭圆形，体表被有非常稠密的等长纤毛。口部位于虫体的顶端，大核呈椭圆形，而在体内没有固定的位置，如图 2-6 所示。只有一个伸缩泡。虫体较小，体长 60～100 μm，体宽 38～53 μm。广泛地发现在反刍动物的瘤胃内。

4. 寡等毛虫属(*Oligoisotricha*)

寡等毛虫属属于前庭亚纲毛口目毛口亚目等毛科，仅一种即水牛寡等毛虫(*O. bubali*)。水牛寡等毛虫的体型呈扁卵圆形，在虫体后部的体表有 1/6 的区域没有纤毛分布，其余的体表均被有等长的纤毛，所以体纤毛有所减少，如图 2-7 所示。此外，在虫体后端有一向内凹陷的浅沟。大核呈椭圆，没有核带，只有一个伸缩泡位于虫体内的后部，虫体较小，体长 12～20 μm，体宽 8～15 μm。广泛地发现在反刍动物的瘤胃内。

5. *Charoina*

此属属于前庭亚纲毛口目盔毛亚目(Belpharocorythina)盔毛科(Belpharocorythina)。盔毛科的瘤胃纤毛虫，主要栖息在马的盲肠和结肠内。栖息在反刍动物的瘤胃内只有一种，即 *C. vetriculi*。

C. vetriculi 主要存在于牛、水牛的瘤胃内，羊瘤胃中稀少，其虫体一般较长，顶端有一个明显的叶状隆起，类似头盔，如图 2-8 所示。口部位于顶端隆起的一侧。前庭腔很长，而深深伸入虫体的内部。体纤毛较少，只分布虫体的前部和后部。大核呈椭圆形，只有一个伸缩泡位于体内的后部，虫体较小，体长 28～46 μm，体宽 9～15 μm。

6. 内毛属(*Entodinium*)

内毛属属于前庭亚纲内毛目毛头科(Ophryoscolecidae)内毛亚科(Entodiniinea)，是瘤胃纤毛虫分类种类最多的一属，约有 50 种广泛地栖息于反刍动物瘤胃内、以及奇蹄目动物的消化道内。现将常见的种类及其特征简述如下。

短小内毛虫(*E. exiguum*)的虫体较小而呈扁圆形，但前端扁平。大核短粗，并位于右面的体表下面，伸缩泡位于大核的前端，虫体的体长 22～28 μm，体宽 14～18 μm(图 2-9)。这种瘤胃纤毛虫普遍存在于反刍动物瘤胃中。

Entodinium nanellum 的形态结构与上述短小内毛虫相似，但虫体较长。大核似杆状，其长度近体长的 1/3。体长 32～45 μm，体宽 18～28 μm(图 2-10)。这种瘤胃纤毛虫普遍存在于反刍动物瘤胃中。

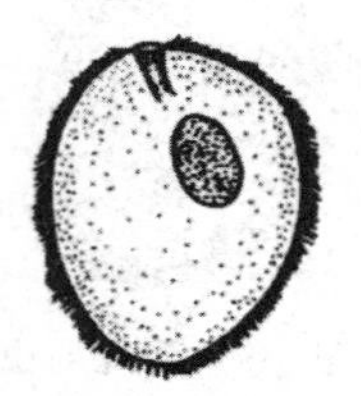
图 2-6　反刍厚毛虫

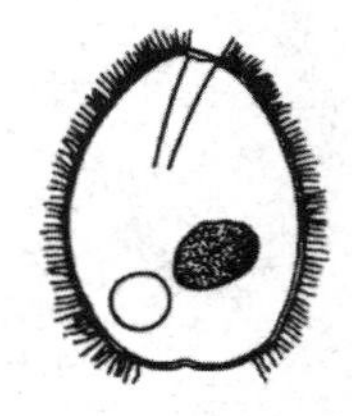
图 2-7　水牛寡等毛虫

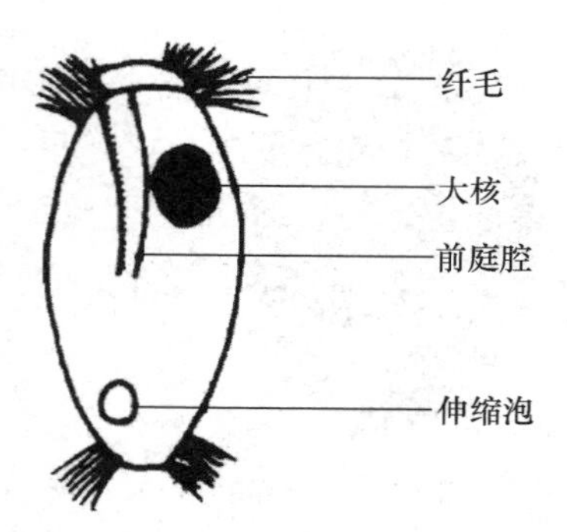

图 2-8　*Charoina vetriculi*

最小内毛虫(*E. minimum*)的虫体左右两面不对称,右面向外凸形成凸面,左面后半部略呈凹面,体后部变细。大核呈杆状,紧靠右面的体表下,其长度是体长的一半。只有一个伸缩胞位于大核的前端。体长 32～50 μm,体宽 20～30 μm(图 2-11)。最小内毛虫虽然也发现栖息在较多的宿主,但不是普遍存在。

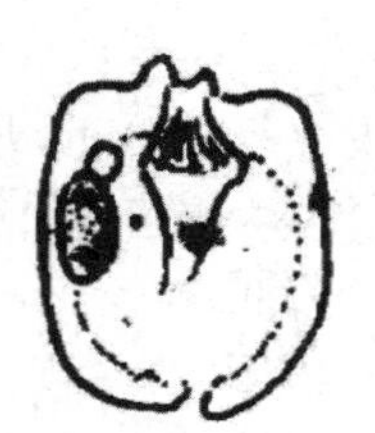
图 2-9　短小内毛虫

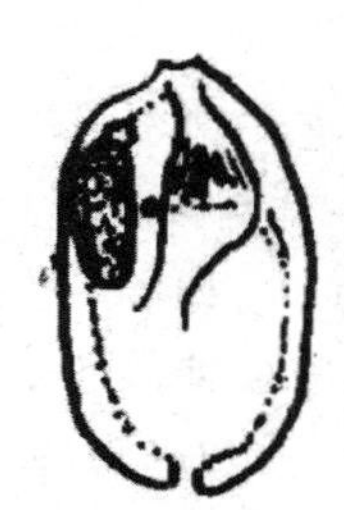
图 2-10　*Entodinium nanellum*

图 2-11　最小内毛虫

小内毛虫(*E. parvum*)是普遍存在于各种宿主体内的瘤胃纤毛虫,其虫体近似长椭圆形,从上面或底面观察,体型几乎是左右对称。大核很长,紧靠右面的体表下,其长度超过体长的 2/3(图 2-12)。体长 32～55 μm,体宽 20～30 μm。

牛内毛虫(*E. bovis*)栖息在牛的瘤胃内,其虫体呈扁圆形,其厚度不超过 6～10 μm。大核呈杆状,其长度是体长 3/4,前庭腔向大核方向弯曲。伸缩泡位于大核前端(图 2-13)。体长 26～38 μm,体宽 24～31 μm。

简单内毛虫(*E. simplex*)是在多种宿主体内发现的瘤胃纤毛虫,但不太普遍。此种虫体扁椭圆形,但体前端平直,而后端较圆。大核杆状,但前端较粗,而向后逐渐变细,其长度为体表的 1/3,伸缩泡靠近大核的前端(图 2-14)。体长 38～50 μm,体宽 24～31 μm。

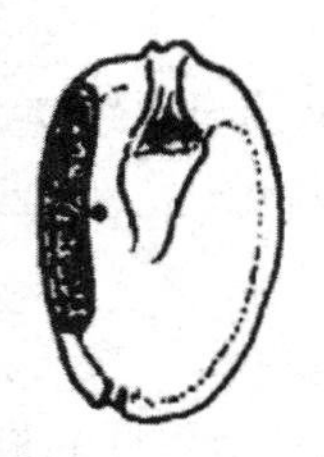
图 2-12　小内毛虫

图 2-13　牛内毛虫

a. 虫体底面观　b. 虫体上面观

Entodinium dubardi 是一种在多种宿主体内发现，但在反刍动物瘤胃中较稀少的瘤胃纤毛虫，其虫体呈扁椭圆形。大核杆状，但前后端较粗，而中部较细，并且位于体后右面表膜的下面(图 2-15)。体长 38～50 μm；体宽 21～29 μm。

Entodinium chattenjeei 是栖息在牛、水牛和山羊的瘤胃内的瘤胃纤毛虫，其虫体似长椭圆形，靠近口部的纤毛带缩回时，深深地陷入内部。大核呈卵圆形，体积非常大，并且位于虫体右面表膜下的外质内。伸缩泡位于右面的前端表膜的外质内(图 2-16)。体长 26～35 μm，体宽 15～18 μm。

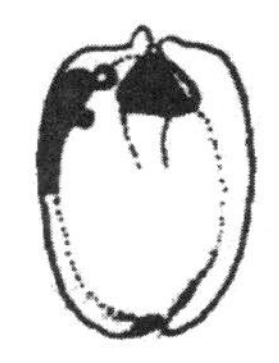

图 2-14　简单内毛虫

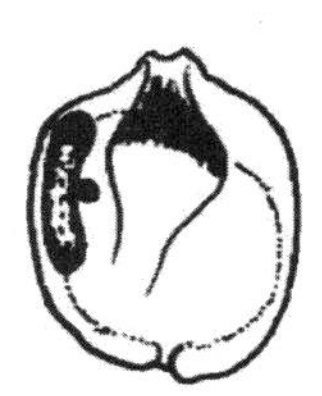

图 2-15　*Entodinium dubardi*

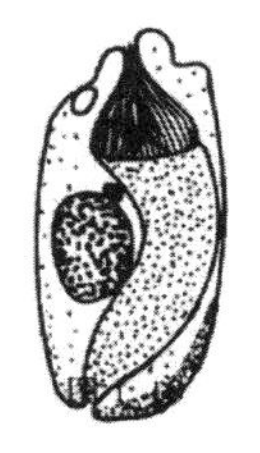

图 2-16　*Entodinium chattenjeei*

双凹内毛虫(*E. biconcavum*)是在牛和水牛的瘤胃内发现的瘤胃纤毛虫。其虫体似扁圆形，在右面的体表后部(大核的后端至胞肛)位置上，有一部分表膜和外质深陷到内质，结果形成较大的双凹面区，此外在体后端左面有一个肥胖叶状突起，而在后端右面略向内凹陷。大核杆状，其长度近体长的一半，伸缩泡位于大核前部的一侧(图 2-17)。体长 28～41 μm，体宽 22～28 μm。

绵羊内毛虫(*E. ovinum*)通常被发现在各种宿主体内，其虫体的体型是比较标准的长卵圆形。大核呈杆状，较长其长度超过体长的 2/3，并且位于虫体右面的体表的下面，伸缩泡位于大核前面的左侧(图 2-18)。体长 50～65 μm，体宽 30～40 μm。

囊袋内毛虫(*E. bursa*)主要栖息在家畜反刍动物的瘤胃内，体型近卵圆形，是最大的内毛属种类。当近口纤毛带外露时，虫体类似一个口袋。由于它吞食其他瘤胃纤毛虫，因此又称贪食内毛虫(*E. vorax*)。在新鲜的瘤胃内食糜中，可以看其虫体内吞食的其他瘤胃纤毛虫。大核呈杆状，其长度为体长 3/4，伸缩泡位于大核的左面(图 2-19)。体长 80～115 μm，体宽 70～90 μm。

长核内毛虫(*E. longinucleatum*)在许多宿主体内都有发现。从虫体的上面或底面观察，体型呈卵圆形，体前端扁平，它最明显的特征就是大核很长，位于虫体右面正中线体表下面的外质内，其长度从体前端一直延伸到后端(图 2-20)。但存在个体差异，有的个体大核并没有那么长。体长介于 80～110 μm，体宽(从上面或底面)40～80 μm。

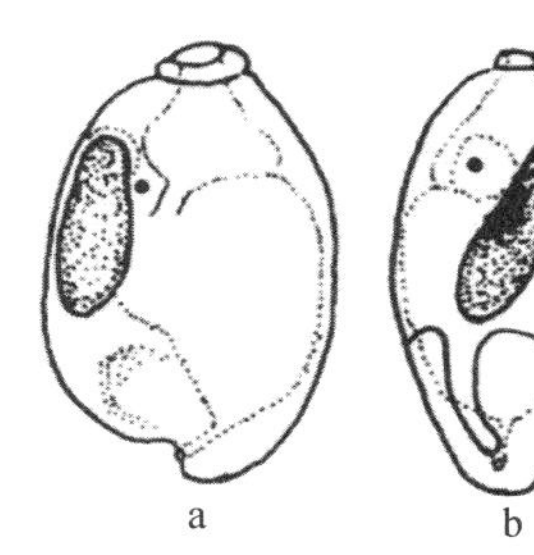

图 2-17　双凹内毛虫

a. 虫体底面观　b. 虫体的右面观

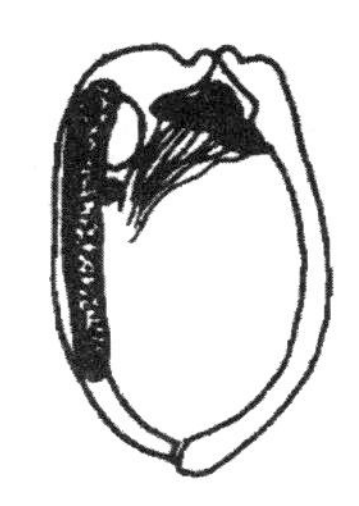

图 2-18　绵羊内毛虫

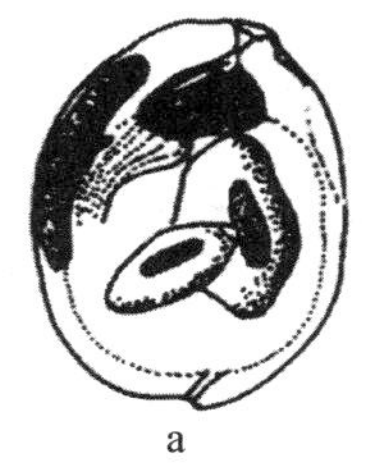

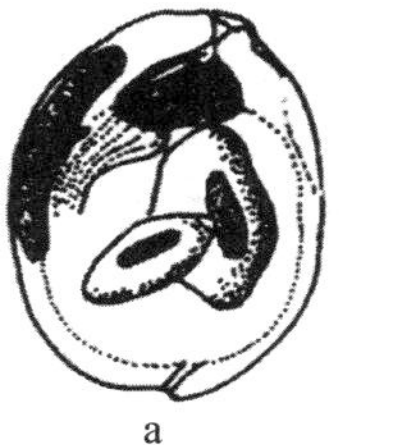

图 2-19　囊袋内毛虫

a. 虫体底面观　b. 虫体的上面观

菱形内毛虫(*E. rhoboideum*)主要栖息在牛、水牛的瘤胃内，从虫体的上面或底面观察，体型略似菱形或斜方形。大核呈杆状，但其前端较粗，向后逐渐变细，紧贴体右面前部表膜的下面，其长度近体长的 2/3(图 2-21)。体长 30～40 μm，体宽(底面或上面)28～27 μm，体右面或左面宽度 21～30 μm。

双乳突内毛虫(*E. bimastus*)发现于牛、水牛的瘤胃内，虫体卵圆形，体后部变细并以直肠至胞肛为中线，分成左右两个宽长方形的尾叶。大核呈杆状而较长，其长度超过体长的 3/4(图 2-22)。虫体的体长 40～60 μm，体宽 25～40 μm。

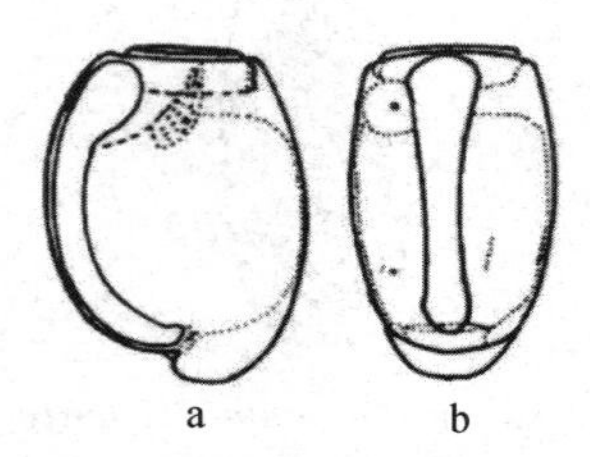

图 2-20　长核内毛虫

a. 虫体底面观　b. 虫体右面观

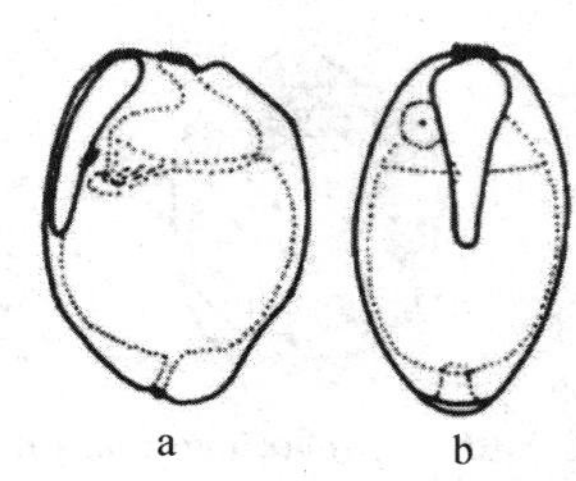

图 2-21　菱形内毛虫

a. 虫体底面观　b. 虫体右面观

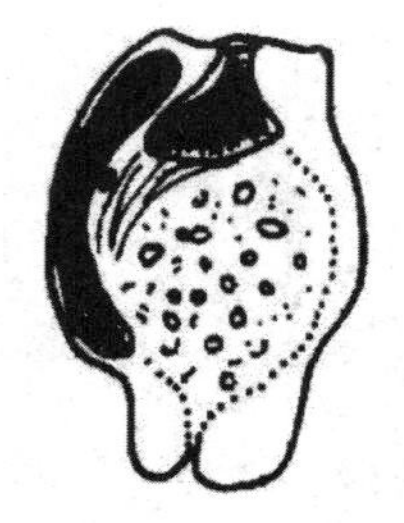

图 2-22　双乳突内毛虫

Entodinium ogimtio 发现于水牛的瘤胃内，从虫体的上面或底面观察，体型似矩形或方形，在体后端的左右两面各有 1 个扁平三角尾叶，但左叶较宽大，直肠和胞肛即位于两叶的中间。大核杆状，但前端较粗，其长度约体长的 1/2。伸缩泡恰好位于大核的前端，前庭腔向大核方面弯曲(图 2-23)。虫体的体长 30～47 μm，体宽 22～25 μm。

钩状内毛虫(*E. rostratum*)在较多的宿主体内都有发现，体型的左右两面不对称。右面形成凸面，左面略呈凹面，而体前端扁平。其最明显的特征，就是体后端的左面有一个较粗的钩状尾刺。大核杆状，位于体左面表膜下的中线上，其长度 21 μm。伸缩泡位于大核的前端(图 2-24)。体长 24～45 μm，体宽 18～21 μm，左右两面宽 16～20 μm。

二裂内毛虫(*E. bifidum*)通常发现于牛、水牛的瘤胃内。从虫体上面或底面观察，体型略似椭圆形，在虫体右面的后部有由体表直下陷形成的一条凹沟，将体表裂分为二。此外在体后端的左面有两根尾刺。大核在个体之间存在着变异，通常从卵圆形到杆状(图 2-25)。体长 30～40 μm，体宽 20～25 μm，左右两面宽 17～20 μm。

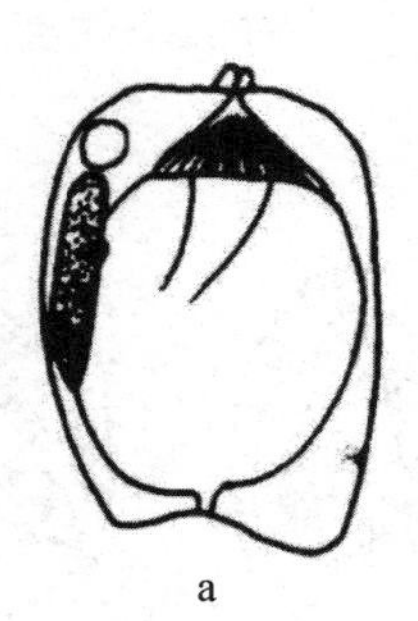

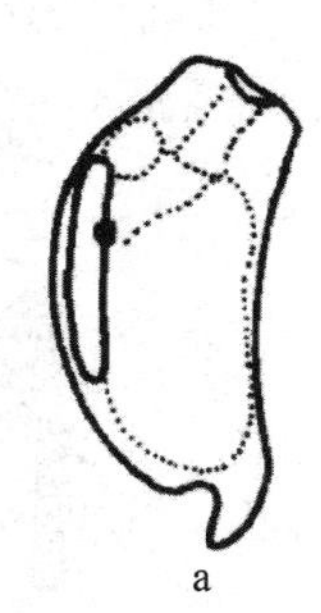

图 2-23　*Entodinium ogimtoi*

a. 虫体底面观　b. 虫体上面观

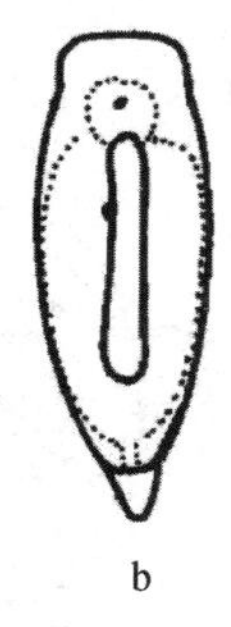

图 2-24　钩状内毛虫

a. 虫体底面观　b. 虫体右面观

双叶内毛虫(*E. dilobum*)常发现于家畜反刍动物的瘤胃内。虫体近似长卵圆形,其最明显的特征是:虫体后端左右两面,各有一个短、宽的叶片状的尾刺。大核杆状,其长度通常超过体长的一半(图 2-26)。体长 50～56 μm,体宽 30～40 μm。

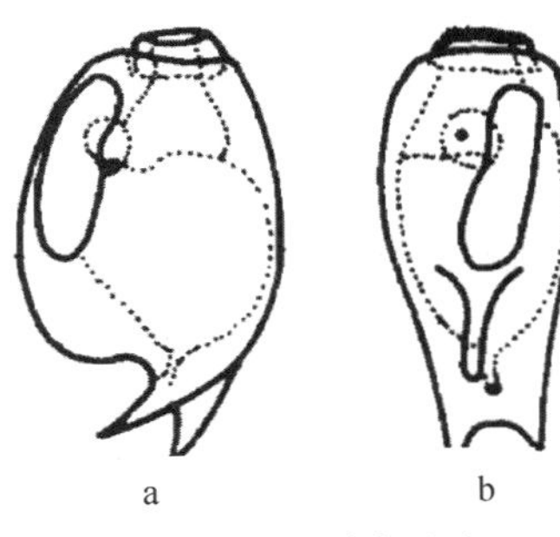

a　　b

图 2-25　二裂内毛虫

a. 虫体底面观　b. 虫体右面观

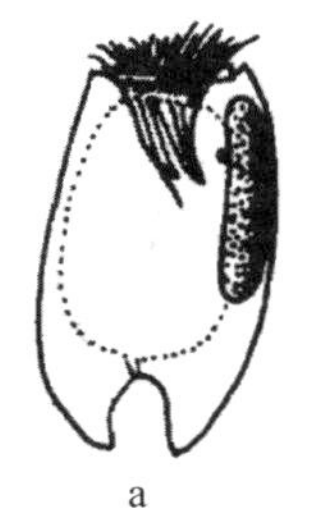

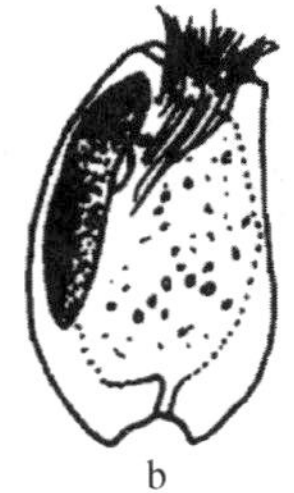

a　　b

图 2-26　双叶内毛虫

a. 虫体左面观　b. 虫体右面观

Entodiniumfujitai 发现于水牛的瘤胃内,从虫体上面或底面观察体型不对称,右面明显地形成凸面,左面的中部略呈凹面,在体后端左右两面各有一个向体中线弯曲的尾刺,左尾刺强烈弯曲成钩状,并且被右面弯曲的尾刺所包围。大核较短,而位于右面前部体表的下面(图 2-27)。体长 23～32 μm,体宽 18～25 μm,尾刺长 3～6 μm。

弯凸内毛虫(*E. gibberosum*)也发现于水牛的瘤胃内,从虫体底面观察,在身体前部的左右两面均呈凸状,或形似驼背(gibberosum)。但右面比左面弯凸更强烈。体后端的左右两面各有一根向内弯曲的尾刺,但左面一根较长。大核杆状较长,在它的前端形成一个凹陷的缺口,而且位于体右面中线的表膜下,伸缩泡位大核前端的上面(图 2-28)。体长 38～51 μm,体宽 22～35 μm,左右两面宽 20～28 μm。

水牛内毛虫(*E. bubalum*)是在水牛瘤胃内发现的一种瘤胃纤毛虫,从虫体的上面或底面观察,体型似椭圆形,但前端扁平。体后端的上面和底面各有一根弯曲的尾刺,彼此紧密的靠在一起,并均向右方弯曲,但上面偏右的一根尾刺较短,而底面偏左的一根尾刺较长。大核似香肠状,其长度是体长的 2/3(图 2-29)。小核椭圆,位于距大核前端 1/3 上面左侧的位置,伸缩泡靠近大核的前端。体长 24～45 μm,体宽 20～25 μm,尾刺 5～13 μm。

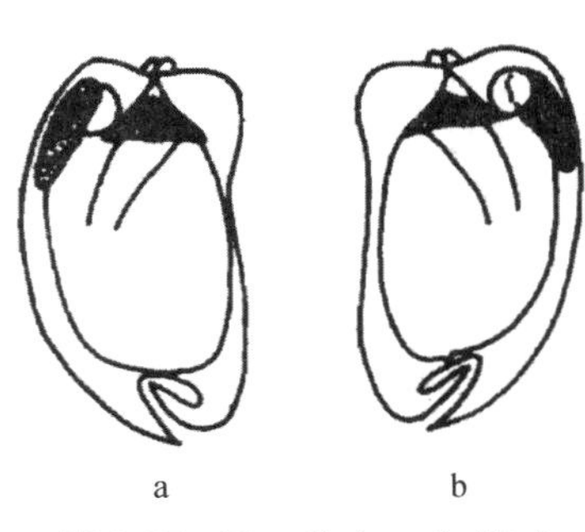

a　　b

图 2-27　*Entodinium fujitai*

a. 虫体底面观　b. 虫体上面观

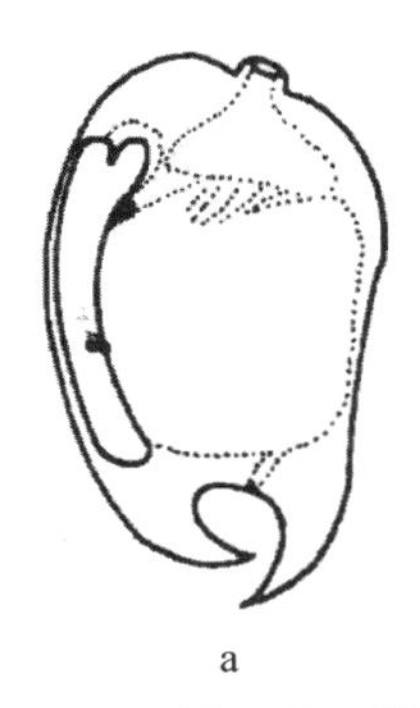

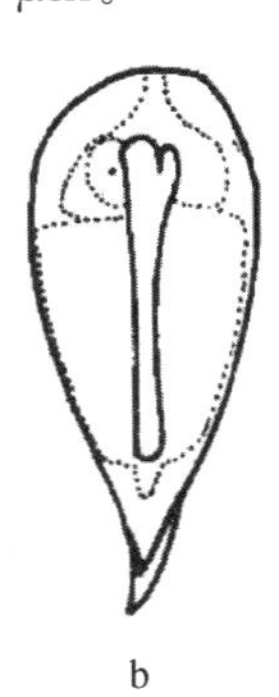

a　　b

图 2-28　弯凸内毛虫

a. 虫体底面观　b. 虫体右面观

Entodinium acutonucleatum 存在于牛和水牛的瘤胃内，从虫体的底面观察，体型似卵圆形，但右面明显的呈凸面，左面稍微呈凸面。体后端有两根弯曲的尾刺，一根位于右面，另一根位于左面。大核杆状很长，其长度与前面所述的长核内毛虫的大核很相似，同样位于右面中线体表的下面的外质内（图 2-30）。体长 25～29 μm，体宽 22～28 μm，左右两面宽度为 18～23 μm。

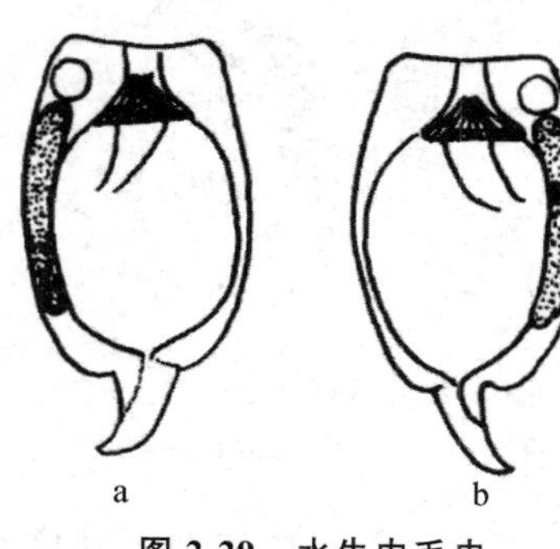

图 2-29　水牛内毛虫

a. 虫体底面观　b. 虫体上面观

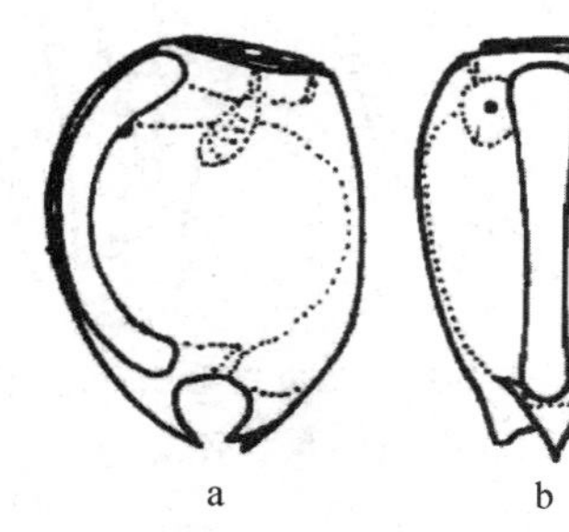

图 2-30　*Entodinium acutonucleatum*

a. 虫体底面观　b. 虫体右面观

皮刺内毛虫（*E. aculeatum*）发现于牛和水牛的瘤胃中，从虫体的底面观察，体型似卵圆形。在体后端由表膜向体外延伸的三根尾刺（皮刺），位于右面一根尾刺从底面观察虫体时看起来比较短，其他两根尾刺位左面的上下两侧。大核杆状较短，长度近体长的一半，并且位于前端右面的体表下面（图 2-31）。体长 30～40 μm，体宽 22～35 μm，左右两面宽 20～28 μm。

印度内毛虫（*E. indicum*）存在于牛和水牛的瘤胃中，从虫体的底面观察，体型似椭圆形。体后端有三根形似长三角形的尾刺，较长且大的一根位于虫体的上面，而且胞肛开口在它的基部，另两根短的尾刺位于底面两侧。大核呈杆状，位于右面中线的体表下面的外质内。小核紧靠大核左侧的中部（图 2-32）。体长 38～51 μm，体宽 22～35 μm，左右两面宽 20～28 μm。

Entodinium tsunodia 发现于水牛的瘤胃内，从虫体的上面或底面观察，虫型似卵圆形，但体前端扁平。体后端有四根弯曲的尾刺，其中两根分别位于左面和右面，另外两根位于虫体的上面，并且其中一根较长，其他三根尾刺大小相似。大核似杆状，长度是体长 3/4。伸缩泡紧接在大核的前端（图 2-33）。体长 28～40 μm，体宽 23～28 μm，尾刺长 8～13 μm。

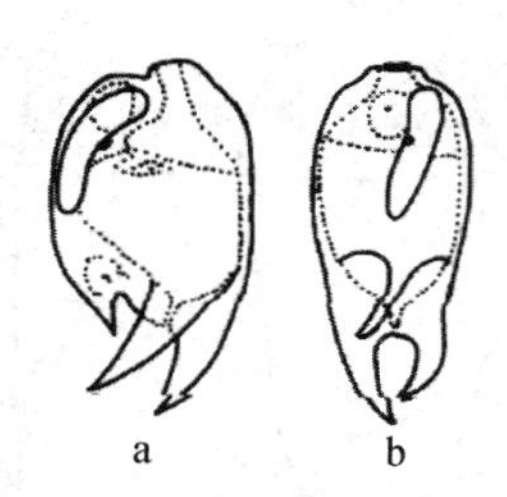

图 2-31　皮刺内毛虫

a. 虫体底面观　b. 虫体右面观

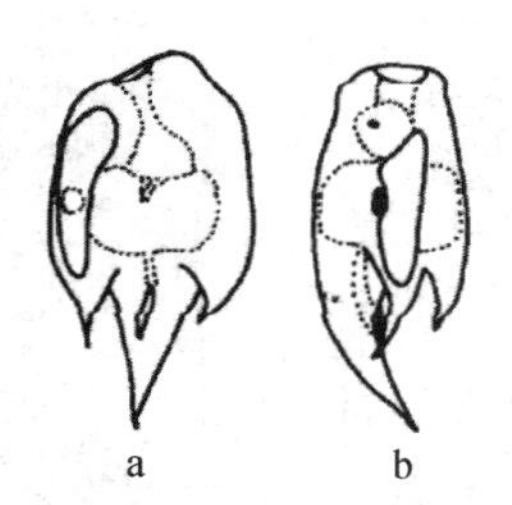

图 2-32　印度内毛虫

a. 虫体底面观　b. 虫体右面观

四尖内毛虫（*E. quaadricuspis*）的虫体近似卵圆形，体后端有四个尖形的尾刺，其中两根比较大，分别位于体后端的左右两面，另两根尾刺比较细小，分别位于体后端的上面和底面中间部位。但在种群个体之间尾尖大小稍微有些变异。大核似杆状，位于体右面的体表底面（图

2-34)。体长 25～40 μm,体宽 22～35 μm。

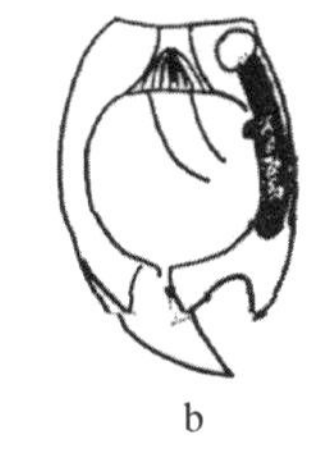

图 2-33 ***Entodinium tsunodia***

a. 虫体底面观　b. 虫体右面观

图 2-34　四尖内毛虫

a. 虫体底面观　b. 虫体右面观

尾刺内毛虫(*E. caudatum*)经常发现于多种动物的体内。从虫体的上面或底面观察,体型似矩形或长方形。在体后端具有尾刺,但尾刺的形状和数量在个体之间存在着变异,这种变异称为形态型(forma),尾刺内毛虫分为两个形态型,即尾刺内毛形态型(*E. caudatum* forma *caudatum*)和叶状尾刺内毛虫(*E. candatum* forma *lobosospinosum*)。但形态型并不是分类学的亚种(subspecies)。大核似杆状,但前端较粗,后端较细。小核靠近大核左侧的中部。伸缩泡紧靠大核的前端。此外在上面体表的后部,有一短而宽陷凹浅沟,其位置介于左右两根尾刺基部的中间,并向前延伸一小段距离(图 2-35)。体长 40～70 μm,体宽 25～50 μm。

矩形内毛虫(*E. rectaugulatum*)发现于多种家畜,其体型、大核和小核的形状和位置与上述的尾刺内毛虫都很相似。但伸缩泡位于虫体的上面,体内前部的中央。还有在上面体表的凹沟似三角形(Δ),在它的顶端介于伸缩泡和小核之间。而底面的两端位于左右两尾刺的基部,尾刺的形态和数目,在种群体之间同样存在变异从而形成两种不同的形态型,即矩形内毛虫形态型(*E. rectaugulatum* forma *rectaugulatum*)和叶状矩形内毛虫形态型(*E. rectaugulatum* forma *lobsospinosum*)(图 2-36)。它们的体长 35～65 μm,体宽 23～45 μm。

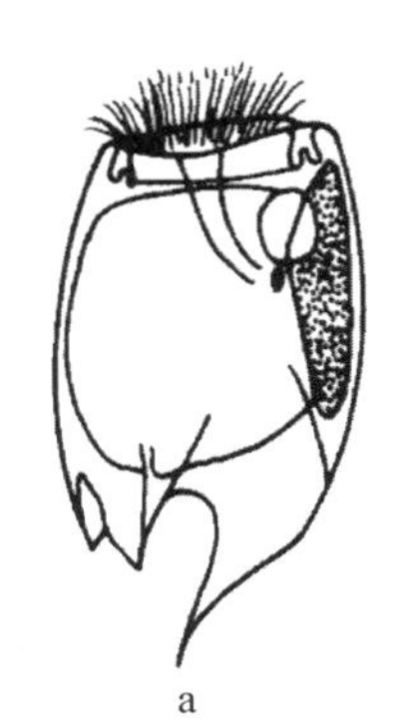
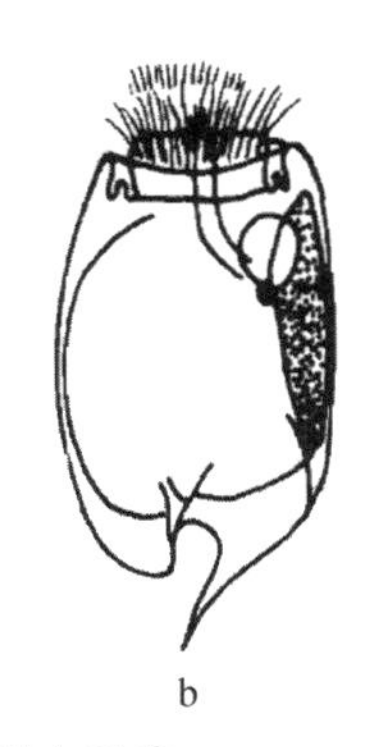

图 2-35　尾刺内毛虫

a. 尾刺内毛形态型　b. 叶状尾刺内毛虫

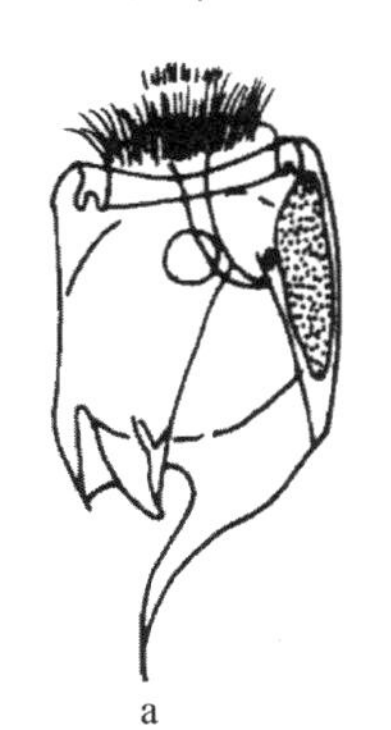
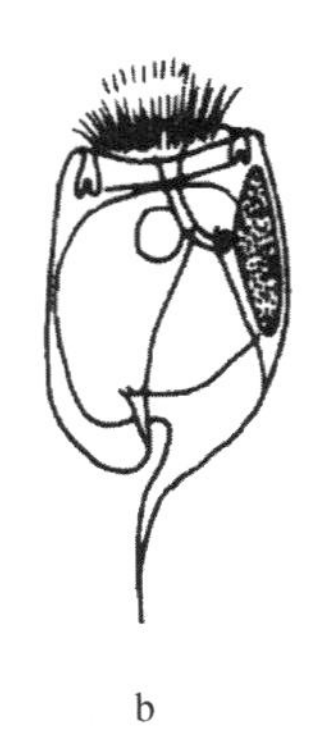

图 2-36　矩形内毛虫

a. 矩形内毛虫形态型　b. 叶状矩形内毛虫形态型

还有一种发现于多种家畜的内毛虫即拟态内毛虫(*E. simulans*),其形态与上述矩形内毛虫很相似,而且伸缩泡的位置同样位于虫体的上面的体内前部中央。但体上面的体表凹陷的浅沟比较窄长,它的基部位于体后端左右两根尾刺之间,并向前延伸逐渐变窄,并通过伸缩泡和小核之间,一直到前端外唇下面。尾刺的数目和形状在种群个体之间同样存在着变异,因而形成三种形态型,即尾刺拟态内毛虫形态型(*E. simulans* forma *caudatum*)、叶状尾刺拟态内毛虫形态型（*E. simulans* forma *lobosospinosum*）和 *E. simulans* forma *dubardi*（图 2-37）。

a　　b　　c

图 2-37　拟态内毛虫

a. 尾刺拟态内毛虫形态型　b. 叶状尾刺拟态内毛虫形态型　c. *E. simulans* forma *dubardi*

另一种内毛虫 *Entodinium ekendrae*，从虫体的上面或底面观察，体型似卵圆形但右面呈凸面。左面较平直。大核椭圆，位于右面前端表膜下。小核紧靠在大核的后端。伸缩泡位于大核的前端。体后端有三根尾刺：位于右面的一根较长而尖锐，左面的两根尾刺较短，其中左上面一根较钝，左下面一根较锐利(图 2-38)。体长 38～50 μm，体宽 25～40 μm。

7. 双毛属(*Diplodinium*)

双毛属属于前庭亚纲内毛目毛头科双毛亚科，双毛亚科的特点是在虫体前面体表被有两束复合纤毛带，一束位于近口部，另一束位于体前的左面，双毛属是此亚科的 10 个属中没有骨板的 2 个属之一。另外，其大核前端较粗，后端较细，并向右弯曲，也是此属的特征。

具齿双毛虫(*D. dentatum*)常发现于反刍动物的瘤胃内。从虫体的上面观察，体型近似方形，但左面呈凸面，右面的中部呈凹面。围绕在体后端有 6 根似齿状的尾刺。两个伸缩泡分别位于大核的左面前后部(图 2-39)。虫体 60～80 μm。

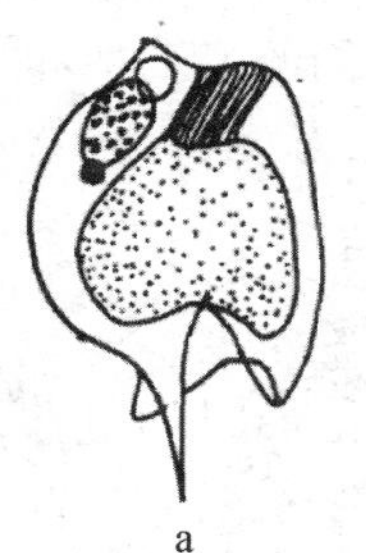

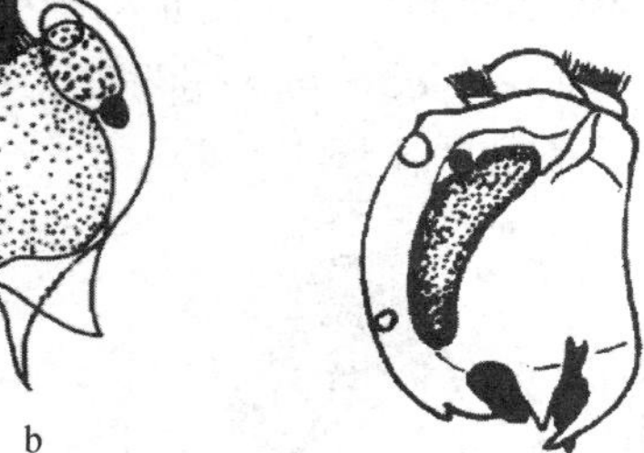

a　　b

图 2-38　*Entodinium ekendrae*

a. 虫体底面观　b. 虫体上面观

图 2-39　具齿双毛虫

异尾双毛虫(*D. anisacanthum*)的上面观察，体型似卵圆形(图 2-40)。尾刺的数目在种群个体之间存着变异，通常在 0～6 根之间。因此形成 7 种不同的形态型，即无棘异尾双毛型(*D. anis.* forma *anacanthum*)没有尾刺；单棘异尾双毛型(*D. anis.* forma *manacanthum*)有 1 根尾刺；双棘异尾双毛型(*D. anis.* forma *diacanthum*)有 2 根尾刺；三棘异尾双毛型(*D. anis.* forma *triacanthum*)有 3 根尾刺；四棘异尾双毛型(*D. anis.* forma *tetracanthum*)有 4 根尾刺；五棘异尾双毛型

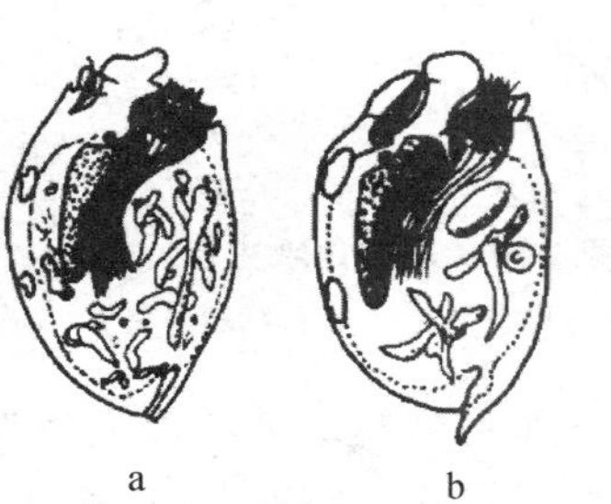

a　　b　　c

图 2-40　异尾双毛虫

a. 无棘异尾双毛型　b. 单棘异尾双毛型　c. 异棘异尾双毛型

(*D. anis.* forma *pentacanthum*)有 5 根尾刺;异棘异尾双毛型(*D. anis.* forma *anisacanthum*)有 6 根尾刺。体长 60～85 μm,体宽 45～60 μm。

鸡冠双毛虫(*D. cristagalli*)栖息于牛、水牛和山羊的瘤胃内,虫体呈椭圆形,在虫体后端有一个类似鸡冠状的突起,其冠面上裂有 2～7 个小刺,胞肛较宽大(图 2-41)。体长 75～100 μm,体宽 60～70 μm。

小扇双毛虫(*D. flabellum*)也栖息于牛、水牛和山羊的瘤胃内,其形态与上述鸡冠双毛虫相近似,从虫体的上面观察,体型也呈椭圆形而在体后端有一个扇形的突起,其扇面上裂有 5～7 个小刺外,还有两根小刺位于虫体后端的左面,只一个伸缩泡,位于左面体表的下边(图 2-42)。虫体的体长 80～120 μm,体宽 60～80 μm。

较小双毛虫(*D. mino*)常见于反刍动物的瘤胃内,虫体较小而似卵圆形,但体后稍呈圆形。在虫体的上面左侧有一条由表膜增厚形成的纵向条纹,它从体前一直延伸到体后端,两个伸缩泡位于左面的体表下边(图 2-43)。体长 60～90 μm,体宽 40～50 μm。

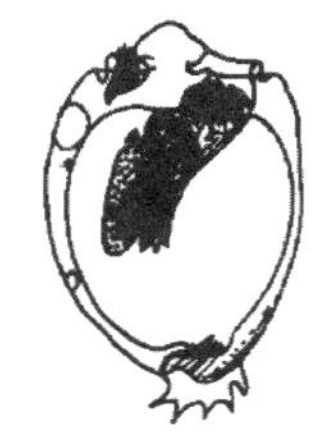

图 2-41　鸡冠双毛虫

图 2-42　小扇双毛虫

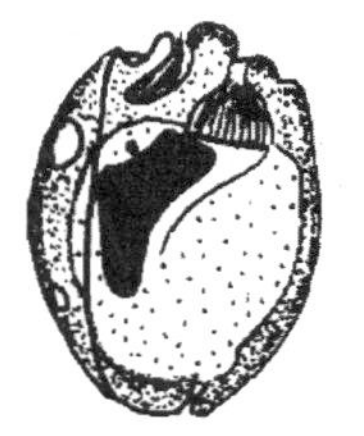

图 2-43　较小双毛虫

8. 原始纤毛属(*Eodinium*)

原始纤毛属属于前庭亚纲内毛目毛头科双毛亚科,是双毛亚科中另一没有骨板的属。

矩形原始虫(*Eo. recatangulatum*)发现于牛和水牛的瘤胃内,从虫体的上面观察,体型似矩形,大核杆状较直,这是原始纤毛属主要特征之一,其长度略小于体长的 1/2。有两个伸缩泡分别位于左面中线表膜下前部和后部(图 2-44)。体长 40～70 μm,体宽 20～40 μm,左右两面宽 17～37 μm。

多边原始虫(*Eo. polygonal*)栖息在水牛的瘤胃内,此虫从上面观察,体型大体上有 6 个边,左面较平直,后部呈斜面;右面略呈凸面,它后部呈斜面;再加上前面左右两侧向屛呈倾斜面。因此好像形成多边。大核杆状而且短粗,其长度约体长的 1/3(图 2-45)。虫体体长 30～40 μm,体宽 20～25 μm。

后泡原始虫(*Eo. postervesiculatum*)栖息于牛、羊的瘤胃内,虫体似长椭圆形,大核杆状而较长,在它的左侧中部稍后有一凹窝,小核即紧靠在凹窝处,大核的长度是体长的 2/3。有两个伸缩泡,一个位于大核前面的左侧,另一个后泡位于大核后端的下面(图 2-46),体长 42～62 μm,体宽 24～30 μm。

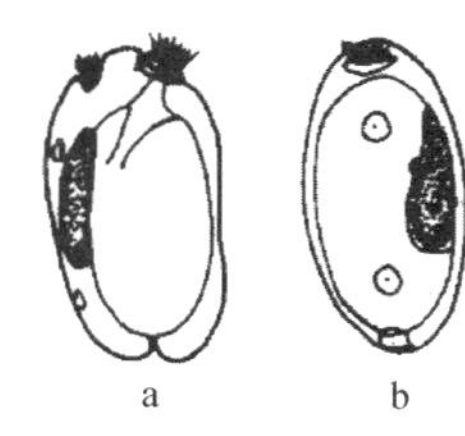

图 2-44　矩形原始虫

a. 虫体上面观　b. 虫体左面观

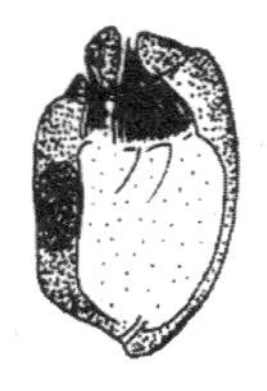

图 2-45　多边原始虫

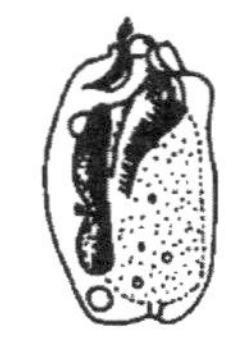

图 2-46　后泡原始虫

单叶原始虫(*Eo. nonolobosum*)是我国学者熊大仕在牛的瘤胃内发现的,其形态、大核的形态和两个伸缩泡的位置均与后泡原始虫相似,但在体后端右面有一明显而肥厚的单叶突起,在后端的左面有时亦有一个短片,但不太明显(图 2-47)。体长 42～60 μm,体宽 35～43 μm。

叶状原始虫(*Eo. lobatum*)只栖息在牛的瘤胃内。从虫体的上面观察,体型近似长方形。在虫体后端右面有一个半圆叶状的突起。大核杆状较长,左面有三个凹窝,两个伸缩泡分别位于它的前端和后端左侧的凹窝内,而小核位于中间的凹窝内(图 2-48),体长 44～60 μm,体宽 29～37 μm,左右两面宽 26～30 μm。

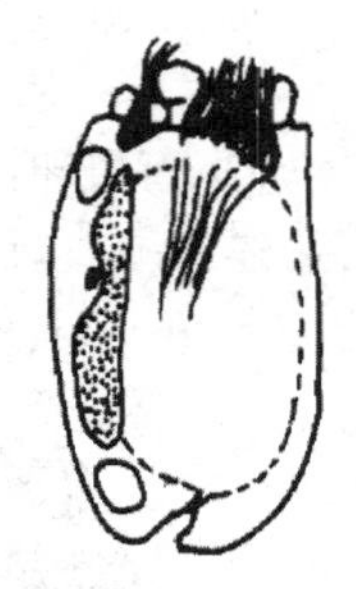

图 2-47　单叶原始虫

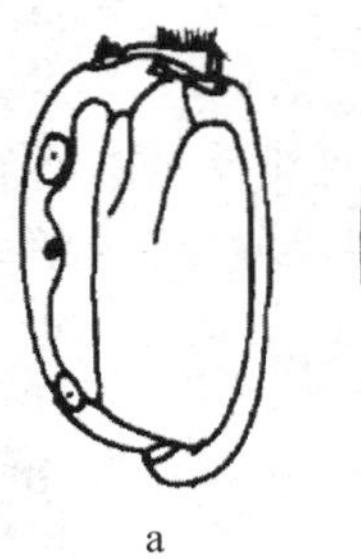

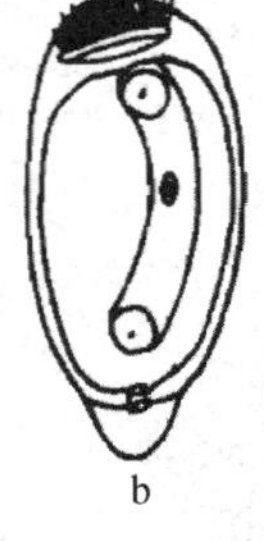

a　　b

图 2-48　叶状原始虫

a. 虫体上面观　b. 虫体左面观

9. 单甲属(*Eremoplastron*)

单甲属属于前庭亚纲内毛目毛头科双毛亚科,此属的纤毛虫仅有一块狭长的骨板(单甲),位于虫体的上面,其前端位于近口唇的下面,并向后与大核平行延伸。

喙状单甲虫(*Eremo. rostratum*)发现于牛和水牛的瘤胃中。从虫体的上面观察,体型似卵圆形而体较小,在体后端有一个粗大似喙钩状的尾刺。骨板与大核平行延伸到大核的中部。大核杆状较短,位于左面的前部。有两个伸缩泡分别位于左面的前后部(图 2-49),此外在虫体的左面中线后部有一条很细由表膜突出形成的凸缘,体长 40～52 μm,体宽 22～26 μm,左右两面宽 19～23 μm。

牛单甲虫(*Eremo. bovis*)最初发现于牛的瘤胃中,后来在家畜其他反刍动物瘤胃内均有发现。从虫体的上面观察,体型较似椭圆形。前端的厣很明显。大核杆状较粗(图 2-50)。体长 60～100 μm;体宽 35～65 μm。

单叶单甲虫(*Eremo. monolobum*)栖息在牛、羊的瘤胃内。虫体近似椭圆形,在体后端的右面有一个比较大的尾叶,大核杆状而粗大。有两个伸缩泡位于左面的前后部(图 2-51)。体长 70～110 μm,体宽 35～65 μm。

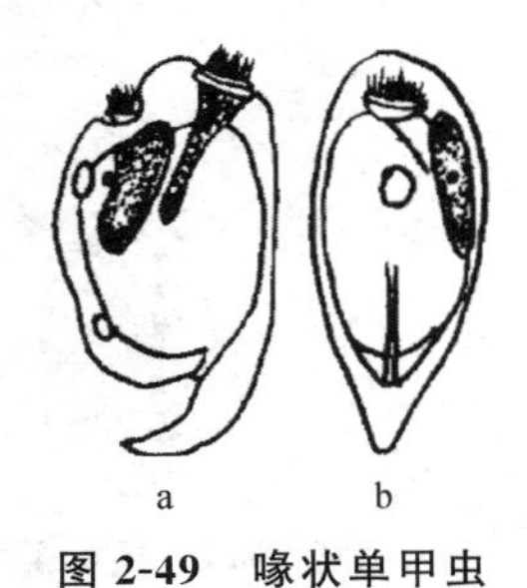

a　　b

图 2-49　喙状单甲虫

a. 虫体上面观　b. 虫体左面观

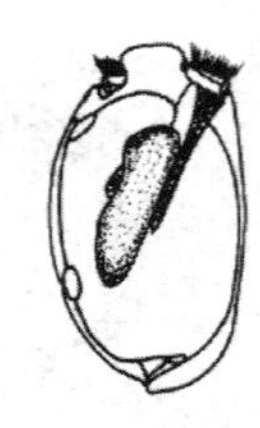

图 2-50　牛单甲虫

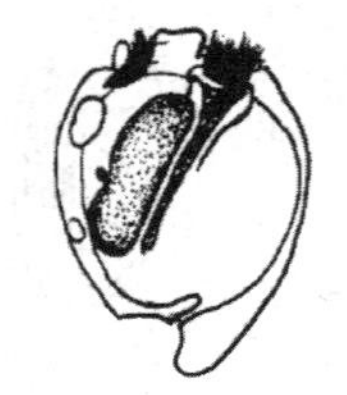

图 2-51　单叶单甲虫

双叶单甲虫(*Erema. dilobum*)也栖息在牛、羊的瘤胃内。其形态与单叶甲虫相似,但体后端左右两面各有一个叶状的突起(图 2-52)。体长 68～102 μm,体宽 40～70 μm。

10. 真双毛属(*Eudiplodinium*)

真双毛属属于前庭亚纲内毛目毛头科双毛亚科,此属瘤胃纤毛虫的大核的形状比较特殊,像一个 T 字形。

Eudiplodinium magii 经常在许多反刍动物的瘤胃内被发现。从虫体的上面观察,虫体近似卵圆形。小核位于大核 T 字形的弯曲内。只有一块狭长的骨板和两个伸缩泡(图 2-53)。虫体很大,而在内毛科也是最大的种类之一,体长 120～200 μm,体宽 80～150 μm。

11. 双甲属(*Diploplastron*)

双甲属属于前庭亚纲内毛目毛头科双毛亚科,此属瘤胃纤毛虫有两块狭长的骨板。

邻近双甲虫(*Di. affine*)经常被发现于牛、绵羊、山羊的瘤胃内。从虫体的上面观察,体型呈卵圆形,两块狭长的骨板前端位于近口纤毛带的下面,并与左侧杆状形的大核相互平行。但这两块平行的骨板后端部分彼此紧密地靠在一起。具有两个伸缩泡位于大核的左面(图 2-54)。体长 90～128 μm,体长 65～87 μm。

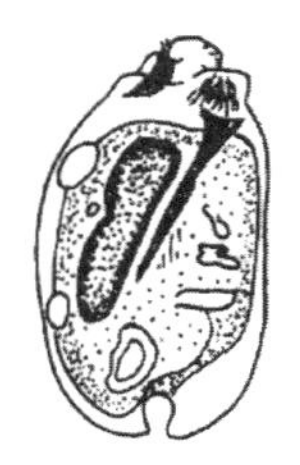

图 2-52 双叶单甲虫

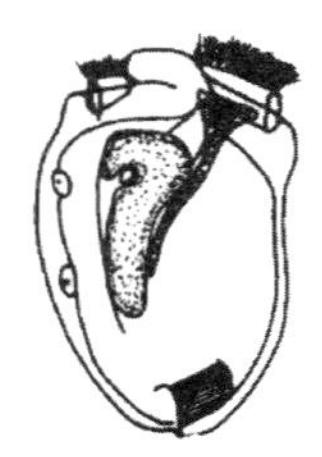

图 2-53 *Eudiplodinium magii*

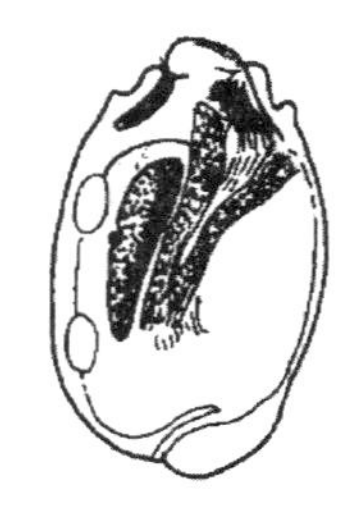

图 2-54 邻近双甲虫

12. 多甲属(*Polyplastron*)

多甲属属于前庭亚纲内毛目毛头科双毛亚科,此属瘤胃纤毛虫有多块骨板。

多泡多甲虫(*Poly. multivesiculatum*)发现于多种家畜反刍动物的瘤胃内。从虫体的上面或底面观察,体型似卵圆形。大核似杆状,但它的左面中部有一陷窝,小核即位于陷窝内。具有 5 块骨板,其中 2 块位于虫体的上面体表下,并与大核相互平行(图 2-55)。另外 3 块骨板位于虫体的底面体表下,但在这三块相互平行的骨板当中,有 2 块较大,1 块很小。小块骨板位于两块大的之间,而且紧靠在右侧一块骨板的左侧前端。还有这三块骨板的前端被一条横带连接起来。伸缩泡通常有 4～9 个(多泡),分别位于虫体的左面和上面的体表下面,这种多泡多甲纤毛虫在内毛科也是体型最大的种类之一。体长 122～210 μm,体宽 97～130 μm。

13. 鞘甲属(*Elytroplastron*)

鞘甲属属于前庭亚纲内毛目毛头科双毛亚科,此属瘤胃纤毛虫有 4 块骨板。

水牛鞘甲虫(*Elytro. bubali*)的宿主是牛、绵羊、水牛、山羊、鹿等。从虫体上面或底面观察,体型似椭圆形,大核似杆状,位于虫体的左面。4 块骨板中 2 块较大的骨板位于虫体的上面体表下;另外 2 块位于底面的体表下面,其中有一块较长的位于底面的左侧,另一块很小的位于底面的右侧前端。通常具有 4 个伸缩泡排列在大核的左面(图 2-56)。体长 100～160 μm,体宽 70～100 μm。

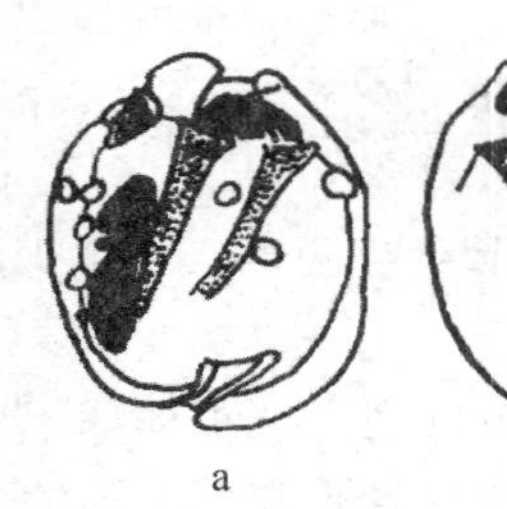

a　　b

图 2-55 多泡多甲虫

a. 虫体上面观　b. 虫体底面观

a　　b

图 2-56　水牛鞘甲虫

a. 虫体上面观　b. 虫体底面观

14. 后毛属(*Metadiuium*)

后毛属属于前庭亚纲内毛目毛头科双毛亚科,此属瘤胃纤毛虫的特征是大核从它的底面观察,类似 E 字形。

中间后毛虫(*Meta. medium*)是双毛亚科中体型最大的种类之一,其宿主是牛、水牛。从虫体的上面观,体型似卵圆形。大核位于虫体的左面。具两块较大的骨板位于上面的体表下边,并和大核相互平行。两个伸缩泡位于 E 字形大核的两个凹陷处(图 2-57)。体长 170～210 μm,体宽 85～140 μm。

r 型后毛虫(*Meta. ypsilon*)栖息在牛和水牛的瘤胃内,从虫体的上面观,体型似卵圆形,大核的形状和两个伸缩泡的位置与上述中间后毛虫很相似。但两块骨板从中间部开始至后端相互溶合在一起,像一个希腊字母 r(图 2-58)。体长 110～160 μm,体宽 80～100 μm。

15. 硬甲属(*Osteracodinium*)

硬甲属属于前庭亚纲(Vestibulifera)内毛目(Entodinomorphida)毛头科(Ophryoscolecidae)双毛亚科(Diplodiniinea),此属瘤胃纤毛虫有一块宽大的骨板占据了虫体的上面体表下大部分区域。

钝硬甲虫(*Ostraco. obtusum*)栖息于牛、水牛、羊和驯鹿的体内,从虫体的上面观察,体型似椭圆形。大核杆状,较长,在它中部的左侧有一小的浅沟,小核即位于沟内。有 6 个伸缩泡排列在大核的左面(图 2-59)。体长 100～128 μm,体宽 50～70 μm。

薄硬甲虫(*Ostraco. gracile*)是常发现于反刍动物的瘤胃内一种瘤胃纤毛虫。虫体的形态与上述钝硬甲虫相似,同样具有一块宽大的骨板,大核的形状,如从它的底面观察时像一个 E 字形。具有两个伸缩泡位于 E 字形的大核两个凹陷处(图 2-60)。体长 90～120 μm,体宽 40～70 μm。

图 2-57　中间后毛虫

图 2-58　r 型后毛虫

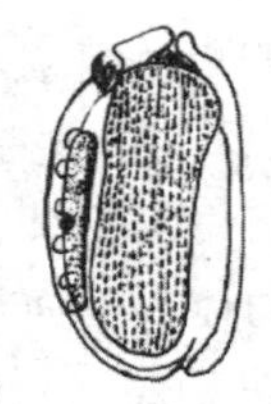

图 2-59　钝硬甲虫

图 2-60　薄硬甲虫

Osteracodinium clipwolum 是栖息在牛的瘤胃内的一种瘤胃纤毛虫。从虫体的上面观

察，体型似椭圆形，在体后端右面有一个圆而扁的叶状突起。大核的左侧前后部分呈凸面，而它的中部凹陷。具有 3 个伸缩泡排列在大核的左面（图 2-61）。体长 56～110 μm，体宽 40～60 μm。

乳突硬甲虫（*Ostraco. maminosum*）也叫齿状硬甲虫（*Ostraco. dentatum*），是栖息在牛的瘤胃内的一种瘤胃纤毛虫。虫体似长方形，体前端的厣呈扁平状，在体后端的左右两面各有一个乳状的叶片突起，但右叶的左面是凹面。大核似杆状，而在它的左侧中部有一凹沟。具有 3 个伸缩泡位于在大核的左面（图 2-62）。体长 50～90 μm，体宽 36～56 μm。

三泡硬甲虫（*Ostraco. trivesiculatum*）的虫体似椭圆形，但体后端略似锥状而圆滑。大核似杆状而较长，在它的左侧中部有一个浅的小凹沟，小核即位于沟内。有 3 个伸缩泡纵列在大核的左面（图 2-63）。体长 50～90 μm，体宽 36～56 μm。

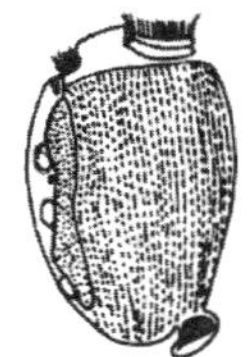

图 2-61　*Osteracodinium clipwolum*

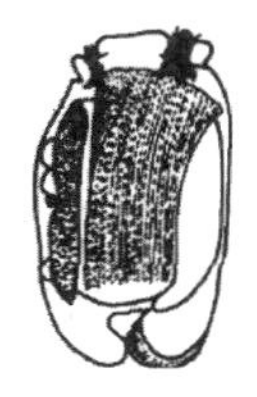

图 2-62　乳突硬甲虫

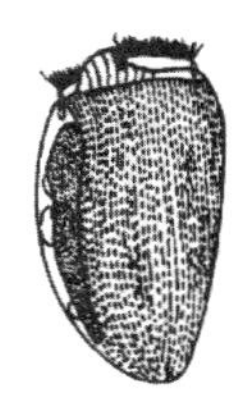

图 2-63　三泡硬甲虫

16. 甲属（*Enoploplastron*）

甲属也属于前庭亚纲内毛目毛头科双毛亚科，此属瘤胃纤毛虫的特征是虫体似椭圆形，具有 3 块骨板。

Enoplo. triloriculatum 栖息于家畜反刍动物和鹿的瘤胃内。其三块骨板并列在虫体的上面的表膜下，其中位于中间的一块较宽大，位于左右的两块都狭窄。大核杆状，在它的左侧中部呈凹陷状，小核即位于凹陷处。两个伸缩泡纵列于大核左面的前后部（图 2-64）。体长 80～110 μm，体宽 60～78 μm。

17. 前毛属（*Epidinium*）

前毛属属于前庭亚纲内毛目毛头科头毛亚科（Ophryoscolecinae），头毛亚科的瘤胃纤毛虫也有两束复合纤毛带，但不在同一水平面上。

无尾前毛虫（*Epi. ecaudatum*）是虫体较长、体后端呈锥形的瘤胃纤毛虫。在虫体的左面呈凸面，右面略呈凹面。近口纤毛带靠近顶端，左纤毛带位于左面、距前端 1/5 处，具有 3 块骨板环绕在近口纤毛带的下边，向后延伸越过虫体的中部。在这三块骨板当中有两块位于虫体的上面，一块位于右面。大核杆状，小核位于它左面的浅沟内。两个伸缩泡纵列在大核的左面前后部。尾刺有或无，以及尾刺的形态和数目，在种群个体之间存在着变异，从而形成 10 种不同的形态型，即无尾前毛型（*Epi. ecand.* forma *edaudatum*）（图 2-65）、有尾前毛型（*Epi. ecand.* forma *caudatum*）（图 2-66）、具钩无尾前毛型（*Epi. Ecand.* forma *hamatum*）（图 2-67）、球状无尾前毛型（*Epi. ecand.* forma *bulbiferum*）（图 2-68）、*Epi. ecand.* forma *eberleini*（图 2-69）、双毛刺无尾毛型（*Epi. ecand.* forma *bicaudatum*）（图 2-70）、四尾刺无尾前毛型（*Epi. ecand.* forma *quadricaudatum*）（图 2-71）、小尾刺无尾前毛型（*Epi. ecand.* forma *parvcaudatum*）（图 2-72）、*Epi. ecand.* forma *caffanei*（图 2-73）和山羊无尾前毛型（*Epi. ecand.* forma *capricornlsi*）（图 2-74）。体表 80～150 μm，体宽 40～70 μm。

图 2-64　*Enoplo. triloriculatum*

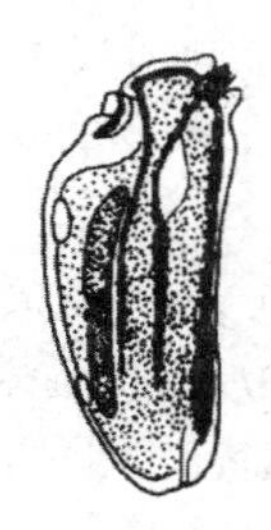

图 2-65　无尾前毛型无尾前毛虫

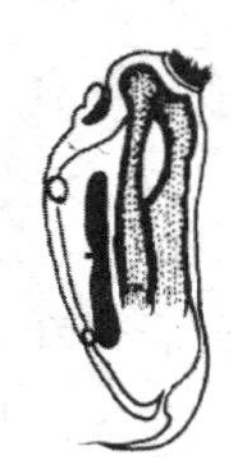

图 2-66　有尾前毛型无尾前毛虫

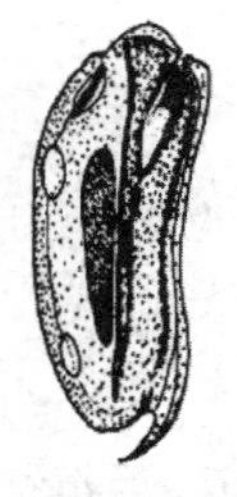

图 2-67　具钩无尾前毛型无尾前毛虫

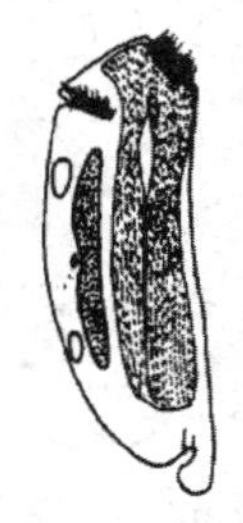

图 2-68　球状无尾前毛型无尾前毛虫

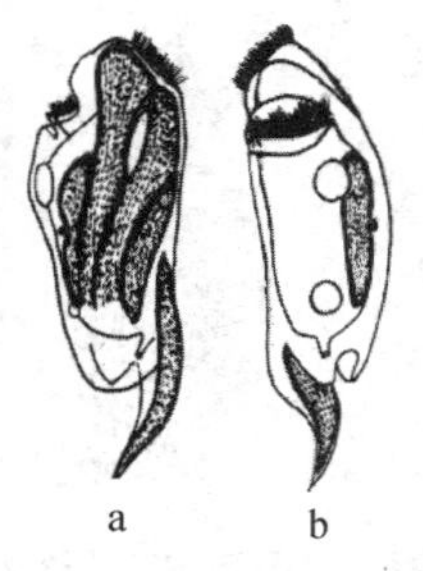

图 2-69　*Epi. ecand.* forma *eberleini*
a. 虫体上面观　b. 虫体正面观

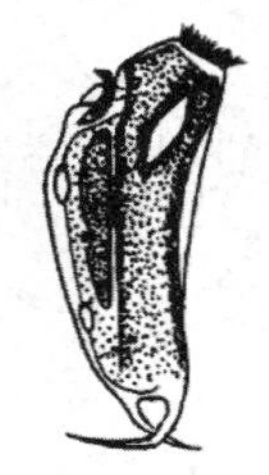

图 2-70　双毛刺无尾前毛型无尾前毛虫

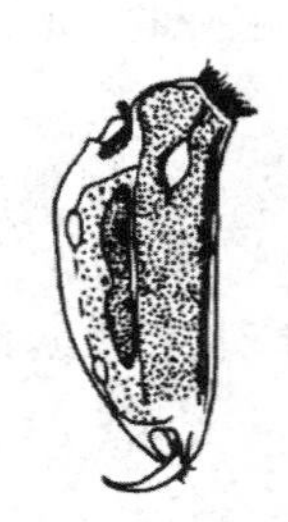

图 2-71　四尾刺无尾前毛型无尾前毛虫

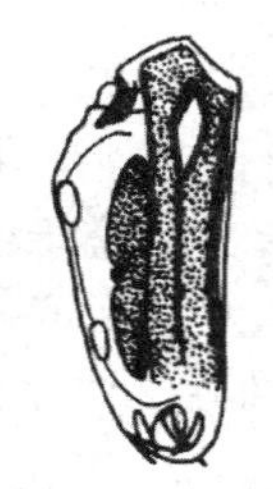

图 2-72　小尾刺无尾前毛型无尾前毛虫

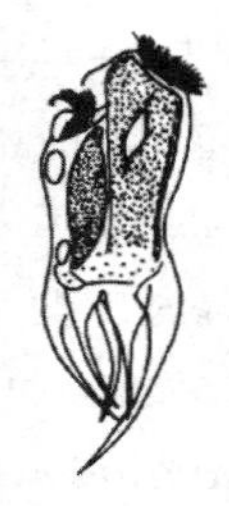

图 2-73　*Epi. ecand. formacaf fanei*

图 2-74　山羊无尾前毛型无尾前毛虫
a. 虫体上面观　b. 虫体正面观

18. 头毛属(*Ophryoscolex*)

头毛属属于前庭亚纲内毛目毛头科头毛亚科，此属的瘤胃纤毛虫左纤毛带延长 2/3 的距离而环绕在虫体的中间。

有尾头毛虫(*Ophry. caudatus*)常被发现于羊、山羊的瘤胃内，但在牛瘤胃中较稀少，虫体较坚实，在体后部有许多叉状的尾刺，其中一根主尾刺较长位于虫体的后端，其他叉状尾刺较短，具有 3 块骨板，2 块位于虫体上面，1 块位于右面，几个伸缩泡横向排列成两行（图 2-75）。体长 140～160 μm，体宽 80～110 μm。

Ophryoscalex purkynjei 常被发现于牛的瘤胃内，而在羊和山羊瘤胃中稀少。这种瘤胃纤毛虫与上述有尾头毛虫很相似，但主尾刺较短而粗，且在它的末端有三小刺（图 2-76）。体长 150～190 μm，体宽 80～110 μm。

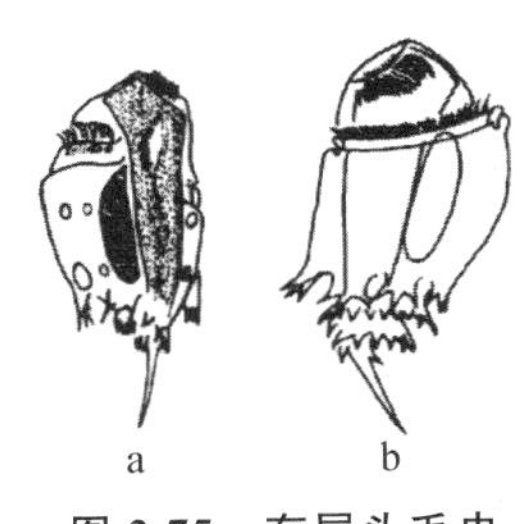

图 2-75 有尾头毛虫

a. 虫体上面观 b. 虫体底面观

图 2-76 *Ophryoscalex purkynjei*

（二）瘤胃鞭毛虫

在反刍动物的瘤胃内除瘤胃纤毛虫外还栖息着 5 种瘤胃鞭毛虫，虽然种的数目很少，但它们的密度是比较高的。瘤胃鞭毛虫的形态结构比瘤胃纤毛虫简单的多。虫体的形状，一般呈椭圆、梨形。在虫体的顶端有 3～5 根鞭毛，虫体很小，其长度只有 4～15 μm。至于瘤胃鞭毛虫在瘤胃中的作用，目前还不十分了解。现将 5 种瘤胃鞭毛虫的形态分别介绍如下。

1. *Chilomastix caprae*

此种瘤胃鞭毛虫属于肉鞭毛动物门（Sarcomastigophora）鞭毛虫亚门（Mastigophora）曲滴虫目（Retortamonadida）曲滴虫科（Retortamonadidae）唇鞭虫属（*Chilomastix*），虫体的形状似梨形，在虫体前部的一侧有一个胞口的口沟，具有 4 根鞭毛，其中有 3 根游离的鞭毛向前伸出，另一根很短的鞭毛波动在胞口的口沟内。细胞核位于体前部的右侧（图 2-77）。

2. *Monocercomoncides caprae*

此种瘤胃鞭毛虫属于肉鞭毛动物门鞭毛虫亚门锐滴虫目（Oxymonadida）多鞭毛虫科（Polymastigidae）单尾单系虫属（*Monocercomonoides*），虫体似卵圆形，顶端有 4 根鞭毛，并分隔排成 2 对，其中一对向前伸出，另一对向后延伸。虫体顶端表膜下有一盾片，在它的下面是一根轴片一直延伸到体后端的体外。但它的前端较宽大。细胞核位于前端轴杆的一侧（图 2-78）。

3. 反刍单尾滴虫（*Monocercomonas ruminantium*）

此种瘤胃鞭毛虫属于肉鞭毛动物门鞭毛虫亚门毛滴虫目（Trichomonadida）单尾滴虫科（Monocercomonadidae）单尾滴虫属（*Monocetcomonas*），虫体似椭圆形，位于虫体顶端有 4 根鞭毛，但其中 3 根向前伸出，一根鞭毛向虫体后伸。除具有盾片、轴片和细胞核外，但还有一个与基体相联的副基体（图 2-79）。

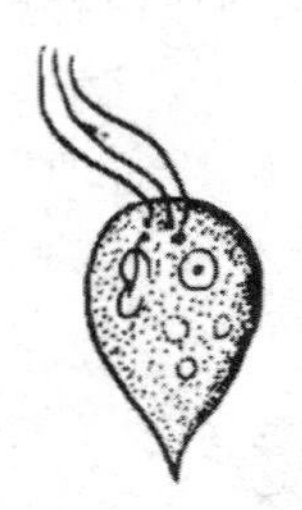

图 2-77 *Chilomastix caprae*

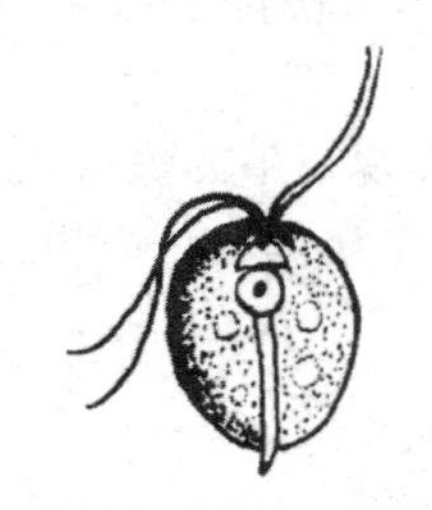

图 2-78 *Monocercomoncides caprae*

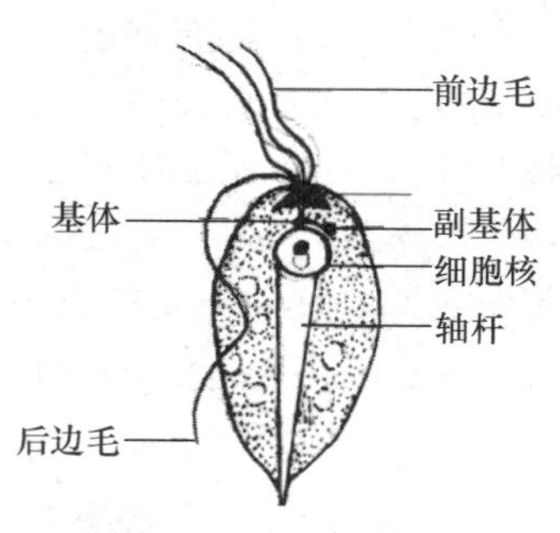

图 2-79 反刍单尾滴虫

4. 似人五毛滴虫(*Pentatrichomonas hominis*)

此种瘤胃鞭毛虫属于肉鞭毛动物门鞭毛虫亚门毛滴虫目毛滴虫科五毛滴虫属(*Pentatrichomonas*),虫体似椭圆形,位于虫体顶端具有五根游离的鞭毛,还有一根鞭毛拖向后与虫体的表膜联结形成独特的波动膜(lundulating menbrane),但它的后端游离出体外。还有在波动膜处有一条肋纹(costa)或侧沟。这种瘤胃鞭毛虫也具有盾片,轴片和副基体(图 2-80)。

5. *Tetratrichomonac buttreyi*

此种瘤胃鞭毛虫属于肉鞭毛动物门鞭毛虫亚门毛滴虫目毛滴虫科四毛滴虫属(*Tetratrichomonas*),这种瘤胃鞭毛虫的形状和形态结构与上述似人五毛滴虫相似,但位于虫体顶端只有 4 根游离的鞭毛,一根鞭毛向后与虫体的体表联结形成特殊的波动波,而且也没有肋纹(图 2-81)。

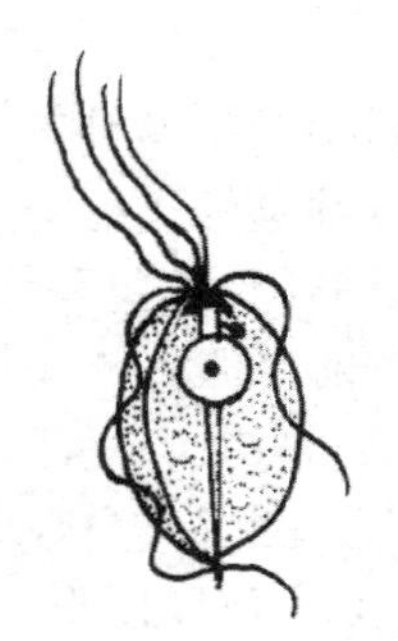

图 2-80 似人五毛滴虫

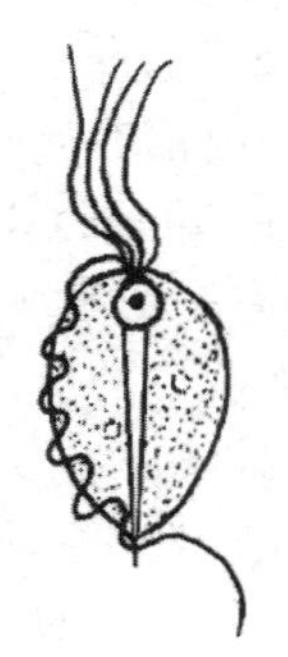

图 2-81 *Tetratrichomonac buttreyi*

三、瘤胃真菌

在相当长的一段时间内,微生物学家一直认为真菌为好氧微生物,仅在有氧条件下方能生存。由此,Liebetanz 等在 20 世纪初将在瘤胃中发现的具有单鞭毛的游动孢子归为瘤胃原虫。直到 1975 年,Orpin 根据其在绵羊瘤胃内发现的三类游动孢子,即 *Neocallimastix frontalis*, *Sphaeromonas communis*(现为 *Caecomyces communis*)和 *Piromonas communis*(现为 *Piromyces communis*)的细胞壁组成含有几丁质,并且有活动阶段(游动孢子)及非活动阶段(营养体),首次证实这种带鞭毛的游动孢子为厌氧真菌。此后,国内外学者相继从绵羊、奶牛、水牛、山羊、大象、马、犀牛、牦牛等 10 多种草食动物的胃肠道及粪样中分离出多种厌氧真菌。瘤胃中厌氧真菌的数量较低,为 10^4～10^5 个/mL。

生物分类学上，瘤胃真菌属于真菌界鞭毛亚门（Mastigomycotina）壶菌纲（Chytridiomyces）Neocallimasticales（目名）的Neocallimasticaceae（科名）。目前，属的区分是根据单中心（只有一个孢子囊）或多中心（假根上出现多个孢子梗，然后形成多个孢子囊）菌根菌体，丝状或球状菌体，以及单鞭毛或多鞭毛游动孢子。根据菌根的形成方式、游动孢子的鞭毛数及假根的形态作为分类依据，厌氧真菌可分为6个属，分别为*Neocallimastix*（单中心多鞭毛），*Piromyces*（单中心单鞭毛或双鞭毛），*Caecomyces*（菌体为球状、无菌根），*Orpinomyces*（多中心多鞭毛），*Anaeromyces*（多中心单鞭毛）和*Cyllamyces*（多中心单鞭毛或多鞭毛，分枝孢子囊柄和多孢子囊）。种的鉴定主要根据游动孢子的超显微结构而定。

瘤胃真菌营养体和游动孢子都能产生纤维素酶、木聚糖降解酶、酯酶、果胶酶等一系列植物降解酶，*Neocallimastix patriciarum*还降解植物组织中33.6%的木质素，并且营养体生长过程中形成的假根系统能穿透植物细胞表皮和木质化的细胞壁。因此，厌氧真菌在瘤胃植物组织降解过程中起重要的作用。

（一）*Neocallimastix*

*Neocallimastix*是最早分离到的厌氧真菌的一个属，现在共发现4个种，分别为*N. frontalis*、*N. patriciarum*、*N. hurleyensis*和*N. variabilis*，其中前三种首次分离自绵羊，*N. variabilis*分离自奶牛。该属真菌的游动孢子定植后保留细胞核，生长成一个新的孢子囊。孢子囊的这种发育称为内生型发育。这种发育方式只产生一个孢子囊（图2-82），并且菌丝中没有细胞核，因此是单中心菌体。其游动孢子具有多鞭毛（图2-83），菌体具有丰富的丝状假根。其中，*N. frontalis*的游动孢子细胞器形成两簇，不像*N. patriciarum*和*N. hurleyensis*的游动孢子细胞器是分散在细胞质中的；*N. patriciarum*游动孢子拥有鞭毛9～17根，比*N. frontalis*的游动孢子的鞭毛（7～10根）多；*N. patriciarum*的生长需要生物素，而*N. frontalis*不需要；*N. hurleyensis*区别于属内其他菌是其氢体（hydrogenosome）的形状特殊，为环形。

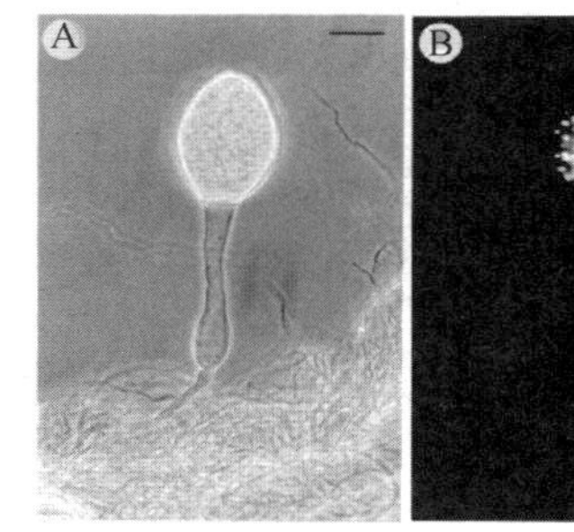

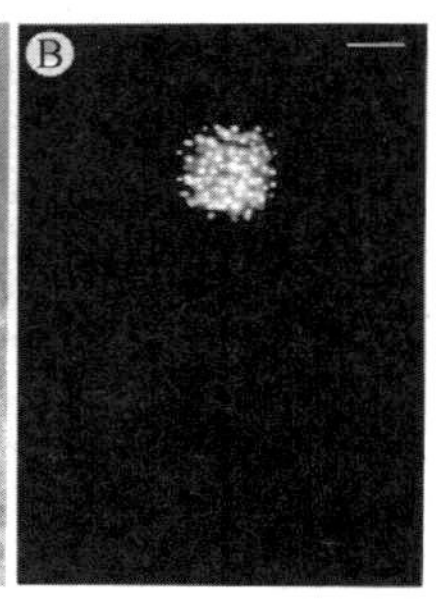

图2-82　*Neocallimastix*分离株NMW5的菌体显微照片

A. 普通显微照片　B. DAPI染色（染DNA）的荧光照片；标尺为40 μm

（引自Nicholson，2003）

（二）*Piromyces*

*Piromyces*最早被称为*Piromonas*，*Piromonas communis*最早由Orpin（1977）命名厌氧真菌。Gold等（1988）重新命名该属为*Piromyces*，由*Piromyces communis*代替*Piromonas communis*。目前该属共有7个种，分别为*P. communis*、*P. mae*、*P. dumbonicus*、*P. rhizinflatus*、*P. minutus*、*P. spiralis*和*P. citronii*，其中*P. dumbonicus*和*P. rhizinflatus*原名分别为*P. dumbonica*和*P. rhizinflata*，后来由Ho和Barr（1995）根据国际分类代码重新命名。与*Neocallimastix*相同，*Piromyces*菌属单中心菌体，丝状假根，但该属菌种的游动孢子一般是单鞭毛（图2-84），偶有双鞭毛或四鞭毛，其营养体发育可以是内生型，也可以是外生型，即游动孢子内的细胞核转移到孢子梗，梗上长出新的孢子囊。*P. communis*属于孢子囊外生型发育，游动孢子萌发在一端产生芽管，芽管分支发育成丰富的系统后，孢子另一端长出一个管状孢子梗，梗

上长出单个孢子囊。

(三)*Caecomyces*

Caecomyces 也是单中心菌体，单鞭毛游动孢子，其营养体没有复杂的分支假根系统，菌体球状(图 2-85)。以前认为该属有两个种：*C. communis* 和 *C. equi*。这两个种的主要区别在于球状假根的数量，*C. equi* 每个游动孢子萌发后形成的菌体只有一个分支或不分支球状结构，而 *C. communis* 的每个成熟的菌体有两个或更多球状结构。其次，每个单中心的 *C. equi* 菌体只能一个孢子囊，而每个 *C. communis* 菌体可形成 2～4 个孢子囊。近来在黄牛(*Bos indicus*)瘤胃内又发现了新种 *C. sympodialis*，其不同于前两种真菌，拥有长管状的孢子囊柄，并且其成熟后每个孢子囊柄上的孢子囊数量大于 4。

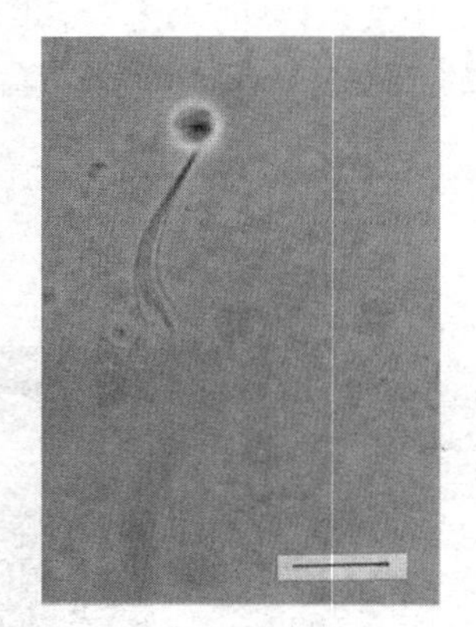

图 2-83 *Neocallimastix frontalis*
游动孢子的显微照片
标尺为 20 μm
(引自 Ho 等，2000)

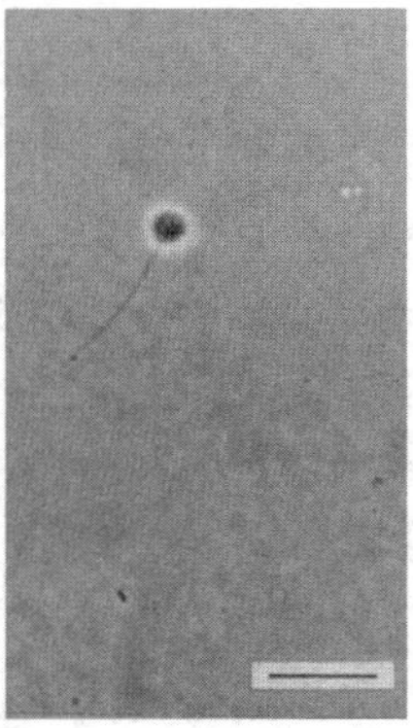

图 2-84 *Piromyces minutus*
游动孢子的显微照片
标尺为 20 μm
(引自 Ho 等，2000)

(四)*Orpinomyces*

Orpinomyces 菌为多中心菌体(图 2-86A)，菌丝中存在细胞核(图 2-87)，游动孢子具有多鞭毛。营养体发育与 *Anaeromyces* 不同，游动孢子只在一端萌发产生芽管，孢子内的细胞核转移到芽管，随着芽管分支及细胞核的分裂，形成假根菌丝系统。假根菌丝系统含有细胞核，菌丝顶端产生多个孢子囊。因此，*Orpinomyces* 属于外生型多中心发育。该属最早由 Barr 等(1989)提出，*O. bovis* 为模式种(typespecies)。该属现有 3 个种：*O. bovis*、*O. joyonii* 和 *O. intercalaris*，其中 *O. joyonii* 最早被命名为 *Neocallimastix joyonii*。*O. joyonii* 和 *O. intercalaris* 的孢子囊发育的部位不同，*O. joyonii* 的孢子囊生长于菌丝的末端，*O. intercalaris* 的孢子囊则生长在菌丝的中间(图 2-86B)。

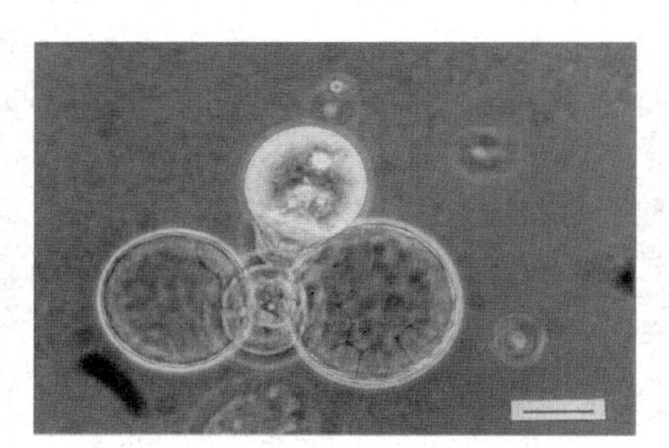

图 2-85 *Caecomyces communis*
菌体的显微照片
标尺为 20 μm
(引自 Ho 等，2000)

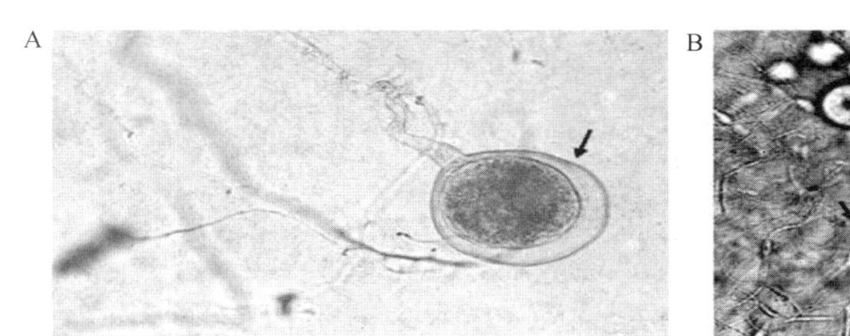
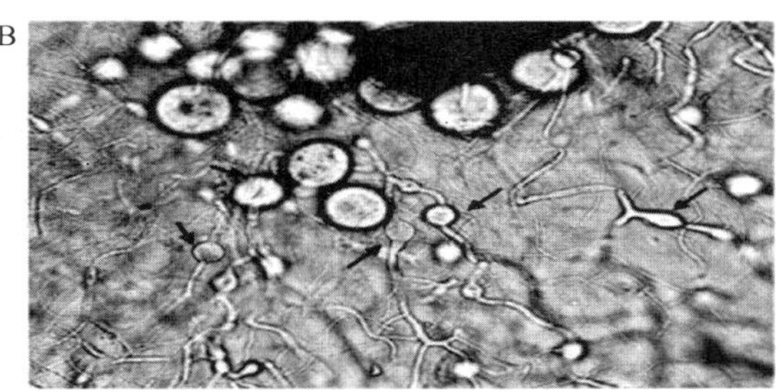

图 2-86　*Orpinomyces joyonii* 和 *Orpinomyces intercalaris* 孢子囊发育的不同位置

A. *O. joyonii*（孢子囊位于菌丝的末端，×400）　B. *O. intercalaris*（孢子囊位于菌丝的中间，×200）

（引自 Dagar 等，2011）

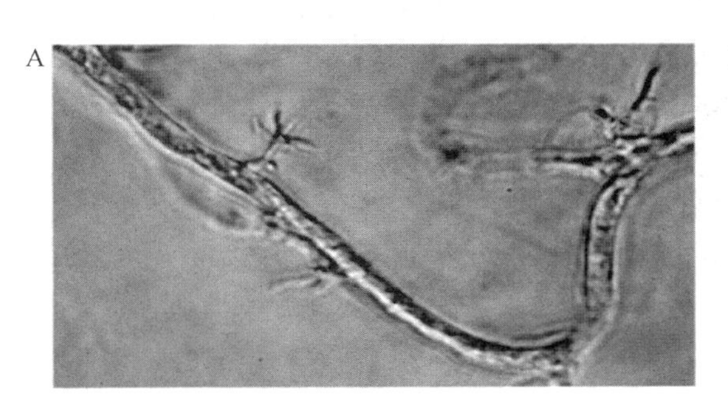
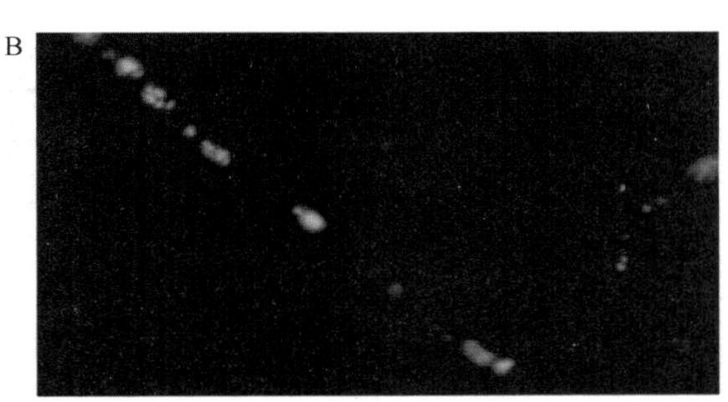

图 2-87　*Orpinomyces intercalaris* 菌体的普通（A）和荧光显微照片（B）×400

（引自 Dagar 等，2011）

（五）*Anaeromyces*

Anaeromyces 菌为多中心菌体，单鞭毛游动孢子，丝状假根。菌体发育与 *Piromyces communis* 相似，游动孢子两端萌发，一端的芽管发育长成丰富的假根系后在另一端长出孢子梗，但不同的是 *Anaeromyces* 菌孢子梗分支，产生多个孢子囊，因此 *Anaeromyces* 菌属于外生型多中心发育。这类菌曾先后有两个属名：*Anaeromyces* 和 *Ruminomyces*，前者因为先提出而最后被公认。种名 *Ruminomyces elegans* 也随后重新命名为 *Anaeromyces elegans*。现有两个种，即 *A. mucronatus* 和 *A. elegans*。

（六）*Cyllamyces*

Cy. aberensis 分离自牛粪，游动孢子单鞭毛或双鞭毛，偶尔有 3 个鞭毛。游动孢子附着后，生长成单个球状结构营养体，没有假根。在这球状结构上产生 2～4 个孢子囊梗（图 2-88），这些孢子囊梗通常又有分支，含有细胞核。在孢子囊梗或分支梗顶端产生多个孢子囊（图 2-89），这是已知的厌氧真菌所没有的现象。*Caecomyces* 的营养体不具有分支的孢子囊梗，其孢子囊通常是直接在球状结构上长出，偶尔有 1～2 孢子囊梗，但不分支。由于该菌明显不同于已知的厌氧真菌 5 个属，因此该菌被列为新属 *Cyllamyces* 的新种 *Cy. aberensis*。

四、瘤胃产甲烷菌

产甲烷菌属于古菌域（Archaea），它与细菌和真核生物基因序列、细胞组成等方面均存在很大差异。迄今为止美国国立生物技术信息中心（National Centerfor Biotechnoligy Informa-

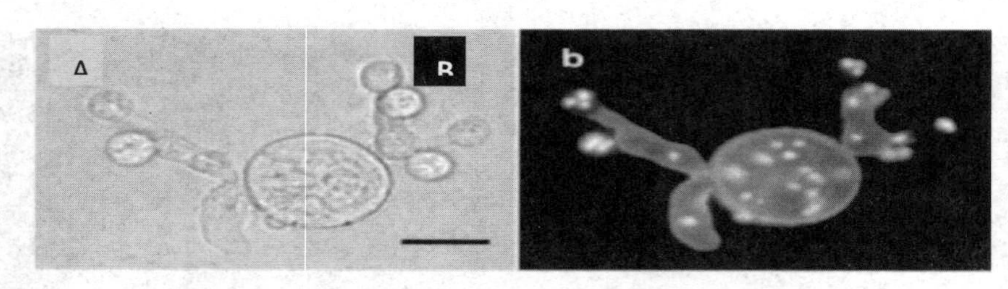

图 2-88 *Cyllamyces aberensis* 初生菌体正形成孢子囊柄(三个)的普通(A)和荧光显微照片(B)

(引自 Ozkose 等,2001)

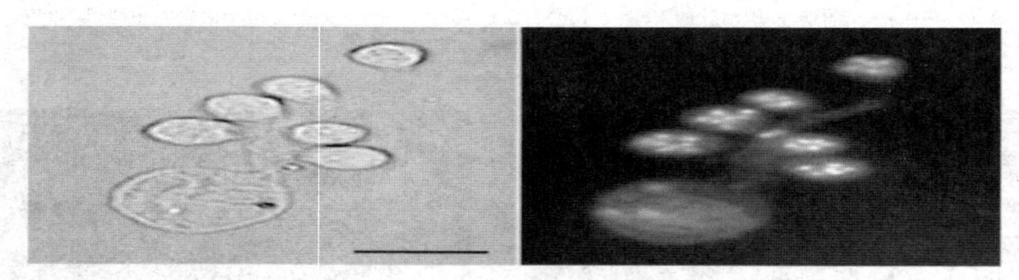

图 2-89 *Cyllamyces aberensis* 成熟菌体的普通(A)和荧光显微照片(B)

(引自 Ozkose 等,2001)

tion,NCBI)(http://www.ncbi.nlm.nih.gov/Taxonomy/Browser)已经收录的产甲烷菌共108种,分属于古菌域的广域古菌界下的甲烷杆菌纲(Methanobacteria)、甲烷球菌纲(Methanococci)、甲烷微菌纲(Methanomicrobia)和甲烷火菌纲(Methanopyri)四个纲中的27个属。

瘤胃产甲烷菌可以利用纤维降解菌产生的氢,降低瘤胃内氢分压,从而可以促进饲料纤维的降解。但瘤胃产甲烷菌产生的甲烷使饲料总能的2%~12%以甲烷气体的形式释放,造成饲料能量的损失,并且甲烷本身是一种引发温室效应的气体,其大量排发,会进一步加剧全球气候变暖,大气臭氧层破坏。因此,有关瘤胃甲烷菌的多样性以及瘤胃甲烷生成的调控受到了人们极大的关注,与此相关的研究也日益深入和细致。

从瘤胃中分离到的产甲烷菌已有多个种类,分属于广古菌门的甲烷杆菌纲(Methanobacteria)和甲烷微菌纲(Methanomicrobia),主要有可活动甲烷微菌(*Methanomicrobium mobile*)、反刍兽甲烷短杆菌(*Methanobrevibacter ruminantium*)、甲酸甲烷杆菌(*Methanobacterium formicicum*)和巴氏甲烷八叠球菌(*Methanosarcina barkeri*)等。

1. 反刍兽甲烷短杆菌(*Methanobrevibacter ruminantium*)

反刍兽甲烷短杆菌隶属于甲烷杆菌纲、甲烷杆菌目(Methanobacteriales)、甲烷杆菌科(Methanobacteriaceae)、甲烷短杆菌属(*Methanobrevibacter*),最早是Smith和Hungate(1958)在牛瘤胃中分离到的,其菌细胞(图2-90中A)呈卵圆形杆状或球杆状,长0.8~1.8 μm,直径0.7~1.0 μm。其革兰氏染色阳性,不运动,细胞壁组成为假胞壁质,基因组中G+C含量为31 mol%。在新鲜的培养基中,此菌几乎都是成对存在的,但培养时间延长会出现链状,到老龄培养基时常常成链状,每条链上的菌体可以达到20个。反刍兽甲烷短杆菌在pH6.5~7.7的范围内可以生长,当pH低于6.0或高于8.0时其不能生长。其生长的温度范围是37~47℃,严格厌氧,能够生长的气相中最大含氧量为0.004%。生长需要α-甲基丁酸、氨基酸、乙酸和辅酶M,能利用氢气和二氧化碳、甲酸产生甲烷。其在瘤胃

中的数量可达 2×10^8 个/mL。

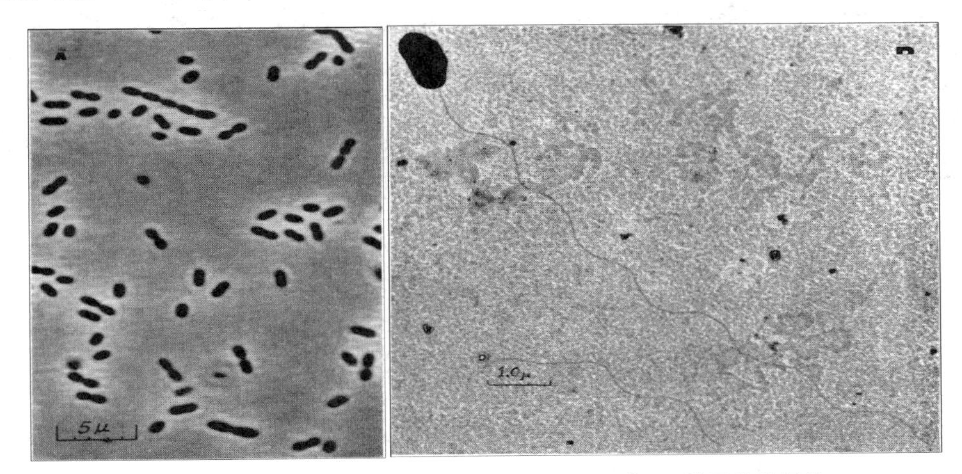

图 2-90 反刍兽甲烷杆菌(A)和可活动甲烷微菌(B)的显微镜照片

引自 A-Smith 和 Hungate,1958; B-Paynter 和 Hungate,1968

2. 可活动甲烷微菌(*Methanomicrobium mobile*)

可活动甲烷微菌隶属于甲烷微菌纲、甲烷微菌目(Methanomirobiales)、甲烷微菌科(Methanomicrobiaceae)、甲烷微菌属(*Methanomicrobium*),最早是 Paynter 和 Hungate(1968)在牛瘤胃中分离到的,其菌细胞(图 2-90B)呈圆头短杆状,长 1.5～2.0 μm,直径 0.7 μm,有一根端生鞭毛,因此可以运动,是严格厌氧型革兰氏阴性菌,基因组中 G+C 含量为 49 mol%。生长的温度范围是 30～45℃,最适生长温度为 40℃,生长的 pH 范围是 5.9～7.7,最适为 6.1～6.9。其细胞壁组成为蛋白质,能转化氢气和二氧化碳、甲酸成甲烷。在其生长的过程中需要瘤胃液中含有的一种特殊的热稳定因子。在固体培养基上生长的菌落在培养 15 d 时达到最大,表面的菌落直径达 0.7～1.0 mm,内部的菌落直径达 0.5～0.7 mm。菌落为无色到浅黄色、表面光滑、凸起而透明。其在瘤胃中的数量可能与饲料有关,饲喂苜蓿干草时为 2×10^8 个/mL 左右,而放牧条件下在 10^6 个/mL 以上。

3. 甲酸甲烷杆菌(*Methanobacterium formicicum*)

甲酸甲烷杆菌隶属于甲烷杆菌纲、甲烷杆菌目、甲烷杆菌科、甲烷杆菌属(*Methanobacterium*),最早在 1954 年发现,1957 年自瘤胃中分离到。甲酸甲烷杆菌细胞呈杆状或丝状(图 2-91),长 1.5～2.0 μm,直径 0.4～0.8μm,不运动。革兰氏染色或阳性或阴性。细胞壁组成为假胞壁质。最适生长温度为 37～45℃,最适 pH 为 6.6～7.8。能转化氢气和二氧化碳、甲酸生成甲烷,基因组中 G+C 摩尔百分比为 38%～42%。生长需要添加瘤胃液或酵母提取物。可以利用分子氮,在瘤胃中的数量很少。

4. 巴氏甲烷八叠球菌(*Methanosarcina barkeri*)

巴氏甲烷八叠球菌隶属于甲烷微菌纲、甲烷八叠球菌目(Methanosarcinales)、甲烷八叠球菌科(Methanosarcinaceae)、甲烷八叠球菌属(*Methanosarcina*),最早分离自山羊瘤胃中。其在瘤胃中数量报道不一致,有的研究表明在 10^5～10^6 个/mL,而有的研究认为仅有 10^3 个/mL,远远低于甲烷短杆菌的数量。该菌细胞呈不规则球状(图 2-91),直径 2.0～3.0 μm,不运动,革兰氏染色阳性,细胞壁组成为酸性异多糖,基因组中 G+C 摩尔百分比为 39%～51%。最适生长温

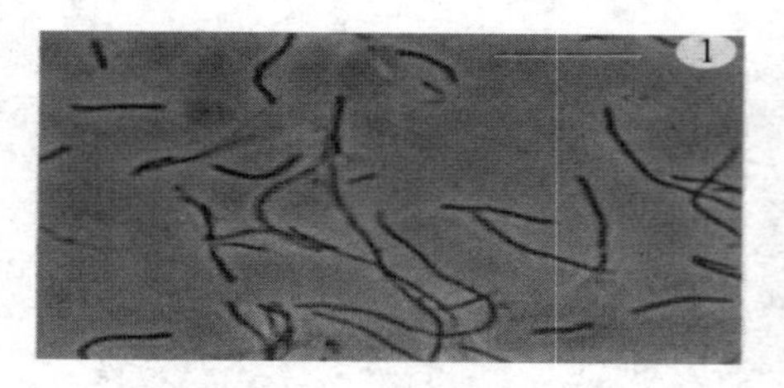

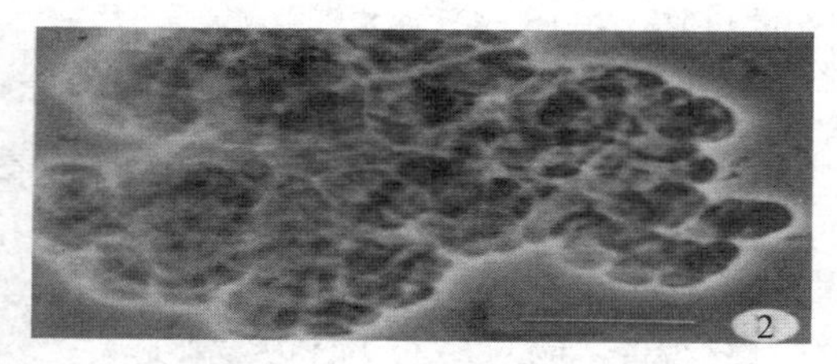

图 2-91　甲酸甲烷杆菌(1)和巴氏甲烷八叠球菌(2)的显微照片(标尺为 5 μm)

引自 Mink 和 Dugan,1977

度为 30～40℃,最适中性环境。能转化氢气和二氧化碳、乙酸、乙醇、甲胺成甲烷。

5. 史氏甲烷短杆菌(*Methanobrevibacter smithii*)

史氏甲烷短杆菌隶属于甲烷杆菌纲、甲烷杆菌目、甲烷杆菌科、甲烷短杆菌属,最早是 Smith 在 1961 年分离的。但由于其形态(图 2-92)、革兰氏染色反应等方面与反刍兽甲烷短杆菌基本相同,当时认为是反刍兽甲烷短杆菌,命名为 *Methanobacterium ruminantium* strain PS Smith 1961,最终由于它们之间的关联系数(association coefficient)较低而被确定为单独的种,它是羊瘤胃纤毛虫上主要的产甲烷菌。该菌个体较反刍兽甲烷短杆菌稍小,长 1.0～1.5 μm,直径 0.5～0.7 μm。另外,史氏甲烷短杆菌具有单生鞭毛但不运动,可以氢气或甲酸为能量,氨为氮源,乙酸为碳源进行生长,对营养没有特殊需要,生长最适 pH 为 6.9～7.4,基因组中 G+C 摩尔百分比为 28%～31%。

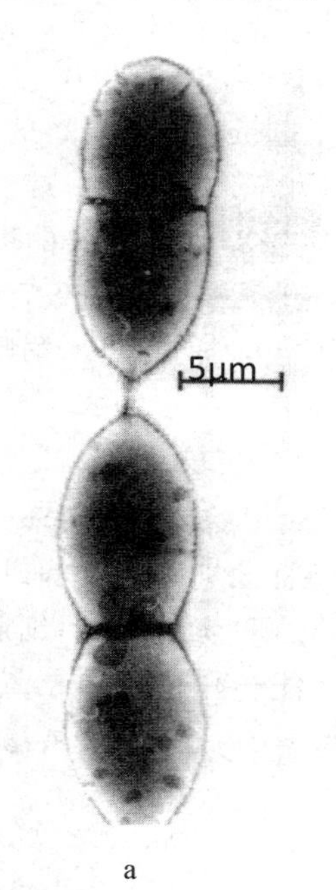

a

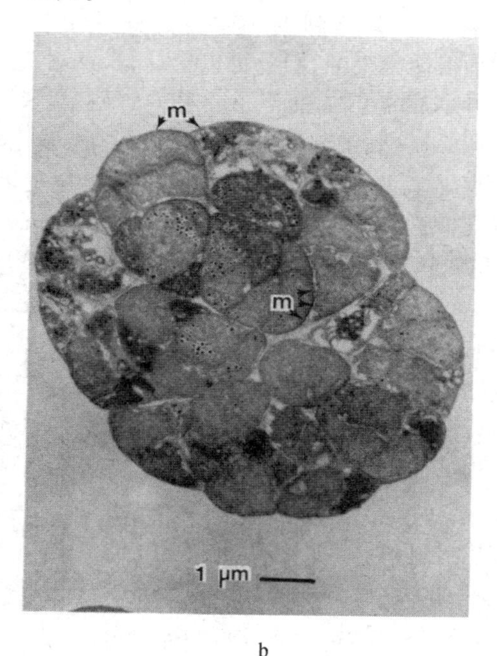

b

图 2-92　史氏甲烷短杆菌(a)和马氏甲烷八叠球菌(b)的显微照片

引自 a-Miller 等,1982;B-Robinson 等,1985

6. 马氏甲烷八叠球菌(*Methanosarcina mazei*)

马氏甲烷八叠球菌隶属于甲烷微菌纲、甲烷八叠球菌目、甲烷八叠球菌科、甲烷八叠球菌属。据德国生物资源中心(German resource centre for biological material,DSMZ)(http://www.dsmz.de/index.htm)报道,马氏甲烷八叠球菌最早是 Barker 1936 年发现的,但直到 1980 年才分离到,并归为甲烷球菌属(*Methanococcus*),1984 年重新归于甲烷八叠球菌属。该菌细胞呈不规则球状(图 2-92),直径 1.0~3.0 μm,但大部分常见的菌体聚集成团,为 20~100 μm 或更大。不运动,革兰氏染色阳性,基因组中 G+C 摩尔百分比为 42%。最适生长温度为 30~40℃,可以生长的 pH 范围 5.5~8.0,最适为 7.0~7.2。可以发酵乙酸、甲胺、甲醇成甲烷、二氧化碳和氨。幼龄菌表面呈颗粒状,老龄菌表面光滑。Ungerfeld 等(2004)研究表明,与反刍兽甲烷短杆菌和可活动甲烷微菌相比,马氏甲烷八叠球菌对各种抑制剂的抗性均强。

7. *Methanobrevibacter millerae*

Methanobrevibacter millerae 是 Rea 等(2007)在牛的瘤胃中分离、命名的产甲烷短杆菌,隶属于甲烷杆菌纲、甲烷杆菌目、甲烷杆菌科、甲烷短杆菌属。该菌细胞呈两端钝圆的球杆菌,革兰氏染色阳性,不运动,可利用氢气/二氧化碳和甲酸/二氧化碳生长产甲烷。生长需要醋酸盐,酵母提取物和胰酶解酪蛋白胨,最适生长温度为 36~42℃,最适 pH7.0~8.0,基因组中 G+C 摩尔百分比为 31%~32%。

8. *Methanobrevibacter olleyae*

Methanobrevibacter olleyae 也是 Rea 等(2007)在牛的瘤胃中分离、命名的产甲烷短杆菌,同样隶属于甲烷杆菌纲、甲烷杆菌目、甲烷杆菌科、甲烷短杆菌属。该菌细胞呈两端钝圆的球杆菌,革兰氏染色阳性,不运动,可利用氢气/二氧化碳生长产甲烷,生长需要醋酸盐,生长的温度范围为 28~42℃,最适 pH 为 7.5,基因组中 G+C 摩尔百分比为 27%~29%。不同菌株存在一定差异。菌株 KM1H5-1P^{T}还可利用甲酸/二氧化碳生长产甲烷,而菌株 OCP 和 AK-87 不能;菌株 OCP 生长需要酵母提取物和蛋白胨,而菌株 AK-87 需要辅酶 M 和脂肪酸。

以上产甲烷菌是随着人们对瘤胃微生物了解的深入,逐渐从瘤胃中分离培养出来。因此,瘤胃中还可能存在未知的产甲烷菌,大量应用免培养的分子生物学方法的研究也证明了这一点。

自从 Beijer1952 年在发现甲烷八叠球菌后,研究者就开始用培养方法来探索瘤胃产甲烷菌。虽然,不断有不同的产甲烷菌从瘤胃中分离出来,但关于瘤胃产甲烷菌的多样性,仅有 Miller 等(1986)在牛的瘤胃中分离到 6 株不同的甲烷短杆菌,并且都不同于反刍兽甲烷短杆菌;Jarvis 等 2000 年在放牧的弗里斯(Friesian)牛瘤胃中分离到甲酸甲烷短杆菌、可活动甲烷微菌和巴氏甲烷八叠球菌。并且,一些微生物还不能用现有的技术培养,能培养的微生物只是天然微生物中的一小部分。

近年来,能够克服传统的培养方法局限性的分子生物学方法逐渐应用于瘤胃产甲烷菌多样性的研究,其中使用最多的是 16S rRNA 基因序列分析。通过克隆产甲烷菌 16S rRNA 基因序列,发现绵羊瘤胃内存在史氏、反刍兽、*thaueri* 等甲烷短杆菌,可活动甲烷微菌、*Methanosphaera stadtmaniae*;在牛瘤胃内发现有可活动甲烷微菌、甲酸甲烷杆菌、*M. stadtmanae* 和反刍兽、史氏等甲烷短杆菌。Nicholson 等(2007)还用时相温度梯度凝胶电泳(Temporal Temperature Gradient Gel Electrophoresis,TTGE)检测到牛和绵羊瘤胃中存在反刍兽甲烷短杆菌、史氏甲烷短杆菌、*M. stadtmanae* 等产甲烷菌,并且认为这些菌在瘤胃中的浓度均高于 10^5 个/mL。以上这些研究除探测到这些已知的产甲烷菌外,同时还发现很多与已知产甲烷菌

16S rRNA 基因的相似性在 90%～97%的未知菌序列，以及与热原体纲进化关系较近的广域古菌序列。迄今为止，瘤胃内已知的古菌均为产甲烷菌。并且从目前人类掌握的古菌分类学知识来看，除产甲烷菌外的广域古菌均嗜高温或嗜盐，瘤胃环境难以适合它们生长。因此，这些在瘤胃中发现的序列有可能是未知的产甲烷菌，但具体情况如何，尚待我们进一步去研究和发现。

五、瘤胃噬菌体

噬菌体即微生物的病毒，瘤胃中含有密集且高度多样化的噬菌体，每毫升瘤胃液中噬菌体量达 10^9 个，并且每天饲喂一次时瘤胃内噬菌体数量有明显的波动。噬菌体通过溶解其宿主菌，影响瘤胃微生物组成，并成为瘤胃内蛋白循环的一部分，因此被认为能降低饲料的利用率和维持瘤胃微生态的平衡。但有关噬菌体可以维持微生态平衡和限制瘤胃内养分循环的说法一直存在争论。

瘤胃噬菌体种群可以使用培养和非培养两类技术进行检测。非培养技术有形态学调查(电子显微镜)、基因组长度分析(脉冲场凝胶电泳)和最近的病毒宏基因组学(病毒群落 DNA 测序)等方法。以培养为基础的技术主要是通过在培养的细菌菌苔上噬菌体感染引起的噬菌斑，从而获得活的噬菌体，以培养为基础的技术不能完全涵盖瘤胃来源材料的噬菌体多样性。

自 1966 年首次从瘤胃液中分离到裂解噬菌体开始，已有沙雷菌、链球菌、拟杆菌和瘤胃球菌等瘤胃细菌的烈性噬菌体被成功分离。Gilbert 等(2017)对类杆菌、瘤胃球菌和链球菌等三个属瘤胃细菌的烈性噬菌体分离株的基因组进行了测序，发现所有噬菌体分属于双链 DNA 的有尾噬菌体目(Caudovirales)下的长尾噬菌体科(Siphoviridae)和短尾噬菌体科(Podoviridae)。这些噬菌体可能通过影响宿主菌的活性，如白色瘤胃球菌的噬菌体降低其的纤维素降解力而影响瘤胃氢气产量，间接影响产甲烷菌，但其真正的作用和对宿主的影响尚需进一步深入研究证实。

第二节　瘤胃微生物区系的建立及其相互关系

以前普遍认为正常畜禽胚胎及初生幼畜的消化道是无菌的，出生后随着与母体及环境的不断接触，瘤胃及其它消化道部位逐渐建立微生物区系，但 Gut 近期发表的来自中国农业科学院刁其玉团队的研究，通过对无菌羔羊盲肠内容物进行宏基因组和宏转录组测序，发现羔羊盲肠中存在变形菌门(Proteobacteria)、放线菌门(Actinobacteria)和厚壁菌门(Firmicutes)等微生物，短链脂肪酸、脱氧野尻霉素、丝裂霉素和妥布霉素等微生物代谢产物，还有噬菌体 phiX174 和 Orf 病毒，证明羔羊胎儿出生前肠道中含有微生物，并且胎儿肠道的微生物定植开始于子宫。瘤胃微生物区系主要由严格厌氧细菌、真菌和原虫组成，其中原虫主要为纤毛虫，这些菌群的数量及整个微生物区系的组成受诸多因素的影响，其中日粮是最重要的因素。

近期的研究表明除了动物年龄和饲料等决定性因素外，早期到达肠道的微生物物种具有强烈的优先效应，对动物具有长期的影响。本节将集中介绍瘤胃微生物区系的建立、生态分布和种群间的相互关系。

一、瘤胃微生物区系的建立

（一）瘤胃细菌的建立

反刍动物在母体子宫内肠道就存在低多样性和低生物量的微生物群，出生后主要通过与母体的直接接触获得更多种类的瘤胃细菌。瘤胃细菌可存在于唾液、粪样和空气中，幼畜与上述媒介直接接触后可从中获得瘤胃细菌。但是，迄今尚未发现瘤胃细菌可通过空气、水或载体（如饲养员的衣服）进行远距离传播。

细菌是最早出现在瘤胃内的微生物，Bi 等（2021）认为羔羊出生前肠道就存在细菌。动物出生后 24 h，其瘤胃壁即有兼性厌氧细菌和尿素降解菌存在，出生后 2 d 瘤胃内出现严格厌氧微生物。Fonty 等（1987）发现，出生后 2 d 的群饲羔羊的瘤胃中已有严格厌氧微生物区系，且其数量与成年动物类似。但是，与成年动物比，幼年反刍动物瘤胃内的菌群种类单一，而且优势菌群的种类也不同，可能原因是在幼龄期间，羔羊仅消化吸收乳，而乳通过食管沟直接进入皱胃，因此，瘤胃内微生物区系尚未健全。在动物成年前，瘤胃内细菌菌群发生很大变化。兼性厌氧细菌在羔羊 2 日龄时数量很高，随后降低，至少 4 月龄时到最低水平。很多动物在 4 日龄，即在采食固体饲料之前，已建立纤维降解细菌菌群。在一般情况下，羔羊 1～2 周龄时才开始采食固体饲料，因此，瘤胃内细菌种群的早期建立并不依赖于固体饲料。到动物成年时，其瘤胃内已建立有一个相对稳定的微生物区系，但该区系仍可受采食和日粮结构等因素的影响。

（二）瘤胃原虫的建立

幼龄反刍动物主要通过与成年动物的直接接触获得原虫。出生后立即与其它反刍动物隔离的犊牛和羔羊体内无法建立原虫区系。当母畜舔幼畜时，母畜口腔内的原虫能直接传给幼畜。原虫区系完善的动物经常会在接触过的食物或牧草上留下唾液，如果幼畜及时吃下这些食物或牧草，则能间接地获得原虫。也有一些小原虫可通过气溶胶的形式间接传播给幼年动物。

随着幼年反刍动物的生长，瘤胃生理环境逐渐有利于原虫的建立。幼龄时，由于乳或开食料中的可溶性糖类发酵迅速，产生很多的挥发性脂肪酸，因此瘤胃 pH 很低。随着食物结构的逐渐变化，瘤胃内 pH 逐渐上升。羔羊和犊牛瘤胃中的 pH 在略高于 6.0 时内毛属原虫即开始定植，pH 上升到 6.5 以上时双毛虫和全毛虫开始定植。如果在原虫建立时（即在出生后 3～6 周前）给幼畜饲喂浓缩料，其瘤胃内 pH 则出现波动，瘤胃中 pH 可降至 5.0，这样可阻碍原虫区系的建立。

幼龄反刍动物瘤胃内原虫在建立区系过程中其数量可出现较大波动。Fonty 等（1984）发现羔羊在出生后 15～20 d 就有内毛虫，50 d 时出现均毛虫，且在 2 月龄内羔羊瘤胃内原虫数量一直持续增加［2 个月时达 $(5.7\pm3.6)\times10^5$ 个/mL］。但在第 3 个月内，有一半以上的羔羊瘤胃内原虫突然消失或数量急剧减少。作者认为瘤胃原虫这种的短暂消失现象可能与宿主生理的变化如瘤胃活动力、瘤胃壁吸收力以及唾液分泌的变化有关。Fonty 等（1988）进一步研究无菌隔离对羔羊瘤胃纤毛虫的建立的影响，发现自然条件下分娩的羔羊 4 天后即出现原虫，而在无菌条件下分娩并无菌隔离饲养一个月的羔羊一个月以后才有原虫出现，这说明早期建立的良好的细菌区系可能是瘤胃建立纤毛虫的必要前提。

当反刍动物经药物或以一定的饲料组合去除瘤胃内原虫后，称为去原虫（defaunated）反刍动物或无原虫反刍动物(protozoa-free ruminant)。反刍动物在无菌条件下出生,并无菌隔离饲养,其瘤胃内则不建立原虫区系,这是获得无原虫反刍动物的主要途径。无原虫反刍动物通过接种原虫可研究不同原虫对瘤胃功能的作用。

瘤胃内纤毛虫浓度存在昼夜变化,并受日粮结构和瘤胃 pH 的影响。牛瘤胃中纤毛虫浓度可在饲喂前或在饲喂后出现高峰,并且一般情况下,采食全粗料的反刍动物瘤胃内含有很多的纤毛虫,其浓度约为$(4\sim6)\times10^5$ 个细胞/mL 内容物。随着日粮中精料的增加,绵羊、牛、水牛及野牛等动物瘤胃内纤毛虫数量也可进一步提高。精粗比相同的日粮,在饲喂量较少的情况下,原虫浓度可保持较高的水平,这可能是由于瘤胃中总发酵水平不高而 pH 不是很低的缘故。Bragg 等(1986)的研究表明,使用玉米青贮料与精料之比为 4∶6 的日粮,喂 8 次的动物其瘤胃最低 pH 为 5.8,原虫浓度比饲喂 2 次的动物最低 pH 为 5.45 的略高。

(三)瘤胃厌氧真菌

在反刍动物出生后不久其瘤胃内即出现厌氧真菌,厌氧真菌的定植先于瘤胃的发育,是前瘤胃(Pre-rumen)的最初定植者。Fonty 等(1987)研究群养的羔羊时发现,羔羊出生后 8～10 d 时其前瘤胃中就可出现厌氧真菌。所有羔羊都存在厌氧真菌,其中主要为 *Neocallimastix frontalis*,有的羔羊也能分离出 *Caecomyces*(*Sphaeromonas*)*communis*。幼龄反刍动物在哺乳期间,瘤胃中并无固体植物物质,因此,厌氧真菌的早期定植并不依赖植物物质,而是利用母乳中乳糖作为碳源,在瘤胃兼性厌氧细菌创造的低氧化还原势的前瘤胃环境中存活。但是在断奶时,厌氧真菌菌群的进一步发展则很大程度上取决于瘤胃中饲料的特性。Fonty 等(1987)在研究采食不同饲料的羊羔时发现,在 3 周龄时即开始采食固体精料的所有羊羔中,4/5 的羔羊的瘤胃内厌氧真菌消失了;而那些采食苜蓿干草的羔羊则维持一定的厌氧真菌浓度。虽然厌氧真菌在瘤胃中的定植不需要植物纤维,但其传播必需通过动物间的直接接触,或通过唾液或通过粪样。

瘤胃厌氧真菌菌群受日粮、饲喂等因素的影响。厌氧真菌通常附着于木质化程度较高的组织进行生长,动物采食粗纤维含量高的日粮时其瘤胃常含有较多的厌氧真菌。显微观察证实,厌氧真菌基本上都附着于细胞壁厚、木质化程度高的组织上。动物采食淀粉、可溶性糖或乳清等易发酵成分含量高的日粮,添加油脂、离子载体抗生素以及颗粒化日粮,瘤胃中厌氧真菌的数量会减少。其中,颗粒化饲料是由于颗粒在瘤胃中的滞留时间较短,易发酵日粮是由于其引起瘤胃内 pH 迅速下降,离子载体抗生素和油脂会抑制真菌的生长。厌氧真菌在体外纯培养时对如沙利诺霉素、莫能菌素等敏感,但有产甲烷菌存在时其敏感性降低。瘤胃中厌氧真菌菌群数量还未发现存在昼夜变化,但是动物采食后,瘤胃液中游动孢子浓度迅速增加。

二、瘤胃微生物的生态分布

反刍动物必需依赖微生物对植物性食物的发酵获得生长所需的物质和能量。反过来,微生物依赖于动物提供的一个相对恒定的、不断有食物供给的环境进行生长。因此,瘤胃是一个不断有食物和唾液流入以及发酵产物流出、瘤胃微生物能长期适应和生长的生态体系。但是,瘤胃内的环境并不是均一,而是一个包含瘤胃液、食糜固相和气相部分,各部分都有其特定的环境、性质和作用,因此瘤胃是一个自身包含多个生态区的复杂系统。Cheng 和 Costerton(1980)最早提出瘤胃微生物可分为三个群体:游离在瘤胃液中的微生物菌群、附着于饲料颗粒的菌群,以及附着于瘤胃壁的菌群。Czerkawski(1980)进一步把第二组分成紧密结合饲料颗粒的菌群和很容易脱离颗粒的菌群，由此瘤胃微生物被分成四个群体。Craig 等（1987）和 Yang 等（2001）通过对瘤胃液相和固相中细菌的有机物含量、有机物中氮的含量、氨基酸的组成和对^{15}N标记物的沉积速度等的分析表明，各相间微生物确实存在很大差异。Shin 等（2004）证实产甲烷菌在各相也存在差异。这种瘤胃分区的理论也被称为瘤胃的分隔化（Compartmentation），而瘤胃内的每个区又称为隔室（Compartment）。在一个功能性的瘤胃内，微生物可从瘤胃液到瘤胃壁或饲料颗粒并附着，或脱离这些附着物进入瘤胃液，因此瘤胃中各区的微生物处于一个动态平衡系统中。

初生动物的瘤胃中并不存在分隔化，随着瘤胃的发育及微生物区系的发展，瘤胃的分隔化约在 20 d 时开始形成。瘤胃壁最早形成其特定菌群，动物出生 24 h 内其肠壁就有细菌存在。随后瘤胃液和饲料颗粒上形成各自的微生物菌群。微生物菌群形成后，一般很稳定，只有在改变日粮或添加抗生素时发生变化。

（一）瘤胃壁上的微生物

瘤胃壁处于有氧的宿主组织和厌氧的瘤胃环境之间，这里的微生物菌群在其中形成了一个界面。虽然瘤胃壁上的微生物菌群只约占瘤胃微生物总数的 1%，但在瘤胃发挥正常功能过程中起重要作用。瘤胃壁上有氧气，且富含尿素，尿素通过在瘤胃壁上的连续扩散进入机体。因此，瘤胃壁上的微生物应该是耐氧的，应具有蛋白酶活性，以使瘤胃壁细胞的蛋白进行周转，应具有脲酶活性，使尿素转化成氨，以便其他微生物进行氮代谢，长期在这样的微环境选择压力下，附着于瘤胃壁上的微生物可能发生了一定变异，从而使瘤胃壁上的微生物与瘤胃液和食糜固相的有所差异。已证实，瘤胃壁上存在具有脲酶活性的细菌、微需氧微生物及兼性好氧菌。这些微生物在动物出生 2 d 内即在瘤胃壁上定植，因此它们与宿主之间的这种生理协调关系在动物生长早期即已建立。

我们的研究发现瘤胃壁、瘤胃液、食糜固相的产甲烷古菌虽然均以 *Methanobrevibacter* sp. 1Y 为优势菌，其次是 *Methanobrevibacter* sp. SM9，但瘤胃壁缺少瘤胃液中发现的可活动甲烷微菌和食糜固相中发现的反刍兽甲烷短杆菌，并缺少类似 *Methanobacterium aarhusense*、*Methanosphaera stadtmanii*、*Methanobrevibacter* sp. AK-87 和 *Methanobrevibacter* sp. AbM4 的产甲烷菌。这说明微生物在瘤胃壁、瘤胃液、食糜固相间的分布不均匀。

（二）瘤胃液中的微生物

瘤胃液中的微生物菌群即为常用的瘤胃内容物过滤后的液体中微生物，是最容易获得、研究得最多的瘤胃微生物菌群。这些微生物主要有拟杆菌、链球菌、巨细菌，以及原虫和可在瘤胃内自由泳动的厌氧真菌游动孢子、可活动甲烷微菌等。瘤胃液体积大，但其中的微生物浓度比固相中和瘤胃壁上的微生物浓度低。

瘤胃液中的微生物悬浮于液体中，其生长依赖于可溶性底物，该系统相当于一个连续培养系统。但是，进入瘤胃的底物并不连续，它取决于动物采食习性。对于放牧反刍动物，由于动物随时在采食，其瘤胃中底物含量及环境几乎恒定，其瘤胃可看成是一个连续培养系统。但对于分次饲喂的动物，动物刚采食后其瘤胃中底物浓度很高，相当于一个批次培养系统，而后随着底物的消化，底物浓度逐渐减少，至下一次饲喂前，瘤胃处于一个饥饿状态。因此，瘤胃发酵相当于一系列充满唾液和饮水的批次培养，其中的微生物菌群受限于瘤胃食糜的流速和可溶性底物的供给。对于采食粗饲料的动物，其瘤胃中可溶性碳水化合物浓度除了在刚采食后短时间内较高外，一般很低，因此，供给微生物的底物浓度以及微生物代谢水平均会相对较低。

瘤胃液最重要的意义在于其为固相食糜在瘤胃各部位的流动以及微生物和小颗粒到瓣胃的传送提供了一个运输载体作用。很多微生物通过利用可溶性糖分只在瘤胃液中生长和繁殖，但有部分微生物是可在饲料颗粒和瘤胃壁附着的过渡菌，这些过渡菌只有定植于饲料颗粒或瘤胃壁后才能发挥作用。还有部分微生物可清除可溶性底物中的有害物质，如解毒作用，为瘤胃中其他微生物的生长及瘤胃功能的发挥提供防卫机制。

(三)附着于饲料颗粒的微生物

附着于饲料颗粒的微生物也常称为固相中微生物(solid-associated microorganisms)，这些微生物是瘤胃中粗饲料和淀粉类日粮的主要降解菌，其中有大量的纤维降解菌，如产琥珀酸丝状杆菌、白色瘤胃球菌、黄化瘤胃球菌、溶纤维丁酸弧菌等细菌，以及原虫和厌氧真菌。

瘤胃固相中的大多数微生物可长时间地附着、作用于饲料食团，直到其附着的饲料被降解成很小的颗粒时，才能随这些小颗粒通过网瓣胃进入皱胃和小肠。因此，瘤胃中食团的滞留时间也即这些微生物的滞留时间。一般而言，食团在瘤胃中的滞留时间比瘤胃液长2～3倍。这些微生物受日粮的影响大，其传代周期的时间依赖于底物的供给，在理想条件下细菌可在数小时内完成一代，因此附着于饲料的微生物可进行合成与分解的快速周转，这样有助于整个瘤胃功能的发挥。

固相中的微生物与瘤胃液相中的微生物在化学组成上存在差异。Rodriguez等(2000)研究表明，绵羊瘤胃固相细菌中的有机质和总脂肪含量较瘤胃液细菌高。虽然固相细菌和液相细菌的含氮量相当，但其中的亮氨酸、异亮氨酸、赖氨酸和苯丙氨酸的比例显著高于液相细菌，而丙氨酸、蛋氨酸和缬氨酸的比例则显著低于液相细菌。

很多研究表明，固相中的微生物酶活与瘤胃液中的酶活存在显著差异。Williams和Strachan(1984)分析了瘤胃液相、固相中易被洗下和不易洗下三类微生物的糖降解酶活性。结果表明，瘤胃液相和固相中易被洗下的微生物产生的酶与固相中不易洗下的微生物相比，前两者更能降解非结构性的、可溶性的糖，三者酶平均比活的比例为1.0∶0.9∶0.6。但是，瘤胃液相∶固相易被洗下∶固相不易洗下三部分的植物细胞壁结构性多糖降解酶的比活的比例则为1.0∶2.0∶4.6。由于固相中微生物浓度远远高于瘤胃液相，所以多糖降解酶总酶活实际上可能是瘤胃液相中的100倍。这也说明了瘤胃固相中微生物在饲料降解过程中的重要性，同时也说明只用过滤后的瘤胃液进行微生物研究存在很大片面性。

瘤胃微生物产生的水解酶，既有胞内酶又有胞外酶。如果微生物分泌的胞外酶进入瘤胃液，则很快被稀释，随食糜流走，或被微生物蛋白酶降解而失去活性。附着在饲料表面上或陷入其中的微生物可使微生物酶与其底物紧密接触，在小范围内高度集中地降解。因此，瘤胃微生物的附着是其有效降解饲料的前提。

当前，对于微生物在瘤胃各生态区中存在差异的原因，认为与各种微生物的营养需要等生理特性和瘤胃不同生态区小环境有关。我们的研究结果表明，与瘤胃液相和瘤胃上皮相比，采用固相食糜构建的克隆库中，反刍兽甲烷短杆菌更多，其原因可能与其生长以乙酸为主要碳源，而纤维性饲料颗料发酵后产生的乙酸量较高有关。可活动甲烷微菌拥有端生鞭毛而可以自由移动的生理特性，使其成为一类主要存在于液相中。在瘤胃内，瘤胃上皮处于宿主组织和瘤胃环境之间，而该组织内氧气、尿素含量等方面皆不同于瘤胃内环境，因此，在长期的微环境选择压力下，附着于瘤胃壁上的产甲烷菌可能发生了一定变异，从而使瘤胃壁与瘤胃液、食糜固相中的产甲烷菌有所差异，其未知菌序列的比例(24.71%)，高于瘤胃液(12.30%)和食糜固相(23.69%)。另外，对环境和营养适应性强的产甲烷菌，可以广泛分布于瘤胃。Zeikus(1977)指出甲烷短杆菌属中，除反刍兽甲烷短杆菌外，其他菌的生长都不需要特殊的有机物，如 *Methanobrevibacter* sp. SM9 就可以在简单的合成培养基上生长。因此，1Y 和 SM9 两株甲烷短杆菌成为瘤胃各相中的优势菌，在瘤胃壁、瘤胃液、食糜固相克隆库中的比例均大于70%。Miller 等(1986)和 Wright 等(2004)的研究也表明瘤胃中优势的产甲烷菌为除反刍兽甲烷短杆菌以外的甲烷短杆菌属产甲烷菌。但 Whitford 等(2001)和 Wright 等(2007)认为牛瘤胃优势产甲烷菌为反刍兽甲烷短杆菌。还有研究表明瘤胃优势古菌为可活动甲烷微菌或与 *Thermoplasma acidophilum* 和 *T. volcanium* 进化关系较近的未知古菌。造成这种瘤胃优势古菌差异的主要原因可能是日粮，因为不同日粮影响瘤胃内产甲烷菌可利用的底物和瘤胃环境，从而造成最适生长的产甲烷菌种类的差异。Lin 等(1997)用核酸探针杂交的方法证实反刍动物瘤胃内的优势菌为产甲烷杆菌目的产甲烷菌，但在饲喂高精料时优势菌则会转变为甲烷微菌目的产甲烷菌。

三、瘤胃微生物种群间相互关系

反刍动物瘤胃是一个复杂的生态系统，其中栖息着瘤胃细菌、原虫、厌氧真菌和甲烷菌，这些微生物之间处于一种既协同又制约的动态平衡关系。这种生态关系体现在菌群数量、分布和发酵代谢三个方面。瘤胃微生物菌群之间相互影响、共同进化，逐渐形成了共生、拮抗、寄生和协同等复杂的关系。

(一)瘤胃细菌与真菌间的互作

瘤胃中细菌的种类最多，且功能多样，因此瘤胃细菌和真菌间的关系更是复杂，在此从纤维分解菌、氢利用菌等于真菌之间的关系分别介绍。

1. 瘤胃纤维分解菌与真菌间互作的研究进展

产琥珀酸丝状杆菌、黄色瘤胃球菌、白色瘤胃球菌、溶纤维丁酸弧菌等瘤胃纤维分解细菌与厌氧真菌在植物组织降解过程中具有互补或者竞争的作用。目前，很多研究表明，纤维分解细菌与厌氧真菌之间的关系与菌株和底物有关，一般认为它们之间没有明显的协同作用。

早期研究表明，黄色瘤胃球菌和白色瘤胃球菌抑制厌氧真菌 *N. frontalis* 对大麦的降解能力，还抑制厌氧真菌 *P. communis* 和 *N. frontalis* 对纤维素的降解能力。Bernalier 等(1992)研究以纤维素为底物时，黄色瘤胃球菌与真菌 *C. communis* 没有拮抗作用，但能抑制 *N. frontalis* 和 *P. communis* 的纤维水解能力。而 Roger 等(1992)发现，以玉米秸秆为底物时，黄色瘤胃球菌或产琥珀酸丝状杆菌对厌氧真菌 *P. communis* 或 *C. communis* 没有抑制作用，而其另一研究表明黄色瘤胃球菌能够抑制厌氧真菌 *N. frontalis* 对小麦秸和玉米秸的降解能力，但不抑制厌氧真菌 *O. joyonii* 对玉米秸的降解。Joblin 和 Naylor(1996)分离的 9 株厌氧真菌中，白色瘤胃球菌抑制其中 8 株真菌的纤维水解的能力，对另外一株没有影响；黄色瘤胃球菌能抑制其中一株真菌的纤维降解，对 7 株没有影响，而对另外一株具有正面的影响。Irvine 和 Stewart(1991)发现，一株白色瘤胃球菌和 3 株黄色瘤胃球菌中的 2 株能够抑制 *N. frontalis*、*N. patriciarum* 和 *P. communis* 对大麦秸秆的降解能力，而产琥珀酸丝状杆菌的 2 个菌株对上述真菌纤维水解的能力均无影响。

溶纤维丁酸弧菌与厌氧真菌之间的消化关系与瘤胃球菌一样，影响并不一致。Joblin 和

Naylor(1994)发现在11株厌氧真菌中溶纤维丁酸弧菌能抑制6株真菌的纤维降解能力,而促进4株,对另外1株没有影响。

瘤胃纤维降解菌对厌氧真菌具有不同影响的原因,目前还不清楚。

抑制厌氧真菌的瘤胃球菌可能是通过分泌某些物质到胞外,抑制了厌氧真菌的纤维素酶活力。Stewart等(1992)研究表明,黄色瘤胃球菌和白色瘤胃球菌具有抑制真菌作用的菌株的无细胞上清能够抑制厌氧真菌 *N. frontalis* 的纤维水解能力,但不能抑制厌氧真菌的生长(葡萄糖为能源),且这种抑制因子是热稳定的,其抑制活性与一个复合蛋白片段的结合有关。Bernalier等(1993)的研究证实,黄色瘤胃球菌的培养上清能抑制 *N. frontalis* 的羧甲基纤维素酶活性,这种抑制因子是胞外的、热稳定的、与蛋白结合的,且不影响真菌的生长,其抑制活性与分子量为100和24 kDa的蛋白质形成的复合物有关。后来,Stewart等(1994)发现,这种抑制因子能够抵抗蛋白酶的降解,但对高碘酸盐非常敏感,高碘酸盐可能是破坏了此抑制因子与蛋白质相连的脂磷酸盐。

另一方面,厌氧真菌对瘤胃细菌可能也具有抑制作用。Joblin和Naylor(1996)研究发现,厌氧真菌 *N. frontalis* 和 *P. communis* 能产生抑制黄色瘤胃球菌木聚糖降解的胞外物质,但对白色瘤胃球菌木聚糖的降解没有影响。而且这种可溶的抑制因子是热稳定的,不影响黄色瘤胃球菌以可溶性糖为底物时的生长,且不具有细菌素的类似活性。

2. 瘤胃氢利用细菌与真菌间的互作

瘤胃微生物中,有些微生物发酵产生氢气,称为产氢菌(hydrogenogens),如黄色瘤胃球菌和白色瘤胃球菌等细菌,以及瘤胃厌氧真菌;有些微生物可以利用氢气进行生长和代谢,产生新的产物,这类菌称为用氢菌(hydrogenotrophs),用氢菌包括产甲烷菌、乙酸产生菌、硫酸盐还原菌、硝酸盐还原菌等,其中产甲烷菌属于古菌。这种氢从一种菌的产物转移给另一种菌进行代谢的现象被称为种间氢转移(inter-species H_2 transfer)。种间氢转移对瘤胃中微生物发酵类型具有很大决定作用。

一定种类的氢利用菌与一定种类厌氧真菌间存在协同作用。瘤胃 *Eubacterium limosum* 和 *Acetitomaculum ruminis* 等乙酸产生菌,可以利用真菌产生的氢,促进真菌对纤维物质的降解。在纤维素上生长期间,*A. ruminis* 能稳定利用厌氧真菌 *N. frontalis* 产生的氢,从而增加纤维素的利用率。当 *A. ruminis* 与 *N. patriciarum* 或 *Neocallimastix* sp. L2 以葡萄糖为底物共培养时,尽管发酵产物向着乙酸发酵,但是真菌产的氢仅约有50%被利用。

Bernalier等(1993)发现 *E. limosum* 对 *N. frontalis*, *Piromyces communis* 或 *Caecomyces communis* 的纤维水解没有影响,对真菌产生的氢也利用很少,这可能与纤维降解过程中释放的糖的浓度高有关,因为 *E. limosum* 对氢的利用受到葡萄糖的抑制。当 *E. limosum* 与 *O. joyonii* 共培养时,纤维素的降解增加。另外一种氢营养细菌-硫酸还原菌也在瘤胃中发现,当加入硫酸还原菌 *Desulphovibrio* sp. 后,*N. frontalis* 的纤维降解作用停止,而且产生的硫化物抑制了真菌的生长。

反刍兽新月形单胞菌,一种发酵糖消耗氢的细菌,也在体外与真菌有相互作用。Richardson和Stewart(1990)表明厌氧真菌 *N. frontalis* 产生的乳酸含量在与不能利用乳酸的反刍兽新月形单胞菌共培养时显著下降,由此表明在两种菌间存在着氢的转移。然而,反刍兽新月形单胞菌与真菌共培养对纤维水解的影响报道不一。反刍兽新月形单胞菌与 *N. frontalis* 共培养时降低了其纤维降解能力,而有的报道对纤维素水解没有影响,有的报道

认为其与一株 *Neocallimastix* sp. 共培养时增加了纤维的水解作用。Bernalier(1991)报道反刍兽新月形单胞菌与 *C. communis* 共培养刺激了纤维的水解而与 *P. communis* 共培养则抑制了纤维的水解。造成这些不同影响的原因还不清楚，但是可能与反刍兽新月形单胞菌的品系不同从而导致了它们对真菌释放的糖或发酵产物(如乳酸、琥珀酸和氢)的利用不同。研究表明如没有糖，氢和乳酸则不会抑制真菌的纤维降解。

3. 瘤胃其他细菌与真菌间的互作

瘤胃其他细菌与厌氧真菌间的关系同样取决于菌的种类。当厌氧真菌 *P. communis* 与栖瘤胃普雷沃氏菌或 *Succinivibrio dextrinosolvens* 共培养时木质素降解率和降解程度增强，而与牛链球菌或 *V. parvula* 共培养时不能促进木聚糖水解。在所有的共培养体系中，异养细菌对细胞外木聚糖酶或 β-木糖苷酶活性影响很小。对于厌氧真菌 *N. frontalis*，在木糖利用过程中，它与栖瘤胃普雷沃氏菌、*Succinivibrio dextrinosolvens* 和 *S. ruminantium* 等乳糖裂解菌和非乳糖裂解菌种有协同作用；而与 *Lachnospira multipara* 或牛链球菌共培养时降低了木糖的利用。

以上的研究均为单一瘤胃细菌和单一厌氧真菌间的相互关系，而鲜见混合瘤胃细菌与混合厌氧真菌间的相互关系的报道。

(二)瘤胃细菌与原虫间的互作

瘤胃细菌和原虫的种类都很多，它们之间的关系多样，主要为吞食、共生等。

1. 吞食和消化

瘤胃纤毛原虫和细菌之间虽然也存在共生和寄生的情况，但最明显的关系还是吞食和被吞食的关系。瘤胃原虫能选择性地吞食细菌细胞进入其液泡并在此进行消化。细菌构成了原虫生长最重要的氮来源，并且摄取率依赖于其品种，原虫相对密度，原虫的营养状态所决定。原虫的吞食活性影响细菌种群的比例和总的细菌数量，例如，未驱虫动物的瘤胃细菌数量通常比驱虫动物的低 50%～90%。驱原虫促进了瘤胃内净微生物蛋白的合成，提高了微生物蛋白向小肠的外流。

2. 共生关系

细菌与原虫除了吞食与被吞食关系外，细菌也黏附于原虫的外表面，并且在原虫液泡中自由出入。电子显微镜观察到细菌在原虫液泡内，偶尔在核内存在，但是企图培养细胞内细菌的试验仅成功了有限的几例，而且不能断定培养出的细菌的来源，此外，在一些瘤胃纤毛虫中也观察到含有无数细菌的腔结构，在此结构中宿主细胞和细菌间的相互关系还不清楚。

(三)瘤胃细菌与产甲烷菌间的互作

目前，瘤胃细菌与产甲烷菌互作的研究中，瘤胃细菌主要集中于纤维降解细菌，产甲烷菌多集中于史氏甲烷短杆菌。

瘤胃中，纤维降解细菌能产生大量的纤维降解酶，降解晶体纤维素，代谢产物主要为乙酸和甲酸，还有少量的氢气、乙醇和乳酸。产甲烷菌作为草食动物肠道主要的氢利用菌，可以通过种间氢转移作用降低还原性氢的积累，从而使瘤胃内纤维降解细菌在糖酵解过程中，直接将丙酮酸转化成乙酸和二氧化碳，并以氢的形式释放电子，而不需要还原生成丙酸和琥珀酸等，从而提高纤维降解细菌的能量利用率和纤维消化率。因此，甲烷产量与粗饲料的降解率呈正相关，草食动物肠道中产甲烷菌数量与纤维降解细菌的数量之间存在正相关。很多体外培养的研究证明纤维降解细菌与产甲烷菌之间存在互利关系，但一种产甲烷菌只能与一定种类的纤维降解细菌有这种互利关系。

在瘤胃中，除了产甲烷菌外还有产乙酸菌等利用氢气的细菌，这些菌与产甲烷菌在利用氢气的方面存在竞争关系。群饲的反刍动物瘤胃中，出生后很快就有产乙酸菌存在，但当产甲烷菌在其中生长后，产乙酸菌的数量下降，成年反刍动物瘤胃中的数量很少能超过 $10^5\ mL^{-1}$。在无菌的羔羊接种无产甲烷菌的瘤胃微生物，产乙酸菌的数量可以达到并稳定在 $10^8 \sim 10^9\ mL^{-1}$，但瘤胃中有10%的氢气积累，并且这些动物接种产甲烷菌后，产乙酸菌的数量下降，氢气消失，这表明产乙酸菌利用氢气的效率较低。

史氏甲烷短杆菌纯培养时，甲烷产生很快，培养 4 h 甲烷产生就达到最大速率 577.0 μmol/h；与产琥珀酸丝状杆菌混合培养，同样是 4 h 达到最大速率，但其速率仅为 228.3 μmol/h；与黄色瘤胃球菌混合培养，8 h 达到最大速率 263.8 μmol/h；与白色瘤胃球菌混合培养，12 h 才达到最大速率 434.1 μmol/h，到 16 h 时，混合培养产琥珀酸丝状杆菌/史氏甲烷短杆菌与黄色瘤胃球菌/史氏甲烷短杆菌所产生的甲烷产量相同。

史氏甲烷短杆菌对产琥珀酸丝状杆菌的生长速度没有影响，纯培养和混合培养倍增时间没有差异，但乙酸的产量增加了 2 倍，三磷酸腺苷(adenosine triphosphate，ATP)产量增加了 3 倍。史氏甲烷短杆菌可以促进黄色瘤胃球菌的生长，使倍增时间比黄色瘤胃球菌纯培养时缩短，并且乙酸和总有机酸的产量显著增加，但 ATP 产量没有明显变化。史氏甲烷短杆菌对白色瘤胃球菌没有影响，混合培养在倍增时间、有机酸的产量及 ATP 产量均与纯培养见没有差异。

由此可见，不同纤维降解菌对史氏甲烷短杆菌产生甲烷的影响不同，史氏甲烷短杆菌对不同纤维降解菌的影响也不同。史氏甲烷短杆菌能促使产琥珀酸丝状杆菌产生更多 ATP 和有机酸；促进黄色瘤胃球菌生长，产生更多乙酸和总有机酸；而对白色瘤胃球菌没有显著影响。出现这种差异，是由于不同纤维降解细菌代谢产物存在差异，如黄色瘤胃球菌的主要发酵产物为琥珀酸、乙酸和甲酸及少量的氢气、乙醇和乳酸，其中甲酸和氢气作为史氏甲烷短杆菌生长的底物，因此黄色瘤胃球菌与史氏甲烷短杆菌有互利关系，共培养时促进对底物的降解。白色瘤胃球菌发酵产物主要为氢气和乙醇，缺少琥珀酸、乙酸和甲酸，对史氏甲烷短杆菌的生长不利，因此白色瘤胃球菌与史氏甲烷短杆菌之间不存在明显的互利关系。

(四)瘤胃真菌与原虫间的互作

原虫是瘤胃微生态系统中一类重要的微生物，其在瘤胃中的存在增加了饲料在瘤胃中的滞留时间，稳定了瘤胃中的生化环境，这均有利于真菌生长。但有间接证据表明原虫在体外与真菌共培养时吞食了真菌的游动孢子，并且在体内也观察到原虫位于成熟孢子囊附近，表明原虫能摄食释放的游动孢子。扫描电镜清楚地显示出 *Polyplastron multivesiculatum*，*Eudiplodinium maggii* 和 *Entodinium* 的原虫能摄取真菌假根，偶尔也摄取孢子囊，用其他显微镜也有类似发现。用 ^{14}C 标记的 *Piromonas communis* 与瘤胃原虫共培养发现 ^{14}C 被广泛溶解，证明了真菌被原虫消化，消化后释放出葡萄糖胺和氨基酸，说明原虫有几丁质水解活性，并且参与了真菌蛋白的周转。目前研究表明这些瘤胃真核生物之间有相互捕食和代谢的作用。这使得驱原虫对真菌的影响结果不一致。有些研究表明驱原虫导致了游动孢子密度的增加，但也有研究表明驱除原虫不影响游动孢子数量。

瘤胃真菌与原虫都参与纤维降解，当这两种种群在植物片段上附着后，潜在的相互作用就产生了。体内共培养研究表明这种相互作用因品种而异。等毛虫不影响真菌 *N. frontalis* 的纤维和木聚糖水解，而内毛虫则影响 *N. frontalis* 和 *Piromyces* sp. 的水解。真菌与一些内毛虫共培养增加了木聚糖水解。

瘤胃原虫与真菌的共培养对真菌酶活的影响也与菌株有关。瘤胃原虫降低了 *N. patriciarum* 的羧甲基纤维素酶活性，而 *Piromyces* sp. 在瘤胃原虫存在的情况下，每单位生物量的纤维水解活性增加。*N. frontalis* 的无细胞裂解物和单一原虫共培养增加了半纤维素的水解活性，但纤维酶的水解活性下降了。而混合的原虫与厌氧真菌 *Piromyces* 某菌株共培养时，真菌的纤维水解能力显著下降。关于瘤胃原虫和真菌之间的关系研究的很少，需要进一步详细研究。

驱除瘤胃真菌后较驱除前原虫总数显著增加这可能是由于瘤胃内原虫和厌氧真菌之间有一种竞争作用。

总之，目前研究表明尽管原虫对真菌菌群有显著影响，但在瘤胃中不占主导地位。对驱原虫研究结果的不一致可能反应了体内检测真菌方法的不成熟，或者是原虫对细菌种群的影响变化有关，特别是细菌种群对真菌的抑制。像瘤胃这样复杂的微生态，其相互作用不可能是简单的。当基于 18S rRNA 的探针技术被用于检测瘤胃内真菌和原虫种族时，那么对于不同日粮条件和驱原虫前后体内原虫与真菌的关系可能会更清楚。

（五）瘤胃真菌与产甲烷菌间的互作

一般认为，瘤胃厌氧真菌与产甲烷菌间也存在种间氢转移作用，瘤胃产甲烷菌的存在能提高厌氧真菌纤维素酶与半纤维素酶等酶的酶活，促进厌氧真菌对纤维素与半纤维素的降解。1981 年 Bauchop 和 Mounfort 就报道，瘤胃真菌 *N. frontalis*、*N. patriciarum*、*P. communis* 和 *Caecomyces communis* 分别与产甲烷菌共同培养时，均可提高其降解植物细胞壁的能力。*N. frontalis* 在 12 d 内能降解 53%的滤纸底物，但当与反刍兽甲烷短杆菌共同培养时，在 7 d 即可降解 83%的滤纸。但不同的产甲烷菌对同一种厌氧真菌的影响不同。Nakashimada 等(2000)研究厌氧真菌 *N. frontalis*，发现甲酸甲烷杆菌 7 d 内就能显示对其降解纤维的巨大促进作用，而 *Methanosaeta concilii* 17 d 对其发酵才有一定影响。Teunissen 等(1992)也发现与巴氏甲烷八叠球菌和史氏甲烷短杆菌相比，*Neocallimastix* strain N1 与甲酸甲烷杆菌共同培养时，纤维素酶和木聚糖酶的含量最高。

目前关于瘤胃真菌和产甲烷菌关系的了解，均来源于单一厌氧真菌与单一产甲烷菌相互影响的研究。但是在瘤胃中，厌氧真菌与产甲烷菌是混合存在的。因此，瘤胃厌氧真菌与产甲烷菌之间的关系，难以通过单一厌氧真菌与单一产甲烷菌之间的关系来完全说明，还需要进一步研究。

（六）瘤胃原虫与产甲烷古菌间的互作

原虫和产甲烷菌之间发生着种间氢转移，通过荧光显微镜可以检测到原虫的体内外共生的产甲烷菌 F_{420} 特有的荧光。附着在原虫上的产甲烷菌能利用原虫代谢产生的氢和体表的汁液生长，因此原虫对产甲烷菌甲烷的产生有促进作用。而产甲烷菌对原虫的生存也是有利的，这是因为原虫的细胞膜内壁的多种脱氢酶，这些酶催化各自的底物脱氢产生的氢分子则附着在原虫表面，这些氢分子能抑制原虫的增殖，而原虫表面的产甲烷菌却能将氢分子合成甲烷，消除氢分子的抑制作用。附着在纤毛虫表面的菌几乎都是产甲烷菌，但不同的原虫上的产甲烷菌又有一定差异，Irbis 和 Ushida(2004)在 *Polyplastron multivesiculatum* 细胞上克隆到 *Methanobrevibacter sp.* SM9 及类似 *M. smithii* ALI 和 *Methanobrevibacter wolinii* SH 的序列；在 *Isotricha intestinalis* 细胞上除以上序列外还有 *M. mobile*；在 *Ophryoscalex purkynjei* 上的产甲烷菌种类更多，除以上序列外还有与一些与 *Thermoplasma* 相似性在 95%以上的广域古菌序列。据统计，附着在瘤胃原虫上的产甲烷菌占瘤胃总产甲烷菌的 9%～25%。另外，Finlay 等(1994)研究发现瘤胃纤毛虫的胞液内的产甲烷菌数量远远大于结合在纤毛虫表面的产甲烷菌数量，因此推测内共生的产甲烷菌可能在瘤胃纤毛虫的产甲烷过程中起关键作用。因此，当产甲烷菌与原虫共同培养时，原虫的发酵及其 ATP 的生成都加速，能量的利用率提高，而反刍动物日粮添加硫酸锌、皂苷类物质等驱除原虫，可显著降低甲烷产量。Tokura 等(1997)研究发现纤毛虫上产甲烷菌的甲烷产量和与其相结合的产甲烷菌数量有关，随着结合的产甲烷菌数量的增加而增加。但 Machmuller 等(2003)体内试验发现，去原虫不能减少甲烷产量，其原因有待进一步研究。

第三节　反刍动物肠道微生物种类及其特点

反刍动物出生后其肠道内很快出现菌群。Bi 等(2019)发现 3 日龄的羔羊肠道中已检测到了成年母羊的肠道菌群，在门水平以拟杆菌门、厚壁菌门和变形菌门为主，在属水平以拟杆菌属为主。

反刍动物肠道的不同部位的环境存在很大差异，其中的微生物的类群和数量随着动物种类、年龄和饲料的不同存在差异。在小肠，特别是十二指肠，由于各种消化液的杀菌作用，细菌较少；在大肠中，消化液的杀菌作用减弱或消失，且经常有大量食物滞留，营养丰富、条件适宜，细菌数量显著增加，并且大多为定居在肠道的土著微生物。正常肠道内大约有 200 种以上的细菌，每克粪便在 100 亿个以上，主要为厌氧菌如拟杆菌、真杆菌及分叉杆菌等，占总数的 90%～99%，其次是肠球菌、肠杆菌、乳杆菌及其他菌。一般相邻的肠段菌群较相似。

消化道中微生物的分布与其功能有关，能够降解植物纤维的厚壁菌门为反刍动物胃肠道所有肠段的优势菌门，有助于消化复杂的碳水化合物的拟杆菌门在胃、回肠和大肠等部位较丰富。

一、小肠

反刍动物小肠(尤其是十二指肠和空肠)与胃肠道其他部位的微生物菌群有很大差异。十二指肠和空肠食糜微生物群落的丰富度和多样性是整个胃肠道中最低的部分，回肠食糜的微生物群落丰富度和多样性适中。Davies 等(1993)利用最大可能计数法(MPN)研究了牛胃肠道不同部位的厌氧真菌数量变化，发现小肠厌氧真菌浓度范围在 $2.5\times10^{6}\sim6.7\times10^{6}$ TFU/g 干物质，Grenet 等(1989)利用游动孢子计数法研究表明，十二指肠中厌氧真菌游动孢子的浓度为($2.8\times10^{6}\sim3.8\times10^{6}$/g)显著低于瘤胃和盲肠。

微生物组成方面，小肠中最优势菌门为厚壁菌门，这与胃肠道其他部位一致，但次级优势菌门与其他部位的拟杆菌门不同，有的研究认为是变形杆菌门，有些研究是蓝藻门(Cyanobacteria),并且菌群的个体差异大于其他部位,十二指肠和空肠中拟杆菌门比例低于其他部位,在空肠之后微生物多样性和数量逐渐增加。绵羊小肠中优势菌纲有梭菌纲、γ-变形菌纲和拟杆菌纲(Bacteroidia),优势菌目有梭菌目、拟杆菌目和肠杆菌目(Enterobacterales),优势菌科有毛螺菌科、肠球菌科(Enterobacteriaceae)和瘤胃菌科(Ruminococcaceae),优势菌属有埃希氏菌属、毛螺菌科未确定属和瘤胃球菌属。另外,十二指肠中疣微菌门(Verrucomicrobia),Verruco-5、芽孢杆菌纲和 TM7-3 等纲,乳酸杆菌目,消化链球菌科、RFP12 和梭菌科的细菌在小肠中的含量高于胃肠道其他部位。瘤胃球菌属在小肠较丰富,断奶前犊牛胃肠道中就存在了,主要分布在空肠。小肠中的纤维降解菌主要为溶纤维丁酸弧菌。

小肠的不同肠段的微生物菌群也存在差异。绵羊十二指肠中维罗尼假单胞菌(*Pseudomonas veronii*)较丰富,而空肠和回肠中产气荚膜梭菌较丰富,空肠中梭状芽胞杆菌所占比例相对较大,醋香肠菌属(*Acetitomaculum*)的比例很高,解琥珀酸菌属(*Succiniclasticum*)和链球菌属是空肠中的特异性细菌。

二、大肠

无菌初生羔羊盲肠内容物就存在变形菌门、放线菌门和厚壁菌门的细菌以及噬菌体 phiX174、Orf 等,说明出生前反刍动物的大肠内就存在微生物。

反刍动物大肠微生物菌群与前胃和小肠存在显著差异,大肠微生物群落丰富度和多样性高于小肠,大肠与前胃的微生物菌群的比较不同研究间存在差异。从小肠到大肠乳酸杆菌属含量持续减少,拟杆菌属含量持续增加,未分类的拟杆菌目比例增加。拟杆菌科和帕拉普氏菌科(Paraprevotellaceae)的比例显著高于胃肠道其他部位,纤维素分解细菌在大肠中的数量低于瘤胃。另外,大肠不同部位的细菌菌群较相似,厌氧真菌菌群的数量在 $3.1\times10^6\sim6.7\times10^6$ TFU/g。

微生物组成方面,大肠中最优势菌门也是厚壁菌门,次级优势菌门为拟杆菌门,并且大肠菌群个体差异较小,个别动物的大肠中变形菌门的比例较高。绵羊大肠中的优势菌纲有梭菌纲、拟杆菌纲和 γ-变形菌纲,优势菌目有梭菌目、拟杆菌目和气单胞菌目,优势菌科有瘤胃菌科、毛螺菌科和普雷沃氏菌科(Prevotellaceae),优势菌属有瘤胃球菌属、拟杆菌属(*Bacteroides*)、乳酸杆菌属、梭菌属、普雷沃菌属和黄杆菌属(*Flavonifractor*)。大肠中厚壁菌门、拟杆菌门、产琥珀酸丝状杆菌、溶纤维丁酸弧菌、梭状芽孢杆菌簇Ⅳ和 XIVa 等菌以及细菌总数的量与瘤胃接近,而白色瘤胃球菌和黄色瘤胃球菌的数量高于瘤胃。拟杆菌属和黄杆菌属是盲肠和直肠特有的。另外,拟杆菌属、脱硫弧菌属、颤螺菌属、考拉杆菌属(*Phascolarctobacterium*)和乳头杆属(*Papillibacter*)是直肠特有的,瘤胃球菌属、普雷沃菌属等在大肠中的含量明显高于胃肠道其他部位,而且大肠中含有理研菌科(Rikenellaceae)等其他肠段没有的细菌。

大肠黏膜上与食糜中的微生物菌群存在很大差异。黏膜上的微生物密度低于相应消化道中的食糜,多样性高于食糜,厚壁菌门的比例明显低于相应的食糜,未分类的消化链球菌科、Turicibacter 和梭状芽孢杆菌在肠腔中占优势,而密螺旋体属(Treponema)和未分类的瘤胃球菌科细菌在黏膜中更为丰富。

第四节 反刍动物胃肠道微生物区系调控途径及进展

胃肠道微生物菌群是宿主和肠道微生物之间强烈选择和协同进化的结果,因此,反刍动物的进化历程的差异可能决定了其胃肠道菌群的差异。同样是反刍动物,牦牛和晋南黄牛瘤胃菌群差异很大,An 等(2005)发现牦牛瘤胃中存在一些独特的原核生物。同时,反刍动物胃肠道微生物是可以通过日粮、环境、添加剂等途径进行调控,目前对于反刍动物胃肠道微生物菌群的研究主要集中于瘤胃微生物菌群,因此下面就以瘤胃微生物为例说明反刍动物胃肠道微生物区系的调控途径。

一、日粮因素

日粮的组成、结构、加工方式等不但影响瘤胃微生物能够利用的营养物质,而影响瘤胃中各种微生物生长代谢的速度,决定瘤胃微生物区系,同时,瘤胃微生物生长代谢的速度还影响瘤胃 pH、氨态氮浓度等内环境,进一步影响瘤胃微生物区系。

(一)日粮组成

日粮组成的差异影响其中各种营养物质的含量,而不同的微生物需要的营养物质种类存在很大差异,因此,日粮组成是瘤胃微生物区系的决定因素之一。比如反刍动物瘤胃微生物能合成 B 族维生素,且能满足一般生产水平的反刍动物对 B 族维生素的需要。但是,不是所有的微生物都能合成全部的 B 族维生素,很多主要的瘤胃微生物的生长需要一种或多种维生素 B 作为生长因子。日粮中 B 族维生素含量以及瘤胃中其他微生物合成 B 族维生素的量就影响了这些微生物的生长。瘤胃中主要微生物大多需要生物素,如反刍兽新月型单胞菌在对琥珀酸脱羧基产生丙酸过程中需要生物素。VanGylswyk 等(1992)用瘤胃液进行体外培养时发现,在瘤胃中数量多的微生物生长很快,而在瘤胃中数量少的菌生长相对慢,但当瘤胃液中加入某些 B 族维生素后则迅速生长。因此,瘤胃中某些维生素 B 可能还没有满足一些菌的生长需要。除了 B 族维生素外,一些重要的细菌还需要 1,4-萘醌和血红素等生长因子。瘤胃真菌的生长以及游动孢子的趋化也需要血红素。有的细菌需要辅酶 M,而只有产甲烷菌能合成辅酶 M。

厌氧真菌通常附着于木质化程度较高的组织进行生长,动物采食粗纤维含量高的日粮时其瘤胃常含有较多的厌氧真菌。Grenet 等(1989)报道,全饲草日粮,如青贮草、抽穗期黑麦草或苜蓿干草等,以及以青贮玉米或秸秆为主的日粮有利于厌氧真菌生长,瘤胃中厌氧真菌浓度在 $6\times10^3\sim4\times10^4$ TFU/mL 之间,这些日粮含有较高的粗纤维和中性洗涤纤维。显微观察证实,厌氧真菌基本上都附着于细胞壁厚、木质化程度高的组织上。即使日粮全为饲草,如果是茎秆含量很低的牧草如放牧草地的黑麦草,也不利于瘤胃内厌氧真菌的生长,其浓度可低于 4×10^3 TFU/mL。如果动物采食高淀粉日粮如大麦类,或可溶性糖含量或乳清含量高的日粮,其瘤胃中有时甚至检测不到厌氧真菌。瘤胃液中大量的可溶性糖的存在可能不利于游动孢子在植物颗粒上的附着及其萌发。日粮中添加菜籽油(或其他油)也可降低厌氧真菌的数量。

另外，日粮的多糖水平影响原虫的浓度、菌群与分布。Dehority 和 Orpin(1997)认为瘤胃内贮存性多糖水平和纤毛虫对瘤胃内容物的趋化性影响纤毛虫在瘤胃中的分布。在饲喂时，绵羊瘤胃内的纤毛虫尤其是均毛虫向内容物趋化性迁移，随着体内多糖贮存量的增加纤毛虫便逐渐栖居于瘤胃腹侧而隐藏起来。均毛虫是否重新回到瘤胃内容物中决定于瘤胃内贮存性多糖水平。当纤毛虫细胞不断消耗瘤胃内贮存性多糖，在 10～12 h 后多糖水平就会低于纤毛虫趋化的临界值，此时如果动物采食，均毛虫则会向可溶性糖迁移。达到趋化临界值的时间依赖于先前的饲喂水平。如果动物没有供给饲料，则瘤胃内贮存性多糖会进一步被消耗，一般饲喂后 20～22 h，多糖消耗殆尽。此时，均毛虫也自动回到瘤胃，这种迁移是一种排空应答。

(二)日粮结构

关于日粮结构对瘤胃微生物区系的调控已有很多研究。一般而言，高谷物精料饲粮会诱发反刍动物瘤胃微生物区系发生显著变化，通常表现为在门水平上引起瘤胃中优势菌群发生变化，使厚壁菌门数量增加，拟杆菌门、变形菌门和放线菌门数量减少。采食高精料的动物瘤胃细菌浓度往往高于采食粗饲料的动物，随着动物摄入的可利用能量的增加，瘤胃细菌浓度会逐渐升高，瘤胃中的优势种群为反刍兽新月型单胞菌、消化链球菌、链球菌、乳酸杆菌以及嗜淀粉瘤胃杆菌，而采食高粗饲料日粮的动物瘤胃细菌浓度较低，丁酸弧菌和栖瘤胃普雷沃氏菌是瘤胃中的优势种群。Henderson 等(2016)研究发现饲喂粗饲料反刍动物的瘤胃细菌区系相似，均有丰富的未分类的拟杆菌和瘤胃菌科细菌；饲喂精饲料反刍动物的瘤胃细菌区系相似，普雷沃菌属和未分类的琥珀酸菌科细菌更为丰富；而饲喂精粗混合饲料的反刍动物其瘤胃细菌区系介于两者之间。纤维杆菌属和未分类梭菌目在饲喂全粗料牛的瘤胃中非常丰富，而在饲喂高精料日粮牛的瘤胃中很少；在饲喂精粗混合饲料牛的瘤胃中丁酸梭菌属含量最高。日粮中精料增加时，牛的瘤胃纤维杆菌属细菌减少。Mackie 和 Gilchrist(1979)研究表明，随着日粮中精料比例的增加，淀粉降解菌和乳酸利用菌的比例逐渐提高。当精料含量为 10%时，绵羊瘤胃内淀粉降解菌和乳酸利用菌分别占总细菌数的 1.6%和 0.2%，当精料比例提高到 71%时，这两组细菌的比例分别增加到 21.2%和 22.3%，其中乳酸杆菌、丁酸弧菌和真细菌为主要的淀粉降解菌，厌氧弧菌和丙酸杆菌是主要的乳酸利用菌。Roxas(1980)研究了日粮从粗饲料突然转变为高精料情况下绵羊瘤胃细菌种群的变化。粗饲料条件下淀粉降解菌和乳酸利用菌分别占细菌总数的 50%和 25%，高精料时则分别为 85%和 32%，其中丁酸弧菌、反刍兽新月型单胞菌、嗜淀粉瘤胃杆菌、链球菌为主要淀粉降解菌，而反刍兽新月型单胞菌、厌氧弧菌和丙酸杆菌为主要的乳酸利用菌。虽然变化趋势与 Mackie 和 Gilchrist(1979)的结果一致，但是淀粉降解细菌和乳酸利用细菌的比例较高，两组研究中优势菌种类也存在差异。

反刍动物瘤胃中原虫的数量和菌群也在很大程度上取决于反刍动物的日粮结构。一般情况下，采食全粗料的反刍动物瘤胃内含有很多的纤毛虫，其浓度为 4×10^5～6×10^5 个细胞/mL 内容物。随着日粮中精料的增加，日粮能量也随之提高，绵羊、牛、水牛及野牛等动物瘤胃内纤毛虫数量也可进一步提高。Grubb 和 Dehority(1975)报道，饲喂全粗日粮的绵羊突然改饲玉米、粗料比为 6∶4 的日粮后，原虫浓度从饲喂 100%干草时的 4×10^5～6×10^5/mL 迅速在 5 d 时间内升高，并稳定在 10×10^5～18×10^5/mL。但当日粮中精料量达到 60%或更高时，瘤胃内 pH 则会下降。这时，瘤胃原虫浓度迅速下降，甚至完全消失。一般情况下，日粮中粗料含量为 40%～50%时，瘤胃内原虫数量最大，其种类也最丰富。在瘤胃中，多数原虫隐蔽于固体饲料中，液相中原虫的浓度只是固相中的10%～20%，因此瘤胃中固体物质是维持原虫数量的必要条件。日粮结构也影响瘤胃原虫的组成，尤其是内毛虫的数量。饲喂干草或牧草时，内毛虫占总数的40%～90%；日粮中添加精料时，内毛虫数量可达整个纤毛虫数量的90%～98%。

日粮结构对瘤胃内微生物区系的影响可能与pH等瘤胃内环境的变化有关。如果动物采食高淀粉日粮、可溶性糖或乳清含量高的日粮，瘤胃内pH迅速下降，有时可低至5.2，这样低的pH很可能不利于厌氧真菌、瘤胃原虫和很多瘤胃细菌的生长，其瘤胃中有时甚至检测不到这些微生物。

除日粮的组成和结构以外，日粮的加工方式、饲喂方式、饲料颗粒大小等方面，由于影响瘤胃微生物在饲料颗粒上的附着、饲料在瘤胃中的滞留时间、饲料在瘤胃中降解比例等，从而影响瘤胃微生物能够利用的营养物质，最终影响瘤胃微生物区系。当组成相同的日粮经颗粒化后饲喂动物时，由于颗粒在瘤胃中的滞留时间较短，附着有厌氧真菌的饲料颗粒有较高的冲洗率，因此厌氧真菌菌群的浓度会降低。

(三)代乳粉

早期断奶饲喂代乳粉是现代羔羊和犊牛培育的重要方式之一，能够缩短母畜繁殖周期，而提高生产率，研究发现饲喂代乳粉对瘤胃微生物区系有一定调控作用。25日龄后哺喂代乳粉羔羊瘤胃微生物区系的变化明显，其中拟杆菌门成为优势菌，并且普雷沃菌属等有益菌相对丰度逐步增加，从而改善羔羊瘤胃微生物区系结构，有助于促进羔羊的生长。

(四)开食料

在断奶前尽早给羔羊补饲开食料，不仅能够更好地满足其营养需求，而且促进瘤胃发育，提高生产性能，并且开食料的选择和饲喂方式均对胃肠道微生物有一定的调控作用。在饲喂代乳粉基础上补饲开食料，与只饲喂代乳粉的湖羊羔羊相比，显著提高了瘤胃微生物多样性。Lv等(2019)研究发现，补饲开食料使普雷沃氏菌属和毛螺菌科相对丰度显著升高，两者可能是粗饲料引起瘤胃功能变化的主要微生物。

二、环境因素

反刍动物在幼龄阶段经历了从非反刍到反刍的生理过渡，反刍阶段之前是其最敏感和可塑性最强的时期。在此期间，任何外部环境或营养的变化都可能导致瘤胃微生物随后短期或长期的变化。在幼龄阶段对反刍动物瘤胃微生物进行调控，从而引导菌群的有序定植和健康发酵机制，改变微生物组的组成及代谢产物，保证机体的健康和后续生长发育。陈凤梅等(2020)研究地域环境(青海省海晏和山东高密)对湖羊瘤胃微生物区系的影响，发现虽然菌群Alpha多样性无显著差异，但菌群Bata多样性和组成存在显著差异。从菌群组成看，山东组绿弯菌门(Chloroflexi)相对丰度显著高于青海组，青海组未鉴定普雷沃氏菌科相对丰度显著高于山东组，而未鉴定瘤胃菌科相对丰度显著低于山东组。

幼龄反刍动物主要通过与成年动物的直接或间接接触获得原虫、真菌和部分细菌。因此，可以通过喂养方式或控制初生反刍动物所处环境中的微生物，调控其胃肠道微生物区系。Abecia等(2017)研究表明，羔羊出生后，随母哺乳或人工饲喂代乳粉的不同饲养模式下，瘤胃菌群的定植模式有很大不同，随母哺乳的羔羊瘤胃细菌种类更丰富。另外，动物所处的环境，如海拔、季节等，对瘤胃微生物区系有一定的调控作用。Wu 等(2020)研究认为动物所处地方的海拔高度影响瘤胃微生物菌群，在高海拔地区能提高丁酸弧菌属、假丁酸弧菌属和新月形单胞菌属的细菌在瘤胃中的比例。

热应激能显著影响反刍动物瘤胃微生物区系。周旭(2018)认为热应激奶牛瘤胃产甲烷菌群发生显著变化，热应激组 *Methanobrevibacter ruminantium* 和 *Methanomassiliicoccaceae* Group 10 sp. 的相对丰度显著升高；而 *Methanomassiliicoccaceae* Group 8 sp. WGK1、*Methanobrevibacter gottschalkii* clade 和 *Methanomassiliicoccaceae* Group 12 sp. ISO4-H5 的相对丰度显著降低。

季节变化也可引起瘤胃微生物区系的变化。Liu 等(2020)研究冷季和暖季藏羊瘤胃细菌菌群，发现冷季藏羊瘤胃微生物丰度和 α 多样性显著高于暖季，使冷季藏羊乙酸、丙酸和丁酸含量和总的挥发性脂肪酸含量显著高于暖季。瘤胃微生物差异最显著的是拟杆菌门和厚壁菌门，冷季拟杆菌门显著增加，厚壁菌门显著减少。在属水平，冷季 *Rikenellaceae* RC9 比例显著增加，Ruminococcaceae NK4A214 和未培养的 Muribaculaceae、*Butyrivibrio* 2、Succiniclasticum 等菌比例显著减少。一般在冬季或干季时，放牧反刍动物瘤胃内原虫数量明显下降，在春季或雨季时，原虫数量又回升。

三、接种微生物

接种微生物可以调控反刍动物瘤胃微生物区系，其中接种瘤胃液是一项有效的调控手段，可以接种新鲜或冻干的瘤胃液。Yu 等(2020a)用从成年绵羊身上采集的瘤胃液反复给幼羔羊接种发现接种瘤胃液影响瘤胃微生物群的组成，促进了产琥珀酸菌属、普雷沃氏菌属和变形菌纲 S24-7 等菌属的定植，且与断奶期间进行瘤胃液移植相比，断奶前瘤胃液移植能够促进更多微生物的定植。接种冻干的瘤胃液则改变了埃氏巨球菌和反刍兽新月单胞菌的组成，降低了黄色瘤胃球菌相对丰度。

接种益生菌能够增加反刍动物肠道中有益微生物的数量，并减少肠道中有害微生物的数量，从而促进动物健康，提高畜产品的产量和质量。酿酒酵母(*Saccharomy cescerevisiae*)被认为可以促进瘤胃中乳酸利用菌埃氏巨球型菌的生长，这可能与该菌产生的很多生长因子如 B 族维生素、支链脂肪酸、氨基酸和肽等有关，也可能因为酵母菌消耗瘤胃中的氧气从而促进厌氧菌的生长。酵母菌同时可与乳酸产生菌竞争淀粉的降解产物，因此，能稳定瘤胃的 pH，避免乳酸的大量积累，从而调控瘤胃微生物区系。

四、饲养管理

合理的饲养管理可以通过改变反刍动物所处的环境、饲喂方式、饲喂频率等方面调控其胃肠道微生物区系。

饲喂频率可能通过影响瘤胃中 pH 而影响瘤胃微生物区系。有研究表明，饲喂高精料日粮，在饲喂量较少的情况下，由于瘤胃中总发酵水平不高而 pH 不是很低，原虫和厌氧真菌的浓度可保持较高的水平。当一定水平的精料分一日两次喂牛时，则瘤胃的 pH 在 5.85～6.65 之间变化；当一天喂 6 次的情况下，pH 则在 6.15～6.4。Bragg 等(1986)用玉米青贮料与精料之比为 4∶6 的日粮，分别以每天 2 或 8 次喂阉牛，研究了瘤胃 pH 的变化与原虫浓度的关系。结果表明，一天喂两次的动物其最低 pH 为 5.45，而喂 8 次的最低 pH 为 5.8，喂 8 次的动物其原虫浓度略比饲喂 2 次的动物高，而 pH 波动远远小于一天饲喂 2 次的阉牛。

饲养方式可能由于采食饲料的种类和营养水平存在差异而影响瘤胃微生物区系。放牧组滩羊羔羊瘤胃中真菌多样性极显著高于舍饲组，其中新丽鞭毛菌门（Neocallimastigomycota）的相对丰度显著高于舍饲组，而舍饲组羔羊瘤胃子囊菌门（Ascomycota）的相对丰度极显著高于放牧组；放牧组滩羊瘤胃液中优势真菌门为子囊菌门和新丽鞭毛菌门，舍饲组滩羊瘤胃液中优势菌门为子囊菌门；在属水平上，舍饲组的赤霉菌属（*Gibberella*）、酵母属（*Saccharomyces*）和香蘑属（*Lepista*）等相对丰度显著高于放牧组；而 Piromyces、Caecomyces、Neocallimastix 等相对丰度显著低于放牧组。

五、饲料添加剂

（一）离子载体抗生素

莫能菌素等离子载体抗生素能够调控瘤胃微生物区系，从而改变瘤胃发酵，使瘤胃中产生更多的丙酸盐，减少瘤胃中甲烷的产生和蛋白质降解，提高饲料效率和到达皱胃的蛋白质量，不但可以降低腹胀、酸中毒和酮症等消化系统疾病的发病率还能增加奶牛的牛奶和牛奶蛋白产量。Mcgarvey 等（2019）研究发现莫能菌素对瘤胃微生物区系的调控具有剂量效应。由于革兰氏阳性细菌如真细菌、乳酸菌、链球菌对莫能菌素敏感，因此，喂食莫能菌素的动物有更高水平的革兰氏阴性细菌如巨球型菌属、新月形单胞菌属、琥珀酸单胞菌属、拟杆菌属、普雷沃菌属、琥珀酸弧菌属及韦荣氏菌属，这些细菌能产生更多丙酸盐；革兰氏阳性菌水平降低，使日粮蛋白质的降解减少，氢气和甲酸盐（以供产甲烷菌合成甲烷）产量减少，甲烷的产生减少。离子载体类抗生素还可以控制乳酸利用和发酵菌群的平衡。Ogunade 等（2018）研究发现莫能菌素增加了瘤胃中 *Selenomonas* sp. ND 2010、*Prevotella dentalis*、*Hallella seregens*、*Parabacteroides distasonis*、*Propionispira raffinosivorans* 和 *Prevotella brevis* 等菌的相对丰度，降低了 *Robinsoniella* sp. KNHs210、*Butyrivibrio proteoclasticus*、*Clostridium botulinum*、*Clostridium symbiosum*、*Burkholderia* sp. LMG29324 和 *Clostridium butyricum* 等菌的相对丰度。

厌氧真菌对沙利诺霉素、莫能菌素等离子载体抗生素也敏感，但有产甲烷菌存在时其敏感性降低。用添加莫能菌素（40 mg/kg）的青贮玉米日粮饲喂奶牛时，瘤胃内厌氧真菌的数量并无显著影响。但是，用 tetronasin（离子载体抗生素）处理日粮可显著降低绵羊瘤胃内厌氧真菌数量，tetronasin 与放线菌酮的混合物可用于去除成年反刍动物瘤胃内厌氧真菌。因此，不同离子载体抗生素对厌氧真菌的抑制作用存在差异。

（二）有机酸和有机酸盐

有机酸和有机酸盐能够改变瘤胃 pH 和瘤胃微生物的代谢，从而调控瘤胃微生物区系，尤其是幼龄反刍动物消化系统尚未发育完善，胃酸分泌不足，瘤胃 pH 易处于异常范围，因此可以利用外源酸化剂来维持平衡。常用的有机酸有乳酸、丙酸和乙酸等，其可以抑制病原菌的生长，提高饲料利用率，降低瘤胃酸中毒的风险，减轻炎症反应。

体外研究表明，添加二羧基酸尤其是延胡索酸和苹果酸可以降低瘤胃培养液中的乳酸浓度，提高 pH。延胡索酸和苹果酸都是琥珀酸一丙酸途径的关键中间产物，因此，这些酸的增加可能促进了反刍兽新月型单胞菌等对乳酸的利用。但是，苹果酸对乳酸利用的促进作用很大程度上取决于底物的特性以及发酵阶段。

(三)植物提取物

植物提取物即为通过一些人工萃取手段得到的有机化合物,包括皂苷、单宁、牛至精油等,其中精油是研究最多、最有利用价值的植物提取物。一些精油可以通过直接抑制某些促进甲烷生成和蛋白质水解有关的微生物,从而抑制甲烷生成和增加过瘤胃蛋白,提高反刍动物的生产水平。Lei 等(2018)通过在山羊日粮中添加牛至精油发现,牛至精油能够提高瘤胃拟杆菌属和琥珀酸弧菌属细菌的相对丰度,促进瘤胃丁酸的产生,改善山羊的瘤胃发酵参数,有效改善山羊的绒品质和肉品质。

(四)抗菌肽

抗菌肽由于能够破坏某些细菌、原虫等完整性而调控瘤胃微生物区系。据报道,饲料中添加抗菌肽可以增加山羊瘤胃纤维杆菌属,厌氧弧菌属和头毛虫属微生物的丰富度,同时降低普雷沃菌科 CF231、琥珀酸弧菌属、均毛虫属和内毛属的丰富度,使山羊瘤胃微生物群结构得到改善,瘤胃发酵过程发生改变,饲料利用效率提高。

参考文献

陈凤梅,程光民,王萍,等 . 2020. 同源湖羊在不同生长环境条件下生长性能和瘤胃内容物微生物组成的差异[J]. 动物营养学报,32(9):4230-4241.

李娜,张洁,郭婷婷,等 . 2020. 基于内转录间隔区测序分析不同饲养方式对滩羊羔羊瘤胃真菌组成及多样性的影响[J]. 动物营养学报,32(2):784-794.

李永洙,韩照清,金太花,等 . 2019. 代乳粉对沂蒙黑山羊羔羊早期生长性能及其瘤胃微生物区系的影响[J]. 动物营养学报,31(8):3600-3611.

刘旗,陈芸,邓俊良,等 . 2017. 复合抗菌肽对川中黑山羊瘤胃纤毛虫种群结构的影响[J]. 农业生物技术学报,25(10):1689～1696.

周旭 . 2018. 热应激对奶牛泌乳性能和瘤胃产甲烷菌群的影响[D]. 乌鲁木齐:新疆农业大学 .

Abecia,L. ,Jimenez,E. ,Martinez-Fernandez,G. ,et al. 2017. Natural and artificial feeding management before weaning promote different rumen microbial colonization but not differences in gene expression levels at the rumen epithelium of newborn goats[J]. PLoSOne,12(8):e0182235.

An,D. ,Dong,X. ,Dong,Z. ,2005. Prokaryote diversity in the rumen of yak(Bos grunniens)and Jinnan cattle(Bos taurus)estimated by 16S rDNA homology analyses[J]. Anaerobe,11:207-215.

De Oliveira, M. N. , Jewell, K. A. , Freitas, F. S. , et al. 2013. Characterizing the microbiota across the gastrointestinal tract of a Brazilian Nelore steer[J]. Veterinary Microbiology,164:307-314.

Dethlefsen, L. , McFall-Ngai, M. , Relman, D. A. , 2007. An ecological and evolutionary perspective on human-microbe mutualism and disease[J]. Nature,449:811-818.

Gheller,L. S. ,Ghizzi,L. G. ,Marques,J. A. ,et al. 2020. Effects of organic acid-based products added to total mixed ration on performance and ruminal fermentation of dairy cows[J]. Animal Feed Science and Technology,261:114406.

Gilbert,R. A.,Kelly,W. J.,Eric,A.,et al. 2017. Toward understanding phage: host interactions in the rumen; complete genome sequences of lytic phages infecting rumen bacteria [J]. Frontiers in Microbiology,8:2340.

Lei,Z.,Zhang,K.,Li,C.,et al. 2018. Dietary supplementation with essential-oils-cobalt for improving growth performance,meat quality and skin cell capacity of goats[J]. Scientific Reports,8(1):11634.

Ley,R. E.,Peterson,D. A.,Gordon,J. I.,2006. Ecological and evolutionary forces shaping microbial diversity in the human intestine[J]. Cell,124:837-848.

Looft,T.,Allen,H. K.,Cantarel,B. L.,et al. 2014. Bacteria,phages and pigs: the effects of in-feed antibiotics on the microbiome at different gut locations[J]. Isme Journal,8:1566-1576.

Lv,F.,Wang,X.,Pang,X.,et al. 2020. Effects of supplementary feeding on the rumen morphology and bacterial diversity in lambs[J]. PeerJ,8(8):e9353.

Lv,X.,Chai,J.,Diao,Q.,et al. 2019. The signature microbiota drive rumen function shifts in goat kids introduced to solid diet regimes[J]. Microorganisms,7(11):516.

Ma,Z.,Cheng,Y.,Wang,S.,et al. 2020. Positive effects of dietary supplementation of three probiotics on milk yield,milk composition and intestinal flora in Sannan dairy goats varied in kind of probiotics[J]. Journal of Animal Physiology and Animal Nutrition,104(1):44-55.

Mao,S.,Zhang,M.,Liu,J.,et al. 2015. Characterising the bacterial microbiota across the gastrointestinal tracts of dairy cattle: membership and potential function[J]. Scientific Reports,5:16116.

Ren,Z.,Yao,R.,Liu,Q.,et al. 2019. Effects of antibacterial peptides on rumen fermentation function and rumen microorganisms in goats[J]. PloS one,14(8):e0221815.

Renaud,D. L.,Kelton,D. F.,Weese,J. S.,et al. 2019. Evaluation of a multispecies probiotic as a supportive treatment for diarrhea in dairy calves: A randomized clinical trial[J]. Journal of Dairy Science,102(5):4498-4505.

Shen,Y.,Ding,L.,Zhao,F.,et al. 2019. Feeding corn grain steeped in citric acid modulates rumen fermentation and inflammatory responses in dairy goats[J]. Animal,13(2):301-308.

Wang,J.,Fan,H.,Han,Y.,et al. 2017. Characterization of the microbial communities along the gastrointestinal tract of sheep by 454 pyrosequencing analysis[J]. Asian-Australasian Journal of Animal Sciences,30:100-110.

Yu,S.,Zhang,G.,Liu,Z.,et al. 2020a. Repeated inoculation with fresh rumen fluid before or during weaning modulates the microbiota composition and co-occurrence of the rumen and colon of lambs[J]. BMC Microbiology,20(1):29.

Yu,S.,Shi,W.,Yang,B.,et al. 2020b. Effects of repeated oral inoculation of artificially fed lambs with lyophilized rumen fluid on growth performance, rumen fermentation, microbial population and organ development[J]. Animal Feed Science and Technology, 264: 114465.

Henderson, G., Cox, F., Ganesh, S., et al. 2016. Rumen microbial community composition varies with diet and host, but acore microbiome is found across a wide geographical range[J]. Scientific Reports, 6: 19175.

Wu, D., Vinitchaikul, P., Deng, M., et al. 2020. Host and altitude factors affect rumen bacteria in cattle[J]. Brazilian Journal of Microbiology, 51(4): 1573-1583.

Liu, X., Sha, Y., Dingkao, R., et al. 2020. Interactions between rumen microbes, VFAs, and host genes regulate nutrient absorption and epithelial barrier function during cold season nutritional stress in tibetan sheep[J]. Frontiers in Microbiology, 11: 593062-593062.

McGarvey, J. A., Place, S., Palumbo, J., et al. 2019. Dosage-dependent effects of monensin on the rumen microbiota of lactating dairy cattle[J]. MicrobiologyOpen, 8(7): e783.

（本章编写者：裴彩霞；审校：张元庆、刘强）

第三章 蛋白质营养

蛋白质是动物机体的重要组成部分，动物在生长发育过程中，必须从饲料中不断摄取蛋白质，以满足组织器官的生长、更新以及动物产品生产的需要。本章主要从动物营养的角度阐述蛋白质的营养生理功能，反刍动物对日粮蛋白质的消化、吸收与代谢，反刍动物氨基酸营养和理想蛋白质，反刍动物饲料蛋白质营养价值评价体系。日粮蛋白质的瘤胃降解、瘤胃微生物蛋白质的合成与饲料蛋白质营养价值评价是本章的重点。

第一节 蛋白质的营养作用

蛋白质是动物的重要营养素，占反刍动物活体重的17%～21%，仅次于水分的含量。动物机体内的许多重要化学反应都需要蛋白质的参与。动物体蛋白质种类繁多，功能各异，蛋白质功能的差异是由组成蛋白质的氨基酸种类、数量和结合方式决定的。

一、蛋白质的组成、结构和性质

（一）蛋白质的组成

1. 蛋白质的元素组成

碳、氢、氧和氮为组成蛋白质的基本元素，此外，大多数蛋白质含有硫元素，少数蛋白质还含有磷、铁、铜、锌和碘等。蛋白质中碳含量一般为51%～55%、氢6.5%～7.3%、氧21.5%～23.5%、氮15.5%～18%、硫0.5%～2.0%和磷0～1.5%，其中氮的含量相对恒定，平均为16%左右。饲料常规养分测定时，可通过测得样品含氮量，然后乘以6.25即可得出蛋白质含量。

2. 蛋白质的氨基酸组成

现已发现的氨基酸有200多种，但构成动植物体蛋白质的常见氨基酸有20种。蛋白质是氨基酸间通过肽键连接而形成的多肽链，大多数蛋白质至少含有100个氨基酸残基，由于氨基酸的数量、种类和排列顺序的不同而形成各种各样的蛋白质。

依据氨基酸分子中与羧基相邻的α-碳原子上结合的侧链，可将氨基酸分为脂肪族、芳香族（苯丙氨酸和酪氨酸）和杂环族（色氨酸、组氨酸和脯氨酸）；依据氨基酸中氨基和羧基的数目，可将氨基酸分为酸性氨基酸（天冬氨酸和谷氨酸）和碱性氨基酸（赖氨酸、精氨酸和组氨酸）；依据构型可将氨基酸分为L型和D型两种，除蛋氨酸外，L型氨基酸的生物学效价比D型高，微生物能合成L型和D型两种氨基酸，天然饲料中所含的氨基酸均为L型，人工合成的氨基酸一般为D和L混合型。依据动物对氨基酸的需要量、动物体的合成能力及饲料原料中的含量，将氨基酸分为必需氨基酸、非必需氨基酸和限制性氨基酸。另外，还常依据氨基酸碳链的构造与所含元素，将氨基酸分为支链氨基酸，包括缬氨酸、亮氨酸和异亮氨酸；含硫氨基酸，包括胱氨酸、半胱氨酸和蛋氨酸。

(二)蛋白质的结构

蛋白质分子是由20种不同的氨基酸首尾相连缩合而成的共价多肽链，蛋白质的构象，即蛋白质的结构可以分为四级：一级结构、二级结构、三级结构和四级结构。

1. 蛋白质的一级结构(primary structure)

指各种氨基酸按遗传密码的顺序，通过肽键连接而成的肽链，是蛋白质最基本的结构。由于组成蛋白质的氨基酸残基侧链基团的理化性质和空间排布不同，蛋白质分子的多肽链并非呈线性伸展，而是折叠、盘曲构成稳定的空间结构，因此，仅测定蛋白质多肽链中氨基酸的种类、数量和排列顺序不能全面了解蛋白质的生物学活性和理化性质。

2. 蛋白质的二级结构(secondary structure)

指多肽链中主链原子通过折叠、弯曲形成的局部空间排布(构象)，如 α-螺旋、β-折叠、β-转角与无规则卷曲，肽链之间 C=O 与 N—H 形成氢键，维持构象的稳定。

3. 蛋白质的三级结构(tertiary structure)

指在二级结构的基础上，氨基酸残基的侧链结合而形成特定的空间构象。蛋白质三级结构的形成，可产生一些发挥生物学功能的特定区域，如酶的活性中心等，同时使蛋白质具有特定的外形。如呈细长状的纤维蛋白质(丝心蛋白)；呈球形的球状蛋白(如血浆清蛋白、球蛋白和肌红蛋白)，这类蛋白的疏水基聚集在分子的内部，亲水基分布在分子表面。蛋白质三级结构的稳定主要靠次级键，包括氢键、疏水键、盐键及范德华力等，易受环境 pH、温度和离子强度等的影响。

4. 蛋白质的四级结构(quartemary structure)

指蛋白质含两条或两条以上具有独立三级结构的多肽链，多肽链间靠次级键相互链接而形成的特定结构，也称为蛋白质的高级结构，决定蛋白质的生物学功能，也影响动物对蛋白质的消化和利用，影响蛋白质的生物学效价。

(三)蛋白质的性质

1. 两性特征

蛋白质多肽链上的游离氨基和羧基在一定的 pH 条件下可发生解离而具有两性特征。蛋白质的两性特征使其在等点电时能形成沉淀，不同的蛋白质等电点不同，且通过 pH 的细微变化，形成的沉淀可复溶，利用这一特性可以分离提纯蛋白质。蛋白质的两性特征使其成为很好的缓冲剂；蛋白质分子量大且离解度低的特点，有助于维持蛋白质溶液形成的渗透压。蛋白质的缓冲和维持渗透压的作用对机体内环境的稳定和平衡具有重要意义。

2. 蛋白质的变性

蛋白质的二级、三级和四级结构被破坏，导致蛋白质的理化和生物学性质发生改变，这种现象称为蛋白质的变性。蛋白质二级、三级和四级结构的稳定性主要靠氢键、疏水键、盐键及范德华力等次级键维系，凡是能破坏这些键的因素都能引起蛋白质变性。如物理因素：紫外线照射、高温、高压；化学因素：强酸、强碱、重金属盐及有机溶剂等。利用这一特性，对饲料蛋白质进行合理加工能提高消化率。

(四)蛋白质的分类

1. 根据分子组成，可将蛋白质分为简单蛋白和结合蛋白。

简单蛋白是指蛋白质仅由氨基酸组成，不含其它化学成分，包括清蛋白、球蛋白、组蛋白、精蛋白、醇溶蛋白、谷蛋白和硬蛋白。结合蛋白是指蛋白质含有除氨基酸外的其他化学成分，如核蛋白、磷蛋白、金属蛋白、脂蛋白、色蛋白（含黄素）、糖蛋白和血红蛋白等。

2. 根据分子形状和溶解度，可将蛋白质分为纤维状蛋白、球蛋白和膜蛋白。

纤维状蛋白　纤维状蛋白的多肽链折叠成线形形状，包括胶原蛋白、弹性蛋白和角蛋白（表 3-1），在生物体中存在于软骨、结缔组织、腱、动脉、毛、蹄和角等处，主要起结构作用，不易被动物的消化酶消化。纤维状蛋白是动物体蛋白，不属于反刍动物的饲料原料。

表 3-1　纤维蛋白的种类

种类	动物体分布	理化性质	氨基酸组成特点
胶原蛋白	软骨和结缔组织	不溶于水，在水或稀酸、稀碱中煮沸易变成可溶的、易消化的白明胶	含大量羟脯氨酸和少量羟赖氨酸，缺乏半胱氨酸、胱氨酸和色氨酸
弹性蛋白	腱和动脉	不能转变成白明胶	
角蛋白	毛、蹄、角、脑灰质、脊髓和视网膜神经	难溶解、难消化	含 14%～15%的胱氨酸

（引自王之盛等，2016）

球蛋白　球蛋白的多肽链通过折叠形成非常紧凑的球状结构，球蛋白大多属于简单蛋白（表 3-2），比纤维状蛋白易消化，生物学价值也较高，其中的植物源性蛋白是反刍动物主要的蛋白质营养来源。

表 3-2　球蛋白的种类

种类	亚类	理化性质
清蛋白	卵清蛋白、血清蛋白、豆清蛋白、乳清蛋白	溶于水，加热凝固
球蛋白	血清蛋白、血浆纤维蛋白	不溶或微溶于水，溶于稀中性盐溶液，加热凝固
谷蛋白	麦谷蛋白、玉米谷蛋白、大米米精蛋白	不溶于水或中性溶液，易溶于稀酸或稀碱
醇溶蛋白	玉米醇溶蛋白、小麦和黑麦的麦醇溶蛋白、大麦的大麦醇溶蛋白	不溶于水、无水乙醇或中性溶液，易溶于 70%～80%的乙醇
组蛋白	血红蛋白的球蛋白、鲭鱼精子中的鲭组蛋白	碱性蛋白，溶于水

（引自王之盛等，2016）

膜蛋白　膜蛋白是指与细胞的各种膜系统结合而存在的一类蛋白质，几乎负责膜的全部生物学功能，在外形上不同于纤维状蛋白质和球状蛋白质，有自己独特的三维结构。

二、蛋白质的营养生理作用

（一）蛋白质的营养作用

1. 蛋白质是构成动物体组织与器官的主要原料

蛋白质占机体干物质的 50%，无脂固形物的 80%，肌肉、肝脏和脾脏等器官，蛋白质含量高达 80%。动物体的肌肉、被毛、内脏、血液、腺体、神经和骨骼等组织器官均由蛋白质作为结构物质而构成。如白蛋白是构成体液的主要成分,角蛋白质和胶原蛋白质是构成筋腱、韧带、毛发和蹄角的主要成分。

2. 蛋白质是体内功能物质的组成成分

酶、激素、抗体等主要由蛋白质构成,具有调节代谢、生物信息传导、物质转运、支持保护、连接和运动等重要生物学功能。如调节肌肉收缩的肌肉蛋白质、运输氧气的血(肌)红蛋白、调节代谢的酶和激素、提高抗病力的免疫球蛋白以及传递和表达遗传信息的核蛋白等均与蛋白质有关。蛋白质的两性特征使其成为很好的缓冲剂,并且由于其分子质量大和离解度低,在维持胶体渗透压方面起着重要作用。

3. 蛋白质是组织更新与修补的重要原料

在动物的新陈代谢过程中,组织和器官的更新以及损伤组织的修补都需要蛋白质。成年动物体蛋白质含量处于动态平衡状态,其组织蛋白质总量尽管不再增加,但需要不断更新;生长动物的体蛋白质含量在不断增加,老的组织蛋白也要不断更新。同位素测定结果显示,动物体组织和器官的蛋白质每天更新 0.25%～0.3%,6～12 个月全部更新一次。

4. 蛋白质可转化为糖类、脂肪或供能

动物摄入的蛋白质过多、蛋白质氨基酸组成不平衡或机体能量供应不足时,蛋白质被分解成氨基酸,氨基酸脱氨基后可转化为糖、脂肪或分解供能。

5. 蛋白质可以调控基因表达

蛋白质及其消化产物氨基酸和肽,可以调控反刍动物生长轴激素及其受体的基因表达、脂肪合成代谢的基因表达,以及胃肠道与营养物质吸收和转运相关的基因表达。

6. 蛋白质是形成畜产品的主要原料

蛋白质是反刍动物产品,肉、乳、皮和毛的主要成分。

(二)蛋白质缺乏或过量对动物的影响

动物体储备蛋白质的能力有限,即使在良好的营养条件下,蛋白质储备量约为机体蛋白质含量的 5%～6%。反刍动物瘤胃微生物的生长、消化道粘膜与腺体组织蛋白质的更新以及消化酶的合成都需要蛋白质。日粮蛋白质缺乏,动物消化机能减退,出现反刍减少、食欲下降、采食量降低与腹泻等现象。动物生长与组织器官更新的主要成分是蛋白质,日粮蛋白质缺乏,动物机体蛋白质合成障碍,组织器官蛋白质合成和更新不足,导致生长动物生长速度降低,成年动物体重减轻,而且这种损害很难恢复正常。垂体促性腺激素的分泌,生殖细胞、免疫球蛋白和畜产品等的合成都需要日粮提供充足的蛋白质。因此,日粮蛋白质供应不足,动物的消化、生长、繁殖、免疫和生产性能等均受影响。

如果日粮蛋白质过量,蛋白质在瘤胃中被微生物降解产生氨,吸收进入血液,会引起动物代谢障碍或氨中毒。反刍动物血液中尿素氮的浓度为 80～100 mg/L 时,瘤胃有机物消化率最高;达到 200 mg/L 时,母牛配种受胎率会下降 3 倍。日产乳 30 kg 的母牛,分别饲喂蛋白质含量为 12.7%和 19.3%的日粮,母牛从产犊到下次受胎的天数分别为 69 d 和 106 d,配种次数分别需 1.47 次和 2.47 次。多余的蛋白质在小肠吸收后必须在肝脏经脱氨转化为尿素,由肾脏排出体外,这一过程不仅消耗能量,降低消化能转化为代谢能的效率,增加热增耗,加剧夏季动物热应激,而且会给肝脏与肾脏造成负担。生产实际中考虑到饲料成本,一般不会出现反刍动物日粮蛋白质过剩,而且由于机体具有氮代谢平衡的调节机制,即使日粮蛋白质含量过高也不会对动物造成持久的不良影响。

第二节　反刍动物蛋白质的消化和吸收

蛋白质的消化吸收是指饲料蛋白质在酶的作用下降解为小肽、氨基酸或氨，吸收进入机体的过程。反刍动物蛋白质的消化主要发生在瘤胃、真胃、小肠和大肠。

一、蛋白质在瘤胃内的消化和吸收

饲料蛋白质进入瘤胃后，在瘤胃微生物分泌的蛋白酶、肽酶与脱氨酶作用下降解为小肽、氨基酸、氨、α-酮酸和挥发性脂肪酸，其中α-酮酸可被进一步降解成二氧化碳和水。蛋白质降解产物可被微生物利用合成微生物蛋白质（菌体蛋白）、或被瘤胃壁吸收进入血液、或随食糜进入后消化道。在瘤胃中被降解的饲粮蛋白质称为瘤胃可降解蛋白质（rumen degradable protein，RDP），约占饲粮蛋白质的70%（40%～80%）。在瘤胃中未被降解的饲粮蛋白质称为瘤胃未降解蛋白质或过瘤胃蛋白质（rumen undegradable protein，UDP）。蛋白质的降解率＝（RDP/食入蛋白量）×100%。

（一）蛋白质在瘤胃的降解

瘤胃中蛋白质的降解包括两个阶段，首先蛋白质被水解成肽和氨基酸，接着氨基酸经脱氨基作用产生氨这个过程主要依靠瘤胃微生物完成。新鲜牧草中存在植物性内源蛋白酶，对于放牧动物，牧草蛋白质可能首先被植物自身的蛋白酶降解。瘤胃细菌、原虫和真菌都能分泌蛋白分解酶。对饲料蛋白质的降解，细菌起主要作用。微生物蛋白降解酶多位于细胞膜表面，约20%～30%的蛋白酶游离于瘤胃液中，其作用类似胰蛋白酶，最适宜的pH为6.5～7.0。瘤胃蛋白分解菌附着于饲料颗粒表面，分泌蛋白酶，降解饲料蛋白质为寡肽。不同的细菌种群通过分泌不同的蛋白酶，如半胱氨酸蛋白酶、丝氨酸蛋白酶和金属蛋白酶等，相互协同，相互补充，完成对饲料蛋白质的降解。

瘤胃细菌中除几种主要的纤维分解菌（白色瘤胃球菌质黄色瘤胃球菌和产琥珀酸丝状杆菌）外，约30%～50%的细菌能分泌胞外蛋白酶，具有蛋白降解活性。其中，嗜淀粉瘤胃杆菌是已知的活性最高的蛋白降解菌，由于该菌同时具有淀粉分解能力，所以被认为在高淀粉日粮中有着重要作用；溶纤维丁酸弧菌是最主要的蛋白降解菌，日粮中存在难降解的蛋白质时，该菌大量繁殖；栖瘤胃普雷沃氏菌可能是数量最多的蛋白降解菌，其总数约占瘤胃细菌总数的60%。瘤胃产蛋白酶菌株的类型受动物日粮组成的影响，现已发现采食干草日粮的奶牛瘤胃液中无丝氨酸蛋白酶。

瘤胃原虫分泌的蛋白水解酶主要为半胱氨酸蛋白水解酶，与细菌相比，原虫产生的氨基肽酶和胰蛋白酶的活性较高，它们发挥作用的最适pH为3.0～4.5，对饲料蛋白质的降解活性较低。此外，原虫能分泌溶菌酶和几丁质酶，实现对细菌和真菌细胞壁的降解。原虫通过吞食饲料颗粒、细菌和真菌摄入蛋白质，将蛋白质在细胞内降解为肽、氨基酸和氨，其中，肽和氨基酸被原虫用于合成蛋白质，氨被释放到瘤胃中。研究表明，去原虫可降低反刍动物瘤胃氨态氮浓度。原虫捕食细菌作为生长底物的特性，实现了瘤胃中细菌蛋白质的更替，在缺乏瘤胃原虫时，细菌蛋白质的更替率为0.3%～2.7%/h；原虫存在时，更替率为2.4%～3.7%/h。

瘤胃厌氧真菌能合成金属蛋白酶，并在生长后期分泌到细胞外，这类蛋白酶水解酪蛋白的活性近似于细菌分泌的蛋白酶，但真菌在瘤胃微生物中占的比例小，对分解饲料蛋白质不起主要作用。

瘤胃壁上的微生物也产生活性较高的蛋白酶，可降解瘤胃上皮组织。相对于瘤胃内容物中的细菌而言，瘤胃壁上的微生物数量较低，且其酶仅作用于瘤胃壁。

(二)肽在瘤胃的降解

瘤胃微生物将饲料蛋白质降解成寡肽，继而降解为小肽(多数为二肽)，肽的分解主要在微生物细胞外进行。瘤胃中降解肽的主要活性物质为氨基肽酶，该酶能抵抗蛋白酶对其的降解，从肽的 N 端对寡肽进行降解。瘤胃中肽的降解分两步完成，首先二肽基肽酶将寡肽切成二肽，然后单肽酶将二肽切成氨基酸。瘤胃中唯一拥有二肽基肽酶活性的细菌是栖瘤胃普雷沃氏菌，该菌产生的二肽基肽酶对氨酰基-P-硝基苯胺物活性较弱，对二肽基-P-硝基酰基苯胺物活性较强。但是，当瘤胃中牛链球菌占优势时，该菌产生的亮氨酸氨基肽酶可直接将单个氨基酸从肽链上切下，而不以二肽的形式。原虫也分泌具有活性的胞外二肽酶，但去除原虫对瘤胃中二肽酶活性无显著影响，原因可能是去原虫后，细菌大量增殖，进而使二肽酶活性基本不变。瘤胃真菌也具有氨肽酶活性，但没有羧肽酶活性。肽的结构会影响其在瘤胃中的降解，如用胰蛋白酶分解酪蛋白所提取的肽，降解速度较慢；N-乙酰丙氨酸三肽比丙氨酸三肽的降解要慢。

(三)氨基酸在瘤胃的降解

氨基酸在瘤胃微生物分泌的脱氨酶作用下，进一步降解为短链挥发性脂肪酸和氨。支链氨基酸，如缬氨酸、异亮氨酸、亮氨酸和脯氨酸，在瘤胃降解后产生支链脂肪酸(异位酸)：异丁酸、2-甲基丁酸、异戊酸和戊酸。异位酸是瘤胃微生物，尤其是纤维分解菌，生长繁殖所必须的营养因子。微生物利用支链脂肪酸合成自身所需的支链氨基酸或更高碳链的支链脂肪酸。研究证实，反刍动物日粮中添加异丁酸、异戊酸或 2-甲基丁酸，瘤胃液总细菌和纤维分解菌数量增加，纤维分解酶活力提高。氨基酸在瘤胃中的分解速度比大多数肽要慢。

对细菌而言，氨基酸的脱氨基作用是由数量大而脱氨酶活性低和数量少而脱氨酶活性高的蛋白降解菌共同完成的，通常前者起主要作用。数量大而脱氨酶活性低的菌群包括溶纤维丁酸弧菌、埃氏巨球型菌、栖瘤胃普雷沃氏菌、反刍兽新月形单胞菌和牛链球菌，这些菌分泌的脱氨酶活性为 10～20 nmol/(min/mg 蛋白)；数量少而脱氨酶活性高的菌群包括嗜氨梭菌、斯氏梭菌和消化链球菌，其脱氨酶活性为 300 nmol/(min/mg 蛋白)。细菌的脱氨过程可以产生 ATP，为其生长提供能量。

瘤胃中大多数原虫都能利用蛋白质和氨基酸产生氨，其中尖尾内毛虫(*Entodinium caudatum*)和简单内毛虫(*Entodinium simplex*)具有很高的活性。原虫的脱氨基活性约为细菌的 3 倍。研究表明，正常绵羊的瘤胃内氨态氮浓度是去原虫绵羊的 2 倍。原虫的脱氨基作用主要是针对一些数量较少的氨基酸，如谷氨酰胺、天冬酰胺、瓜氨酸、精氨酸和鸟氨酸，对谷氨酸、天冬氨酸和组氨酸无脱氨作用。原虫降解氨基酸除生成生产氨外，还可生成其他产物，如降解苏氨酸和蛋氨酸生成 2-羟丁酸和 2-氨基丁酸；降解赖氨酸生成哌可酸；降解脯氨酸生产 α-氨基戊酸。

瘤胃微生物通过脱羧基作用或非氧化脱氨基作用降解氨基酸生成氨。脱羧基作用将氨基酸降解为胺和二氧化碳，这一过程一般只出现在瘤胃 pH 低的情况下。氨基酸的非氧化脱氨基有五种方式：还原脱氨基作用，氨基酸被还原成羧酸，同时脱去氨基，是微生物降解氨基酸的主要方式；氧化还原脱氨基作用，两个氨基酸相互发生氧化还原反应，一个是氢的供体，另一个是氢的受体，反应结果生成有机酸、酮酸和氨；水解脱氨基作用，氨基酸被水解为羧酸与氨；脱水脱氨基作用，针对苏氨酸和丝氨酸的脱氨基；脱硫氢基脱氨基作用，针对半胱氨酸的脱氨基。

(四)非蛋白质含氮物在瘤胃的降解

日粮含氮化合物中，除蛋白质外，还包括尿素、核酸、硝酸盐、胆胺和胆碱等非蛋白质含氮化合物(NPN)。瘤胃细菌分泌脲酶，降解尿素释放出氨。尿素在瘤胃中的降解速度非常快，附着在瘤胃壁上的细菌对从瘤胃壁渗入的尿素的降解起重要作用，瘤胃液中的细菌对来源于日粮和唾液的尿素的降解起主要作用。牧草和干草中核酸占总氮量的5.2%～9.5%，核酸在瘤胃中能被迅速水解，产物主要是短暂存在的核苷酸、核苷及碱基对的混合物。目前认为，原虫在核苷酸降解方面的活性主要是源于对瘤胃细菌核苷酸的降解，瘤胃细菌也能降解并利用饲料中的核酸。栖瘤胃普雷沃氏菌、产琥珀酸拟杆菌、反刍兽新月形单胞菌和多毛毛螺菌都能产生胞外核酸酶，参与瘤胃内DNA的降解。植物中的硝酸盐不仅可为微生物合成蛋白质提供氮源，还可作为厌氧呼吸末端电子的受体，提高瘤胃能量的产生，但是，如果亚硝酸盐不能被快速降解成氨，则硝酸盐代谢会引起宿主亚硝酸盐中毒。反刍兽新月形单胞菌属的一些菌株能利用硝酸盐作为氮源，但在硝酸盐降解中起重要作用的菌类，目前尚不清楚。瘤胃中胆胺可作为某些原虫生长的必须营养因子，被用于合成磷脂，也可转化为三甲胺，然后再被甲烷菌利用生成甲烷。胆碱被原虫转化为磷脂的速度较慢，不能用于替代胆胺。

(五)蛋白质降解产物在瘤胃的吸收

蛋白质消化产物的吸收主要发生在瘤胃和小肠。蛋白质经瘤胃微生物降解的主要产物是氨，氨是瘤胃微生物合成自身蛋白质的主要氮源。未被细菌用于合成氨基酸和蛋白质的氨，以非离子态被瘤胃壁被动吸收。瘤胃壁对氨的吸收能力极强，吸收量与瘤胃内氨浓度呈正相关，当瘤胃中氨浓度小于100 mg/L时，细菌对其利用率很高，氨浓度为500 mg/L时，大量氨被瘤胃壁吸收；瘤胃壁对氨的吸收与瘤胃pH也有关，瘤胃pH为7时吸收量很少，且随着pH的下降，氨的吸收逐渐减少。

瘤胃中蛋白质降解的中间产物小肽和氨基酸有3个去路：进一步被降解为氨；被微生物用于合成蛋白质；被瘤胃壁直接吸收，尤其是分子质量较小的二肽和三肽。瓣胃不是反刍动物日粮蛋白质消化的主要场所，但却可以吸收在瘤胃内降解产生的二肽和三肽，瓣胃上皮吸收肽的能力大于瘤胃上皮。

(六)瘤胃氮素循环

被瘤胃壁吸收的氨随血液循环进入肝脏合成尿素，大部分尿素进入肾脏随尿排出体外，造成氮的损失；一部分尿素则通过血液循环到达唾液腺，随唾液分泌进入瘤胃，再次被微生物用作氮源，这一过程叫做尿素的唾液循环，循环尿素的数量与血液尿素浓度及唾液分泌量有关；还有一部分尿素通过瘤胃上皮从血液直接到达瘤胃，被称为尿素通过瘤胃上皮的循环。反刍动物氨和尿素的不断循环过程被称为“瘤胃-肝脏氮素循环”或“尿素循环”。血液中的尿素也可进入消化道其他部位或分泌到牛乳中。

正常情况下，瘤胃吸收的氨转化成尿素再回到瘤胃的比例是少部分，大部分都随尿排出；在饲料供给的蛋白质少时，瘤胃氨浓度低，经血液和唾液以尿素形式返回瘤胃的氮量可能超过以氨的形式从瘤胃吸收的氮量，意味着转移到后段胃肠道的蛋白质数量可能比饲料蛋白质多，瘤胃-肝脏氮素循环可提高氮的利用率。当日粮粗蛋白质含量为5%时，瘤胃再循环氮可达瘤胃总氮量的70%；当日粮粗蛋白质含量为20%时，再循环氮占瘤胃总氮量降至11%。瘤胃内氨的浓度与饲粮蛋白质或含氮物降解速度、瘤胃内微生物利用氨的能力、能量及碳架供给有关。如果蛋白质或含氮物降解速度快、瘤胃微生物利用氨的能力小，氨就会在瘤胃内积聚，导致过多的氨被吸收进入血液，引起氨中毒。瘤胃内每千克有机物发酵，微生物可利用近30 g以上蛋白质或核酸形式存在的氨。

（七）影响饲料蛋白质瘤胃降解率的因素

反刍动物日粮瘤胃降解蛋白质是合成微生物蛋白质的主要氮源，影响微生物的生长及微生物蛋白质的产量，但瘤胃微生物对降解蛋白质的需要量是有限的，饲料粗蛋白质降解比例过大，会降低小肠可吸收蛋白质的数量，造成蛋白质的浪费。提高日粮蛋白质的利用效率，使日粮蛋白质既满足微生物对降解蛋白质的需要，又满足宿主动物对非降解蛋白质的需要，在配制饲料时必须考虑日粮蛋白质的瘤胃降解率。目前评价饲料蛋白质瘤胃降解率的方法有体内法和体外法两种。体内法有十二指肠瘘管术结合同位素标记测定法和瘤胃造瘘术结合尼龙袋培养法（尼龙袋法），其中尼龙袋法较常用。常用的体外法有酶解法和人工瘤胃法。反刍动物日粮的组成、饲料的种类、蛋白质在瘤胃中停留的时间、蛋白质的溶解度及饲料的加工处理等均影响饲料蛋白质在瘤胃中的降解率。

1. 日粮组成

日粮组成是决定瘤胃微生物生长的最主要因素，日粮中的可发酵碳水化合物为微生物的生长提供了能量和氨基酸合成所需的碳架；矿物元素、维生素及某些短链脂肪酸是微生物生长所必须的营养因子。日粮中精饲料与粗饲料的比例会影响瘤胃pH，进而影响饲料蛋白质的降解率。在以青粗饲料为基础日粮的条件下，饲料蛋白质的瘤胃降解率较高；在以精饲料为基础日粮条件下，饲料蛋白质的瘤胃降解率较低。日粮的天然特性对瘤胃内容物中蛋白水解酶也有影响。可溶性蛋白或淀粉含量高的日粮，有利于瘤胃蛋白分解菌的生长，饲料蛋白质降解率高。如新鲜牧草较干草可溶性蛋白含量高，瘤胃微生物对新鲜牧草的蛋白水解酶活性是干草的9倍；谷物日粮较干草日粮淀粉含量高，在瘤胃中有更高的蛋白酶活性。日粮蛋白质的氨基酸组成也是影响瘤胃蛋白质水解的重要因素。相对于酪蛋白和高比例干草组成的日粮，饲喂新鲜牧草，瘤胃叶蛋白水解酶更易被激活。但是，当用清蛋白代替酪蛋白补饲绵羊时，尽管蛋白降解菌的种类增多，清蛋白的降解速率不变。

2. 饲料种类

不同来源的饲料蛋白质，由于种类和结构的差异，瘤胃降解率不同（表3-3）。大豆蛋白质中以大豆球蛋白为主，约占其蛋白质总量的80%～90%，也含有少量的白蛋白。花生蛋白质中以花生球蛋白和副花生球蛋白为主，分别约占总蛋白量的63%和33%。玉米蛋白主要为玉米胶蛋白，属醇溶蛋白。大麦胶蛋白是大麦蛋白质的主要蛋白。饲料中除纯蛋白质外，还含有NPN化合物。常用粗饲料NPN含量范围为，鲜草10%～15%、干草15%～25%、青贮30%～60%。鲜草中NPN的主要成分是肽、游离氨基酸和硝酸盐；发酵牧草含有较高的游离氨基酸、氨和胺，但肽和硝酸盐的含量较低；苜蓿NPN含量占蛋白质总量的25%～36%，禾本科牧草占14%～34%。不同蛋白质的细菌蛋白酶水解率不同，酪蛋白、乳球蛋白和白蛋白分别为：0.995、0.484和0.072 mg/(mg蛋白酶/h)。

表 3-3　反刍动物饲料蛋白质的瘤胃降解率　%

饲料	粗蛋白质	可降解蛋白质	非降解蛋白质
玉米青贮	8.5	73	27
苜蓿干草	20.0	72	28
玉米	10.0	30	70
大麦	11.3	79	21
燕麦	13.5	80	20
小麦	14.6	80	20
啤酒糟	25.6	47	53
酒糟	27.8	38	62
豆饼	49.0	72	28
棉籽饼	68.9	50	50
菜籽饼	40.0	77	23
大豆	41.1	80	20

(引自 Chase 和 Sniffen,1989)

由于饲料所含的蛋白质种类不同,并且这些蛋白质一般与其他聚合物相结合,因而表现出不同的瘤胃降解特性。依据饲料原料蛋白质的瘤胃降解率,将其分为三类:降解率高的(大于60%),如豆粕、花生粕等;降解率中等的(40%~60%),如棉籽饼、脱水苜蓿粉、玉米籽实等;降解率低的(40%以下),如肉粉、血粉、羽毛粉、豆粉等。通常粗饲料中蛋白质的降解率(60%~80%)高于精饲料或工业副产品中蛋白质的降解率(20%~60%)。

3. 蛋白质的结构和溶解度

蛋白质的结构会影响瘤胃微生物与蛋白质接触的程度,交联键能显著降低蛋白质的瘤胃降解率,如卵清蛋白为环状蛋白质,降解很慢;角蛋白含有大量的二硫键,微生物及蛋白酶不易与之接触,降解慢;甲醛处理的蛋白质含有亚甲基交联键,瘤胃降解率低;用氢硫基乙醇处理蛋白质,蛋白质降解率降低,当断开其中的二硫键便恢复了原有的降解率。一般而言,蛋白质的溶解度越高,瘤胃降解速度越快,如球状蛋白质中,清蛋白和球蛋白的溶解性比醇溶蛋白和谷蛋白高,因而降解率高。但是,生产中不能用蛋白质的溶解度来预测其瘤胃降解率,如鱼粉可溶性蛋白质含量很高,蛋白质被微生物降解的速度却较慢;大麦可溶性蛋白质含量低,蛋白质被微生物降解的速度却较快。目前认为,瘤胃尼龙袋法是评价饲料蛋白质降解率较准确的方法。

4. 蛋白质在瘤胃中的滞留时间

被测饲料在瘤胃中的发酵时间,也就是在瘤胃的停留时间,可用从瘤胃向后部消化道移动的速度(简称外流速度),即单位时间内从瘤胃中流出的瘤胃内容物的数量来表示。对于大多数饲料,外流速度越慢蛋白质降解率越高,但也有少数饲料,蛋白质的降解率受外流速度的影响较小。外流速度与动物的饲养水平、日粮组成以及日粮纤维的消化率有关。反刍动物饲养水平与饲料瘤胃外流速度呈正相关;适当增加日粮中粗饲料的比例,瘤胃蠕动速度加快,缩短了饲料在瘤胃中的停留时间;日粮中纤维物质消化率提高,瘤胃排空速度加快,蛋白质在瘤胃中滞留时间缩短,减少了瘤胃降解蛋白量,增加了过瘤胃蛋白量。

5. 饲料的加工处理

饲料粉碎得越细，与瘤胃微生物接触的表面积越大，蛋白质降解速度越快，但是，粉碎过细会造成饲料在瘤胃中停留时间缩短，导致蛋白质降解率下降。适宜的热处理可降低蛋白质在瘤胃的降解率，对精饲料进行加热和膨化处理是对优质蛋白质饲料进行过瘤胃保护的常用方法。未经热处理的豆粕蛋白质瘤胃降解率为42%，热处理后豆粕蛋白质瘤胃降解率为22%。但是，热处理过程中温度过高或时间过长，会引起蛋白质的热损害，降低蛋白质在小肠的消化率。由于饲粮的组成结构不同，反刍动物饲粮蛋白质的热损害与单胃动物饲粮蛋白质的热损害有一定差异。单胃动物饲粮蛋白质的热损害是指饲料加热过程中发生了美拉德反应，即肽链上的游离氨基酸（特别是赖氨酸的ε-氨基）与还原糖的醛基发生反应，生成一种棕褐色的氨基糖复合物，胰蛋白酶不能切断与还原糖结合后的氨基酸的相应肽键，导致赖氨酸等不能被动物消化、吸收，蛋白质的消化率降低。反刍动物饲粮蛋白质的热损害是指饲料蛋白质肽链上的氨基酸残基与半纤维素结合生成聚合物，该聚合物含氮11%，类似于木质素，完全不能被宿主或瘤胃微生物消化，因此，这种聚合物也称“人造木质素”，其所含氮称为“酸性洗涤不溶氮”（acid detergent insoluble nitrogen，ADIN）。酸性洗涤不溶氮产生的最适条件为：湿度70%和温度60℃，时间越长，情况越严重。生产中饲料的干燥和低水分青贮常存在蛋白质的热损害，因此，青贮一方面可降低饲料蛋白质的瘤胃降解率，一方面又可将部分蛋白质转化为NPN，减少UDP的数量。通常反刍动物饲粮中ADIN的含量应小于10%，一些国家在评定反刍动物饲料蛋白质质量时，常扣除其中的ADIN。

（八）蛋白质在瘤胃中降解转化的利弊

优质蛋白质饲料原料，如豆粕、花生粕等，即使在瘤胃中不被微生物降解转化，在后部消化道也能被很好地消化吸收，而且在瘤胃中被微生物降解转化的过程需要消耗能量，同时会造成部分蛋白质损失，不利于日粮蛋白质利用率的提高。因此，有必要对优质蛋白质饲料进行瘤胃保护处理，降低其瘤胃降解率。质量较差的蛋白质饲料原料，如酒糟、菜籽粕和棉籽粕等，如果不经过瘤胃微生物的降解转化，在反刍动物的后部消化道消化率较低，因此，瘤胃微生物对这类饲料蛋白质的降解，有利于提高日粮蛋白质的利用率。非蛋白氮饲料原料，如尿素，在瘤胃中被分解产生的氨，可以被微生物利用合成微生物蛋白质（MCP），然后在后部消化道被消化吸收。如果尿素在瘤胃中没有被分解转化，直接流入真胃和小肠，对于动物则没有营养价值。

（九）蛋白质的瘤胃降解保护

1. 热处理

依据不同蛋白质饲料的特点，筛选适宜的处理温度、时间和压力，对其进行膨化、烤焙或红外线照射等，是最常用的降低日粮蛋白质瘤胃降解率的方法。但是，这些处理会同时降低一些氨基酸的利用率，尤其是赖氨酸、半胱氨酸和酪氨酸。

2. 化学处理

通过调控瘤胃菌群生长，减少微生物蛋白酶分泌；或将饲粮蛋白质与化学制剂反应，生成不易被微生物降解的螯合物，均可以实现蛋白质的瘤胃降解保护。甲醛、酸、碱和乙醇都可以改变蛋白质的结构，降低饲料蛋白质的溶解度和瘤胃降解率。为了防止化学药品在动物产品中的残留，甲醛等已被禁止在生产中使用。

3. 包埋处理

用脂肪酸或对pH具有特异性的聚合物包埋蛋白质，使蛋白质在瘤胃中的降解减少，但在小肠环境下，包膜溶解，蛋白质释放，是较为理想的蛋白质瘤胃降解保护方式。

对优质蛋白质饲料进行过瘤胃保护处理，必须考虑到：经过瘤胃保护处理后的蛋白质，在真胃和小肠中的消化率是否受影响；过瘤胃保护处理是否会造成瘤胃微生物蛋白质合成量下降。从瘤胃流入真胃和小肠的蛋白质主要包括UDP和MCP，过瘤胃保护处理蛋白质，如果导致瘤胃氨浓度降低，MCP合成减少，虽然可以增加UDP的数量，但流入小肠的蛋白质总量却差别不大。因此，饲料蛋白质过瘤胃处理的效果要通过测定日粮蛋白质的瘤胃降解率、小肠消化率和全消化道消化率进行综合评价，同时还要考虑加工处理成本，如果成本太高，也得不偿失。

二、蛋白质在皱胃和小肠的消化与吸收

（一）小肠蛋白质供应

进入瘤胃的饲料蛋白质约有20%～40%能逃脱瘤胃微生物的降解而进入后部胃肠道。瘤胃未降解蛋白质与MCP一起由瘤胃转移至皱胃，随后进入小肠。反刍动物小肠内的蛋白质有3个来源：MCP，占50%～90%；UDP，占10%～50%；数量很少的内源蛋白质。这些蛋白质在小肠中被消化，以氨基酸和小肽的形式被吸收。

进入小肠的蛋白质包括外源氮和内源氮。外源氮来源于饲料，主要包括RDP和UDP。内源氮包括两部分：一是来自唾液中的黏蛋白，口腔、食道、瘤胃和网胃的上皮脱落，这些蛋白质一部分被瘤胃微生物降解，其中降解蛋白质被微生物利用合成MCP，没有被降解的蛋白质进入小肠；二是来源于瓣胃和真胃上皮脱落以及分泌到真胃的酶，这些蛋白质直接进入小肠。因此，进入小肠的内源氮，既可以是游离状态的蛋白质，也可以是微生物氮。反刍动物总内源氮的分泌量包括基础内源氮和特定日粮产生的内源氮。基础内源氮流量的估测，可以通过肠道灌注法，向动物肠道灌注挥发性脂肪酸来提供全部营养，然后测定瘤胃和皱胃非氨态氮流量。估测总内源氮流量，可以通过灌注^{15}N-亮氨酸对体蛋白质进行标记，并建立尿素和蛋白质对微生物氮流量贡献的模型。非尿素内源氮是十二指肠氮流量的重要部分，据估测，泌乳奶牛非尿素内源氮对十二指肠氮的贡献率可占到总氮流量的15%～20%。尽管大部分非尿素内源氮在小肠被消化吸收，但它对代谢蛋白质(MP)供给量的增加没有贡献。未在小肠消化吸收的内源氮，会随粪便排出。从测定的十二指肠氮流量中扣除非尿素内源氮，就可以估测出实际的MP净供给量。测定MP供给时，如果不考虑内源氮的贡献，会造成MP供给量的估测值偏高。

（二）蛋白质在皱胃和小肠的消化

反刍动物蛋白质在皱胃和小肠内靠胃肠道分泌的蛋白酶进行消化。

蛋白质在皱胃的消化由盐酸和胃蛋白酶进行。盐酸破坏蛋白质的三维结构，使蛋白质变性，肽键暴露，接着在胃蛋白酶的作用下，蛋白质分子被降解为较小分子的多肽。胃蛋白酶为非特异性的肽链内切酶，水解蛋白质的速度与蛋白质肽键（或氨基酸）的类型有关。胃蛋白酶倾向于剪切氨基端或羧基端为芳香族氨基酸（苯丙氨酸、色氨酸和酪氨酸）或亮氨酸的肽键；如果某一肽键氨基端的第三个氨基酸为碱性氨基酸（赖氨酸、精氨酸和组氨酸）或者该肽键的氨基端为精氨酸时，胃蛋白酶不能有效地对此肽键进行剪切。

十二指肠是蛋白质消化的主要部位，蛋白质在小肠的消化分两个阶段，一是肠腔内消化；

二是膜和胞内消化。肠腔内的消化由胰液和小肠液所含的蛋白酶完成，蛋白质分子被降解为游离氨基酸和寡肽。胰液中含有胰蛋白酶、糜蛋白酶、弹性蛋白酶、羧基肽酶和氨基肽酶。胰蛋白酶、糜蛋白酶和弹性蛋白酶为特异性肽链内切酶；羧基肽酶和氨基肽酶为外切酶。胰蛋白酶只作用于赖氨酸或精氨酸的羧基所形成的肽键；糜蛋白酶可降解苯丙氨酸、酪氨酸、色氨酸或亮氨酸的羧基所形成的肽键；弹性蛋白酶只作用于非极性氨基酸肽键（缬氨酸、亮氨酸、丝氨酸和丙氨酸）。羧基肽酶和氨基肽酶从 C 末端或 N 末端降解氨基酸。

小肠膜和胞内消化发生在肠粘膜的外侧膜和小肠柱状细胞内。含有 6 个氨基酸残基以下的寡肽通常不能被胰腺分泌的蛋白酶降解，在刷状缘的肠腔表面被氨基肽酶降解为氨基酸或含 3 个氨基酸残基以下的小肽。游离氨基酸和小肽被吸收入黏膜细胞，在粘膜细胞内，小肽被氨基肽酶进一步水解为氨基酸。刷状缘和粘膜细胞内氨基肽酶活性分别占总氨基肽酶活性的 10%～20%和 80%。一部分吸收的氨基酸被肠细胞代谢：氧化分解、合成蛋白质或转化为其他物质。

（三）蛋白质消化产物在小肠的吸收

蛋白质消化产物的吸收主要在小肠上 2/3 的部位进行。小肠吸收细胞可吸收游离氨基酸、二肽和三肽，二肽和三肽可在吸收细胞内经氨基肽酶进一步水解为氨基酸，少量未水解的二肽和三肽直接被吸收进入血液循环。

1. 氨基酸的吸收

在小肠肠腔中，大约有 1/3 的氨基酸以游离氨基酸的形式存在，大多数氨基酸是依赖 Na^+ 或膜转运载体，通过主动转运的方式被吸收。氨基酸的转运系统有四种：一是中性氨基酸转运系统，转运一氨基和一羧基氨基酸，如丙氨酸、天冬酰胺、胱氨酸、谷氨酰胺、组氨酸、异亮氨酸、亮氨酸、蛋氨酸、苯丙氨酸、丝氨酸、苏氨酸、色氨酸、酪氨酸和缬氨酸，为 Na^+ 依赖型主动转运，速度快，氨基酸之间存在竞争转运；二是碱性氨基酸转运系统，转运二氨基的氨基酸，如精氨酸、赖氨酸、鸟氨酸和胱氨酸，为 Na^+ 依赖型主动转运，速度较快，约为中性氨基酸转运系统的 10%；三是酸性氨基酸转运系统，转运二羧基的氨基酸，如天冬氨酸和谷氨酸，为部分 Na^+ 依赖型，可能为主动转运，因为天冬氨酸和谷氨酸被肠粘膜细胞摄入后，迅速进行转氨反应而代谢，很难判断其吸收是否逆浓度梯度进行；四是亚氨基和甘氨酸转运系统，转运两种亚氨基酸（脯氨酸和羟基-脯氨酸）和甘氨酸，可能不需要 Na^+，转运速度比其他三种系统低。氨基酸的转运系统间存在交互作用，如一些中性氨基酸可通过碱性氨基酸转运系统转运；中性氨基酸可促进碱性氨基酸的转运。

2. 肽的吸收

小肠肠腔中约有 2/3 的氨基酸以肽的形式被吸收，小肠粘膜细胞存在独立的氨基酸与小肽吸收机制，肽的吸收对游离氨基酸的吸收无影响，但是，与氨基酸的吸收相似，肽的吸收也存在竞争机制。研究表明，二肽和三肽的吸收速度比游离氨基酸快，二肽的吸收载体为质子泵，协同转运 H^+。小肽的吸收在蛋白质营养上具有重要意义，由于存在氨基酸竞争性的吸收/转运机制，动物采食后可能出现一些氨基酸吸收快而迅速达到高峰，一些氨基酸吸收慢而高峰滞后，影响了氨基酸合成蛋白质的效率，若吸收慢的氨基酸（甘氨酸和赖氨酸）以肽的形式吸收，则可提高这些氨基酸的吸收率。

反刍动物小肠寡肽和游离氨基酸的吸收和代谢较为复杂，在小肠壁细胞内，部分被吸收的寡肽降解为游离氨基酸，而部分被吸收的游离氨基酸又重新合成寡肽。

(四)初乳免疫球蛋白的吸收

新生犊牛具有吸收完整蛋白质的能力，能直接吸收初乳中完整的免疫球蛋白，进入淋巴系统，吸收机制为胞饮吸收。犊牛吸收初乳中免疫球蛋白的能力，随出生时间延长而下降，出生6 h后吸收能力不到初生的70%，出生12 h后吸收能力仅为初生的50%，出生24 h后对免疫球蛋白的吸收率基本为零。因此，生产中要保证犊牛在出生0.5 h内吃上第一次初乳，6～8 h后，再饲喂一次，使其获得足够的抗体。

三、蛋白质在大肠的消化和吸收

进入大肠的含氮物质主要是小肠未消化的饲料蛋白质、消化道分泌和脱落的内源蛋白质以及来自血液的尿素。在胃和小肠未被消化的饲料蛋白质经由大肠以粪的形式排出体外，其中部分蛋白质可降解为吲哚、粪臭素、酚、硫化氢、氨气和氨基酸。在盲肠和结肠处有大量细菌，它们可将蛋白质降解为氨和氨基酸，并利用降解产物合成微生物蛋白质，部分氨可被盲肠吸收，但在盲肠和结肠处降解和合成的氨基酸几乎完全不能被吸收，最终随粪排出体外。

第三节　反刍动物瘤胃微生物蛋白质合成

瘤胃微生物以饲料含氮物降解产生的氨、小肽和氨基酸为氮源，利用发酵产生的α-酮酸和能量合成MCP。反刍动物小肠吸收的氨基酸总量的70%以上来自于瘤胃MCP，且瘤胃微生物能合成宿主所需的必需氨基酸，因此，提高瘤胃MCP的合成量，有助于提高反刍动物日粮蛋白质的利用率。在氮源和可发酵有机物比例适当、数量充足的情况下，瘤胃MCP的数量足以满足动物维持、正常生长和妊娠早期的蛋白质需要。一般情况下，瘤胃中每千克可发酵有机物可合成90～230 g MCP，可满足体重约100 kg的反刍动物正常生长，或日产奶10 kg的蛋白质需要。若日粮蛋白质含量高时，则提高日粮UDP的数量可提高动物的生产性能。

瘤胃微生物将饲粮蛋白质降解再合成MCP的过程不仅消耗能量，而且会把优质饲粮蛋白质(如大豆粕蛋白质)的营养价值降低，但可将低营养价值的蛋白质改造成为中等营养价值的蛋白质，提高饲料蛋白质的营养价值。因此，在供给反刍动物蛋白质时，应分别考虑供给微生物所需氮源(RDP)和UDP的数量；在选择氮源时，可使用非常规蛋白质饲料资源和适量的NPN来降低饲料成本；可使用瘤胃保护性合成氨基酸，或对优质饲粮蛋白质采用特殊的加工处理进行保护，防止其在瘤胃降解，增加UDP的数量，提高饲料利用率。

一、瘤胃微生物氮源

瘤胃微生物可利用的氮源有氨、氨基酸和小肽，微生物的生长速度受氮源的影响。瘤胃微生物将饲料中的蛋白质转化为自身蛋白质之前，先将其降解为可被利用的肽、氨基酸和氨。

1. 氨

瘤胃中的氨主要来源于微生物对饲料蛋白质的降解，还有一小部分来源于原虫吞噬细菌后，对细菌蛋白质的降解。氨是瘤胃细菌的主要氮源，占细菌所需氮总量的60%以上，主要被辅酶Ⅰ和辅酶Ⅱ连锁谷氨酸脱氢酶同化。细菌还有其他的氨吸收酶：谷氨酰胺合成酶-谷氨酸合成酶(GS-GOGAT)偶联在正常瘤胃氨浓度时较低，但在氨有限的条件下对细菌的生存很重要；丙氨酸脱氢酶用于高水平氨条件。绝大多数瘤胃细菌可以利用氨作为唯一氮源来合成MCP，只要有碳架提供，如支链挥发性脂肪酸，大多数细菌能合成氨基酸。瘤胃中即使存在其他可利用氮源，氨仍是微生物的主要氮源，仅少量被标记的氨基酸和肽被利用。瘤胃微生物生长的最佳氨态氮浓度为60～90 mg/L，氨态氮浓度小于60 mg/L时发生发酵解偶联，氨不能被有效合成MCP。

2. 氨基酸

瘤胃细菌总氮中约有40%不是来自氨，这些细菌必须以氨基酸作为生长因子，否则造成能量的解偶联，使能量以热的形式散失。瘤胃内微生物的代谢过程，能产生部分氨基酸，但还需要通过日粮补充一定数量的氨基酸才能满足微生物正常的生长、发育和繁殖的需要。

3. 肽

瘤胃内降解非结构性碳水化合物的细菌总是先摄取肽，而不是游离氨基酸，细菌对氨基酸的利用率低于对小肽的利用率。肽可缩短细胞分裂周期，加快细菌的繁殖速度，是瘤胃微生物达到最大生长效率的关键因子。肽或肽和氨基酸的混合物比单独以氨作为氮源更能促进微生物的生长；当日粮肽占总氮量比例适宜时，瘤胃MCP的合成量提高；过高比例的日粮肽会抑制MCP的合成(表3-4)。肽不能改变每千克可消化有机物所产生的瘤胃MCP的数量。康奈尔净碳水化合物-净蛋白质体系(CNCPS)认为，发酵非结构性碳水化合物(淀粉、果胶等)的瘤胃细菌可以肽或氨基酸为氮源，而发酵结构性碳水化合物的瘤胃细菌仅以氨作为氮源。

表3-4　日粮肽水平与微生物生长效率

日粮肽占总氮百分数	0	10	20	30	SEM
氮采食量g/d	2.28	2.31	2.29	2.27	—
瘤胃微生物生长效率/(g/kg)	25.0	26.8	26.6	25.8	1.27

注：瘤胃微生物生长效率，指每千克可消化有机物中微生物氮含量。(引自Tones等，1998)

二、瘤胃微生物蛋白质的合成效率

我国用可消化有机物(DOM)、奶牛能量单位(NND)和肉牛能量单位(RND)评定MCP的合成效率，效率参数分别为每千克DOM 144 g MCP、每个NND 40 g MCP、每个RND 95 g MCP。欧美国家多用可发酵有机物(FOM)来计算MCP的产量，每千克FOM可产生136 g MCP。以上均以RDP供应充足为前提，否则，即使能量充足，也无法合成相应数量的MCP。例如，给肉牛提供4 kg FOM，可以合成544 g MCP，但如果只提供64 g氮，这64 g氮即使完全转化为MCP也只能合成400 g MCP(64×6.25)，多余的能量只能以热量形式散失。因此，日粮可发酵碳水化合物(能量)和蛋白质平衡供应才能保证MCP的有效合成。

三、日粮能氮平衡的预测

能量是MCP合成的主要限制因素，能量和氮对瘤胃MCP合成的影响紧密联系在一起。反刍动物瘤胃微生物营养来自宿主摄取的日粮，微生物必须对日粮进行降解才能获得其中的能源和氮源，降解过程中能源和氮源的释放速度和数量必须匹配，才能使养分有较高的转化率。

冯仰廉(1994)提出了瘤胃能氮平衡的原理和应用方法，瘤胃能氮平衡(RENB)＝用FOM

预测的 MCP 量－用 RDP 预测的 MCP 量。如果日粮的 RENB 为零，表明平衡良好；如为正值，表明瘤胃能量有富余，应增加 RDP；如为负值，表明 RDP 有富余，但 FOM 不够，应增加 FOM。日粮能氮平衡举例见表 3-5，表中用 FOM 预测的 MCP 产量按每千克 FOM 可合成 136 g MCP 计算，RDP 转化为 MCP 的效率为 90%，计算得出该日粮 RENB 为 3，表明日粮能氮平衡状况良好。

表 3-5　奶牛日粮瘤胃能氮平衡举例

饲粮	喂量/kg	蛋白质/g	蛋白质降解率/%	RDP/g	FOM/kg	用 FOM 预测的 MCP	用 RDP 预测的 MCP	RENB
玉米青贮	25	400	60	240	3.0	408	216	192
干草	2.0	148	40	59	0.8	109	53	56
玉米	4.7	399	50	199	1.88	256	179	77
小麦麸	3.0	417	50	209	1.22	166	188	－22
豆粕	2.5	967	50	484	1.0	136	436	－300
总计		2 332		1 191	7.9	1 075	1 072	3

（引自冯仰廉，2004）

法国 INRA（1989）报道了 FOM 与蛋白质降解率之间的匹配关系，即用饲料蛋白质降解率预测的 MCP（PDIMN）＝CP×[1－1.11×（1－降解率）]×0.9，用 FOM 预测的 MCP（PDIME）＝FOM×0.145。当 PDIMN 与 PDIME 一致时，表明 FOM 与蛋白质降解率之间的匹配良好；当 PDIMN 大于 PDIME 时，表明瘤胃可降解氮有剩余，FOM 不足；当 PDIMN 小于 PDIME 时，表明瘤胃降解氮不足，FOM 有剩余。

四、影响微生物蛋白质合成的因素

（一）日粮蛋白质含量与瘤胃降解率

日粮蛋白质含量低于 11%，MCP 的合成量降低；日粮蛋白质含量达 13%时，微生物生长量最大，因此，传统的粗蛋白质体系认为，日粮蛋白质水平为 12%～13%就可以保证 MCP 合成的需求。日粮蛋白质瘤胃降解率和降解速度也影响 MCP 的合成量，适当提高蛋白质降解率和降解速度可促进 MCP 的合成。

（二）日粮可发酵碳水化合物含量

能量是瘤胃微生物合成蛋白质的第一限制性因素，微生物合成蛋白质的能量来源于日粮碳水化合物在瘤胃的降解，碳水化合物在瘤胃的发酵速度快，对微生物生长的促进作用就强。饲料中的碳水化合物在瘤胃中被微生物发酵，产生挥发性脂肪酸，同时产生 ATP。挥发性脂肪酸被吸收，用作动物的能量来源，ATP 被瘤胃微生物用于生长和繁殖。每摩尔可发酵碳水化合物能产生 4～5 mol ATP。每克瘤胃细菌每小时维持能量需要约 0.022～0.187 g 碳水化合物；利用非结构性碳水化合物和利用结构性碳水化合物的细菌，维持能量需要分别为每克细菌每小时需要 0.15 g 和 0.05 g 碳水化合物。

（三）维生素

反刍动物瘤胃微生物合成的 B 族维生素，能满足微生物自身与动物生产的部分需要。日粮中添加脂溶性维生素或水溶性 B 族维生素，均能促进反刍动物，尤其是幼龄或高产动物，瘤胃微生物的生长与 MCP 的合成。

(四)矿物元素

钙、磷、硫、钴、钠、氯、硒和铜等元素是反刍动物瘤胃微生物生长繁殖的必须营养因子。研究表明，每千克瘤胃微生物约含有 8 g 硫，微生物合成含硫氨基酸、维生素和酶时均需要硫化物的供给，日粮中适宜的硫水平可提高 MCP 的合成量。瘤胃微生物对硫的需要量与日粮氮源及含量密切相关，一般可利用氮硫比为(10～14)∶1 时可满足微生物的需求。磷是 DNA 和 RNA 的组成成分，瘤胃微生物细胞中磷的含量约为 2%～6%。

(五)有机酸

瘤胃中支链氨基酸降解产生的异丁酸、异戊酸、2-甲基丁酸和戊酸，是大多数纤维分解菌生长与繁殖的必须营养因子。反刍动物日粮中添加异位酸，瘤胃纤维分解菌数量增加，MCP 合成量增多。

(六)瘤胃内容物的外流速度

在反刍动物营养物质采食量一定的情况下，适当提高瘤胃内容物的外流速度，能减少原虫对细菌的吞噬作用和氮的无效循环，同时减少瘤胃细菌和原虫在瘤胃中维持生命所需要的能量，从而提高 MCP 的合成效率和饲料能量利用效率。

五、瘤胃微生物蛋白质的品质

(一)瘤胃微生物的化学组成

瘤胃微生物的营养成分(以干物质计)含量为：粗蛋白质 62.5%、碳水化合物 21.1%、脂肪 12.0%和粗灰分 4.4%。微生物含氮化合物包括真蛋白质和 NPN，因此，随食糜流入后部消化道的微生物，只有 40%～50%的微生物氮为可利用氮，剩余部分与微生物细胞壁和核酸结合在一起，不能被消化利用。瘤胃微生物所含的脂类、碳水化合物和矿物质对反刍动物也有一定的营养作用。瘤胃原虫的碳水化合物含量高于细菌，可能是由于原虫吞食大量的碳水化合物并以不溶多聚物的形式贮存在体内造成的。绵羊瘤胃微生物的养分组成见表 3-6。

表 3-6　绵羊瘤胃微生物的养分组成

项　目	液相微生物平均	固相微生物平均	SE
有机物/(%DM)	86.80	85	0.969
总氮/(%OM)	8.82	7.33	0.111
粗脂肪/(%OM)	14.55	18.19	0.868
核糖核酸/(%OM)	4.82	1.68	0.243
核糖核酸/总氮	0.098	0.039	0.004
总氨基酸/(%OM)	44.30	39.92	0.737
总氨基酸氮/总氮	0.804	0.872	0.010
必需氨基酸氮/总氮	0.451	0.496	0.006
必需氨基酸/(%OM)	24.84	22.67	0.348

(引自史清河等，2000)

瘤胃 MCP 的氨基酸组成非常稳定(表 3-7),个别氨基酸虽有变化,但变化很小。瘤胃液相和固相中 MCP 的氨基酸组成差异也很小,但细菌和原虫蛋白质组成有明显差异,原虫蛋白质赖氨酸高,细菌蛋白质蛋氨酸高。

表 3-7　绵羊瘤胃微生物蛋白质的氨基酸组成(总氨基酸)　g/100 g

项目	液相微生物平均	固相微生物平均	SE
苏氨酸	5.87	5.56	0.066
缬氨酸	5.53	5.57	0.267
异亮氨酸	5.65	5.82	0.060
亮氨酸	8.52	8.78	0.066
酪氨酸	5.26	5.15	0.163
苯丙氨酸	5.70	5.99	0.051
赖氨酸	9.03	9.62	0.090
组氨酸	2.24	2.12	0.201
精氨酸	4.96	4.87	0.197
半胱氨酸	0.59	0.71	0.056
蛋氨酸	2.74	2.53	0.374
天冬氨酸	11.77	11.44	0.167
丝氨酸	4.43	4.43	0.187
谷氨酸	12.45	12.35	0.201
甘氨酸	5.30	5.01	0.227
丙氨酸	6.66	6.23	0.089
脯氨酸	3.33	3.76	0.177
必需氨基酸/总氨基酸	0.561	0.568	0.004

(引自史清河等,2000)

瘤胃 MCP 的必需氨基酸组成中,蛋氨酸、赖氨酸、色氨酸和苏氨酸等的含量相对较高,而亮氨酸的含量相对较低,与牛乳及组织蛋白的氨基酸组成接近(表 3-8),蛋白质品质与豆粕和苜蓿叶蛋白基本相当,优于大多数谷物蛋白质。原虫和细菌蛋白质的生物学价值平均为 70%~80%,原虫蛋白质的消化率为 80%~91%,细菌蛋白质的消化率为 66%~74%。

表 3-8　瘤胃微生物蛋白质、乳蛋白质和组织蛋白质的部分氨基酸含量　%

名称	赖氨酸	蛋氨酸	精氨酸	缬氨酸	异亮氨酸	亮氨酸
组织蛋白	8.2	2.7	6.8	5.2	5.5	7.2
乳蛋白	8.3	2.7	3.7	6.7	6.0	10.0
微生物蛋白	10.46	2.68	6.96	6.16	5.88	7.51

(引自 Mantysaari 等,1989)

(二)瘤胃微生物蛋白质的消化率

瘤胃合成的微生物蛋白氮占进入小肠总氨基酸氮的 60%~85%,且大多数日粮 UDP 占瘤胃外流的总蛋白质比值较小,因此,准确估测瘤胃 MCP 的消化率对反刍动物蛋白质营养很重要。NRC(2001)模型中采用了瘤胃微生物真蛋白质(MTP)的消化率为 80%这个数据,因为瘤胃 MCP 中含有大约 20%的核酸,因此 MTP=0.8 MCP。考虑到 MTP 的消化率和瘤胃细菌中氨基酸含量这两个因素，可以认为来源于瘤胃 MCP 的 MP 等于 MCP 的 0.64 倍。

各国现行饲养标准中的瘤胃 MTP 小肠消化率采用平均参数，英国（AFRC，1993）为 0.85，法国（INRA，1989）为 0.80，美国（NRC，2001）为 0.80，中国（2000）对瘤胃微生物粗蛋白质的小肠消化率用 0.70。

由于在饲养实践中不可能对瘤胃微生物的蛋白质和氨基酸的小肠消化率进行实测，我国推荐瘤胃微生物氮的表观消化率采用 75%，真消化率采用 80%，微生物氨基酸的小肠真消化率采用 85%。

第四节　反刍动物蛋白质和氨基酸的代谢

反刍动物蛋白质代谢的实质为氨基酸的代谢，肠道吸收的氨基酸进入血液后，与体蛋白质降解以及体内合成的氨基酸一同构成机体的氨基酸库，用于蛋白质的合成、分解供能或转化为其他物质。

一、蛋白质的合成代谢

反刍动物细胞内外液中所有游离氨基酸称为游离氨基酸库，含量不到体内氨基酸总量的 1%，是合成机体蛋白质的基本原料。氨基酸库汇合了肠道吸收的氨基酸、体蛋白质降解产生的氨基酸以及体内合成的氨基酸，氨基酸不断地进入、输出。用于体蛋白质合成的氨基酸约 60%（生长动物）和 80%（成年动物）来自体蛋白质的降解，剩余的 20%～40%必须由饲料蛋白质和瘤胃 MCP 提供，构成了反刍动物小肠氨基酸需要量。

蛋白质的合成部位在核糖体，合成反应所需的能量由 ATP 和 GTP 提供。蛋白质的合成包括活化、起始、延长和终止四个阶段，以 mRNA 为模板，tRNA 为运载工具，在核糖体内，按 mRNA 特定的核苷酸序列（遗传密码）将各种氨基酸连接形成多肽链。新合成的多肽链大多数无生物活性，需经一定的加工修饰，才能成为有生物活性的蛋白质分子。

反刍动物的年龄或体成熟程度是影响蛋白质合成量的最主要因素。随着动物逐渐发育到成年期，全身蛋白质合成量逐渐提高，但单位体组织蛋白质合成活力却不断下降，这与动物体总 RNA 量和 RNA/蛋白质比例逐渐下降有关。在最佳生产条件下，不同品种的反刍动物及其不同组织的翻译效率很接近，一般每克 RNA 每天可翻译 15～22 g 蛋白质。随着动物年龄的增长，蛋白质合成速率逐渐下降，翻译效率却相当稳定。日粮营养水平也是影响蛋白质合成量的重要因素，营养水平降低，组织器官对激素的响应能力降低，翻译效率也随之降低，蛋白质合成量减少。反刍动物全身体蛋白的合成量还受内脏器官蛋白质合成速率的影响，消化道、肝脏等始终是蛋白质合成最活跃的器官，肌肉组织蛋白质合成速度随年龄的增长而降低。

二、蛋白质的分解代谢

反刍动物体蛋白质可分解供能或转化为其他物质，这些过程仍然以氨基酸为核心。首先是细胞的自我吞噬，该过程通过溶酶体降解细胞蛋白质实现，是肝脏和骨骼肌中蛋白质降解的重要途径。亮氨酸、苯丙氨酸和酪氨酸能抑制肝脏中的自我吞噬作用。细胞蛋白质降解产生的氨基酸进入机体氨基酸库。在氨基酸的分解代谢中主要有转氨基、脱氨基及脱羧基反应。参与转氨基反应的酶主要有谷氨酸转氨酶、α-酮戊二酸转氨酶、谷丙转氨酶和谷草转氨酶;参与脱氨基反应的酶主要是 *L*-谷氨酸脱氢酶;氨基酸脱羧酶有多种,如赖氨酸脱羧酶、精氨酸脱羧酶和鸟氨酸脱羧酶。氨基酸通过转氨基、脱氨基及脱羧基反应,转变为α-酮酸、氨、胺化物和非必需氨基酸,α-酮酸可用于合成葡萄糖和脂肪,也可进入三羧酸循环氧化供能;氨在肝脏中转化为尿素;胺化物可用于核蛋白体、激素及辅酶的合成。

肝脏和肾脏中降解氨基酸的酶活性最高,除支链氨基酸外,必需氨基酸的降解场所是肝脏。机体氨基酸降解场所的高度局域化有利于蛋白质降解过程中产生的氨基酸的重新利用。不同组织在蛋白质合成过程中对氨基酸的需要具有优先顺序,若某一氨基酸缺乏限制了蛋白质的合成,不能被合成蛋白质的氨基酸的氧化分解量增加。当蛋白质合成受抑制时,氨基酸降解量显著增加。

氨基酸不仅是蛋白质合成的前体物,还可以作为生物活性物质,或通过合成其他生物分子,参与机体代谢的调节与生命活动(表 3-9)。

表 3-9 氨基酸来源的生物活性物质

氨基酸	转变产物	生物学作用	备注
甘氨酸	嘌呤碱	核酸及核苷酸成分	与谷氨酰胺、天冬氨酸、CO_2 共同合成
	肌酸	组织中储能物质	
	卟啉	血红蛋白及细胞色素等辅基	与精氨酸、蛋氨酸共同合成
			与琥珀酰-CoA 共同合成
丝氨酸	乙醇胺及胆碱	磷脂成分	胆碱由蛋氨酸提供甲基
	乙酰胆碱	神经递质	
半胱氨酸	牛磺酸	结合胆汁酸成分	
天冬氨酸	嘧啶碱	核酸及核苷酸成分	与 CO_2、谷氨酰胺共同合成
谷氨酸	γ-氨基丁酸	抑制性神经递质	
组氨酸	组胺	神经递质	
酪氨酸	儿茶酚胺类	神经递质	肾上腺素由蛋氨酸提供甲基
	甲状腺激素	激素	
	黑色素	皮、发形成黑色	
色氨酸	5-羟色胺	神经递质促进平滑肌收缩	即 N-乙酰-5-甲氧色胺
	褪黑素	松果体激素	
	烟酸	维生素 PP	
鸟氨酸	腐胺亚精胺	促进细胞增殖	
天冬氨酸	—	兴奋性神经递质	
谷氨酸	—	兴奋性神经递质	

(引自朱圣庚等,2018)

三、蛋白质周转代谢

(一)蛋白质周转代谢的概念

反刍动物机体组织不断地合成新的蛋白质,用于更新老的组织蛋白质,被更新的组织蛋白质降解成氨基酸进入机体氨基酸代谢库，大部分又可重新用于合成蛋白质，小部分转化为其他物质。这种老组织不断更新，被更新的组织蛋白质降解为氨基酸，又重新用于合成组织蛋白质的过程称为蛋白质的周转代谢。动物体每天合成的蛋白质总量约为消化吸收蛋白质的5～10倍。成年动物组织蛋白质合成所需的氨基酸，大约80%来自体蛋白质的周转，约20%来自饲料蛋白质，蛋白质的合成量也远远高于需要量或沉积量，机体每日被更新的蛋白质占总合成量的60%。

蛋白质周转代谢需要消耗能量，但具有重要的生物学意义。通过周转代谢，可排除积累过多的酶和调节蛋白（如激素），使其合成或降解适应代谢的需要；可消除蛋白质合成过程中产生的异常蛋白，保证正常生命活动的进行；是动物适应营养、生理和病理变化的需要，保证动物在遭受应激、饥饿与营养不良时，动员体组织来维持生命活动或保证与生命攸关的组织（如大脑、肝脏和肾脏等）对氨基酸的优先需要；在动物妊娠或泌乳期间，动员组织蛋白质来保证胎儿生长或泌乳对蛋白质的需要；是修补和更新细胞与组织的需要；肝脏和血浆蛋白质代谢库周转速率高，有利于这两个代谢库在氨基酸吸收和肝外氨基酸供应之间起缓冲作用。

（二）蛋白质周转代谢的调控体系

动物体的蛋白质代谢是指随着时间的推移蛋白质不断发生降解，再合成，蛋白质或氨基酸不断地进入代谢库，又不断地从代谢库消失，不断地获得更新。机体蛋白质代谢不仅有动态变化的能力，而且还具有自我稳衡机制，因此，动物能抵抗内外因素的干扰，使蛋白质代谢维持在正常范围内，进而维持整个机体正常生命功能。反刍动物蛋白质代谢主要通过三个体系来达到其衡稳控制。

1. 输入-输出体系

主要通过改变饲料采食量、消化道含氮物质吸收率、粪尿含氮物质排泄量、乳蛋白质分泌量或羊毛生长量，使动物蛋白质代谢的转化效率和周转速率维持在正常范围内。

2. 瘤胃MCP合成和降解体系

3. 内源含氮物周转体系

这一体系包括在细胞水平上的含氮物质的周转和内源含氮物质（蛋白质和尿素等）在消化道内部的周转两个方面。

反刍动物对自身蛋白质代谢的稳衡控制能力是有一定限度的，如果内外因素干扰超过了动物自我调控的能力范围，就会导致蛋白质代谢紊乱，以致危及动物的健康和生命。

（三）蛋白质周转代谢的调控

研究蛋白质周转代谢是为了对动物生长速率、瘦肉组织的分配、肌肉与蛋白质和脂肪之间的比例进行调控。蛋白质的周转率受遗传、性别、生理状态、生长阶段及饲粮营养水平等因素的影响。生长动物的蛋白质合成率大于降解率；成年动物的蛋白质合成率与降解率相等；随着年龄的增长，单位体重蛋白质的周转率降低；不同品种肉牛肌肉蛋白质合成率、分解率和生长率差异不显著（表3-10）。

调控动物蛋白质周转有两个途径：一是调控日粮营养物质摄入量或营养物质的结构；二是通过对内源激素的调控来调控蛋白质周转。

表 3-10 生长牛肌肉蛋白质合成、分解与生长

期	中小体型组(无角海福特牛)		大体型组(西门塔尔杂交牛)	
	日生长量/g	日生长率/%	日生长量/g	日生长率%
1	77.5	0.43	101.0	0.39
2	74.8	0.36	97.3	0.34
3	74.3	0.32	98.5	0.30
	日分解量/g	日分解率/%	日分解量/g	日分解率/%
1	514.5	2.93	878.3	3.42
2	669.3	3.30	833.8	2.88
3	559.5	2.46	796.3	2.49
	日合成量/g	日合成率/%	日合成量/g	日合成率/%
1	592.3	3.36	979.3	3.81
2	744.0	3.66	931.0	3.21
3	633.8	2.79	892.8	2.78

(引自 McCarthy,1983)

1. 日粮营养

营养物质摄入量是决定动物体内蛋白质周转的主要因素。机体整体蛋白质合成速率主要取决于蛋白质摄入量,而整体蛋白质的合成量则由摄入量和身体蛋白质总量共同决定。在饥饿状态下,为满足机体对能量的需要,氨基酸氧化速率提高,可能导致蛋白质的降解量增加。当蛋白质摄入量超过维持需要时,蛋白质的合成和降解以及氨基酸的氧化都增加,但三者的反应模式不同,蛋白质合成和氨基酸氧化反应迅速,氨基酸氧化速率的增长幅度大于蛋白质的合成速率;蛋白质降解速率和降解量反应较慢。肌肉和皮肤等外周组织蛋白质的周转与机体整体蛋白质周转的变化模式相似;消化道和肝脏等内脏器官蛋白质合成速率对营养物质摄入量的反应不如合成量变化明显,可能是蛋白质降解起着主要调节作用。日粮对动物体蛋白质沉积的影响可通过氮平衡来反映,从氮摄入和排出的平衡关系来看,动物体内氨基酸氧化和蛋白质降解对蛋白质沉积起着决定性作用,但该指标不能反映日粮对蛋白质代谢库(如肌肉蛋白质代谢库)周转率的影响。

2. 激素

蛋白质的合成与分解也受激素的调控,从表 3-11 可见,胰岛素和生长激素促进蛋白质的合成;胰高血糖素和糖皮质激素促进蛋白质分解。

表 3-11 激素对蛋白质周转和蛋白质沉积的影响

激素	对整体蛋白质平衡的影响	靶组织	对靶组织中蛋白质代谢的影响
生长激素	提高		促进生长调节素的分泌
生长调节素	提高	软骨、肌肉和其他组织	提高 DNA、RNA 和蛋白质合成
胰岛素	提高	肌肉、肝、脂肪和其他组织	促进 RNA 合成、肽链起始、增加底物和能量供应

续表 3-11

激素	对整体蛋白质平衡的影响	靶组织	对靶组织中蛋白质代谢的影响
皮质醇和其他糖皮质激素	降低	所有组织	抑制所有组织的 DNA 合成；抑制绝大多数组织 RNA 和蛋白质合成；促进肝脏中 RNA 和蛋白质合成
胰高血糖素	降低	肝脏	提高生糖酶、糖解酶和脂肪分解酶
甲状腺素	不定	所有组织	促进蛋白质周转
雌二醇和其他雌激素	在特定条件下提高	第一和第二性器官	在翻译水平上诱发和促进特定蛋白质的合成

（引自冯养廉，2004）

第五节　反刍动物氨基酸营养和理想蛋白质

动物真正需要的不是蛋白质本身，而是蛋白质分解产生的氨基酸与肽，蛋白质营养的实质是氨基酸营养。反刍动物需要氨基酸来满足合成体蛋白质的需求，由于消化道结构和消化生理的特殊性，反刍动物所须的氨基酸来自于瘤胃微生物、日粮非降解蛋白质和内源蛋白质三个方面。

一、必需、非必需及限制性氨基酸

（一）必需氨基酸

必需氨基酸是指动物自身不能合成或合成的量不能满足需要，必须由饲粮提供的氨基酸。反刍动物自身不能合成的氨基酸有赖氨酸、组氨酸、亮氨酸、缬氨酸、蛋氨酸、苏氨酸、色氨酸和苯丙氨酸，一共 8 种。在一般饲养条件下，瘤胃微生物能合成宿主所需的全部氨基酸，MCP 的氨基酸组成是平衡的，是优质蛋白质。因此，反刍动物对饲料蛋白质的品质要求不严格，一般也不会缺乏必需氨基酸。在瘤胃发育完善前，微生物区系尚未建立起来，对幼年反刍动物要提供 8 种必需氨基酸：组氨酸、异亮氨酸、亮氨酸、赖氨酸、苯丙氨酸、苏氨酸、酪氨酸和缬氨酸。对于中等生产水平的反刍动物，来自瘤胃的 MCP 及饲料中的 UDP 的氨基酸一般可满足其对必需氨基酸的需要，但对于高产反刍动物，必需氨基酸要通过日粮补充，否则会限制动物生产潜力的发挥。

（二）半必需氨基酸

半必需氨基酸是指在一定条件下能代替或节省部分必需氨基酸的氨基酸，包括半胱氨酸、胱氨酸、酪氨酸和丝氨酸。在体内半胱氨酸或胱氨酸可由蛋氨酸转化而来，酪氨酸可由苯丙氨酸转化而来，丝氨酸可由甘氨酸转化而来，他们的需要可完全由蛋氨酸、苯丙氨酸和甘氨酸满足，但动物对蛋氨酸、苯丙氨酸和甘氨酸的需要却不能由半胱氨酸（或胱氨酸）、酪氨酸和丝氨酸来满足，营养学上把这几种氨基酸称为半必需氨基酸。

（三）非必需氨基酸

非必需氨基酸是指动物体内合成的量能满足需要，不需要由饲粮提供的氨基酸。对于蛋白质的合成，必需和非必需氨基酸都是不可缺乏的，实际情况下，动物饲粮在提供必需氨基酸的同时，也提供了非必需氨基酸，非必需氨基酸的提供，在一定程度上能减少动物对必需氨基酸的需要量。

（四）限制性氨基酸

限制性氨基酸是指一定饲料或饲粮所含必需氨基酸的量与动物所需的氨基酸的量相比，比值偏低的氨基酸，这些氨基酸的不足会限制动物对其他必需和非必需氨基酸的利用。其中比值最低的称第一限制性氨基酸，以后依次为第二、第三、第四限制性氨基酸。限制性氨基酸的限制程度可用氨基酸的化学评分来表示，氨基酸的化学评分越低则缺乏程度越大，其计算公式为：氨基酸的化学评分=（饲料中某种必需氨基酸的含量/动物对该氨基酸的需要量）×100%。

反刍动物由于瘤胃微生物的作用，只有讨论 UDP 和 MCP 混合物的限制性氨基酸才有意义。对于日产奶 15 kg 以上的泌乳牛，蛋氨酸和亮氨酸是限制性氨基酸；日产奶 30 kg 以上的泌乳牛，蛋氨酸、亮氨酸、赖氨酸、组氨酸、苏氨酸和苯丙氨酸都可能为限制性氨基酸。一般而言，蛋氨酸是反刍动物的第一限制性氨基酸，赖氨酸是第二限制性氨基酸。高产奶牛泌乳和高产绵羊产毛都需要大量的蛋氨酸，而许多因素限制了蛋氨酸的供给量，如：瘤胃微生物合成的蛋氨酸数量相对较少；植物性饲料特别是粗饲料中缺乏蛋氨酸；饲料含有的蛋氨酸和瘤胃中微生物合成的蛋氨酸，其中有 30%～60%在瘤胃中被微生物分泌的酶降解破坏，不能进入小肠被机体吸收利用。精氨酸有时也是限制性氨基酸，反刍动物在肝脏中合成大量精氨酸参与尿素循环，但血液中精氨酸的量不足以满足其他组织需要，需由日粮供应。

二、氨基酸的相互关系

（一）氨基酸的缺乏

氨基酸缺乏是指一种或几种必需氨基酸含量不能满足动物需要的情况。氨基酸缺乏时，动物只能以所缺乏的氨基酸满足蛋白质合成的程度来利用其他氨基酸，从而影响动物的生产性能，可能产生相应氨基酸或蛋白质的缺乏症，同时多余的其他氨基酸被氧化供能或转化为其他物质，降低了能量利用率，增加了肝脏、肾脏的负担和热应激。氨基酸缺乏不完全等于蛋白质缺乏，但氨基酸的缺乏一般在日粮蛋白质含量低的情况下容易发生，可以补充相应氨基酸得以防止。

（二）氨基酸中毒

氨基酸中毒是指饲粮中某种氨基酸含量过高，引起动物中毒的现象。中毒症状取决于氨基酸的种类，可能引起动物生产性能下降或产生特异性的组织病理变化。生产条件下几乎不存在氨基酸的中毒，尤其是反刍动物瘤胃微生物能将饲料中约 70%以上的氨基酸降解为氨或直接利用合成 MCP，但在日粮中大量使用合成氨基酸，尤其是瘤胃保护氨基酸时，中毒现象可能发生。如过量添加蛋氨酸可引起动物肝脏和胰脏病变，脾脏颜色变深等，添加其他氨基酸可部分缓减中毒症状，但不能完全消除。就过量氨基酸的不良影响，毒性顺序依次为蛋氨酸、色氨酸、组氨酸、酪氨酸、苯丙氨酸、胱氨酸、亮氨酸、异亮氨酸、缬氨酸、赖氨酸和苏氨酸。

(三)氨基酸的拮抗

氨基酸的拮抗是指由于某种氨基酸含量过高而引起另一种或几种氨基酸的需要量提高的现象。氨基酸拮抗的机理是某些氨基酸在过量的情况下，干扰了其他氨基酸的吸收和代谢，在肠道和肾小管吸收时与另一种或几种氨基酸产生竞争；或增加了机体对另一种或几种氨基酸的排泄，从而增加了动物对被拮抗氨基酸的需要量。例如，赖氨酸与精氨酸的膜转运载体相同，过量的赖氨酸可竞争干扰精氨酸与载体的结合，降低精氨酸在肾小管的重吸收；过量的赖氨酸还可降低肌酸的合成，提高肾脏精氨酸酶的活性，增加肾脏中精氨酸的降解，提高尿中精氨酸的排泄量。氨基酸的拮抗往往发生在结构相似的氨基酸之间，如赖氨酸和精氨酸（均为碱性氨基酸）；亮氨酸与缬氨酸和异亮氨酸（均为支链氨基酸）。氨基酸的拮抗常伴随着氨基酸的不平衡和被拮抗氨基酸的缺乏，通过补充被拮抗氨基酸可缓减或消除氨基酸的拮抗作用。

(四)氨基酸的不平衡

体内蛋白质合成时，要求所有必需氨基酸都存在，并根据动物的需要保持一定的相互比例关系。氨基酸平衡的饲粮所含的必需氨基酸相互比例与动物的需要一致。氨基酸不平衡主要是比例问题，而氨基酸缺乏主要是数量不足。实际生产中，饲粮氨基酸不平衡一般都同时存在氨基酸的缺乏，很少出现饲粮中氨基酸的比例都超过需要的情况，往往是大部分氨基酸符合需要，而个别氨基酸偏低，可通过添加合成氨基酸来实现饲粮氨基酸的平衡。

(五)氨基酸的互补

氨基酸的互补是指两种或多种饲料混合使用时，由于各自所含的必需氨基酸的种类和数量不同，彼此取长补短，使混合后的饲粮蛋白质氨基酸平衡得以改善，蛋白质利用率提高，是生产中提高饲粮蛋白质品质和利用率的经济有效的方法。

为了便于平衡饲粮氨基酸，生产中常添加合成氨基酸，如合成赖氨酸、蛋氨酸等。添加合成氨基酸可降低饲粮粗蛋白质水平，改善饲粮蛋白质的品质，提高其利用率，减少动物氮的排泄。由于日粮中的游离氨基酸在瘤胃中会被微生物降解为氨，直接饲喂游离氨基酸对增加反刍动物氨基酸的供应量效率不高，为了保证饲喂效果，需要对氨基酸进行过瘤胃保护处理。

三、氨基酸的过瘤胃保护

使用氨基酸衍生物产品或对氨基酸进行包被都能实现日粮添加氨基酸的过瘤胃。氨基酸衍生物或类似物可抵抗瘤胃微生物的降解，而在小肠中可被吸收，并在吸收前后转化为氨基酸。用高熔点脂类对氨基酸进行包被处理，可以保护游离氨基酸，防止被瘤胃微生物降解。用pH敏感材料对氨基酸进行保护处理，即该材料在瘤胃pH 6～7不溶解，而在真胃pH 2～3溶解，可以保护氨基酸在瘤胃中不被降解，而在真胃中把氨基酸释放出来，被反刍动物吸收。

四、理想蛋白质

理想蛋白质是指这种蛋白质的氨基酸在组成和比例上与动物所需蛋白质的氨基酸的组成和比例一致，包括必需氨基酸之间以及必需氨基酸和非必需氨基酸之间的组成和比例。动物对该种蛋白质的利用率为100%。理想蛋白质在配合饲料中的应用，既可较好地满足动物的需要，又可降低日粮蛋白质用量，节省蛋白质饲料资源，减少动物氮排泄量。

（一）理想蛋白质的理论基础及表示方法

理想蛋白质的理论基础认为，动物体蛋白质沉积对氨基酸比例的要求是相对恒定的，一般不受基因型、性别和体重的影响。动物对氨基酸的需要量受动物本身、日粮、环境和其他因素的影响，但动物对不同氨基酸需要量之间的比例关系基本不受这些因素的影响。生长期动物在整个生长期所需的最佳氨基酸平衡模式的理论基础为：生长动物对日粮蛋白质的需要由维持需要和生长需要两部分构成，其中维持需要所占比例较小，对氨基酸数量和比例的需求主要取决于生长需要；不同性别或体重的动物，躯体氨基酸构成的比例相对恒定，由此推断，氨基酸需要的差异主要是绝对量的差异，而各氨基酸需要量之比总是保持不变；生物学价值高的蛋白质，其氨基酸比例与动物肌肉中氨基酸比例相似；单独测定某种必需氨基酸需要量时，结果往往变异较大，但若与赖氨酸的需要量联系在一起即以二者之比表示时，结果变异程度降低。

理想蛋白质的实质是氨基酸的比例尤其是必需氨基酸之间的比例与动物所需蛋白质的氨基酸比例一致，有两种表示方式：一是用各种氨基酸占蛋白质的比例（%）表示；二是以赖氨酸或色氨酸为100或1，计算其他氨基酸与之的比例，其中，以赖氨酸为基础最常用。

（二）理想蛋白质的必需氨基酸模式

1. 毛用反刍动物

绒山羊和毛用绵羊的理想氨基酸模式分为两部分：一部分为维持生长需要，其所需的氨基酸模式与全身肌肉（包括内脏）中的氨基酸模式相近（表3-12）；另一部分为皮肤蛋白质周转和绒毛纤维生长的需要，其所需氨基酸模式与绒毛纤维中的氨基酸模式相似（表3-13）。依据肌肉和羊绒（羊毛）的氨基酸模式，按不同比例进行加权，可获得小肠可吸收氨基酸目标模式。绒山羊的理想氨基酸模式为：肌肉氨基酸模式占80%～90%（平均为85.5%）、绒毛氨基酸模式占10%～20%（平均为14.5%）。细毛羊生长的理想氨基酸模式为：肌肉氨基酸模式占70%、羊毛氨基酸模式占30%。

表3-12　毛用动物肌肉组织中氨基酸组成

动物	精氨酸	组氨酸	异亮氨酸	亮氨酸	赖氨酸	蛋氨酸	苯丙氨酸	苏氨酸	色氨酸	缬氨酸
绒山羊	72.3	40.1	50.2	94.9	100	33.9	45.4	55.5	13.1	57.8
毛用羊	85.2	37.7	45.5	96.3	100	22.9	75.5	57.5	14.3	60.9

（绒山羊数据引自甄玉国，2002；毛用羊数据引自刘志友，2009）

表3-13　羊绒和羊毛的氨基酸组成

动物	精氨酸	组氨酸	异亮氨酸	亮氨酸	赖氨酸	蛋氨酸	苯丙氨酸	苏氨酸	色氨酸	缬氨酸
羊绒	252.7	27.9	90.0	211.3	100	21.0	104.7	182.4	42.0	149.5
羊毛	281.1	34.7	91.5	245.1	100	14.5	324.9	187.1	19.2	154.3

（羊绒数据引自甄玉国，2002；羊毛数据引自刘志友，2009）

2. 肉用反刍动物

肉牛和肉羊的氨基酸需要分为维持需要和生长需要，维持所需的氨基酸模式与肌肉模式相似（表3-14），生长所需的氨基酸模式与胴体的氨基酸模式相似（表3-15）。结合表3-14和表

3-15的数据拟定活体重为400 kg的肉牛每天增重0.5 kg和1 kg的理想氨基酸模式(表3-16)。肉羊生长的理想氨基酸模式为:赖氨酸100%、蛋氨酸+胱氨酸39.37%、苏氨酸16.17%、组氨酸40.15%、精氨酸72.25%、亮氨酸157.54%、异亮氨酸81.47%、缬氨酸104.75%、苯丙氨酸81.02%和色氨酸12.94%。

表3-14 肉牛和肉羊肌肉组织中氨基酸组成

动物	精氨酸	组氨酸	异亮氨酸	亮氨酸	赖氨酸	蛋氨酸	苯丙氨酸	苏氨酸	色氨酸	缬氨酸
肉牛	89.6	46.3	109	83.6	100	38.8	77.6	65.7		74.6
肉羊	75.2	55.8	84.8	32.1	100	32.1	57.0	46.1	12.5	55.2

(肉牛数据引自Evans和Patterson,1985;肉用绵羊数据引自李述刚等,2005)

表3-15 牛肉和羊肉的氨基酸组成

产品	精氨酸	组氨酸	异亮氨酸	亮氨酸	赖氨酸	蛋氨酸	苯丙氨酸	苏氨酸	色氨酸	缬氨酸
牛肉	91.6	34.9	40.2	86.3	100	41.4	55.0	57.3	9.1	51.1
羊肉	53.0	35.7	72.2	144.1	100	28.2	65.1	62.6	7.9	89.1

(牛肉数据引自Ainslie等,1993;羊肉数据引自王洪荣,1998)

表3-16 不同增重水平肉牛的理想氨基酸目标模式

项目	精氨酸	组氨酸	异亮氨酸	亮氨酸	赖氨酸	蛋氨酸	苯丙氨酸	苏氨酸	缬氨酸
维　持	89.6	46.3	109	83.6	100	38.8	77.6	65.7	74.6
日增重0.5 kg	90.3	42.2	84.2	84.6	100	39.7	69.5	62.7	66.1
日增重1 kg	90.6	40.6	74.6	85	100	40.1	66.3	61.5	62.9

3. 乳用反刍动物

主要是奶牛和奶山羊,维持所需的氨基酸模式与肌肉模式相似(表3-17),泌乳所需的氨基酸模式与乳蛋白氨基酸模式相似(表3-18),将肌肉模式与乳蛋白模式按不同比例进行加权,拟定不同的目标模式,例如,根据计算得出日产标准乳20 kg和40 kg,乳蛋白质含量为3.2%,体重为600 kg的奶牛的理想氨基酸模式(表3-19)。

表3-17 奶牛和奶山羊肌肉中氨基酸组成

动物	精氨酸	组氨酸	异亮氨酸	亮氨酸	赖氨酸	蛋氨酸	苯丙氨酸	苏氨酸	色氨酸	缬氨酸
奶牛	77	33	60	80	100	32	50	50	14	55
奶山羊	69.7	36.1	58.1	19.2	100	52.3	87.5	52.2		28.7

(奶牛数据引自Hogan,1974;奶山羊数据引自陈艳瑞等,2010)

表3-18 牛乳和山羊乳中氨基酸组成

产品	精氨酸	组氨酸	异亮氨酸	亮氨酸	赖氨酸	蛋氨酸	苯丙氨酸	苏氨酸	色氨酸	缬氨酸
牛乳	40.7	37.0	51.9	107.4	100	22.2	59.3	55.6	18.5	59.3
山羊乳	45.0	35.2	62.6	124.7	100	41.4	52.7	63.9		80.1

(牛乳数据引自Guo等,2007;山羊乳数据引自陈艳瑞等,2010)

表 3-19 不同生产水平的奶牛的理想氨基酸目标模式

项目	精氨酸	组氨酸	异亮氨酸	亮氨酸	赖氨酸	蛋氨酸	苯丙氨酸	苏氨酸	色氨酸	缬氨酸
维持	77	33	60	80	100	32	50	50	14	55
产乳 20 kg	55.2	35.4	55.1	97.6	100	26.1	55.6	53.4	16.7	57.6
产乳 40 kg	49.8	36	53.9	100.6	100	24.7	57	54.2	17.4	58.2

五、反刍动物氨基酸营养的应用

提高泌乳牛产奶量、乳蛋白质产量和日粮蛋白质转化效率，为高产奶牛提供氨基酸平衡的日粮，首先应考虑日粮必需氨基酸中赖氨酸和蛋氨酸的水平，小肠可消化真蛋白质中赖氨酸和蛋氨酸分别为 7.0%和 2.2%。由于瘤胃 MCP 中赖氨酸和蛋氨酸含量较高，应尽量提高瘤胃 MCP 的合成量。建立奶牛常用饲料的氨基酸数据库，用其蛋白质降解率与氨基酸降解率的相关计算式估测进入小肠的饲料赖氨酸和蛋氨酸，进入小肠的微生物的赖氨酸和蛋氨酸，计算出小肠赖氨酸和蛋氨酸占小肠可消化真蛋白质的比例。在配合日粮时，除满足小肠可消化真蛋白质的需要量外，须将赖氨酸和蛋氨酸调整到适宜的比例。随着对肽营养研究的不断深入，发现瘤胃中肽氨基酸占总氨基酸的比例很高，而且反刍动物前胃能吸收一部分肽，但这部分肽未被计入可吸收氨基酸，从而低估了可利用蛋白质的量和效应。因此，应对瘤胃降解氮分别估测出氨基酸、肽和氨的量，同时，对前胃可吸收肽、小肠可吸收氨基酸和肽进行定量预测，并确定其转化效率，建立和完善氨基酸营养模型。

第六节　反刍动物非蛋白氮的应用

非蛋白质含氮化合物在反刍动物营养中具有重要意义，按照反刍动物新的蛋白质营养体系，日粮中瘤胃可降解蛋白质不能满足微生物对氮的需要，可用 NPN 饲料原料补充。合理利用 NPN 饲料原料可节约优质蛋白质饲料资源，降低饲养成本，但应用不当，可引起反刍动物氨中毒，严重会导致死亡。

一、非蛋白氮饲料原料

植物中的非蛋白质含氮化合物包括游离氨基酸、酰胺类、含氮的糖苷和脂肪、生物碱、铵盐、硝酸盐、甜菜碱、胆碱、嘧啶和嘌呤等。迅速生长的牧草 NPN 约占总氮的 1/3，新鲜饲用玉米 NPN 含量约为 10%～20%，青贮后为 50%。块根、块茎类饲料 NPN 含量约为 50%；干草、籽实及其加工副产品含 NPN 较少，成熟籽实的 NPN 含量不到 5%。表 3-20 是牧草、苜蓿和玉米中 NPN 的含量。

目前作为反刍动物 NPN 饲料资源的含氮化合物已有 20 多种，其中，尿素及其衍生物类有：尿素、磷酸脲、羟甲基尿素；氨基铵盐类有：液氨、氨水、磷酸铵、硫酸铵、氯化铵、甲酸铵、醋酸铵、丙酸铵、聚磷酸铵、乳酸铵、碳酸氢铵、氨基甲酸铵；酰胺化合物类有：谷酰胺、天门冬酰胺等。

表 3-20 牧草、苜蓿和玉米中的非蛋白氮含量

项目	牧草	苜蓿	玉米籽粒
总氮/(mg/100g)	2 998	2 842	1 390
相对含氮量/%			
总氮	100	100	100
肽			0.17
游离氨基酸	13.9	18.5	0.99
氨	1.0	0.6	0.07
酰胺	2.9	2.6	
胆碱	0.5	0.1	0.12
甜菜碱	0.6	1.1	0.01
嘌呤等	2.2	1.3	0.05
硝酸盐	2.4	1.3	
其他含氮化合物	6.4	3.5	0.59
合计	29.90	29.00	2.00

(引自 Kirchgessner,1987)

下面列举了几种生产中常用的 NPN 饲料原料。

尿素 饲料级尿素粗蛋白质含量为 262%～281%,1 kg 尿素约相当于 7 kg 大豆的蛋白质含量。但是,尿素有咸味和苦味,直接饲喂反刍动物适口性很差;尿素作为氮源在瘤胃内水解生成氨的速度是瘤胃微生物利用氨合成 MCP 速度的 4 倍,因此利用率不高,且过量的氨进入血液后易导致动物中毒。通常,尿素可以代替反刍动物日粮中蛋白质需要量的 1/4 或 1/3,但不应超过 2/3;每头成年牛每日饲用尿素量不应超过 100 g,每只成年羊不应超过 20 g。与其他含氮化合物相比,尿素是最常用的反刍动物蛋白质代用品,常温常压下尿素不宜被分解,且价格相对较低。

磷酸脲 磷酸脲又称磷酸尿素或尿素磷酸盐,是以磷酸和尿素为基本原料制得的一种氨基结构的配合物或复盐,分子式为 $H_3PO_4 \cdot CO(N氢气)_2$,含氮 17.7%,含磷 19.6%。磷酸脲在瘤胃内释放氨的速度缓慢,兼具补磷、补氮两种营养作用,是一种较安全的 NPN 饲料添加剂。

羟甲基尿素 尿素和甲醛反应生成羟甲基尿素,由于羟甲基尿素释放氨的速度太慢,容易造成一部分尚未降解就随瘤胃内容物离开瘤胃而造成浪费,不是理想的 NPN 饲料原料。

氨 包括氨水和液氨,氨处理粗饲料,可消化营养物质提高 8%～15%,粗蛋白质提高 4%～6%,同时还可以改善饲料适口性、抑制霉变,但由于安全性和环境问题,氨的使用受到限制。

二、反刍动物利用非蛋白氮的原理

反刍动物瘤胃微生物产生的脲酶将 NPN 分解为氨和二氧化碳,同时饲粮中的碳水化合物被分解为挥发性脂肪酸和酮酸,微生物利用氨和酮酸合成氨基酸,进而合成 MCP,部分 MCP 随食糜进入后部消化道被消化为氨基酸而吸收。瘤胃微生物中有 80%能够以尿素等非蛋白氮化合物为唯一氮源,26%的细菌离不开氨,50%的细菌既以氨也以氨基酸为氮源。

三、影响非蛋白氮利用率的因素

尿素的添加量及日粮组成均影响添加尿素的利用率。

(一)尿素的添加量

根据瘤胃能氮平衡原理,冯仰廉等(1994)提出了尿素有效用量(effective supplementation of urea,ESU)的计算方法,ESU(g)=瘤胃能氮平衡/(2.8×UE),式中,2.8表示1 g尿素相当于2.8 g粗蛋白质;UE为尿素氮转化为微生物氮的转化效率,对常规尿素用0.65,对糊化淀粉缓释尿素用0.85。反刍动物日粮蛋白质水平较低时,尿素能代替部分蛋白质;当日粮中有足够的蛋白质,尤其是RDP含量高时,则瘤胃微生物来不及将尿素转化为MCP,饲喂尿素会造成浪费,而且还有中毒的危险,因此,应依据瘤胃能氮平衡的原理,用ESU模型计算出尿素的合理用量。

(二)日粮碳水化合物

日粮碳水化合物在瘤胃内发酵,产生挥发性脂肪酸和ATP,为微生物合成MCP提供碳架和能量,当NPN在瘤胃内释放氨的速度与碳水化合物发酵释放能量和碳架的速度同步时,微生物合成MCP的量最大。每100 g尿素的利用至少需要1 kg易发酵碳水化合物。不同来源的碳水化合物在瘤胃内的发酵速度不同,摄取氨气的有效碳水化合物顺序是:糊化淀粉、淀粉、糖蜜、单糖、粗饲料。只有日粮纤维含量充足时,微生物才能很好地利用尿素,因为氨是瘤胃纤维分解菌的主要氮源,而纤维分解菌的生长需要纤维素为底物。

(三)日粮蛋白质

随着日粮天然蛋白质含量的增加,瘤胃中氨浓度升高,此时添加NPN仅可增加尿氮的排泄,使NPN利用率降低,一般认为日粮粗蛋白质含量为12%～13%时,添加NPN较为适宜。随着日粮中NPN添加量的增大,瘤胃内氨的浓度直线上升,NPN的利用率下降,因此,反刍动物采食NPN含量较高的饲料(新鲜牧草、青贮饲料或氨化秸秆)时,很少或不添加NPN。降低日粮蛋白质的瘤胃降解率,增加过瘤胃蛋白质的数量,可提高NPN的利用率,生产中通过理化或生物学方法降低植物蛋白质瘤胃降解率,或将天然抗降解蛋白质饲料与NPN配合使用,可提高NPN饲料的利用率。

(四)日粮矿物元素

瘤胃微生物的生长繁殖要求环境中有一定浓度的矿物质,而且某些矿物质是MCP的组成成分,合理搭配矿物元素可提高NPN的利用率。硫是瘤胃细菌合成蛋氨酸与胱氨酸等所需的原料,一般认为添加NPN的日粮最佳氮硫比为(10～14)∶1。钴是瘤胃微生物合成维生素B_{12}的原料,缺乏时,维生素B_{12}合成缓慢,影响丙酸代谢及日粮中含氮物质的利用。钙、镁、铜、锌和硒等元素能通过提高瘤胃微生物活力来改善尿素氮的利用率。金属离子(Mn^{2+}、Ba^{2+}、Zn^{2+}、Gu^{2+}和Fe^{2+}等)及四硼酸钠是微生物脲酶的抑制剂。

(五)日粮脂肪

日粮脂肪在瘤胃中水解生成的长链脂肪酸,尤其是长链不饱和脂肪酸,不能被瘤胃微生物利用,而且对微生物的生长有负面影响,因此,含尿素的日粮中添加脂肪会降低日粮蛋白质的利用率及动物增重速度。某些短链脂肪酸是瘤胃微生物的必需营养因子,因此,添加低分子脂肪酸含量高的脂肪有利于尿素的利用。

四、提高尿素利用率的措施

尿素被反刍动物采食后，在瘤胃微生物脲酶的作用下，分解为氨和二氧化碳的速度很快。研究表明，反刍动物采食尿素后 60～90 min，瘤胃液氨浓度达到高峰，而后，随着瘤胃微生物对氨的利用、瘤胃上皮的吸收及瘤胃内容物的外流，瘤胃氨浓度逐渐下降，一般在采食后 4～5 h 才能恢复到最初的氨水平。瘤胃微生物利用氨的速度与数量是一定的，因此，尿素在瘤胃中分解释放氨的速度应与微生物利用氨的速度相一致，否则，氨通过瘤胃上皮被吸收进入血液，导致血氨浓度升高，严重时可使动物氨中毒；或者造成氮素损失，尿素的利用率降低。当瘤胃氨浓度上升到 800 mg/L，血氨浓度超过 50 mg/L 时，动物就可能出现中毒症状。

生产中提高日粮尿素利用率的措施主要有：

（一）添加脲酶抑制剂

尿素是瘤胃细菌脲酶的诱导物，瘤胃脲酶的活性与尿素浓度呈正相关，使用脲酶抑制剂，适当抑制瘤胃微生物脲酶的活性，有可能降低尿素分解的速度，从而使瘤胃微生物能够有充分的时间利用尿素分解产生的氨合成 MCP。但是，瘤胃内容物处于动态流动中，当脲酶活性被抑制时，瘤胃中的尿素并不会停留在瘤胃中，而是通过瘤胃上皮被吸收进入血液，或者流入真胃和小肠。一部分被吸收到血液的尿素可以通过肾脏随尿排出，另一部分通过尿素唾液循环再进入瘤胃；进入真胃和小肠的尿素则随粪排出，造成尿素损失。因此，尽管一些脲酶抑制剂能够有效抑制瘤胃微生物脲酶活性，降低瘤胃中尿素的分解速度，但并不能提高尿素转化为 MCP 的效率。

（二）使用尿素缓释产品

包被尿素、糊化淀粉尿素或双缩脲等尿素衍生物可以减慢尿素在瘤胃中的释放速度，避免瘤胃中氨浓度过高。将尿素用缓慢降解的物质进行包被，使尿素在瘤胃中被缓慢释放，达到提高瘤胃微生物对尿素氮有效利用的目的。淀粉在瘤胃中的发酵速度快，能为微生物提供合成 MCP 所需的碳架和能量，其中熟淀粉在瘤胃中发酵产生挥发性脂肪酸的速度与尿素降解释放出氨的速度一致，因此，饲喂反刍动物糊化淀粉尿素或糊化淀粉缓释尿素都可以提高尿素的利用效率。双缩脲造价高，反刍动物对其适应期长，生产中应用较少。

（三）调整饲喂方法

尿素有异味，使用时应逐渐增加喂量，让动物慢慢适应，一般需 2～4 周适应期。开始饲喂含有尿素的日粮时，可适当延长动物的采食时间。尿素在日粮中要混合均匀，不能溶于饮水中让动物饮用。饲喂反刍动物添加尿素的日粮时，应减少每次的饲喂量而增加饲喂次数。另外，可将尿素制成具有一定硬度的舔块，让动物舔食。

（四）确定尿素的适宜添加量

尿素在反刍动物日粮中的含量不应超过日粮干物质的 1%，在精料补充料中的含量不应超过 3%。如果日粮中含有 NPN 含量较高的饲料原料（如青贮饲料），尿素用量要减半。

（五）考虑动物的生产目的和生理状态

非蛋白氮饲料原料主要用于肉牛，或处于休闲期的反刍动物，对瘤胃功能未发育健全的幼畜及病畜不宜使用尿素。

五、尿素中毒

尿素引起中毒的根本原因是由于尿素的饲喂量过大，或在瘤胃中分解为氨的速度过快造成的。生产中尿素饲喂方法不当也能引起中毒，如尿素一次集中喂给，或在饲料中搅拌不均匀；尿素舔块受潮变软或遭雨淋；尿素溶解在水里饮喂等。尿素中毒的症状表现为瘤胃弛缓、反刍减少或停止，出现神经症状及强直性痉挛，0.5～2 h 可发生死亡。灌服冰醋酸中和氨或用冷水使瘤胃降温可防止动物死亡。

尿素只能为反刍动物提供氮源，使用尿素作为反刍动物蛋白质代用品的目的是节约蛋白质饲料，降低饲料成本。在反刍动物日粮中是否需要添加尿素，不仅取决于日粮的能氮平衡值，而且取决于蛋白质饲料的市场价格。如果蛋白质饲料来源广、价格低，则完全没有必要使用尿素作为蛋白质代用品，因为任何蛋白质饲料的营养价值都优于尿素的营养价值。

第七节　反刍动物饲料蛋白质营养价值评定

蛋白质的营养价值由被动物吸收和利用的程度来决定。饲料原料中所含的氮元素主要以真蛋白质（氨基酸氮）和 NPN 的形式存在，真蛋白质和 NPN 对动物的营养价值不同。反刍动物瘤胃微生物能够降解并转化含氮化合物，合成 MCP，使反刍动物蛋白质的消化代谢变得复杂。准确评定饲料含氮化合物对反刍动物的营养价值，才能确定日粮蛋白质的适宜配比。评定反刍动物蛋白质营养价值有新旧两种体系，新体系是指小肠可消化蛋白质体系，旧体系是指粗蛋白质和可消化粗蛋白质体系。

一、粗蛋白质与可消化粗蛋白质体系

反刍动物饲料蛋白质质量的评定，以往曾采用过粗蛋白质与可消化粗蛋白质等方法，这些评价方法在当时的生产条件下，对指导中等生产水平反刍动物的饲养效果较好。粗蛋白质就是饲料总氮含量乘以 6.25 所得出的蛋白质含量。粗蛋白质体系只能反映饲料中粗蛋白质数量的多少，不能反映饲料粗蛋白质被反刍动物消化、吸收及利用的情况；粗蛋白质含量相同的日粮，其 NPN 含量可能差异很大，导致生产效果差异很大。可消化粗蛋白质为粗蛋白质的消化率与饲料中粗蛋白质含量的乘积，可以反映饲料粗蛋白质的消化特性，却无法区分 RDP 和 UDP，也无法评价 NPN 的营养价值。日粮中 NPN 的消化率接近 100%，但由其合成的 MCP 的消化率却为 80%左右。用可消化粗蛋白质来评价反刍动物日粮蛋白质营养价值，不能反映日粮蛋白质降解产物合成 MCP 的效率及合成量，不能反映进入小肠的 UDP 和 MCP 的量、氨基酸的量及其消化率。另外，粗蛋白质和可消化粗蛋白质体系都没有反映日粮 UDP 和 MCP 进入小肠后被吸收的氨基酸的数量和组成，且粗蛋白质含量相同的饲料在瘤胃中的消化率也不同，因此，应用该体系不能准确评价饲料蛋白质的营养价值，不能准确确定反刍动物日粮蛋白质的需要量。

二、反刍动物新蛋白质体系

为了准确评定反刍动物饲料蛋白质的营养价值和反刍动物蛋白质的需要量，针对粗蛋白质和可消化粗蛋白质体系的不足，一些国家提出了新蛋白质评价体系，包括法国小肠可消化蛋白质体系、中国小肠可消化蛋白质体系以及美国可代谢蛋白质体系等。这些体系的共同特点为：以饲料粗蛋白质的瘤胃降解率为基础，将饲料粗蛋白质分为 RDP 和 UDP 两部分；将反刍动物对蛋白质的需要分为微生物需要和宿主需要两部分，前者要求提供足够的 RDP 以满足瘤胃微生物合成 MCP 的需要，后者要求供给瘤胃 UDP 以补充 MCP 的不足；强调 MCP 在反刍动物营养中的作用，并将 MCP 与日粮能量水平联系，以能量含量来估测瘤胃 MCP 产量。新蛋白质体系最大的优点是分别评价微生物和宿主动物对蛋白质的需要量，符合反刍动物对日粮蛋白质消化吸收的特点。日粮蛋白质在瘤胃内的降解率是反刍动物新蛋白质体系的核心，因为蛋白质的降解率既影响瘤胃微生物对氮的利用率，又影响进入反刍动物小肠中的蛋白质数量。

（一）瘤胃降解蛋白质和非降解蛋白质的计算

瘤胃 MCP 连同过瘤胃蛋白质随着食糜流动进入真胃和小肠，被动物分泌的消化液分解为氨基酸和小肽，并被吸收利用。反刍动物蛋白质营养需要量的估算从以前的粗蛋白质食入量改为进入小肠的蛋白质供应量，这一变化过程中，饲料蛋白质瘤胃降解率成为重要参数，是各国新蛋白质体系中的核心部分。

瘤胃蛋白质的降解通常被描述为一级反应模型，该模型的特征是，饲料蛋白质由降解速度不同的多个组分构成，且瘤胃内蛋白质的消失是瘤胃微生物降解和外流两个过程共同作用的结果。尼龙袋法是测定瘤胃蛋白质降解模型常用的方法。该法将饲料蛋白质分为 A、B 和 C 三个组分，A 组分是饲料总粗蛋白质中的 NPN 和少量由于溶解度高或颗粒小而从尼龙袋中逃逸的那部分蛋白质，被认为是完全降解，它们在零时间点迅速消失；C 组分是尼龙袋中饲料粗蛋白质经足够长时间降解后剩余的部分，是完全不能被降解的粗蛋白质；B 组分是总粗蛋白质中减去 A 组分和 C 组分后剩余的蛋白质，是潜在降解的蛋白质。只有 B 组分受外流速度的影响，其降解数量取决于经试验测定的降解速度（K_d）和估计的外流速度（K_p）值。饲料 RDP 和 UDP（占粗蛋白质的百分数）由方程 $RDP=A+B[Kd/(K_d+K_p)]$ 和 $RUP=B[K_p/(K_d+K_p)]+C$ 进行计算。这一模型被广泛用于描述饲料蛋白质在瘤胃中的降解和过瘤胃状况。

一级反应模型中较为复杂的是康奈尔净碳水化合物-净蛋白质体系所提出的计算模型。在这个模型中，饲料粗蛋白质作为一个整体被分成 5 个组分，即 A、B_1、B_2、B_3 和 C，这 5 个组分在瘤胃中的降解速度各不相同。A 组分是 NPN，在零时间点迅速溶解，可溶于硼酸-磷酸盐缓冲液，不能被三氯乙酸（蛋白质变性剂）所沉淀，其溶解度（K_d）为无穷大；C 组分含有与木质素、单宁及热变性蛋白质结合的蛋白质，属于酸性洗涤不溶蛋白质（ADIP），完全不被降解；B 组分是潜在降解的真蛋白部分，又被区分为 3 个子组分，B_1 是总粗蛋白质中溶于硼酸-磷酸盐缓冲液，且能被三氯乙酸沉淀的那部分蛋白质；B_3 是根据中性洗涤溶液回收粗蛋白质（NDIN）减去 C 组分（ADIN）计算得到的；B_2 是从总粗蛋白质中减去 A、B_1、B_3 和 C 组分后剩下的那部分蛋白质。B 组分中的每一个子组分在瘤胃中被降解的数量由各自的降解速度（K_d）和外流速度（K_p）共同决定，3 个子组分都有相同的 K_p 值，降解速度分别是：B_1 120%/h～400%/h，B_2 3%/h～16%/h 和 B_3 0.06%/h～0.55%/h。某种饲料原料中 RDP 和 UDP（占粗蛋白质的百

分数)可用下面方程式计算:

$$RDP=A+B_1[K_d\cdot B_1/(K_d\cdot B_1+K_p)]+B_2[K_d\cdot B_2/(K_d\cdot B_2+K_p)]+B_3[K_d\cdot B_3/(K_d\cdot B_3+K_p)]$$

$$RUP=B_1[K_p/(K_d\cdot B_1+K_p)]+B_2[K_p/(K_d\cdot B_2+K_p)]+B_3[K_p/(K_d\cdot B_3+K_p)]+C$$

(二)小肠代谢蛋白质

代谢蛋白质被定义为在小肠内被消化的真蛋白质,是真正满足反刍动物自身蛋白质需要的营养物。反刍动物小肠中的蛋白质主要由三部分组成:一是 MCP,可以提供反刍动物蛋白质或氨基酸需要量的一半以上,是反刍动物蛋白质的主要来源之一;二是瘤胃 UDP,通常也被称为过瘤胃蛋白质;三是内源蛋白质,主要来自唾液、脱落的上皮细胞和瘤胃微生物裂解的残留物,因其数量很少而忽略不计。日粮中的 RDP 可以为瘤胃微生物代谢提供肽类、氨基酸和氨;日粮中的 NPN,可以作为瘤胃微生物的氮源之一,也包含在 RDP 中。以 RDP 来满足瘤胃微生物的蛋白质需要,使瘤胃微生物对宿主动物的蛋白质供应量达到最大。瘤胃降解蛋白质的需要量可通过瘤胃 MCP 合成量的估测值进行计算。瘤胃非降解饲料蛋白质不仅包括瘤胃中未降解的蛋白质,而且还包括饲粮中的瘤胃保护氨基酸。

(三)各国反刍动物新蛋白质体系

1. 美国的可代谢蛋白质体系

由美国 Burroughs 等于 1971 年提出。该体系认为,日粮 UDP 和 MCP 在小肠中被吸收的量等同于小肠可消化蛋白质;RDP 转化为 MCP 的效率为 100%;经小肠吸收的蛋白质有 40%在代谢中损失掉。目前,NRC 在描述 RDP、UDP 及 MCP 时均用真蛋白质,因此,该体系低估了饲料中 NPN 的营养价值。

2. 英国的降解和非降解蛋白质体系

由 Roy 等于 1977 年提出,1992 年由英国农业和食品研究委员会(AFRC)修订,将日粮中的 RDP 划分为快速降解蛋白质和慢速降解蛋白质两部分,用尼龙袋技术测定日粮氮的降解率,并用 Φrskov 和 McDonald(1979)的模型计算出有效降解率。该体系反映了蛋白质在瘤胃中的消化代谢过程,将其分为 RDP 和 UDP,而且考虑到了 MCP 的合成及合成效率。AFRC 在描述 RDP 时用的是粗蛋白质,对 UDP 以及 MCP 的描述用的是真蛋白质,但微生物含氮物中也有部分 NPN。

3. 法国的小肠可消化蛋白质(PDI)体系

法国农业科学研究院 INRA(1978)采用可利用能(PDIME)和降解氮(PDIMN)估测 MCP,将饲料粗蛋白质分为 PDIN 和 PDIE 两个部分,PDIN 表示当所有降解蛋白质全部合成 MCP 时,小肠可消化蛋白质的最大数量;PDIE 表示所有可发酵能量全部用于 MCP 合成时,小肠可消化蛋白质的最大量。小肠可消化蛋白质包括 UDP 在小肠中被消化的部分(PDIA)和瘤胃 MCP 在小肠中被消化的部分(PDIM),即:PDIN = PDIA + PDIMN,PDIE = PDIA + PDIME。当 PDIN 小于 PDIE 时,可用尿素等 NPN 来增大 PDIN,使其与 PDIE 相等;当 PDIN 大于 PDIE 时,则应减少可降解氮源,或添加适量的瘤胃可发酵碳水化合物。当某种饲料单独饲喂时,取两值中的低者作为该饲料的小肠可消化蛋白质值。用几种能量饲料与蛋白质饲料配合日粮时,分别将各种饲料的 PDIN 与 PDIE 累加,二者中的低值被认为是日粮中的 PDI 值。

PDIA 含量根据粗蛋白质含量及其在瘤胃中的降解率(d_g)和 UDP 在小肠中的真消化率(dd_p)计算,公式为:

$$PDIA = 粗蛋白质 \times (1 - d_g) \times dd_p$$

在 PDI 体系中,蛋白质的降解率是以溶解度方法测定的,并认为全部可溶氮和 35%的不溶氮可在瘤胃中降解,故

$$D_g = S + 0.35(1 - S)$$

式中,S 为溶解度。

PDIM 含量按照以下几个参数计算:每千克可消化有机物可以合成 135 g 微生物粗蛋白质,饲料降解氮转化为微生物氮的效率为 100%,微生物粗蛋白质的真蛋白含量为 80%,微生物真蛋白质在小肠的消化率为 70%。

$$PDIME = MN \times 6.25 \times 0.80 \times 0.70 = 0.135\ DOM \times 0.80 \times 0.70$$

式中,MN 为微生物氮;DOM 为可消化有机物。当能量不是限制因素时,MCP 的总量等于降解日粮蛋白质。

$$PDIMN = CP \times (0.65\ S + 0.35) \times 0.80 \times 0.70$$

式中,S 为溶解度。

4. 中国小肠可消化蛋白质体系

冯仰廉等于 1985 年提出中国小肠可消化蛋白质体系,将到达小肠的可消化蛋白质分为饲料 UDP 和 MCP 两部分,将 MCP 产量与 FOM、NND 和 RND 联系,评定 MCP 的合成效率。该体系采用瘤胃尼龙袋技术测定饲料的瘤胃 UDP,采用瘤胃微生物标记法结合瘤胃内容物标记技术测定 MCP 合成量,将 UDP 和 MCP 合成量相加,作为到达反刍动物小肠的可消化蛋白质。在描述 RDP、UDP 和 MCP 时,我国均用粗蛋白质。该体系规定,在可利用能不受限制的情况下,饲料 RDP 转化为 MCP 的效率为 90%,也就是说,约 10%的饲料氮在转化过程中被损失,这与法国小肠可消化蛋白质体系的转化率 100%不同。

具有代表性的反刍动物蛋白质新体系还有德国的小肠可利用粗蛋白质体系、瑞士的小肠可吸收蛋白质体系、北欧的小肠可吸收氨基酸和瘤胃蛋白质平衡体系以及荷兰的小肠可消化蛋白质体系等。这些体系各有优点和不足,需要互相补充和完善,使其更接近于生产实践,更符合动物消化生理特点。康奈尔净碳水化合物-净蛋白质体系代表了反刍动物蛋白质新体系的最新进展,但它是建立在化学分析法和表观价值上的蛋白质营养价值评定体系,而且不能用于不知道组成成分的混合饲料。

参考文献

陈代文,王恬.2011. 动物营养与饲料学[M]. 北京:中国农业出版社.

冯仰廉,2004. 反刍动物营养学[M]. 北京:科学出版社.

孟庆翔,周振明,吴浩(主译).2018. 肉牛营养需要(第 8 次修订版)[M]. 北京:科学出版社.

王之盛,李胜利.2016. 反刍动物营养学[M]. 北京:中国农业出版社.

周安国，陈代文．2010．动物营养学[M]．北京：中国农业出版社．

赵广永．2012．反刍动物营养[M]．北京：中国农业大学出版社．

朱圣庚，徐长法．2018．生物化学[M]．北京：高等教育出版社．

张英杰．2012．动物分子营养学[M]．北京：中国农业大学出版社．

Broderick，G. A.，1998. Can cell-free enzymes replace rumen microorganisms to model energy and protein supply? In：*in vitro* techniques for measuring nutrient supply to ruminants[M]. British Society of Animal Sciences，Edinburgh，Scotland.

Jouany，J. P.，Ushida，K.，1999. The role of protozoa in feed digestion[J]. Asian-Australasian Journal of Animal Sciences，12(1)：113-128.

NRC. 2001. Nutrient requirements of dairy cattle seventh revised edition. National Academy Press，Washington，D C.

VanSoest，P. J.，1994. Nutritional ecology of the ruminant [J]. Ithaca and London：Cornell university press，44(11)：2552-2561.

Wallace，R. J.，1991. Rumen proteolysis and its control，In：Jouany J P，ed. Rumen Microbial Metabolism and Ruminant Digestion. INRA. Paris.

Zhu，W. Y.，Kingston-Smith，A. H.，Troncoso，D.，et al. 1999. Evidence of a role for plant proteases in the degradation of herbage proteins in the rumen of grazing cattle [J]. Journal of Dairy Science，82(12)：2651-2658.

（本章编写者：刘强、张元庆；审校：王聪、宋献艺）

第四章　碳水化合物营养

碳水化合物是多羟基醛、酮及其多聚物或某些衍生物的总称，广泛存在于植物性饲料中，在反刍动物的日粮中占60%～70%，是反刍动物及瘤胃微生物的主要能源物质。本章首先介绍了碳水化合物的结构特点和营养生理功能，而后讲述了反刍动物对碳水化合物的消化、吸收和代谢特点，最后论述了反刍动物碳水化合物营养调控措施。

第一节　碳水化合物及其营养生理作用

碳水化合物广泛存在于植物性饲料中，一般占植物体干物质总重的50%～80%。在动物体中，碳水化合物以糖原的形式存在于肝脏、肌肉和其他组织中，在除乳以外的动物性产品中，碳水化合物含量不到1%。碳水化合物包括单糖、低聚糖和多糖，是动物的主要能量来源，通过转化为脂肪和糖原可起到储能作用，参与动物产品的形成。核糖、糖脂和糖蛋白等在维持动物正常生理功能、生物信息传递和免疫等方面有重要作用。

一、碳水化合物的组成与分类

（一）碳水化合物的组成

碳水化合物主要由C、H和O三种元素构成，并遵循C：H：O=1：2：1的结构规律，构成基本糖单元，可用通式$(CH_2O)_n$描述其分子组成，但少数碳水化合物（如鼠李糖）不遵循这一结构规律。碳水化合物包括单糖、低聚糖（寡糖）、多聚糖及一些糖类衍生物（含N、P或S）（表4-1）。单糖是指不能被水解成更小分子的糖类，是单一的多羟基醛或多羟基酮，一般由3～7个碳原子构成，如葡萄糖、果糖、核糖和脱氧核糖等；低聚糖是由2～10个单糖分子通过糖苷键连接而成的糖类，如麦芽糖、蔗糖和棉子糖等；多糖是由多个单糖分子或单糖衍生物缩合、失水，通过糖苷键连接而成的大分子聚合物，水解时能产生10个以上单糖分子，包括同质多糖和杂多糖，如淀粉、糖原、纤维素和壳多糖等。

（二）碳水化合物的结构和性质

1. 淀粉

淀粉在谷物中的含量为70%，在块根约占干物质的30%，青绿植物淀粉含量较少。淀粉分为直链淀粉和支链淀粉两类。直链淀粉呈线形，由250～300个葡萄糖单位以α-1,4-糖苷键连接而成，溶于热水。支链淀粉每隔24～30个葡萄糖单位出现一个分支，分支点以α-1,6-糖

表 4-1 碳水化合物的组成

1. 单糖 丙糖：甘油醛、二羟丙酮 丁糖：赤藓糖、苏阿糖等 戊糖：核糖、核酮糖、木糖、木酮糖、阿拉伯糖等 己糖：葡萄糖、果糖、半乳糖、甘露糖等 庚糖：景天庚酮糖、葡萄庚酮糖、半乳庚酮糖等 衍生糖：脱氧糖（脱氧核糖、岩藻糖、鼠李糖）、氨基糖（葡萄糖胺、半乳糖胺）、糖醇（甘露糖醇、木糖醇、肌糖醇等）、糖醛酸（葡萄糖醛酸、半乳糖醛酸）、糖苷（葡萄糖苷、果糖苷）
2. 低聚糖或寡糖（2～10 个糖单元） 二糖：蔗糖（葡萄糖＋果糖） 乳糖（半乳糖＋葡萄糖） 纤维二糖（葡萄糖＋葡萄糖） 龙胆二糖（葡萄糖＋葡萄糖） 蜜二糖（半乳糖＋葡萄糖） 三糖：棉籽糖（半乳糖＋葡萄糖＋果糖） 松三糖（2 葡萄糖＋果糖） 龙胆三糖（2 葡萄糖＋果糖） 洋槐三糖（2 鼠李糖＋半乳糖） 四糖：水苏糖（2 半乳糖＋葡萄糖＋果糖） 五糖：毛蕊草糖（3 半乳糖＋葡萄糖＋果糖） 六糖：乳六糖
3. 多聚糖（10 个糖单元以上） 同质多糖（由同一个糖单元组成） 糖原（葡萄糖聚合物） 淀粉（葡萄糖聚合物） 纤维素（葡萄糖聚合物） 木聚糖（木糖聚合物） 半乳聚糖（半乳糖聚合物） 甘露聚糖（甘露糖聚合物） 杂多糖（由不同糖单位组成） 半纤维素（葡萄糖、果糖、甘露糖、半乳糖、阿拉伯糖、木糖、鼠李糖、糖醛酸） 阿拉伯树胶（半乳糖、葡萄糖、鼠李糖、阿拉伯糖） 菊糖（葡萄糖、果糖） 果胶（半乳糖醛酸的聚合物） 黏多糖（N-乙酰氨基糖、糖醛酸为单位的聚合物） 透明质酸（葡萄糖醛酸、N-乙酰氨基糖为单位的聚合物）
4. 其他化合物 几丁质（N-乙酰氨基糖、碳酸钙的聚合物） 硫酸软骨素（葡萄糖醛酸、N-乙酰氨基半乳糖硫酸脂的聚合物） 糖蛋白质 糖脂 木质素（苯丙烷衍生物的聚合物）

（引自周安国等，2010）

苷键相连，分支链内侧仍以 α-1，4-糖苷键相连，不溶于热水。淀粉在天然状态下呈不溶解的晶粒，对其消化性有一定的影响。大多数谷类籽实和块根类饲料原料中直链淀粉含量占 20%～28%，支链淀粉含量占 72%～80%。淀粉具有糊化、老化和胶化三个特性。糊化是指天然淀粉颗粒（β-淀粉）在湿热条件下（60～80℃）在水中膨润，分裂成均匀而有黏性的糊状溶液，处于这种状态的淀粉被称为 α-淀粉，一般支链淀粉易于糊化。淀粉糊化的实质是淀粉分子间氢键断裂、联系变松散，故 α-淀粉更易于消化。老化是指糊化淀粉缓慢冷却或在室温下长期放置后变得不透明，甚至产生沉淀，一般直链淀粉易老化。淀粉老化的实质是相邻分子间断裂的氢键逐渐恢复，部分致密、高度晶化的淀粉分子微束重新形成，老化的淀粉难以被淀粉酶水解，不利于动物消化利用。胶化是指利用高温或其他手段使淀粉颗粒破碎的过程。淀粉颗粒中的羟基通过高强度化学氢键结合，从而使淀粉具有不同程度抗涨破或抗压碎能力，高温处理使这些化学键断裂，有助于动物对淀粉的消化利用。支链淀粉比直链淀粉更容易消化，因此，糯质谷物比其他类型的谷物更容易消化。谷物的某些固有特性会影响其淀粉的消化速率和消化程度，如谷物中存在的单宁以及蛋白质与淀粉分子间的交联均可降低淀粉的消化率。

2. 糖原（动物淀粉）

糖原是动物代谢过程中贮存在肝脏、肌肉和其他组织中的多糖，是动物体内碳水化合物的主要储备形式，由 8～12 个 α-D-吡喃葡萄糖基通过 α-1，4-糖苷键连接而成，但也有相当一部分其中穿插有 α-1，6-糖苷键。糖原每隔 10～12 个葡萄糖单位出现一个分支，结构与支链淀粉相似。动物进食后血糖含量升高，合成糖原的作用增强，当血糖含量降低时，糖原分解为葡萄糖进入血液，再随血液运输到机体的各个组织器官，进入细胞，为机体提供能量。

3. 纤维素

纤维素是自然界最丰富的有机化合物，是植物细胞壁的主要成分，占植物细胞壁干物质的 20%～40%。纤维素的构成单位是纤维二糖，由两分子 β-D-葡萄糖以 β-1，4-糖苷键连接而成。在植物中，纤维素分子呈平行紧密排列，分子之间和分子内部存在大量的氢键，纤维素分子依靠这些氢键相互连接而成牢固的纤维素胶束，胶束再定向排列而成网状结构，像一条长的扁丝带，使纤维素分子变得硬而直，这种结构使纤维素具有稳定的理化性质。动物分泌的消化酶只能水解 α-1，4-糖苷键和 α-1，6-糖苷键，不能水解 β-糖苷键，因此，动物本身不能消化和利用纤维素，但消化道内的微生物能分泌降解纤维素的酶。

4. 半纤维素

半纤维素是与纤维素类似而较易溶解及分解的高分子糖的统称，主要由聚戊糖和聚己糖组成，聚戊糖中主要是木聚糖和阿拉伯聚糖，聚己糖主要是半乳聚糖、甘露聚糖和半乳糖醛酸菊糖等，其组成在不同种植物和植物的不同部位间变化很大。植物细胞壁中半纤维素的含量约占 10%～40%，含大量 β-糖苷键，与纤维素紧密结合在一起，与木质素以共价键结合后很难被动物消化。禾本科牧草中纤维素和半纤维素的比例约为 1：1，豆科牧草中纤维素和半纤维素的比例约为（2～3）：1。

5. 木质素

木质素是植物生长成熟后才出现在细胞壁中的物质，其含量占细胞壁干物质的 5%～50%。木质素并非碳水化合物，但天然存在的木质素大多与碳水化合物紧密结合在一起，很难分开，通常与碳水化合物一起进行讨论。木质素是苯丙烷衍生物的聚合物（也称为苯丙基的多聚物），与其余碳水化合物相比，木质素分子含碳多，氢氧比也不是 2：1，且含氮。在植物细胞壁中，木质素与纤维素或半纤维素以共价键相连，禾本科牧草中以酯键结合，豆科牧草中以醚键结合，阻碍了动物对纤维素和半纤维素的利用。哺乳动物消化道不能分泌降解木质素的酶，微生物中只有好氧菌和真菌可降解木质素的化学键。生产中通过酸、碱或微生物处理粗饲料，可以部分打破木质素与其他碳水化合物之间的化学键，提高动物对纤维素和半纤维素等的利用率。

6. 果胶

果胶物质是经不同程度酯化与中和的 α-半乳糖醛酸以 1,4-糖苷键形成的一类聚合物，主要存在于植物的中间层，作为细胞间和细胞壁其他分子间的黏合剂，在植物细胞壁中占 1%～10%。果胶在豆类及果蔬纤维中含量较高，在谷物纤维中的含量较少，可被热水或冷水浸出而形成胶状物，对维持纤维的结构有重要作用。植物中的果胶类物质主要有阿拉伯聚糖、半乳聚糖和阿拉伯半乳聚糖，有原果胶、果胶和果胶酸三种形态。原果胶与纤维素和半纤维素结合，存在于植物细胞壁中，不溶于水，但在原果胶酶或酸的作用下可水解成可溶性果胶。果胶是羧基经不同程度甲酯化与中和的聚半乳糖醛酸苷链，存在于植物汁液中。果胶酸是羟基完全游离的聚半乳糖醛酸苷链，稍溶于水，能产生不溶性沉淀。果胶苷键为 β 型，动物消化道分泌的酶不能使其水解，但易被消化道微生物分泌的果胶酶分解，在酸性与碱性条件下，果胶也会发生水解。果胶在瘤胃中发酵速度很快，产物以乙酸为主，很少或几乎不产生乳酸。由于果胶在水中可形成胶态溶液，生产中常用于防治犊牛腹泻。

7. 结合糖

结合糖分布广泛，具有多种生物学功能，是糖与非糖物质的结合物，如糖蛋白和糖脂。糖与蛋白质结合，统称为糖蛋白，碳链比较短，一般是分支的寡糖链与多肽共价相连构成的复合糖，如氨基多糖和蛋白多糖。氨基多糖又称黏多糖或糖胺聚糖，是一类含氨基糖或氨基糖衍生物的杂多糖，是由多个二糖单位形成的多聚体，其主链由己糖胺和糖醛酸组成，有的含有硫酸根。常见的氨基多糖有硫酸软骨素、透明质酸、硫酸皮肤素和硫酸角质素等。蛋白多糖又称黏蛋白或蛋白聚糖，是由蛋白质和氨基多糖通过共价键相连接而成，是动物组织细胞间隙中的重要成分。糖脂是糖类通过其还原末端以糖苷键与脂类连接起来的化合物，为两性分子，是构成细胞膜的成分之一。

动植物体内的碳水化合物在种类和数量上不尽相同，植物体中的碳水化合物在动物体内可转化为六碳糖而被利用。碳水化合物的这种异构变化特性在动物营养中具有重要意义，是动物消化吸收不同种类碳水化合物后能经共同代谢途径利用的基础，也是阐明动物能利用多糖类作为营养的理论根据。

（三）碳水化合物的分类

1. 常规营养分析分类

常规营养分析测定方法中将碳水化合物分为无氮浸出物（nitrogen free extract，NFE）和粗纤维（crude fiber，CF）两大类。无氮浸出物主要是由易被动物利用的淀粉、菊糖、双糖和单糖等碳水化合物组成，概略养分分析不能直接测定饲料中 NFE 的含量，而是通过公式计算求得，NFE 含量＝100%－（水分＋灰分＋粗蛋白质＋粗脂肪＋粗纤维）。粗纤维是植物细胞壁的主要组成成分，包括纤维素、半纤维素、木质素及角质等成分。用常规营养分析方法测定的粗纤维是包括纤维素、部分半纤维素以及大量木质素在内的混合物，部分半纤维素和少量纤维素、木质素由于溶于测定粗纤维过程中所用的酸、碱溶液中，被计算到 NFE 中，夸大了被测饲料的营养价值。

2. Van Soest 分类

Van Soest 于 1976 年提出了中性洗涤纤维(neutral detergent fiber,NDF)和酸性洗涤纤维(acid detergent fiber,ADF)方案。将饲料中干物质分为两部分,一部分是能用中性洗涤剂(十二烷基硫酸钠)溶解的物质,称为中性洗涤可溶物(neutral detergent soluble,NDS),其中包括脂肪、蛋白质和可溶性碳水化合物中的单糖、寡糖、淀粉以及水溶性矿物质和维生素等;另一部分是不溶于中性洗涤剂的纤维性的植物细胞壁成分,称为 NDF,包括半纤维素、纤维素、木质素和矿物质。该分类方法中,将饲料样本在酸性洗涤剂(十六烷基三甲基溴化铵)处理下不溶解的部分,包括纤维素、木质素和矿物质,称为 ADF。酸性洗涤纤维再用 72%的硫酸进行消化,纤维素被分解,不溶的残渣为木质素及矿物质,将残渣灼烧灰化后即得到木质素的含量,称为酸性洗涤木质素(acid detergent lignin,ADL)。半纤维素的含量=NDF－ADF;纤维素的含量=ADF－ADL－灰分;ADL=ADF－纤维素－灰分。此法能分别得到饲料纤维物质中的半纤维素、纤维素和木质素含量,能更好地评定饲料纤维的营养价值,被广泛用于反刍动物营养研究和生产中。

3. 净碳水化合物-蛋白质体系(CNCPS)分类

该体系把碳水化合物组分与瘤胃发酵相结合,将碳水化合物分为四部分:CA 为可溶性糖类,在瘤胃中可快速降解,发酵速度为 100%～300%/h;CB_1 为淀粉,中速降解成分,发酵速度为 5%～40%/h;CB_2 为可利用细胞壁,缓慢降解成分,发酵速度为 5%～10%/h;CC 为不可利用细胞壁。碳水化合物的不可消化纤维为木质素含量×2.4。碳水化合物的各种成分均通过化学分析和使用缓冲液在体外进行分析测定。应用该体系所测定的指标能够很好地反映碳水化合物组分在瘤胃中被发酵的情况,可以通过对饲料粗蛋白质、粗脂肪、粗灰分、木质素、NDF、淀粉和中性洗涤不溶蛋白质的测定而计算得到饲料的碳水化合物组分。计算方法如下(所有指标的单位均为%/干物质):

碳水化合物=100－粗蛋白质－粗脂肪－粗灰分

CC=木质素×2.4

CB_2=NDF－中性洗涤不溶蛋白质－木质素

非结构性碳水化合物的含量=碳水化合物－CB_2－CC

CB_1=淀粉

CA=非结构性碳水化合物－淀粉

4. 其他分类

在青粗饲料理化性质研究领域还将饲料碳水化合物分为纤维性碳水化合物(fibrous carbohydrates,FC)和非纤维性碳水化合物(non-fibrous carbohydrates,NFC);结构性碳水化合物(structural carbohydrates,SC)和非结构性碳水化合物(non-structural carbohydrates,NSC);营养性多糖和结构性多糖。此外,还有人提出了非淀粉多糖(non-starch polysaccharides,NSP)的概念,认为饲料中的纤维物质可以用 NSP 表示。

纤维性碳水化合物主要是指 NDF,由纤维素、半纤维素和木质素构成,是细胞壁的组成成分,不易被动物消化利用;NFC 主要由糖、淀粉、有机酸和果胶构成,是可溶性碳水化合物,饲料中 NFC 的含量=100%－(NDF+蛋白质+脂肪+灰分)。非结构性碳水化合物与 NFC 不同,NFC 中包含果胶和有机酸,而 NSC 中不包含果胶和有机酸。有机酸是指青贮饲料发酵所产生的酸，以及新鲜牧草或干草中存在的植物有机酸。挥发性脂肪酸（乙酸、丙酸和丁酸）、乳酸及一些其他有机酸是青贮发酵的终产物，其中乳酸是理想发酵状态下产生的最丰富的有机酸。反刍动物从青贮饲料中摄取的乳酸在瘤胃中会快速转化为丙酸，随后被动物吸收，再进入肝脏转化为葡萄糖。非挥发性有机酸存在于未经发酵的牧草中，包括莽草酸、奎宁酸、甘油酸、羟基乙酸、琥珀酸、苹果酸、柠檬酸和延胡索酸等，其在新鲜牧草中的浓度相对较低，且随着牧草的收获和干燥含量下降，这类有机酸经瘤胃发酵后的主要终产物是乙酸。（表 4-2）列出了常用反刍动物饲料中 SC 和 NSC 含量。

表 4-2　饲料中主要碳水化合物及其他组分含量（干物质）　　%

类别	豆科植物	禾本科草	谷物	芸薹	秸秆
NSC					
单糖	8	5	2	—	—
果聚糖	—	8	—	—	—
淀粉	7	1	64	—	—
总计	15	14	66	33	7
SC					
纤维素	14	24	8	10	32
半纤维素	7	20	4	5	31
果胶	6	2	—	12	3
总计	27	46	12	27	66
总碳水化合物	42	60	78	60	73
其他成分					
粗蛋白	24	14	12	17	4
脂类	6	4	4	3	2
有机酸	8	4	1	5	—
单宁等	6	3	1	2	2
灰分	5	7	2	4	10
木质素	7	7	3	6	6
总计	56	39	23	37	24
合计	98	99	101	97	97

（引自 Czerkawski，1986）

多糖是植物体中碳水化合物的主要存在形式，淀粉、菊糖和糖原等属于营养性多糖，其余多糖属于结构性多糖。

非淀粉多糖是植物性饲料中除淀粉以外所有碳水化合物的总称，是饲料纤维物质的主要组成成分，包括纤维素、半纤维素、果胶和抗性淀粉，主要作为植物细胞壁的成分，但不包括木质素。因此，利用 NSP 评价饲料纤维物质的营养价值时，必须同时考虑木质素的含量。根据水溶性，NSP 可分为可溶性 NSP 和不溶性 NSP。在植物细胞壁中一些 NSP 以酯键、酚键、阿魏酸、钙离子桥等共价键或离子键较牢固地和其他成分相结合，故难溶于水，被称为不溶性 NSP，如纤维素；而另一些以氢键松散地同纤维素、木质素、蛋白质结合，溶于水，被称为可溶性 NSP，具有明显的抗营养作用，主要有阿拉伯木聚糖、β-葡聚糖、甘露聚糖及果胶等。可溶性 NSP 的抗营养作用主要体现在溶于水后，黏性增加，增加了食糜的黏度，阻滞食糜的蠕动，降低了日粮营养物质消化率。可溶性非淀粉多糖的含量与组成因饲料种类不同而异，一般麦类籽实中可溶性 NSP 含量较高，如小麦和黑麦中阿拉伯木聚糖的含量较高，大麦和燕麦中 β-葡聚糖含量较高。

二、碳水化合物的营养生理作用

(一)供能作用

日粮中的碳水化合物在瘤胃微生物的作用下降解产生 ATP 和挥发性脂肪酸（VFA），ATP 作为瘤胃微生物生长繁殖的能量，VFA 可提供机体所需能量的 70%～80%。葡萄糖是供给动物代谢活动快速应变能量来源的最有效的营养素，是大脑神经系统、肌肉、脂肪组织、胎儿生长发育和乳腺等代谢的主要能源。若葡萄糖供应不足，可出现酮病、妊娠毒血症等代谢病，严重时可导致反刍动物死亡。由于瘤胃微生物对日粮碳水化合物的降解，反刍动物体内葡萄糖主要靠生糖物质转化而来，在所有可生糖物质中，最有效的是瘤胃微生物降解碳水化合物产生的丙酸，其次是乙酸和丁酸等。日粮中未被瘤胃微生物降解利用的一小部分淀粉可在皱胃和小肠消化，并以葡萄糖的形式被吸收。

(二)储能作用

日粮碳水化合物除直接氧化供能外，充足的碳水化合物还可以减少动物体蛋白质的分解供能，有利于机体蛋白质合成代谢。多余的碳水化合物也可转变成糖原和脂肪储存，尤其是在胚胎生活的后期，胚盘、胚胎肝、肺和肌肉中均会有大量糖原贮存，肝糖原含量可占到机体糖原总量的 8%～10%，肌糖原占到 4%。

(三)机体的构成成分

动物体内以核糖、脱氧核糖、糖蛋白、糖脂和黏多糖等形式存在的碳水化合物，作为动物机体的构成成分，分布在细胞膜、细胞器膜、细胞浆、细胞间质及结缔组织中。

(四)代谢调控作用

1. 细胞质膜糖蛋白质的寡糖链作为“识别标记”，参与红细胞的内平衡、血小板的凝血作用、动物的受精过程以及外源凝集的血球凝集作用等生物学反应。动物体内生物学反应的发生需要细胞膜中含有特异的识别位点，即受体，受体分子受到诱导发生构象的改变，从而促进特定的生物学反应的发生。受体分子往往含有若干条由半乳糖、甘露糖、N-乙酰葡萄糖胺和唾液酸等组成的寡糖链，由于糖基的种类、数目、排列顺序和结合部位的不同，使细胞表面的糖链具有多样性和复杂性，能识别细胞外的各种信息分子。

2. 黏液分泌物中的糖蛋白质能束缚水，且具有很高的黏性，对机体有保护和润滑作用，并在一定程度上起着增加消化液分泌、营养物质溶解度和促进营养物质转运等作用。黏液的黏性依赖于糖蛋白质中的糖链，糖链中吡喃型糖残基中的羟基与水分子形成氢键，此外，黏液糖蛋白质中的唾液酸残基，通过负电荷间的排斥作用，分子会呈现较伸展的结构，而且唾液酸残基上的羧基也可与水分子结合。

3. 糖脂在细胞黏附、生长、分化、信号传导和突轴传导刺激冲动等过程中发挥着重要作用。一些与免疫应答相关的糖脂，如 α-半乳糖基神经酰胺和硫苷脂等参与细胞识别及免疫应答等重要生理过程。

4. 动物体内代谢产生的糖苷具有解毒作用。糖苷是指具有环状结构的醛糖或酮糖的半缩醛羟基上的氢被烷基或芳香基团取代的缩醛衍生物。糖苷经完全水解产生的糖部分称为糖基，非糖部分称为配基。动物的许多外源毒素、药物、代谢废物及固醇类激素的降解产物等，均能通过与D-葡萄糖醛酸形成葡萄糖苷酸而排出体外。

（五）形成动物产品

乳腺组织合成乳糖所需的葡萄糖，主要来源于瘤胃丙酸的糖异生。泌乳期间50%～85%的葡萄糖用于合成乳糖，高产奶牛合成乳糖所需的葡萄糖约为2 000 g/d，产双羔的绵羊约需200 g/d。由于乳成分的相对稳定，葡萄糖进入乳腺组织的量成为限制反刍动物产乳量的主要因素。反刍动物乳中脂肪主要来源于日粮纤维物质在瘤胃发酵产生的乙酸和丁酸。瘤胃中的乙酸和β-羟丁酸（丁酸经生酮作用产生）是乳腺组织合成乳脂肪的主要前体物质。因此，反刍动物日粮纤维水平过低，瘤胃产生的VFA中乙酸比例降低，乳脂肪产量减少。反刍动物合成乳蛋白质和机体组织蛋白质所需的氨基酸主要来源于瘤胃中的微生物蛋白质，而微生物的生长和繁殖需要通过日粮碳水化合物提供能量。

（六）其他作用

日粮纤维物质是反刍动物不可缺少的重要营养素，在维持瘤胃正常功能、刺激咀嚼和反刍、维持乳脂稳定、促进胃肠道发育与稀释日粮营养浓度等方面有着重要作用。

第二节　碳水化合物的消化、吸收和代谢

幼年反刍动物对碳水化合物的消化和吸收与非反刍动物类似。

成年反刍动物对日粮碳水化合物的消化主要发生在瘤胃，其次为小肠、盲肠和结肠；消化方式以微生物消化为主；消化和吸收产物以VFA为主，葡萄糖为辅。

一、碳水化合物在前胃的消化

反刍动物的口腔中，唾液多而淀粉酶很少，日粮碳水化合物被动物采食后在口腔中的变化很小，粗纤维在口腔内基本不发生化学变化。

（一）前胃碳水化合物的消化

前胃（瘤胃、网胃和瓣胃）是反刍动物消化日粮碳水化合物的主要场所，瘤胃内微生物消化的碳水化合物占采食粗纤维和无氮浸出物的70%～90%。由于饲料碳水化合物的组成差异大，故在瘤胃中的降解速度和降解程度差异也很大。糖类可快速降解，淀粉中速降解，可利用的细胞壁缓慢降解，木质素基本不被降解。

碳水化合物在前胃的消化，实质上是微生物消耗可溶性碳水化合物，不断产生纤维分解酶分解粗纤维的一个连续循环过程。瘤胃自身不分泌消化酶。瘤胃中的细菌、真菌和原虫附着在植物细胞壁上，利用可溶性碳水化合物和其他营养物质，生长繁殖，产生低级脂肪酸、甲烷、氢和二氧化碳等代谢产物，同时产生纤维分解酶，把植物细胞壁物质分解成单糖或其衍生物。在纤维酶的作用下，大部分纤维素和半纤维素被降解。果胶在细菌和原虫的作用下可迅速分解，部分果胶被用于合成微生物体内多糖。木质素基本上不能被分解。半纤维素与木质素结

合的程度越高，消化效果越差。植物细胞壁物质分解成单糖后，在各种微生物体内的代谢过程基本相同。

(二)瘤胃中降解碳水化合物的主要微生物与酶

日粮碳水化合物进入瘤胃后，被细菌、原虫和真菌作为碳源利用(表 4-3、表 4-4)。瘤胃微生物分泌的碳水化合物降解酶依据其序列特异性分为：糖苷转移酶、糖苷水解酶、多糖裂解酶、碳水化合物脂酶以及碳水化合物结合模块和辅助模块酶，其中糖苷水解酶中含有能够降解淀粉、纤维素、半纤维素、木质素和几丁质等的酶。

日粮中的淀粉在瘤胃内被微生物分泌的淀粉酶(表 4-5)水解为单糖，进入细胞内代谢产生VFA，并释放能量用于微生物蛋白质的合成。瘤胃中具有较强淀粉酶活性的细菌主要为普雷沃氏菌(*Prevotella*)、嗜淀粉瘤胃杆菌(*Ruminobacter amylophilus*)、溶淀粉琥珀酸单胞菌(*Succinimonas amylolytica*)、反刍兽新月形单胞菌(*Selenomonas ruminantium*)、牛链球菌(*Streptococcus bovis*)和双歧杆菌(*Bifidobacterium*)，这些菌产生的 α-淀粉酶与来自哺乳动物和其他微生物的 α-淀粉酶相似。牛链球菌发酵淀粉后产生乳酸，对瘤胃功能的发挥具有特殊的意义。不同淀粉降解菌产生的 α-淀粉酶的作用方式基本一致，都是将淀粉水解成麦芽糖，后者为非淀粉降解菌提供碳源。大部分瘤胃真菌能利用麦芽糖和淀粉，有的真菌具有淀粉酶活性，真菌降解谷类淀粉的能力与菌株及淀粉类型有关。大型瘤胃纤毛虫具有吞食与代谢淀粉颗粒的能力，供内毛虫和双毛虫生长所需的能量和碳源主要来自淀粉类谷物和可溶糖。纤毛虫对淀粉颗粒的吞食，限制了细菌对淀粉的快速发酵，有助于稳定瘤胃 pH。纤毛虫体内的部分葡萄糖和麦芽糖也可被虫体内的细菌作为能量利用，产生多糖包被以保护自身不被原虫的裂解酶降解。

日粮中的纤维物质主要由瘤胃中的细菌、原虫和真菌分泌的胞外酶降解。瘤胃中降解纤维物质的主要细菌有白色瘤胃球菌、黄色瘤胃球菌、产琥珀酸丝状杆菌和溶纤维丁酸弧菌，这些菌分泌具有活性的聚糖酶、糖苷酶和酯酶等多种酶，这些酶独立合成、独立分泌，然后协同作用降解植物细胞壁多糖。瘤胃厌氧真菌也产生植物细胞壁降解酶，包括纤维素酶、半纤维素酶、酯酶和果胶酶等，与瘤胃细菌相似，瘤胃真菌产生的多聚糖酶活性与高分子质量的纤维结合多酶复合体有关。真菌丰富的假根能穿透植物细胞壁，对植物片段进行彻底的侵蚀，而细菌能够对植物的表面进行腐蚀。瘤胃真菌能把大片段植物颗粒降解成小片段，为细菌及其丰富的酶系提供更多的作用位点，正是这种互补的关系，厌氧真菌能够以一定的比例与细菌共存于瘤胃生态环境中，而且当反刍动物饲喂高纤维日粮时，瘤胃中厌氧真菌的数量要高于饲喂高精料日粮的数量。瘤胃原虫降解纤维的能力因种类而异，一般来说，内毛虫可产生一系列的植物细胞壁结构性多糖降解酶，具有较强的纤维降解能力，而全毛虫的多糖降解酶活性很低，降解纤维的能力有限。瘤胃原虫的存在可明显提高对植物细胞壁成分的降解，去原虫动物再引入原虫能提高纤维素和半纤维素的降解率，其中半纤维素类物质降解率提高更明显。饲喂高粗料的反刍动物，瘤胃中 17%～21%的粗纤维被原虫降解。

(三)瘤胃中碳水化合物的发酵过程

碳水化合物在瘤胃中发酵的主要终产物是 VFA、甲烷和二氧化碳，主要的 VFA 为乙酸、丙酸和丁酸，约占总 VFA 的 95%。乳酸由丙酮酸降解产生，然后快速转变为乙酸和丙酸，在瘤胃液中的浓度通常较低(除非发生急性酸中毒)，瘤胃内乳酸的去向取决于与乙酸/丙酸有

表 4-3　典型的瘤胃细菌及其能源和体外发酵产物

种类	性质和形态	典型能源	典型的发酵产物						备择能源
			乙酸	丙酸	丁酸	乳酸	琥珀酸	甲酸	
产琥珀酸丝状杆菌(*Bacteroides succinogenes*)	革兰氏阴性杆菌	纤维素	+				+	+	葡萄糖、淀粉
黄色瘤胃球菌(*Ruminococcus flavefaciens*)	过氧化氢酶缓化作用(catalase negative)黄色菌落链球菌	纤维素	+				+	+	木聚糖
白色瘤胃球菌(*Ruminococcus albus*)	单球菌或双球菌	纤维二糖	+					+	木聚糖
牛链球菌(*Streptococcus bovis*)	革兰氏阳性,短链球菌形成荚膜	淀粉				+			葡萄糖
瘤胃厌氧杆菌(*Bacteroides ruminicola*)	革兰氏阴性,卵圆形或杆状菌	葡萄糖	+				+	+	木聚糖、淀粉
埃氏巨型球菌(*Megasphaera elsdenii*)	大球菌(large cocci)双球或链球菌	乳酸	+	+	+				葡萄糖、甘油

(引自冯仰廉,2004)

表 4-4　瘤胃中发酵碳水化合物的微生物

碳水化合物	细菌种类
发酵淀粉和糊精的细菌	嗜淀粉拟杆菌(*Bacteroides amylophilus*),牛链球菌(*Streptococcus bovis*),溶淀粉琥珀酸单胞菌(*Succinimonas amylolytica*)和溶糊精琥珀酸弧菌(*Succinivibrio dextrinosolvens*)
糖酵解细菌	居瘤胃拟杆菌(*Bacteroides ruminicola*),溶纤维丁酸弧菌(*Butyrivibrio fibrisolvens*)和反刍兽新月单胞菌(*Selenomonas ruminantium*)
发酵纤维素的细菌	居瘤胃拟杆菌(*Bacteroides ruminicola*),溶纤维丁酸弧菌(*Butyrivibrio fibrisolvens*)和反刍兽新月单胞菌(*Selenomonas ruminantium*)
发酵半纤维素的细菌	纤维分解菌通常也能降解半纤维素,然而一些纤维分解菌如产琥珀酸拟杆菌(*Bacteroides succinogenes*)本身不发酵半纤维素水解产生的戊糖
发酵果胶的细菌	产琥珀酸拟杆菌(*Bacteroides succinogenes*),居瘤胃拟杆菌(*Bacteroides ruminicola*)和溶纤维拟杆菌(*Butyrivibrio fibrisolvens*)

(引自冯仰廉,2004)

表 4-5　瘤胃微生物分泌的淀粉水解酶类

酶	水解的糖苷键	产物
淀粉磷酸酶	α-1,4-糖苷键	葡萄糖-1-磷酸
α-淀粉酶	α-1,4-糖苷键	低聚寡糖
β-淀粉酶	α-1,4-糖苷键	麦芽糖和少量糊精
淀粉转葡萄糖苷酶	α-1,4-糖苷键和 α-1,6-糖苷键	葡萄糖
异淀粉酶	α-1,6-糖苷键	线性 α-1,4 葡聚糖
支链淀粉酶	α-1,6-糖苷键	线性 α-1,4 葡聚糖

（引自冯仰廉,2004）

关的瘤胃环境。有些瘤胃细菌发酵碳水化合物还产生琥珀酸、甲酸和乙醇等,但在瘤胃内的浓度非常低。并非所有的碳水化合物均在瘤胃中发酵生成 VFA,一些糖类会以糖原(或微生物淀粉)的形式被瘤胃细菌和原虫储存起来,当底物提供的能量超过瘤胃微生物细胞需要时,合成糖原就成为瘤胃微生物储存多余能量的一种途径。

碳水化合物在瘤胃中的降解可分为以下两个阶段。

第一阶段是将复杂的碳水化合物消化成各种单糖,该阶段是由微生物胞外酶引起的消化。纤维素被一种或几种 β-1,4-葡萄糖苷酶降解成纤维二糖,然后纤维二糖转变成葡萄糖或者通过磷酸化酶的作用转变成葡萄糖-1-磷酸。淀粉和糊精经淀粉酶作用先转变成麦芽糖和异麦芽糖,再经麦芽糖酶、麦芽糖磷酸化酶或 1,6-葡萄糖苷酶催化生成葡萄糖或葡萄糖-1-磷酸。果聚糖被作用于 2,1 和 2,6-键的酶水解,生成果糖,果糖也可与葡萄糖一起由蔗糖的消化来生成。半纤维素的降解产物是戊糖,半纤维素被作用于 β-1,4-键的酶水解生成木糖和糖醛酸,糖醛酸随后转变成木糖。果胶在果胶酯酶的作用下,水解成果胶酸和甲醇,然后果胶酸受到多聚半乳糖醛酸酶作用而生成半乳糖醛酸,再依次生成木糖。木聚糖在木聚糖酶的作用下水解产生木糖,木聚糖可能是牧草干物质的主要组成部分。第一阶段碳水化合物在瘤胃中消化产生的各种单糖,被微生物立即吸收并进行细胞内代谢,在瘤胃液中一般检测不出来。

第二阶段主要是糖的无氧酵解阶段,由多糖分解产生的二糖和单糖被瘤胃微生物摄取,在细胞内酶的作用下迅速被降解为乙酸、丙酸和丁酸等 VFA,同时产生二氧化碳和甲烷等气体。丙酮酸、琥珀酸和乳酸是重要的中间代谢产物,有时还能在瘤胃液中检测出乳酸。支链氨基酸,缬氨酸、脯氨酸、异亮氨酸和亮氨酸经脱氨基作用生成异丁酸、戊酸、2-甲基丁酸和 3-甲基丁酸,这些脂肪酸是瘤胃纤维分解菌生长繁殖的必须营养因子。瘤胃液中 VFA 的总浓度随着反刍动物日粮和饲喂时间间隔的不同而异,一般在 2～15 g/L,各种 VFA 间的相对比例也随之变化。

(四)瘤胃中挥发性脂肪酸的形成

由单糖生成 VFA 要先形成丙酮酸,然后,丙酮酸按不同的代谢途径生成各种 VFA。在第二阶段的降解过程中,有能量释放产生 ATP,这些 ATP 可被微生物作为能源用于维持和生长,特别是用于微生物蛋白质的合成。在单糖转化为丙酮酸的过程中释放出的质子(H^+)和电子被 NAD 捕获,生成 NADH,NADH 携带质子和电子参与细菌内的还原反应,如不饱和脂肪酸的氢化、硫酸盐还原为亚硫酸盐、硝酸盐还原为亚硝酸盐以及甲烷的生成等。日粮碳水化合物在瘤胃中发酵产生 VFA 的数量、种类和比例与日粮粗饲料与精饲料的比值有关(表 4-6)。精饲料在瘤胃中的发酵效率高,产生的 VFA 总量也较多,但乙酸和丙酸比较低;粗饲料则相反。通常随着日粮中精饲料比例的增加,乙酸比例下降,丙酸比例增加,丁酸和戊酸比例受精粗比的影响不大。粗饲料发酵产生的乙酸比例高,主要是由于纤维素和半纤维素发酵的主要产物为乙酸。

表 4-6 部分饲料发酵分解产物的比较

饲料	乙酸	丙酸	丁酸	戊酸
纤维饲料	高	很低	很低	—
淀粉饲料	很低	比较高	比较高	—
富含可溶性糖的饲料	很低	高	高	极低

(引自周安国等,2010)

乙酸的生成 丙酮酸氧化为乙酸的中间步骤通过乙酰 CoA 或乙酰磷酸盐实现,反应式为:

丙酮酸盐+CoA+H^+→乙酰 CoA+CO_2+氢气

丙酮酸盐+无机磷酸盐→乙酰磷酸盐+CO_2+氢气

丙酸的生成 丙酸的生成有两条途径:第一条途径是 CO_2 固定到磷酸稀醇丙酮酸中,形成了草酰乙酸,并使 ADP 成为 ATP,接着再通过苹果酸和富马酸产生琥珀酸,琥珀酸由微生物酶转化为丙酸,反应式为:

磷酸稀醇丙酮酸+CO_2+ADP→草酰乙酸+ATP

草酰乙酸+NADP H_2→苹果酸—H_2 O→富马酸+H_2→琥珀酸—CO_2→丙酸

第二条途径为丙烯酸途径,即丙酮酸通过乳酸和丙烯 CoA 还原为丙酸,这一途径对高谷物日粮很重要,反应式为:

丙酮酸+H_2→乳酸→乳酰 CoA—H_2 O→丙烯 CoA+H_2→丙酰 CoA→丙酸

丁酸的形成 瘤胃中丁酸的形成有两个途径:第一个途径是乙酸在瘤胃微生物作用下,由脂肪酸 β-氧化的逆反应合成丁酸,反应式为:

2 乙酸+2ATP+2NADP H_2 ⟶丁酸+2ADP+2P_i+2NAD

第二个途径是丙二酰 CoA 途径,由乙酸活化而成的乙酰 CoA 与 CO_2 结合而成丙二酰 CoA,再与乙酰 CoA 结合成乙酰乙酸 CoA,而形成丁酸,反应式为:

乙酰 CoA+CO_2+ATP→丙二酰 CoA+ADP+P_i

丙二酰 CoA+乙酰 CoA→乙酰乙酸 CoA+CoA→丁酸

式中,P_i 为无机磷酸盐。

(五)瘤胃中挥发性脂肪酸之间的相互转化

瘤胃中,一种 VFA 是某种微生物的发酵终产物,往往也是其他微生物可利用的底物。瘤胃中乙酸、丙酸与丁酸存在相互转化,转化率因日粮不同而异。用苜蓿干草、青贮玉米和精料三种日粮饲喂奶牛的试验结果表明,瘤胃中乙酸转化成丁酸的比例最高,其次是丁酸转化为乙酸的比例,当以粗饲料为主时,由丙酸转化为乙酸的比例最少,而饲喂奶牛苜蓿+精料日粮时,由丙酸转化为乙酸的量明显增加,乙酸转化为丙酸的比例高于丁酸转化为丙酸的比例(表 4-7)。

表 4-7　奶牛瘤胃挥发性脂肪酸之间的相互转化　　%

饲料名	乙酸来自		丙酸来自		丁酸来自	
	丁酸	丙酸	乙酸	丁酸	乙酸	丙酸
苜蓿干草	18	1	12	5	62	1
玉米青贮	15	1	14	9	72	1
苜蓿＋精料	15	8	17	10	63	7

（引自 Wiltrout 和 Satter，1972）

（六）瘤胃中气体的形成

碳水化合物在瘤胃中发酵可产生气体，牛产气量超过 30 L/h。瘤胃气体中二氧化碳占 40％；甲烷占 30％～40％；氢气占 5％；另外还有比例不恒定的少量氧气和氮气（从空气中摄入）。瘤胃中的二氧化碳，一部分来自唾液或透过瘤胃壁的碳酸氢盐；另一部分则是微生物发酵产物，是瘤胃中二氧化碳形成的主要途径。瘤胃内的甲烷主要是由乙酸和丁酸发酵中产生的氢气和二氧化碳在甲烷产气菌作用下经还原反应产生的。甲烷是一种高能物质，不能被反刍动物利用，它的释放造成了饲料能量的损失。每 100 g 可消化碳水化合物约形成 4.5 g 甲烷，以甲烷形式损失的能量约占饲料总能的 7％，而且甲烷的温室效应增温潜力约为二氧化碳的 21 倍，因此，控制甲烷生成成为瘤胃发酵调控的重要内容。

瘤胃中甲烷的生成需要叶酸和维生素 B_{12} 参与，产甲烷菌将 CO_2、氢气、甲酸、甲醇、乙酸、甲胺及其他化合物转化为甲烷或甲烷和 CO_2（表 4-8），并从中获得能量，其中 CO_2 和氢气是甲烷产生的主要底物。挥发性脂肪酸转化成甲烷的速度很慢，但瘤胃周转迅速，因此，瘤胃中微生物发酵产生的乙酸、丙酸和丁酸不会因产甲烷过程而减少。

表 4-8　产甲烷菌的底物及其发酵反应方程式

底物	反应式
氢气和 CO_2	$4H_2+CO_2 \rightarrow CH_4+2H_2O$
甲酸	$4HCO_2H \rightarrow CH_4+3CO_2+2H_2O$
甲醇	$4CH_3OH \rightarrow 3CH_4+CO_2+2H_2O$
甲醇和氢气	$CH_3OH+H_2 \rightarrow CH_4+H_2O$
甲胺	$4CH_3NH_2Cl+2H_2O \rightarrow 3CH_4+CO_2+4NH_4Cl$
二甲胺	$2(CH_3)_2NHCl+2H_2O \rightarrow 3CH_4+CO_2+4NH_4Cl$
三甲胺	$4(CH3)_3NHCl+6H_2O \rightarrow 9CH_4+3CO_2+4NH_4Cl$
乙酸	$CH_3CO_2H \rightarrow CH_4+CO_2$

（引自冯仰廉，2004）

瘤胃内甲烷主要是通过 CO_2 和氢气进行还原反应产生，多种瘤胃细菌能催化甲烷生成的反应：

$$4H_2+HCO_3^-+H^+ \rightarrow CH_4+3H_2O$$

二氧化碳来自丙酮酸转变为乙酸的脱羧过程。糖降解为丙酮酸，然后转变为乙酸而产生氢气。只有少量氢气和 CO_2 是由甲酸形成的，催化这一反应的是甲酸脱氢酶。瘤胃内甲酸由丙酮酸转变为乙酸时产生，约占瘤胃总 VFA 的 1％。

$$HCOOH \rightarrow CO_2 + H_2$$

瘤胃微生物将糖氧化成丙酮酸，此过程释放的自由能被用于ATP和NADH的生成。见下式：

葡萄糖$+2NAD^+ +2ADP+2P_i \rightarrow 2$ 丙酮酸$+2NADH+2H^+ +2ATP+2H_2O$

在有氧条件下，NADH将电子转移给呼吸链的电子受体产生NAD^+，使分子氧还原生成水，在线粒体形成跨膜质子梯度，引发ATP合成。相比之下，厌氧微生物缺少呼吸链，为了继续进行糖酵解，必须将辅酶因子（如NADH）氧化为NAD^+，否则所有已经氧化的辅酶因子将最终被还原，消化也将终止。NADH氧化成NAD^+时产生大量H^+和电子，大部分瘤胃细菌、真菌和原虫都拥有氢化酶系，能将H^+还原为氢气，完成瘤胃中质子和电子的转移。从热力学角度讲，由NADH介导的氢气产生受到氢分压的调控，当缺乏氢气消除途径时，瘤胃中微量的氢气就可抑制氢化酶的活性和限制糖的氧化。瘤胃中的氢能迅速被产甲烷菌利用，并作为微生物活动过程中其他还原反应的供氢体，所以正常情况下，瘤胃内的氢浓度非常低（0.1～50 mol/L），氢气的气体分压范围为1～10 Pa。

瘤胃中甲烷的产生，一方面可以保持瘤胃内环境氢分压处于低水平，另一方面也保证了发酵菌在糖发酵时能以生成氢气的形式释放电子，而不需要再生成丙烯酸或琥珀酸去氧化细胞内的吡啶核苷酸脱氢酶。这种发酵菌与甲烷菌之间在代谢活动中的相互供氢与受氢的关系，称为“种间氢转移”。

瘤胃中丙酸也可以作为电子受体，丙酸的生成可以作为氢气生成的替代形式，所以，丙酸生成的增加与甲烷生成的降低密切相关。尽管乙酸转化成丁酸的过程也消耗氢气，但是乙酸和丁酸的产生造成了氢气产量的净增加，与甲烷产生的增加有关。另外，瘤胃内硫酸盐和硝酸盐还原成硫化物和NH_3、不饱和脂肪酸被生物氢化以及微生物细胞的合成等也为H^+提供了沉池（表4-9）。总之，饲粮组成和瘤胃内微生物群的变化，都会改变发酵终产物和甲烷的产量。

表4-9　瘤胃内VFA产生和还原过程

底物	产物	反应	
VFA产生	$C_6H_{12}O_6+2H_2O \rightarrow$	$2C_2H_4O_2+2CO_2+4H_2$	乙酸产生
	$C_6H_{12}O_6+2H_2 \rightarrow$	$2C_3H_6O_2+2H_2O$	丙酸产生
	$C_6H_{12}O_6 \rightarrow$	$C_4H_8O_2+2CO_2+2H_2$	丁酸产生
还原过程	$CO_2+4H_2 \rightarrow$	CH_4+2H_2O	甲烷产生
	$2CO_2+4H_2 \rightarrow$	$C_2H_4O_2+2H_2O$	还原性产乙酸作用
	$SO_4^{2-}+4H_2+2H^+ \rightarrow$	$H_2S^-+4H_2O$	硫酸盐还原作用
	$NO_3^-+H_2 \rightarrow$	$NO_2^-+H_2O$	硝酸盐还原作用
	$NO_2^-+3H_2+2H^+ \rightarrow$	$NH_4^++2H_2O$	亚硝酸盐还原作用

（引自冯仰廉，2004）

（七）瘤胃碳水化合物发酵的利弊

瘤胃碳水化合物发酵的好处是对宿主动物有显著的供能作用。瘤胃微生物可降解饲料中纤维素30%～50%，半纤维素70%，淀粉70%～90%，葡萄糖100%和果胶70%～90%。微生物发酵产生的VFA总量中，65%～80%由碳水化合物产生；植物细胞壁经微生物分解后，不但纤维物质变得可用，而且使 NSP 也得到了充分利用。但是，发酵过程中存在碳水化合物的损失，甲烷产生造成了能量损失；宿主体内代谢需要的葡萄糖大部分由发酵产物经糖异生途径供给，使碳水化合物供给葡萄糖的效率显著低于非反刍动物。

二、碳水化合物在皱胃和肠道的消化

饲料中大部分淀粉在瘤胃中被微生物降解，如果采食量大，会有约 10%～20%的淀粉进入后部消化道，细菌多糖也是进入小肠的碳水化合物的重要来源。皱胃（真胃）不分泌淀粉酶，对淀粉及纤维物质的影响小。进入小肠的碳水化合物在淀粉酶和麦芽糖酶的作用下，水解为麦芽糖，最终分解为葡萄糖等单糖，成为反刍动物内源性葡萄糖的主要来源。反刍动物缺乏内源性蔗糖水解酶，进入小肠的蔗糖几乎全部到达回肠末端，并在此处发酵而消失一小部分。

胰腺和小肠黏膜分泌的淀粉分解酶的最适 pH 为中性至弱碱性。肝脏和胰腺分泌的 HCO_3^- 通过各自的导管进入十二指肠前段，用于中和从皱胃进入十二指肠的盐酸；十二指肠腺产生富含黏液的碱性分泌物，用于中和经幽门括约肌从皱胃外流的酸性胃内容物，因此，呈酸性的皱胃内容物在经过小肠时，其 pH 会缓慢提高。反刍动物小肠肠腔中含有胰腺和小肠黏膜分泌的麦芽糖酶和淀粉酶，胰腺麦芽糖酶和小肠淀粉酶活性低于小肠麦芽糖酶和胰腺淀粉酶，即胰腺淀粉酶和小肠麦芽糖酶对淀粉的水解更重要。包括二糖酶、乳糖酶和异麦芽糖酶在内的其他酶也存在于整个小肠，但这些酶在肠黏膜细胞的刷状缘上与它们的底物发生作用，不会分泌到肠腔中。动物的年龄和日粮组成影响小肠中不同二糖酶的相对活性。乳糖酶的活性在 1 日龄时最高，此后便逐渐下降，但麦芽糖酶的活性不受年龄的影响，进入肠道的碳水化合物类型对不同二糖酶的相对活性也没有影响。乳糖酶、麦芽糖酶和异麦芽糖酶的活性在空肠中最高，在十二指肠和回肠中较低。这一规律与反刍动物肠道中 pH 的特性规律相一致。空肠中段的 pH 为 6～7，为消化酶的最适 pH 范围，十二指肠和空肠近端 pH 为 2.6～5.0，对消化酶来说酸性过强，而回肠 pH 为 7.8～8.2，碱性过强。

反刍动物小肠淀粉的消化和吸收可分为三个阶段，第一阶段淀粉的消化是在胰腺分泌的 α-淀粉酶催化下由十二指肠开始的，淀粉被降解为麦芽糖和一些支链产物（通常称为极限糊精）；第二阶段发生在小肠刷状缘膜上，通过刷状缘糖酶的作用完成，将麦芽糖等降解为葡萄糖；第三个阶段是将葡萄糖从肠腔中转移至门静脉系统。由于进入小肠的淀粉量较少，小肠淀粉酶活性较低，食糜停留时间短，使反刍动物小肠淀粉的消化吸收量受到限制。反刍动物胰腺 α-淀粉酶、小肠刷状缘糖酶（麦芽糖酶和异麦芽糖酶等）以及小肠上皮参与葡萄糖转运的依赖钠的葡萄糖转运载体 SGLT1 均对日粮中淀粉的增加缺乏适应性反应，这一特性也限制了淀粉在小肠中的消化吸收。

进入小肠的淀粉在到达回肠末端之前，大部分都被分解，进入肠段后部进行发酵的 α-葡萄糖多聚糖数量不多，主要是结构性碳水化合物。因肠后段粘膜分泌液中不含消化酶，这些物质主要由微生物发酵分解。纤维物质在盲肠和大肠内的降解途径类似于瘤胃，同样产生 VFA、甲烷、二氧化碳和微生物物质，半纤维素在大肠的消化率可达 15%～30%，高于纤维素。碳水化合物在盲肠发酵产生的 VFA 中乙酸比例比瘤胃中高一些，说明有相当大比例的粗纤维到达这个部位。

三、碳水化合物降解产物的吸收

(一)挥发性脂肪酸的吸收

碳水化合物在瘤胃内降解产生的单糖很快被微生物吸收利用而产生 VFA,因此,反刍动物瘤胃中饲料碳水化合物发酵产生的 VFA 是其前段消化道吸收的主要发酵产物。约 75%的 VFA 通过瘤网胃壁以被动扩散方式进入血液,约 20%的 VFA 经皱胃和瓣胃壁吸收,约 5%经小肠吸收。当瘤胃 pH 为 6～7 时,95%以上的 VFA 以离子形式存在,但瘤胃壁对非离子形式的 VFA 通透性比离子形式存在的 VFA 大,因此,大多数 VFA 以酸的形式吸收,而且 VFA 的被吸收造成瘤胃 pH 升高。瘤胃中 VFA 的吸收程度和速度与 VFA 的浓度及瘤胃液渗透压有关。随着瘤胃中 VFA 浓度的提高,瘤胃 pH 下降,瘤胃壁上皮对 VFA 的吸收速度加快(表 4-10);随着瘤胃液渗透压的提高,瘤胃壁上皮对 VFA 的吸收速度减慢,这些特性有助于维持瘤胃内环境的稳定。另外,VFA 的吸收速度与其本身所含的碳原子数有关,碳原子含量越多,吸收速度越快。丁酸吸收速度大于丙酸,乙酸吸收最慢。

(二)单糖的吸收

小肠吸收的单糖主要是葡萄糖和少量的果糖和半乳糖,果糖在肠黏膜细胞内可转化为葡萄糖。单糖主要在小肠上段以主动转运和被动扩散方式被吸收和转运,随着食糜向回肠移动,吸收率逐渐降低。不同的单糖吸收速率不同,研究表明,葡萄糖的吸收可能存在自由扩散。

总之,反刍动物从消化道吸收的能量主要来源于 VFA,葡萄糖占比例很少。如绵羊在维持饲养水平时,每天从消化道吸收的能量来源于 VFA 的为 3745 kJ,来源于葡萄糖的为 314 kJ(占 8%)。

表 4-10　瘤胃 pH 对瘤胃上皮吸收 VFA 的影响

瘤胃 pH	吸收速度/(mL/min)		
	乙酸	丙酸	丁酸
5.36	52.6	116.0	202.7
5.46	68.5	100.8	160.5
平均	60.6	108.4	181.6
6.51	44.7	68.2	96.4
6.57	52.2	55.5	60.4
平均	48.5	61.9	78.4

(引自 Thorlacius 和 Lodge,1973)

四、碳水化合物消化产物的代谢

(一)挥发性脂肪酸的代谢

挥发性脂肪酸由瘤胃吸收入血液后转运至各组织器官,反刍动物组织中有促进 VFA 利用的酶系。被吸收的 VFA 主要用于氧化供能,占摄入可消化能的 70%～80%。对于泌乳牛,50%的乙酸,2/3 的丁酸和 25%的丙酸都经氧化提供能量。乙酸和丁酸可用于体脂肪和乳脂肪的合成,丙酸可用于葡萄糖和乳糖的合成。丙酸和丁酸在肝脏中代谢,乙酸约 60%在外周组织(肌肉和脂肪组织)中代谢,20%在肝脏中代谢,还有少量在乳腺中参与乳脂肪合成。

酮体是机体组织的重要能量来源。部分 VFA 在通过瘤胃壁过程中可转化形成酮体，其中丁酸的转化可占吸收量的 90%。酮体的转化量超过一定限度，会使奶牛发生酮血症，这是高精料饲养反刍动物存在的潜在危险。

1. 乙酸

除了小部分乙酸由瘤胃壁吸收并转变为酮体外，大部分经门静脉进入肝脏。达到肝脏的 80% 的乙酸逃脱氧化而进入外周循环。血液中的乙酸被组织吸收后，大部分通过三羧酸循环氧化供能，或用作脂肪酸合成。乙酸代谢的最初反应是在细胞质中乙酰 CoA 合成酶催化下转变为乙酰 CoA，乙酰 CoA 合成酶广泛分布于动物各组织中。乙酸是反刍动物脂肪合成的主要前体物，由于缺乏足够量的 ATP-柠檬酸裂解酶，由葡萄糖分解产生的乙酰 CoA 的数量很少。反刍动物脂肪组织中的乙酸能快速转变为脂肪酸，其乙酰 CoA 合成酶的活性约为大鼠的 2～3 倍。泌乳反刍动物乳腺中有活性较高的乙酰 CoA 合成酶，乙酸是反刍动物乳腺合成乳脂肪酸的重要原料，能合成乳脂中 4～16 碳原子脂肪酸，瘤胃乙酸对维持乳脂率恒定是必需的。

2. 丙酸

通过瘤胃上皮吸收的丙酸，2%～5% 转变为乳酸，其余经门静脉进入肝脏。肝脏是丙酸最重要的代谢场所，丙酸在肝脏中的主要代谢途径是通过糖异生作用生成葡萄糖或进入三羧酸循环氧化。肝细胞中葡萄糖异生量占绵羊体内葡萄糖周转量的 87%，维持水平饲养的羊，超过 80% 的进入门静脉的丙酸在肝脏中被合成葡萄糖。对非泌乳牛，在精粗比（DM）为 3∶7 的条件下，肝脏中糖异生的葡萄糖可以基本满足维持的需要，而对于产奶牛，肝脏中丙酸合成的葡萄糖只能满足泌乳需要的 55%。

3. 丁酸

门脉血中丁酸含量很低，约 90% 的丁酸在通过瘤胃上皮细胞吸收时转变为酮体。生成的酮体 80% 以上是 β-羟丁酸，其余是乙酰乙酸和丙酮。β-羟丁酸可在骨骼肌和心肌中氧化，也可用于脂肪组织和乳腺的脂肪酸合成。进入肝脏的丁酸迅速被肝组织代谢。

（二）糖异生

葡萄糖是肌糖原和肝糖原合成的前体，是神经组织和红细胞的主要能量来源，葡萄糖通过磷酸戊糖途径生成 NADPH，可促进长链脂肪酸的合成。反刍动物从消化道直接吸收的葡萄糖量有限，所需葡萄糖量的 90% 左右来源于糖异生。糖异生的主要部位为肝脏和肾脏，虽然肾脏生成的葡萄糖数量比肝脏少，但饥饿状态下，肾脏生成葡萄糖的百分比增加，在肝脏不能产生足够量的葡萄糖而造成严重糖短缺时，肾脏可以作为应急器官防止出现危险。

反刍动物葡萄糖异生的前体物主要有：丙酸、甘油、生糖氨基酸和乳酸。根据计算，绵羊体内 27%～55% 的葡萄糖是由丙酸转变而来的。正常动物有约 5% 的甘油用于合成葡萄糖，饥饿状态的绵羊吸收的丙酸少，甘油是代替丙酸合成葡萄糖的重要前体物，有 20%～30% 的葡萄糖来自甘油。除了赖氨酸和亮氨酸外，几乎所有氨基酸都可生糖。丙氨酸和谷氨酰胺最易生成葡萄糖。反刍动物在维持饲养状态下，体内至少 15% 的葡萄糖来自氨基酸，氨基酸最多可合成葡萄糖总需要量的 36%。糖酵解所产生的乳酸，称为内源性乳酸；由消化道吸收的和由瘤胃黏膜中丙酸代谢所产生的乳酸，称为外源性乳酸。乳酸在肝、肾中通过酵解途径逆行合成葡萄糖。由糖酵解生成的乳酸，实际上不会净生成葡萄糖，只有外源性乳酸才能生成代谢所需要的新的葡萄糖。喂食的绵羊利用血中乳酸合成的葡萄糖约占葡萄糖总量的 15%，实际它包含了由内源性和外源性乳酸合成的葡萄糖。

丙酸转化为葡萄糖的途径为:先在 CoA、ATP、生物素和维生素 B_{12} 的作用下转变成丙酰 CoA、甲基丙二酰 CoA 和琥珀酰 CoA,然后进入三羧酸循环转变为苹果酸,最后转出线粒体,在细胞液中转变为草酰乙酸,再转化成磷酸烯醇式丙酮酸,经逆糖酵解途径合成葡萄糖。

当大量饲喂纤维性饲料时,反刍动物从消化道吸收的葡萄糖几乎为零,体内代谢所需的葡萄糖必须全部由糖异生作用提供,但糖异生的主要前体物——丙酸在瘤胃发酵过程中所产生的数量和比例都很小,因此,可能出现下列不良后果:

1. 体脂肪合成与沉积量下降

反刍动物体内脂肪合成所需的重要原料长链脂肪酸(LCFA)主要来源于饲料以及由瘤胃发酵产生的乙酸和丁酸合成,即:

8 乙酰 CoA＋14NADPH＋$14H^+$＋7ATP＋H_2O→棕榈酸＋8CoA＋14NADP＋7ADP＋7 磷酸

反应所需的 NADPH 主要通过磷酸戊糖途径由葡萄糖代谢产生,即:

6-磷酸葡萄糖＋12NADP＋$7H_2O$→$6CO_2$＋12NADPH＋$12H^+$＋磷酸

在大量饲喂纤维性饲料的条件下,由于丙酸等前体物短缺,内源葡萄糖合成减少,无法满足合成 NADPH 的需要。此外,反刍动物体内合成脂肪的过程中,葡萄糖又是合成甘油三酯所必需的甘油的主要前体。据推算,每合成 100 g 甘油三酯需要 89 g 葡萄糖。这是高纤维日粮导致反刍动物体脂肪合成与沉积量下降的另一个原因。

2. 机体蛋白质代谢恶化

糖异生的主要前体物丙酸不足,动物利用饲料来源和体内的内源氨基酸合成葡萄糖,使机体蛋白质沉积下降,氮平衡趋于负平衡,血液中生酮氨基酸的浓度升高,机体蛋白质代谢状况恶化,对冬春季节牧区生长家畜和处于妊娠泌乳阶段母畜的危害严重,是目前放牧家畜生产中必须解决的实际问题。

3. 母畜泌乳量下降

母畜泌乳期间,葡萄糖是合成乳糖的主要来源,乳糖浓度的稳定是制约泌乳量的限制因素,因此,丙酸的产量间接决定了奶产量,乳牛血液中的葡萄糖浓度与乳产量呈正相关,每产 1 kg 乳需要乳腺从血液中摄取 72 g 葡萄糖。

(三)葡萄糖的代谢

1. 分解代谢

主要有无氧酵解、有氧氧化和磷酸戊糖途径。无氧酵解在细胞液中进行,葡萄糖转化为丙酮酸,丙酮酸还原为乳酸。1 mol 葡萄糖经无氧酵解可生成 6～8 mol ATP。在有氧条件下,丙酮酸进入线粒体经三羧酸循环彻底氧化为水和二氧化碳,1 mol 葡萄糖经有氧氧化可生成 36～38 mol ATP。磷酸戊糖途径的主要功能是为长链脂肪酸的合成提供 NADPH。1 mol 葡萄糖经磷酸戊糖途径可得到 12 mol NADPH。此外,葡萄糖分解代谢过程中产生的核糖-5-磷酸与核糖-1-磷酸对供给细胞中核糖需要具有重要意义。

2. 合成代谢

葡萄糖可用于合成糖原、乳糖和体脂肪。葡萄糖可用于合成肝糖原和肌糖原,肝糖原只有在动物采食后血糖升高的条件下才能合成,肌糖原的生成与采食量无关。乳腺细胞利用血液中的葡萄糖,首先将其磷酸化,然后在尿苷三磷酸(UTP)的作用下生成尿苷二磷酸(UDP)-葡萄糖,再变构成 UDP-半乳糖,最后与 1-磷酸葡萄糖结合形成乳糖。在供能有余的情况下,葡萄糖经糖酵解生成丙酮酸，继而生成乙酰 CoA，乙酰 CoA 可转出线粒体，合成长链脂肪酸，最终合成体脂肪。动物体组织中缺乏将乙酰 CoA 羧化为丙酮酸的酶，因此，上述过程不可逆。

五、碳水化合物的代谢效率

(一)瘤胃发酵类型与能量利用效率

碳水化合物在瘤胃中厌氧条件下微生物发酵形成 VFA 时，产生的 ATP 较少，ATP 提供瘤胃微生物维持和生长所需的能量。但在有氧条件下发酵，形成二氧化碳和水时，产生的 ATP 为厌氧条件下的 9 倍。瘤胃葡萄糖酵解产生 ATP 如下式：

己糖→2 丙酮酸盐＋4(H)＋2ATP

戊糖→1.67 丙酮酸盐＋1.67(H)＋1.67ATP

乙酸发酵：2 丙酮酸盐＋$2H_2O$→$2CH_3COOH$＋$2CO_2$＋$2H_2$＋2ATP

丙酸发酵：2 丙酮酸盐＋8(H)→$2CH_3CH_2COOH$＋$2H_2O$＋2ATP

丁酸发酵：2 丙酮酸盐＋4(H)→$CH_3CH_2CH_2COOH$＋$2H_2$＋$2CO_2$＋2ATP

粗饲料在瘤胃内发酵产生高比例的乙酸，精饲料发酵则产生相对高比例的丙酸。氢是限制甲烷产生的首要因素，生成乙酸的过程中同时产生氢；丙酸是氢的受体，形成丙酸的过程中不仅不产生氢，而且还需要消耗外来的氢；丁酸发酵也产生氢，但量少于乙酸发酵过程。因此，当瘤胃发酵有高比例乙酸产生时，甲烷的产量随之提高；当丙酸比例提高时，甲烷的生成量降低，因而乙酸生成过程伴随着较大的能量损失，直接影响反刍动物对粗饲料的利用效率，但当丙酸比例过高(33％以上)、乙酸比例很低时，乳用反刍动物的乳脂率会降低，甚至导致产乳量下降。

呼吸测热室的研究表明，肉用反刍家畜代谢能用于产热的部分与乙酸比呈高度线性相关(r＝0.9903)，代谢能用于增重的效率(K_f)与乙酸比呈高度负相关：

K_f(％)＝71.148 5－0.448 4×乙酸比，r＝－0.979 1

相反，K_f 与丙酸比呈高度正相关：

K_f(％)＝25.304 4＋0.530 5×丙酸比，r＝0.989 1

代谢能相等的不同饲料，高纤维的粗饲料对反刍动物的产热高于精饲料，对其原因存在不同的解释。一种观点认为当乙酸比例在 45％～75％时，对代谢产热和代谢能用于体增重的效率无明显影响，不同比例的 VFA 之间代谢产热差异不显著，当乙酸比例增加时，从尿中排出的乙酸量和血液 β-羟丁酸量显著增加。另外，乙酸占能量的相对比例较低，而且使乙酸比例高于 75％的日粮很少，即使考虑乙酸利用效率相对较低，差异也不至于很大。因此，精饲料和粗饲料代谢能利用率的差异不能用 VFA 中乙酸、丙酸和丁酸所占比例不同来解释，能量的损失应在纤维物质产生乙酸的过程中，而不在乙酸的代谢过程中。另一种观点则认为乙酸的热增耗明显高于丙酸，体脂肪的合成效率与 VFA 中乙酸比例呈线性负相关，丙酸转化为体沉积能的效率最高。由于乙酸合成脂肪所需的 NADPH 主要由葡萄糖经磷酸戊糖途径形成，所以乙酸的利用对葡萄糖存在依赖关系，当细胞质中的乙酸与葡萄糖比例使提供的 NADPH 量不足时，限制了乙酸向脂肪酸的转化，且葡萄糖生糖前体供应不足，乙酸合成脂肪酸的第一步限速反应所需 ATP 供应不足，进一步限制了乙酸的利用，此时形成的乙酰 CoA 要进入三羧酸循环，首先要与草酰乙酸缩合形成柠檬酸才能被氧化提供能量。在缺乏葡萄糖的情况下，草酰乙酸生成量有限，乙酸不能全部进入三羧酸循环，使蓄积的乙酸有可能进入另外的途径发生无效氧化，而这些途径对能量的利用效率比三羧酸循环低，从而导致能量利用总效率下降。

瘤胃 VFA 的比例直接影响能量转化效率，要保证乙酸的充分利用，就需要一个与乙酸有关的最低丙酸需要量。如果通过日粮调控使瘤胃内乙酸与丙酸的比例在适宜范围，可以提高反刍动物的能量代谢效率。

(二)碳水化合物降解产物的代谢效率

瘤胃单糖或碳水化合物发酵产物的能量利用效率不高，平均 50%以上的能量作为热能散失(表 4-11)，葡萄糖经磷酸戊糖途径供能效率更低。

表 4-11　葡萄糖与挥发性脂肪酸的能量利用效率

名称	总能/(kJ/mol)	代谢耗用/mol	总产 ATP/mol	净获能/mol	捕获能/kJ	利用率/%
葡萄糖	2 816	4	40	36	1 206	43
乙酸	876	2	12	10	335	38
丙酸	1 536	4	22	18	603	39
丁酸	2 194	2	29	27	905	41

(引自周安国等，2010)

饲料中的单糖发酵产物必须经过一定代谢过程才能达到储能的目的。经计算，饲料来源的葡萄糖转变为棕榈酸甘油酯储存的效率是 0.80，乙酸转变为棕榈酸的效率是 0.72，乳酸转变为葡萄糖的效率是 0.87，丙酸转变为葡萄糖的效率是 0.83，葡萄糖转变为糖原的效率是 0.97，葡萄糖转变为乳糖的效率是 0.96。

动物体内葡萄糖的周转代谢效率，因动物种类、生理状态、生产目的、饲养及营养等不同而不同。奶牛产奶期葡萄糖的周转率比干奶期高 3 倍。周转代谢的葡萄糖 60%～90%用于合成乳糖。产奶动物血浆葡萄糖浓度提高 100%，葡萄糖周转代谢率增加 50%，如果血糖浓度稍微降低，葡萄糖周转代谢速度会显著下降，甚至停止泌乳。

周转代谢的葡萄糖，有 35%～65%被完全氧化成水和二氧化碳，其余均转变成其他化合物。神经系统对来源于血中的葡萄糖可氧化 70%～100%，脂肪组织和乳腺中葡萄糖的氧化率低，肌肉居中。反刍动物葡萄糖的平均氧化率大约是 35%。

第三节　粗纤维的营养

一、粗纤维的营养生理作用

粗纤维是反刍动物的必须营养素，日粮纤维的特点与性质可调控动物的采食、咀嚼和瘤胃发酵类型，对动物的健康和生产起着重要作用。

(一)提供能量

日粮纤维物质在瘤胃中发酵产生的 VFA 是反刍动物主要的能量来源。

(二)维持正常的生产性能

饲粮中纤维水平过低，瘤胃 VFA 中乙酸减少，将导致乳脂肪合成减少。因此，将饲粮纤维控制在适宜的水平，可维持动物较高的乳脂率和产乳量。

（三）调节采食量和消化率

饲料中的纤维含量是影响反刍动物干物质采食量和养分消化率的主要因素。饲料颗粒只有在经过咀嚼和微生物的降解，粒度减小到 2 mm 以下时，才能离开瘤胃。饲料颗粒通过瘤胃的速度决定了其在瘤胃中的滞留时间，滞留时间长，动物的饱腹感强，采食量就低。日粮 NDF 含量是影响饲料消化和颗粒度的主要因素，通常 NDF 含量越高，动物的采食量越低。酸性洗涤纤维包括纤维素和木质素，木质素基本不能被瘤胃微生物降解利用，因此，日粮 ADF 含量越高，消化率也就越低。

（四）维持瘤胃的正常功能和动物健康

淀粉和 NDF 是瘤胃内产生 VFA 的主要底物。淀粉在瘤胃内发酵比 NDF 快，若饲粮中纤维水平过低，淀粉迅速发酵，大量产酸，瘤胃 pH 降低，会抑制纤维分解菌活性，严重时可导致酸中毒。饲粮纤维能结合 H^+，本身就是一种缓冲剂，粗饲料的缓冲能力比籽实高 4～5 倍。此外，饲粮纤维可刺激咀嚼和反刍，促进动物唾液分泌，间接提高了瘤胃缓冲能力。适宜的饲粮纤维水平可消除高精料引起的采食量下降，酸中毒、瘤胃黏膜溃疡和蹄病。

二、日粮有效中性洗涤纤维含量的确定

为避免酸中毒和其他代谢疾病的发生，NRC(2001)推荐在以青贮玉米或青贮苜蓿为主要粗料，以粉碎干玉米为主要淀粉来源的全混日粮情况下，泌乳奶牛日粮干物质中 NDF 的最低推荐量为 25%，其中最少有 19%来自粗饲料。当粗饲料来源的 NDF 小于 19%和不饲喂全混日粮时，以及日粮粗饲料切碎程度较细时，NDF 的含量应增加。日粮添加碳酸氢钠等瘤胃缓冲物质可降低 NDF 的推荐量。此外，NDF 的最小推荐量并不一定是最适合的需要量，产乳量较低的奶牛能量需要量较低，NDF 的浓度应当高于最小需要量。奶牛日粮中 NSC 的最大比例为饲料干物质的 30%～40%，NFC 含量可以在此基础上提高 2%～3%(表 4-12)。

表 4-12 泌乳奶牛日粮的 NDF 最小推荐量和 NFC 最大推荐量(以干物质计) %

最小粗饲料来源 NDF	最小日粮 NDF	最大日粮 NFC	最小日粮 NFC
19	25	44	17
18	27	42	18
17	29	40	19
16	31	38	20
15	33	36	21

(引自周安国等，2010)

表 4-12 中的数值是假设饲料成分为实际测定值，当采用饲料原料成分表推荐值时，可能不合适。不应饲喂含有比最小值少的纤维(粗饲料 NDF，总 NDF 或总 ADF)和 NFC 大于 44%的日粮。饲料中 ADF 的最小推荐值是从 NDF 的含量推算出来的。NFC(%)＝100－[NDF(%)＋CP(%)＋Fat(%)＋Ash(%)]。

中性洗涤纤维被普遍认为是表示纤维的最佳指标，但 NDF 只反映了纤维的化学组成，未体现出纤维的物理性状。刺激唾液分泌的能力主要与纤维片段的长短有关，而泌乳动物乳脂率除与日粮纤维含量有关外，也受纤维的来源和有效性影响。因此，在 NDF 的基础上又提出

了有效中性洗涤纤维(effective NDF,eNDF)和物理有效中性洗涤纤维(physically eNDF,peNDF)的概念。有效中性洗涤纤维是指能有效保持乳脂率稳定和动物健康的那部分纤维,日粮 eNDF 的含量根据乳脂率的变化来调整,eNDF 用于维持乳脂产生的有效性可从小于零到大于 1。当饲料对乳脂合成的不利作用大于其 NDF 刺激咀嚼活动的正效应时其有效性小于零,如糖蜜、纯化淀粉;当饲料对乳脂合成的促进作用比刺激咀嚼活动作用更明显时其有效性大于 1。尽管测定纤维有效性的基础是 NDF 含量,但 NDF 有效值大于 1 或小于零表明,饲料中其他刺激或降低乳脂产量的因素都可能会影响 eNDF 值,因此,饲料 eNDF 含量既可以低于也可以高于其 NDF 含量。物理有效中性洗涤纤维的作用是刺激反刍、唾液分泌及瘤网胃的蠕动,从而有助于提高瘤胃的 pH,此外,peNDF 还有助于在瘤胃中形成一个功能类似于过滤系统的滤垫或浮筏,可以防止未消化的饲料颗粒通过瘤胃。物理有效中性洗涤纤维与饲料物理特性(主要指粒度)有关,在用宾州筛分析全混日粮的长度是否适合于某一阶段的产乳牛的要求时,指的是停留在宾州筛第三层(大于 1.18 mm)的饲料部分。物理有效中性洗涤纤维与动物咀嚼活动密切相关,饲料刺激动物咀嚼活动的能力可用物理有效因子(physical effectiveness factor,pef)表示,pef 的范围从零(NDF 不刺激动物的咀嚼活动)到 1(NDF 能刺激动物的最大咀嚼活动)peNDF=pef×NDF,因此,饲料 peNDF 含量总是小于其 NDF 含量。饲料的 pef 值可通过回归分析法和宾州粗饲料分析筛等方法获得。增加日粮 peNDF 的含量可有效增加动物的咀嚼活动,有助于提高瘤胃液 pH,维持瘤胃的正常功能。日粮 peNDF 和 eNDF 高度相关,但对于只提高瘤胃 pH 而不刺激咀嚼活动的饲料来说,其 eNDF 在数值上大于 peNDF。

三、纤维饲料的质量评定

国际饲料分类法中将粗饲料定义为,干物质中粗纤维含量大于 18%的一类饲料,包括新鲜牧草、干草、青贮、农作物秸秆以及可供动物采食的树枝树叶类等。目前采用相对饲料价值和相对牧草品质对粗饲料进行品质评定。

(一)相对饲料价值

由 Rohweder 等在 1978 年提出,现在被许多国家采用对粗饲料品质进行评定。相对饲料价值(relative feed value,RFV)是指相对于特定标准粗饲料(盛花期苜蓿),奶牛对某种粗饲料可消化干物质的采食量与干物质采食量(dry matter intake,DMI)和牧草中的可消化干物质(digestible dry matter,DDM)含量有关,其关系式为:

$$RFV = DMI \times DDM / 1.29$$

式中,DMI 为粗饲料干物质(DM)的随意采食量,用占体重的百分比表示;DDM 为可消化的 DM,用占 DM 的百分比表示,实际计算中,以 DMI、DDM 百分比的分子代入运算;1.29 是盛花期苜蓿的 RFV 值,即将盛花期苜蓿的 RFV 值作为 100,RFV 值大于 100 的牧草表明相对于盛花期苜蓿质量更好。

在进行 DMI 和 DDM 预测时,分别以实验室测定的 NDF 和 ADF 为基础。目前普遍采用的公式为:

$$DMI = 120 / NDF$$

$$DDM = 88.9 - 0.779 ADF$$

式中，NDF 和 ADF 分别用占 DM 的百分比表示。

由公式可以看出，RFV 与 DMI 和 DDM 呈正比，也就是说 RFV 的值越大，被评定的饲料的营养价值越高，RFV 值大于 100 的牧草，整体上品质较好(表 4-13)。

表 4-13　苜蓿干草分级标准(以干物质计)　%

级别	CP	ADF	NDF	RFV	TDN
超特级	>22	<27	<34	>185	>62
特级	20～22	27～29	34～36	170～185	60～62
一级	18～20	29～32	36～40	150～170	58～60
二级	16～18	32～35	40～44	130～150	56～58
三级	<16	>35	>44	<130	<56

(引自周安国等，2010)

(二)相对牧草品质

当粗饲料作为动物唯一的能量和蛋白质来源时，可以利用相对牧草品质(relative forage quality，RFQ)对可利用能随意采食量进行估测。在 RFQ 中，DMI 预测与 RFV 一样，用占体重的百分数表示；RFQ 值的平均值及其范围与 RFV 相似，在 80～200。

$$RFQ计算模型：RFQ = DMI \times TDN/1.23$$

式中，DMI 为干物质采食量，用占体重的百分比表示；TDN 为总可消化养分，用占 DM 的百分比表示；1.23 为常数，目的是调整各种粗饲料 RFQ 的平均值以及范围，使之与 RFV 相似。研究发现，尽管 RFV 和 RFQ 有些相似，均是以动物试验为基础，实测的 RFV 和 RFQ 具有相同的平均值及标准差，但在生产实践中，由于参数所使用的预测模型不同，就某种粗饲料而言，所预测的 RFV 值和 RFQ 值差异较大，RFQ 的预测值更接近于实际情况。这主要是由于 RFQ 中的 TDN 和 DMI 的预测模型是针对不同种类的粗饲料而建立的，因而，RFQ 的预测模型更具有灵活性，能够做出更接近实际的预测。Moore and Kunkle 在 1999 年建立了一个用 TDN、ADF 和粗蛋白质(CP)预测 DMI 的多元回归方程。TDN 的预测模型如下(以禾本科牧草为例)：

$$TDN = NFC \times 0.98 + CP \times 0.87 + FA \times 0.97 \times 2.25 + NDF_n \times (NDFD_p/100) - 10$$

式中，TDN 为总可消化养分，NFC 为非纤维碳水化合物，CP 为粗蛋白质，FA 为脂肪酸，NDF_n 为无氮 NDF，NDF 为中性洗涤纤维，以上指标均以占 DM 的百分比表示。

$$NFC = 100 - (NDF_n + CP + EE + ASH)$$

式中，EE 为粗脂肪，ASH 为粗灰分，均以占 DM 的百分比表示。

$$FA = EE - 1$$

$$NDF_n = NDF - NDFCP(也可由 0.93NDF 估算)$$

式中，NDFCP 为 NDF 结合蛋白含量，以占 DM 的百分比表示。

$$NDFDp = 22.7 + 0.664 \times NDFD$$

式中，NDFD 为体外 48 h NDF 的消化率，以占 NDF 的百分比表示。

$$DMI=-2.318+0.442\times CP-0.0100CP^2-0.0638\times TDN+0.000922\times TDN^2+0.180\times ADF-0.00196\times ADF^2-0.00529\times CP\times ADF$$

式中，ADF为酸性洗涤纤维，以占DM的百分比表示。

因为禾本科牧草的ADF和NDF含量都较高，所以会导致其RFV值偏低，但没有考虑CP和NDF消化率这两个指标，并不能说明该牧草的营养价值低。影响NDFD的因素包括植物种类、气候条件以及收获时期等，其中木质素含量是主要原因，木质素的含量以及它与NDF的比例决定了NDF的消化率。植物随生育期的延长，木质素含量增加；热损害、潮湿和其他因素也会影响植物木质素含量。RFQ中的TDN预测模型涉及多项营养指标的测定，不但不能保证其准确度，还费时费工。此外，收获损失对RFQ的影响大于对RFV的影响；热损害会降低RFQ，而不影响RFV。

第四节 反刍动物碳水化合物营养调控

一、瘤胃发酵类型的调控

（一）瘤胃发酵类型

反刍动物瘤胃发酵类型是依据碳水化合物在瘤胃内发酵产生的VFA中乙酸、丙酸和丁酸之间的摩尔比例来划分的，常被用于日粮的比较和相对营养价值的估测。乙酸与丙酸的摩尔比，大于3.2为乙酸发酵类型；小于2.0为丙酸发酵类型；在2.5～3.2为乙丙酸发酵类型；在2.0～2.5为丙乙酸发酵类型；丁酸占总VFA的比例大于20%为丁酸发酵类型。

（二）影响瘤胃发酵的因素

1. 日粮组成

当日粮结构相似时，不同反刍动物瘤胃发酵产生的各VFA的摩尔百分比相似，即各种反刍动物瘤胃发酵的终产物相似。日粮中易发酵碳水化合物含量高时，瘤胃微生物活动增加，发酵产生的总VFA浓度高。瘤胃发酵产生的VFA中，数量最多的是乙酸。当饲喂纤维素含量高的日粮时，瘤胃中总VFA产量降低，乙酸比例提高；当日粮中精料比例提高时，乙酸的比例降低，丙酸的比例提高；饲喂全精料日粮时，丙酸比例大幅度增加，但乙酸的比例仍然高于其他脂肪酸；丁酸和戊酸的比例受日粮精粗比例的影响不大（表4-14和4-15）。瘤胃液中每100 mol VFA中乙酸或丙酸的物质的量与日粮中NDF和有机物（OM）的比值（NDF/OM）呈正相关，回归方程式如下：

乙酸比$=36.670+0.5480(NDF/OM)$，$r=0.9973$

丙酸比$=53.8438-55.7091(NDF/OM)$，$r=-0.9936$

对某一特定底物（淀粉、纤维素等），产生的VFA及乙酸/丙酸随日粮组成的变化而变化（表4-16）。虽然粗饲料中纤维素和半纤维素同时发酵，但终产物会因日粮的不同而有差别。

表 4-14 采食不同日粮的反刍动物瘤胃液中 VFA 的浓度和比例

动物	日粮	VFA 总量/(mmol/L)	各种 VFA/摩尔比%			
			乙酸	丙酸	丁酸	其他酸
绵羊	幼嫩黑麦草	107	0.60	0.24	0.12	0.04
牛	成熟黑麦草	137	0.64	0.22	0.11	0.03
牛	青贮牧草	108	0.74	0.17	0.07	0.02
绵羊	铡碎的苜蓿干草	113	0.63	0.23	0.10	0.04
	磨碎的苜蓿干草	105	0.65	0.19	0.11	0.05
牛	未铡干草(0.4),混合精料(0.6)	96	0.61	0.18	0.13	0.08
	干草颗粒(0.4),混合精料(0.6)	140	0.50	0.30	0.11	0.09
牛	大麦(瘤胃中无纤毛原虫)	146	0.48	0.28	0.14	0.10
牛	大麦(瘤胃中有纤毛原虫)	105	0.62	0.14	0.18	0.04

(引自赵义斌和胡令浩,1992)

表 4-15 草与料比值对泌乳牛瘤胃 VFA 比例的影响

草与料比	摩尔比/%			乙酸/丙酸
	乙酸	丙酸	丁酸	
100∶0	71.4	16.0	7.9	4.46
75∶25	68.2	18.1	8.0	3.77
50∶50	65.3	18.4	10.4	3.55
40∶60	59.8	25.9	10.2	2.31
20∶80	53.6	30.6	10.7	1.75

(引自冯仰廉,2004)

表 4-16 母牛饲喂两种日粮时纤维素和半纤维素产生的 VFA 比例 摩尔比%

名称	纤维素		半纤维素	
	干草日粮	干草+谷物日粮	干草日粮	干草+谷物日粮
乙酸	67.1	62.9	69.3	64.5
丙酸	18.6	30.1	23.3	27.5
丁酸	13.1	5.7	6.9	7.4
戊酸	1.1	0.6	0.5	0.8
乙酸/丙酸	3.61	2.09	2.97	2.35

2. 碳水化合物的来源

(1)非结构性碳水化合物(NSC)的来源 反刍动物的优质粗饲料中,除了 NDF 外,还有几乎等量的中性洗涤可溶物(NDS),NDS 的主要成分是 NSC,包括淀粉(玉米青贮)和可溶性糖(牧草、青贮牧草)。日粮 NSC 在瘤胃中的降解产物主要为丙酸,通过琥珀酸盐和丙烯酸盐作为中间代谢物的两条途径都可以合成丙酸,但第一条途径 ATP 的产量高于第二条。瘤胃中 NSC 的快速降解会造成 VFA 积累,pH 降低和渗透压升高,最终导致日粮纤维瘤胃降解率降低,动物采食量下降。随着瘤胃 pH 的降低,纤维分解菌的数量和纤维分解酶的活力均降低;

NDF在瘤胃中的积累导致采食量下降;高浓度的VFA使瘤胃渗透压升高,渗透压可调控瘤胃的活动,且VFA中的丙酸可诱导胰岛素和胰高血糖素释放,使动物产生饱腹感,采食量降低。

瘤胃中的细菌、真菌和原虫都能降解淀粉,但降解的程度受瘤胃内环境的影响。原虫能吞食淀粉颗粒,并将其转化为支链淀粉,支链淀粉继续慢慢分解为VFA,主要是乙酸和丁酸的混合物。瘤胃原虫的这一特性可以阻止细菌快速降解淀粉,以致产生过多的乳酸和丙酸,导致瘤胃pH降低。但是原虫对细菌的吞噬作用,影响了瘤胃向小肠提供微生物蛋白质。当瘤胃中降解率高的淀粉量低时,淀粉通过还原型或琥珀酸盐途径生成丙酸,瘤胃ATP产量增加,瘤胃原虫数量和NDF降解率不受影响,小肠微生物蛋白质的流量保持不变,但使部分有机物的消化位点向小肠转移;饲喂大量高降解率的淀粉在很大程度上能够减少瘤胃原虫的数量,但同时丙酸生成向效率较低的丙烯酸途径转移,导致ATP产量下降,同时造成瘤胃乳酸积累、pH降低,从而影响NDF的降解和微生物蛋白质的产量。饲料来源不同,其淀粉的瘤胃降解率及对纤维素降解率的影响不同(表4-17)。

表4-17 淀粉的来源对有机物成分降解率的影响 %

名称	日粮		
	谷物	大麦	木薯
有机物	73.2	72.4	73.0
氮	63.0	65.9	63.6
淀粉	95.6	98.2	98.8
NDF	63.6	55.1	56.3

(引自冯仰廉,2004)

(2)结构性碳水化合物的来源 微生物的发酵作用可以使80%~90%的具有消化潜力的纤维成分在前段消化道降解,降解过程伴随着能量的消耗,以气体和热的形式散失。其中可消化碳水化合物的2/3转化为VFA,1/3被微生物用于生长繁殖。瘤胃中纤维素被消化的程度主要取决于植物性饲料木质化的程度。幼嫩牧地牧草木质素含量为50 g/kg DM时,纤维素的消化率达80%,当这种牧草老化,木质素含量为100 g/kg DM时,纤维素的消化率降至60%以下。高淀粉日粮(淀粉含量达500 g/kg DM),引起瘤胃pH降低,抑制了纤维分解菌的生长繁殖,使纤维素降解率降低。日粮DMI和长草比例影响动物反刍与咀嚼,进而影响饲料纤维在瘤胃中的滞留时间,经咀嚼,50%以上的饲料颗粒变小通过瘤胃,反刍又进一步将饲料颗粒变小。瘤胃纤维降解菌粘附于饲料纤维,完成对纤维物质的降解,其分泌的纤维酶系,分子量超过10^6 Da。饲料成分的物理结构和空间疏密程度会影响酶对其的渗透,如木质素-纤维素孔径太小,就不能被体积大得多的纤维素酶渗透;纤维性饲料经反刍动物咀嚼,唾液湿润后(水化过程),变成了较小的颗粒,有利于微生物的附着与消化。

3. 碳水化合物的加工处理

(1)非结构性碳水化合物(淀粉)的加工处理 通常,日粮中的NSC可被反刍动物完全消化,但用整粒谷物喂牛时,有30%~50%的谷物不被消化而直接通过消化道排出。如用整粒大麦喂牛,淀粉的瘤胃降解率只有64%;由于绵羊咀嚼时能有效地磨碎大麦颗粒,用整粒大麦喂绵羊时,95%的淀粉在瘤胃中消化(表4-18)。加工处理可以改变谷物养分在瘤胃的降解率,进而改变瘤胃发酵类型(表4-19)。常用的谷物加工方法有磨碎、蒸汽压片、制粒、膨化与烘焙等。磨碎或碾碎加工破坏了谷物种皮、减小了饲料颗粒,有助于淀粉与瘤胃微生物的接触。蒸汽压片与制粒能提高饲料水分含量、减小颗粒大小并使淀粉微粒胶样化,使其更易于被酶消化(表4-20)。经过烘焙,淀粉与蛋白质结合形成复杂的结构,使淀粉在瘤胃中降解率下降。

表4-18　加工方式对反刍动物淀粉采食量和消化率的影响

类型	谷物		动物	淀粉采食量/(g/24h)	消化率/%	
	饲喂形式	日粮中比例			瘤胃	全消化道
大麦	碾压	100	绵羊	479	92	100
	整粒	100	绵羊	573	95	—
	蒸汽压片	68	绵羊	369	95	100
	粉碎	58	牛	2 560	93	—
	粉碎	78	牛	3 150	98	—
	整粒	90	牛	1 850	64	—
玉米	粉碎	80	绵羊	613	78	100
	蒸汽压片	80	绵羊	626	96	100
	粉碎	20	牛	645	59	100
	粉碎	60	牛	1 610	50	99
	粉碎	80	牛	2 158	70	99
高粱	碾压	68	绵羊	398	89	100
	蒸汽压片	69	绵羊	373	89	100
	粉碎	83	牛	2 070	42	97
	蒸汽压片	83	牛	2 290	83	100

(引自冯仰廉,2004)

表4-19　谷物加工对瘤胃发酵的影响

名称	乙酸(mM)	丙酸(mM)	乙酸/丙酸	较高级酸
大麦	52.5	30.1	1.74	17.4
粉碎大麦	45.0	45.3	0.99	9.7
燕麦	65.0	18.6	3.49	16.4
粉碎燕麦	53.2	37.5	1.42	9.3

(引自冯仰廉,2004)

表4-20　制粒前后奶牛混合日粮中淀粉的过瘤胃率　　%

类型	淀粉	制粒前	制粒后
玉米	358	49	44
大麦	378	8	6
木薯淀粉	362	7	4
混合日粮	373	19	14

(引自冯仰廉,2004)

(2)结构性碳水化合物的加工处理　粗饲料经过物理、化学或微生物处理,纤维物质在瘤胃中的降解率提高,进而提高了瘤胃VFA与乙酸产量。

粗饲料随着生育期的延长，消化率降低，适宜的物理加工方式(铡短、揉碎、蒸煮与制粒等)能改善饲料适口性，提高消化率。收割较晚的禾本科牧草，制成颗粒后饲喂3～6月龄犊牛，犊牛采食量、日增重和饲料利用率显著提高。反刍动物以粗饲料日粮为主时，物理加工能提高其生产性能；如果是低粗料日粮则会起到相反的作用。日粮中粗饲料含量低或粗饲料粉碎过细时，即使其余养分均已满足需要，也会发生代谢紊乱，如引起奶牛肥胖综合征、瘤胃不全角化症、皱胃变位、蹄叶炎、酸中毒以及乳脂率降低等。

化学处理(碱化或氨化)能显著提高反刍动物对低质粗饲料的消化率。碱性物质可以溶解半纤维素；破坏木质素-半纤维素复合物中糖醛酸和乙酰基与木聚糖缔合的酯键；断开纤维素中的氢键，使纤维素膨胀，更易于纤维酶进入。因此，粗饲料经过碱化处理，纤维物质瘤胃降解率提高，瘤胃VFA与乙酸浓度提高(表4-21)。但是，用NaOH处理饲料，会对瘤胃纤维分解菌产生负面影响，提高瘤胃食糜外流速度，并造成环境污染；用氨处理秸秆时，氨能与秸秆中的可溶性糖反应生成4-甲基-异吡唑，导致奶牛发生“母牛脑脊髓综合征”，因此，氨化处理秸秆时要控制好处理温度与时间。

表4-21　碱处理麦秸对牛瘤胃VFA组成的影响

项目	总VFA/(mmol/L)	各种VFA/%		
		乙酸	丙酸	丁酸
未处理大麦秸	76	72	20	5
NaOH处理大麦秸	85	73	19	6
Na_2CO_3处理小麦秸	84	73	19	5

(引自冯仰廉，2004)

生物处理粗饲料可使木质素及其与纤维素的复合结构分解。有少数微生物能同时分解所有的植物聚合物，如白腐真菌。而细菌与酵母对底物有选择性，并需对木质纤维素物质进行化学或物理的预处理。

4. *瘤胃内环境*

瘤胃pH能改变发酵类型，pH在6.5～7.0时，适宜纤维分解菌的活动，瘤胃内乙酸比例较高；pH低于6.5，尤其是低于6.0时，较适合高淀粉和高可溶性糖日粮的发酵，纤维分解菌受到抑制，瘤胃内丙酸和乳酸比例较高。

二、淀粉降解位点的调控

在高产反刍动物日粮中，非纤维性碳水化合物占40%～50%，其中淀粉是其主要组成成分，淀粉在瘤胃中的降解速度与降解量影响反刍动物的瘤胃代谢与健康。谷物淀粉在瘤胃的降解率为75%～80%，进入小肠的淀粉约有35%～60%被消化，到达后肠道的淀粉约有35%～50%被降解。淀粉在瘤胃内被微生物降解的过程中伴随着气体产生和热量损耗，而且微生物代谢也消耗能量。从理论上推算，淀粉在瘤胃发酵的能量利用效率约为80%，在小肠内酶解消化的能量利用效率约为97%，而在大肠内消化的能量利用效率为40%～45%。另外，大量的淀粉在瘤胃内降解，会使瘤胃液中的VFA快速积累，很可能引起瘤胃酸中毒。因此，调控日粮淀粉的消化位点(瘤胃和小肠)成为反刍动物营养研究的重要内容。

在满足最大瘤胃微生物蛋白质合成量的前提下，采用过瘤胃包被技术，使多余的淀粉过瘤胃，在小肠中被酶消化，可以提高日粮淀粉的利用率。但反刍动物小肠淀粉酶分泌量不足、淀粉消化能力有限的特点，未被小肠消化的淀粉会在大肠中进一步发酵或者随粪便排出体外，过瘤胃淀粉的使用会造成淀粉全消化道消化率下降或淀粉的能量利用率降低。因此，只有在小肠对淀粉的消化能力不受限（如不受颗粒大小、消化酶不足或其他因素的限制），并且动物不需要从淀粉的瘤胃发酵中获得额外微生物蛋白质的情况下，将淀粉的消化部位从瘤胃转移至小肠才会有更高的能量利用效率。当淀粉在小肠中的消化率高于75%时，增加淀粉在瘤胃中的降解，淀粉的全消化道能量转化效率降低；当淀粉在小肠中的消化率低于75%时，增加淀粉在瘤胃中的降解，淀粉的全消化道能量转化效率提高。当谷物作为饲粮中淀粉的主要来源时，粪便中的淀粉含量可作为衡量全消化道淀粉消化率的指标。

调整日粮谷物来源或采用适当的谷物加工方式，可以改变淀粉在瘤胃中的降解速度与程度。淀粉的晶体结构、颗粒大小和形状、直链淀粉和支链淀粉的含量以及蛋白质基质的存在等物理特性影响淀粉在瘤胃中的降解程度与速度。与玉米相比，大麦和小麦淀粉中的支链淀粉比例高，被不溶性蛋白质包被少，有利于与微生物的接触，故其淀粉的瘤胃有效降解率高于玉米（表4-22）。生产中常用的谷物加工方法有破碎、蒸汽碾压和蒸汽压片。破碎减小了谷物的粒度；蒸汽压片是通过高温蒸汽处理使谷物淀粉糊化，再经压片使蛋白质包被破裂，淀粉颗粒释放出来。两种方式均增加了淀粉颗粒与瘤胃微生物的接触面积，提高了淀粉的瘤胃降解率。

三、瘤胃甲烷产量的调控

反刍动物采食的饲料能量有6%～10%在消化道发酵过程中被转化为甲烷，其中90%的甲烷在前胃产生，有10%来自后肠道发酵。

（一）影响瘤胃甲烷产量的因素

反刍动物甲烷的释放量与动物的种类、生产性能及日粮组成等因素有关。

表4-22　不同来源淀粉的瘤胃降解

饲料	淀粉含量/(g/kg DM)	W/%	K_d/(%/h)	未降解率/%
玉米	714	26	4.0	44
西非玉米	695	32	3.6	43
大米	657	26	7.6	32
豌豆	497	50	7.1	26
大豆	419	44	8.0	26
粟子	616	41	8.3	26
小麦	681	68	17.5	13
木薯淀粉	720	75	16.8	13
燕麦	421	96	18.8	13
大麦	594	62	24.2	13

注：W 指饲料中溶于水的淀粉部分（快速降解部分）；

K_d 指瘤胃中具有潜在降解能力，但不溶于水的部分的降解速率。

（引自冯仰廉，2004）

1. 动物因素

每日甲烷释放量，奶牛为200～400 g，育肥牛70～200 g，绵羊和山羊为10～30 g。生产性能高的反刍动物释放的甲烷量少于生产性能低的反刍动物，通过品种改良，提高动物的生产性能和生产效率是减少温室气体排放的重要途径。

2. 日粮因素

粗饲料中的碳水化合物主要由纤维素和半纤维素组成，在瘤胃中发酵的主要产物是乙酸，同时产生二氧化碳和氢。精饲料特别是谷物类籽实的碳水化合物主要由淀粉和糖组成，在瘤胃中发酵的主要产物是丙酸。瘤胃中的产甲烷菌以二氧化碳和氢为原料合成甲烷。日粮纤维的瘤胃降解量与甲烷产量呈正相关；丙酸和甲烷生成之间呈负相关关系。例如含谷物多的日粮，瘤胃发酵产生的乙酸与丙酸摩尔比为 1：1，发酵反应式如下：

$$3\text{ 葡萄糖}\rightarrow 2\text{ 乙酸}+2\text{ 丙酸}+\text{丁酸}+3CO_2+CH_4+2H_2O$$

含干草比例高的日粮，瘤胃发酵产生的乙酸与丙酸摩尔比为 3：1，发酵反应式为：

$$5\text{ 葡萄糖}\rightarrow 6\text{ 乙酸}+2\text{ 丙酸}+\text{丁酸}+5CO_2+3CH_4+6H_2O$$

比较两式可知，后者比前者多产生 2 mol 甲烷，因此，提高日粮中精料所占的比例，有助于降低甲烷的产量，但高精料饲养反刍动物会提高饲料成本，降低日粮中粗饲料的消化率，同时还有可能造成瘤胃内容物酸度过高，对动物的健康造成损害。

3. 饲料加工处理

粗饲料粉碎，可以降低饲料在瘤胃中的停留时间，减少动物反刍，从而降低甲烷产量，但饲料的消化率也会降低。氨化处理粗饲料，动物的采食量和日粮养分消化率提高，瘤胃甲烷产量也提高。

(二)降低瘤胃甲烷产量的途径

去除瘤胃原虫、增加日粮精饲料的比例、用淀粉质精料（如大麦）替代纤维质精料（如甜菜粕）、用玉米替代大麦、用青贮替代干草、通过加工降低粗饲料的粒度或在日粮中添加甲烷抑制剂，如长链脂肪酸、离子载体类抗生素、植物提取物、有机酸等均可以降低反刍动物甲烷释放量。

1. 去原虫处理

产甲烷菌附着在原虫表面，能获得氢，用于甲烷合成。去原虫处理，能使瘤胃发酵转向丙酸发酵，降低甲烷产量，但实际生产中对所有动物进行去原虫处理不可行，且去原虫会造成饲料纤维物质消化率下降。

2. 调整日粮组成

日粮组成的调整要以不影响动物生产性能为前提。提高日粮粗饲料比例，甲烷损失占食入总能的比例增加，甲烷每日总排放量会因动物采食总能的降低而减少，但动物达到出栏体重所需要的时间延长，整个生命周期或饲养阶段的甲烷总排放量增加。谷物来源和加工方法会影响淀粉在瘤胃的降解速度，进而影响肠道甲烷产量，瘤胃淀粉消化率越高，肠道甲烷能值占食入总能量的百分比越低，在能量摄入量不变的情况下，肉牛饲喂蒸汽压片玉米日粮比饲喂干碾压玉米日粮，肠道甲烷排放量约低 20%。日粮中脂肪含量会影响肠道甲烷排放量，在采食量较低的情况下，反刍动物饲粮中脂肪添加水平每提高 1%，肠道甲烷产量（g/kg DM）约降低 3.8%～5.6%；在采食量较高（大于 8.2 kg/d）的情况下，甲烷产量会随着饲粮脂肪含量的升高而增加。

3. 长链脂肪酸

富含中链饱和脂肪酸的椰子油、向日葵籽油、亚麻籽油、棕榈油和富含长链不饱和脂肪酸的菜籽油、葵花籽油和亚麻油均能抑制瘤胃原虫和甲烷菌的活性,降低瘤胃甲烷产生。但日粮中添加高剂量脂肪酸,对瘤胃纤维分解菌的活性和日粮纤维消化率会有负面影响。

4. 离子载体类抗生素

离子载体是羧基聚醚类化合物,包括莫能菌素(瘤胃素)、拉沙里菌素、莱特洛霉素丙酸盐和盐霉素等,其作用机制是通过与阳离子结合,增加微生物细胞膜的通透性,破坏细胞内外离子梯度差,使细胞内 pH 降低,质子泵在向细胞外排出质子的过程中不断消耗 ATP,最终导致细胞能量耗尽。莫能菌素和拉沙里菌素的离子转运机制相似,但又不完全相同。莫能菌素对钠离子的亲和力高于钾离子,拉沙里菌素对钾离子有更高的亲和力,对钙离子和钠离子的亲和力相似。瘤胃中革兰氏阳性菌对离子载体敏感,而大多数革兰氏阴性菌由于细胞外膜的不通透性,对离子载体不敏感。日粮中添加离子载体,瘤胃微生物群落类型会发生改变,使瘤胃中 VFA 向生成更多丙酸、更少乙酸和丁酸的方向转变,瘤胃甲烷产量降低,有助于提高生长期和肥育期动物的饲料转化率。但瘤胃微生物能够对莫能菌素等产生适应性和耐药性,另外,抗生素类产品的使用容易在畜产品中残留,对人体健康造成威胁。

5. 植物次级代谢产物

植物次级代谢产物是指植物在代谢过程中产生的一系列用于防御而不是用于生长或者繁殖的物质,如精油、皂苷、单宁和有机硫混合物等。皂苷能抑制瘤胃原虫和甲烷菌的活性,提高丙酸摩尔比,从而减少瘤胃甲烷产生。植物挥发油的作用和莫能菌素相似,可以抑制革兰氏阳性菌,减少氢的产生,降低瘤胃甲烷合成。植物单宁能直接抑制产甲烷菌和原虫的活性,同时也能与纤维素形成复合物,降低纤维素降解率,从而减少氢的生成。

6. 有机酸

日粮中添加延胡索酸或苹果酸等丙酸的前体物质,能降低瘤胃乙酸与丙酸比例,进而减少瘤胃甲烷产生。但要注意日粮中有机酸的适宜添加水平,以防引起瘤胃 pH 下降。

7. 其他物质

卤代化合物或硝态氮也可抑制瘤胃甲烷产生,但这两类物质对动物具有一定的毒性。3-硝基丙二醇(甲基辅酶 M 的结构类似物)作为辅酶因子参与甲烷生成的最后一步,在肉牛日粮中添加可降低肠道甲烷产量,且不影响日粮养分消化率。微生物(酵母培养物、细菌制剂)和酶制剂添加剂也能降低动物消化道甲烷释放量。

参考文献

陈代文,王恬. 2011. 动物营养与饲料学[M]. 北京:中国农业出版社.

冯仰廉. 2004. 反刍动物营养学[M]. 北京:科学出版社.

孟庆翔,周振明,吴浩(主译). 2018. 肉牛营养需要(第 8 次修订版)[M]. 北京:科学出版社.

王之盛,李胜利. 2016. 反刍动物营养学[M]. 北京:中国农业出版社.

姚军虎,申静. 瘤胃可降解淀粉:决定反刍动物消化道健康与养分利用的关键日粮因子[J]. 饲料工业,2020(8):1-7.

周安国,陈代文. 2010. 动物营养学[M]. 北京:中国农业出版社.

赵广永. 2012. 反刍动物营养[M]. 北京:中国农业大学出版社.

赵义斌，胡令浩（主译）. 1992. 动物营养学[M]. 兰州：甘肃民族出版社.

朱圣庚，徐长法. 2018. 生物化学[M]. 北京：高等教育出版社.

Huntington, G. B., Harmon, D. L., Richards, C. J., 2006. Sites, rates, and limits of starch digestion and glucose metabolism in growing cattle[J]. Journal of Animal Science, 84 (13 suppl): E14.

（本章编写者：王聪、宋献艺；审校：刘强）

第五章 脂类营养

脂类是存在于动植物体组织内，不溶于水而溶于氯仿、苯或乙醚等有机溶剂的物质，在饲料概略养分分析中被称为乙醚浸出物(ether extracts，EE)或粗脂肪。饲粮中的脂类是反刍动物的重要能量来源，含量一般为2%～7%。

第一节 脂类及其营养生理作用

脂类包括甘油三酯、类脂(磷脂、糖脂、脂蛋白)、蜡类、甾类和萜类，具有氧化酸败、氢化等性质，有供能和储能等营养生理作用。植物所含的脂类包括结构脂类和贮备脂类两种类型。结构脂类是各种膜和保护性表层的构成成分，约占植物干物质的7%，植物表面的脂类主要是蜡质，并含有少量的长链烃类、脂肪酸和角质；存在于线粒体、内质网和质膜中的膜脂类，主要为糖脂和磷脂。贮备脂类存在于植物的果实与种子中，以油类为主。动物体内磷脂占肌肉和脂肪组织的0.5%～1%，占肝脏组织的2%～3%。肥育家畜的脂肪组织中脂肪占97%。

一、脂类的分类

动物营养中，依据脂类的营养作用及组成结构将其进行分类，见表5-1。

表5-1 动物营养中脂类的分类、组成和来源

分类			名称	组成	来源
可皂化脂类	简单脂类		甘油酯	甘油+3脂肪酸	动植物体脂肪组织
			蜡质	长链醇+脂肪酸	动植物
	复合脂类	磷脂类	磷脂酰胆碱	甘油+2脂肪酸+磷酸+胆碱	动植物
			磷脂酰乙醇胺	甘油+2脂肪酸+磷酸+乙醇胺	动植物
			磷脂酰丝氨酸	甘油+2脂肪酸+丝氨酸+磷酸	动植物
		鞘脂类	神经鞘磷脂	鞘氨醇+脂肪酸+磷酸+胆碱	动物
			脑苷酯	鞘氨醇+脂肪酸+糖	动物
		糖脂类	半乳糖甘油酯	甘油+2脂肪酸+半乳糖	植物
		脂蛋白	乳糜微粒等	蛋白质+甘油三酯+胆固醇+磷酯	动物血浆
非皂化脂类	固醇类		胆固醇	环戊烷多氢菲衍生物	动物
			麦角固醇	环戊烷多氢菲衍生物	高等植物、细菌、藻类
	类胡萝卜素		β-胡萝卜素等	萜烯类	植物
	脂溶性维生素		维生素A、D、E、K		动植物

(引自周安国等，2010)

(一)真脂肪

真脂肪也称甘油三酯或三酰甘油，是由一分子甘油和三分子脂肪酸脱水缩合而成的酯。由相同脂肪酸残基组成的三酰甘油为简单三酰甘油；由两种以上脂肪酸残基组成的三酰甘油为混合三酰甘油。天然存在的脂肪和油多为混合三酰甘油的混合物，如月桂油含有31%的月桂酸三酰甘油。大多数天然存在的脂肪酸含有一个单羧基(—COOH)和一个不分支的碳链，依据碳链上是否含有双键分为饱和脂肪酸和不饱和脂肪酸(表5-2)。植物和海生动物(尤其是鱼油)较哺乳动物含有更多的不饱和脂肪酸。哺乳动物体内贮存的脂肪中，饱和脂肪酸的比例较高，并且含有少量具有重要生理作用的月桂酸等。各种动物皮下脂肪中不饱和脂肪酸含量较高，较深层脂肪软。反刍动物乳脂的特征是低分子质量脂肪酸含量占脂肪酸总量的20%，乳脂比哺乳动物体内贮存的脂肪软，但不及植物油和海生动物脂肪软，常温下为半固体。反刍动物瘤胃内微生物可使不饱和脂肪酸发生氢化作用，体脂中的饱和脂肪酸含量高于单胃动物。

表5-2　常见油脂中的脂肪酸组成 %

名称	熔点(℃)	玉米油	大豆油	黄油	牛油	猪油
饱和脂肪酸						
丁酸 $C_{4:0}$	−6			3.2		
己酸 $C_{6:0}$	−2			1.8		
辛酸 $C_{8:0}$	16			0.8		
正癸酸 $C_{10:0}$	31			1.4		
月桂酸 $C_{12:0}$	44			3.8		
肉豆蔻酸 $C_{14:0}$	56			8.3		
棕榈酸 $C_{16:0}$	63	7.0	8.5	27.0	27.0	32.2
硬脂酸 $C_{18:0}$	70	2.4	3.5	12.5	21.0	17.8
花生酸 $C_{20:0}$	76					
不饱和脂肪酸						
棕榈油酸 $C_{16:1}$	1.5					
油酸 $C_{18:1}$	13	45.6	17.0	35.0	40.0	48.0
亚油酸 $C_{18:2}$	−6	45.0	54.4	3.0	2.0	11.0
亚麻酸 $C_{18:3}$	−14		7.1	0.8	0.5	0.6
花生油酸 $C_{20:4}$	−50					
熔点(℃)		< 20	< 20	28～36	36～45	35～45
碘价数		105～125	130～137	26～38	46～66	40～70
皂化价数		87～93	190～194	220～241	193～200	193～220

(引自周安国等，2010)

(二)糖脂

糖脂是分子中含糖基的脂类，当甘油的两个醇基被脂肪酸脂化，而另一个醇基与糖残基相连接时即形成糖脂。糖脂可以由甘油或神经鞘氨醇衍生出来，因此包括甘油糖脂和N-酰基神经醇糖脂两类。动物体内的糖脂主要存在于脑和神经纤维等组织中。植物糖脂中的甘油可用含氮碱基神经鞘氨醇置换，以这类化合物的最简单形式脑苷脂来说，糖脂具有一个与长链脂肪酸的羟基连接的神经鞘氨醇的氨基，其末端醇基与一个糖残基，通常为半乳糖残基相连。较复杂的化合物神经节苷脂存在于脑中，其末端醇基与一个至少在一个侧链上以唾液酸作为末端残基的糖的侧链连接。

青草中的糖脂是反刍动物饲料脂肪的组成部分，以半乳糖脂为主，约占60%。除单半乳糖脂外，青草中还含有少量双半乳糖脂化合物，即在第一个碳原子上含有两个半乳糖残基。青草中糖脂的脂肪酸几乎全是亚麻酸，约占脂肪酸总量的95%，亚油酸仅占2%～3%。反刍动物瘤胃微生物能将半乳糖脂分解为半乳糖、脂肪酸和甘油。半乳糖脂必须经初步脂类分解才能被微生物的半乳糖苷酶水解。

(三)磷脂

磷脂是一类含磷的脂类化合物，主要存在于动物的肝、脑和神经组织以及植物的种子中，作为构成生物膜复合脂蛋白的成分。依据化学组成，磷脂可分为甘油磷脂和鞘磷脂。

甘油磷脂是仅有两个醇基被脂肪酸酯化而第三个醇基被磷酸酯化的甘油酯。磷脂中的主要脂肪酸是十六碳、十八碳的饱和脂肪酸或含一个双键的不饱和脂肪酸，也存在十四碳至二十四碳的其他脂肪酸。磷脂酸是最简单的磷酸甘油脂，其磷酸基可被胆碱、乙醇胺、丝氨酸、甘油和肌醇等酯化，形成不同的磷脂。在高等动植物中最普遍存在的磷酸甘油脂是卵磷脂(磷脂酰胆碱)和脑磷脂(磷脂酰乙醇胺)，此外还有磷脂酰肌醇、磷脂酰甘油与双磷脂酰甘油等磷酸甘油脂。磷酸甘油可在天然存在的磷脂酶类作用下水解，释放出脂肪酸、磷酸酯、醇和甘油。磷酸甘油脂同一分子内部包括亲水的磷酸酯基和疏水的脂肪酸链，因此，可作为表面活性物质，并且在机体内，如十二指肠，可作为乳化剂起重要作用。

神经鞘磷脂是以神经鞘氨醇代替甘油，由神经鞘氨醇、脂肪酸、磷酸基和胆碱组成，主要存在于神经的髓磷脂鞘中。与脑苷脂的区别在于，鞘磷脂末端的羟基与磷酸而不是糖残基相连接，而磷酸被胆碱或胆胺脂化。神经鞘磷脂含有氨基，通过一个肽键与一个长链脂肪酸的羧基连接。与卵磷脂和脑磷脂一样，神经鞘磷脂也是表面活性物质，并且是生物膜尤其是神经组织的重要组成成分。在产生能量的组织中，不含或仅含很少量的神经鞘磷脂。

(四)蜡质

蜡质是由一个脂肪酸与一个高级一元醇化合生成的简单脂质，在常温下为固体。在蜡质中发现的最常见的醇有巴西棕榈醇、蜂花醇和鲸蜡醇。天然蜡通常是若干不同酯的混合物。蜡质可减少植物因蒸发作用造成的水分损失；动物的毛、羽也因蜡膜的疏水性质而起到防水作用。著名的动物蜡有从羊毛中得到的羊毛蜡和海生动物产品鲸蜡。与脂肪不同，蜡不易水解，没有营养价值。因此，蜡质在饲料中的存在将导致粗脂肪含量升高，并由此造成对饲料脂肪的营养价值评价过高。

(五)类固醇和萜

类固醇和萜属不可皂化物质，一般不含脂肪酸，在生物体内以乙酸为前体合成，在动物体内含量少，是重要的生物活性物质。类固醇也称甾类，包括胆固醇及其衍生物，如胆汁等。

二、脂类的性质

脂类所含脂肪酸种类的不同使其具有不同的特性，这些特性与动物营养密切相关。

(一)脂类的水解特性

在稀酸或强碱溶液中，微生物产生的脂酶作用下，脂类可被水解成脂肪酸与甘油。脂类的水解对其营养价值没有影响,但水解产生的某些脂肪酸有特殊异味或酸败味,可能影响适口性而影响脂类利用。脂肪酸碳链越短(特别是4～6个碳原子的脂肪酸),异味越浓。

(二)脂类氧化酸败

包括自动氧化和微生物氧化。脂质自动氧化是一种由自由基激发的氧化,是一个自身催化加速进行的过程。先形成的脂过氧化物与脂肪分子反应形成氢过氧化物,当氢过氧化物达到一定浓度时则分解形成短链的醛和醇,使脂肪出现不适宜的酸败味,最后经过聚合作用使脂肪变成黏稠、胶状甚至固态的物质。微生物氧化是一个由酶催化的氧化。存在于植物饲料中的脂氧化酶或微生物产生的脂氧化酶催化不饱和脂肪酸氧化,反应过程与自动氧化一样,但反应形成的过氧化物,在同样温湿度条件下比自动氧化多。氧化酸败使脂类营养价值降低,产生不良气味,过氧化产物的增加可能导致动物产生氧化损伤。

(三)脂肪酸氢化

在催化剂或酶作用下,不饱和脂肪酸的双键得到氢而变成饱和脂肪酸,使脂肪硬度增加,不易氧化酸败,有利于储存,但这一过程会造成必需脂肪酸的损失。

三、脂类的营养生理作用

(一)脂类是构成动物体组织的成分

磷脂和糖脂是细胞膜的重要组成成分,占细胞膜干物质的50%左右。动物肌肉组织中脂类60%～70%是磷脂类。甘油三酯是构成动物脂肪组织的主要成分。

(二)脂类具有供能和储能的作用

脂类含能是蛋白质和碳水化合物的2.25倍,饲料或动物体内代谢产生的游离脂肪酸与甘油酯,是动物的重要能量来源。在饲粮添加脂肪可提高动物的生产性能。饲粮脂肪作为供能营养素,热增耗低,消化能或代谢能转化为净能的效率比蛋白质和碳水化合物高5%～10%。动物摄入的能量超过需要量时,多余的能量主要以脂肪的形式储存在体内。初生哺乳动物的颈部、肩部与腹部有一种特殊的脂肪组织,称为褐色脂肪,是颤抖生热的能量来源,这种脂肪组织含有大量线粒体,这种线粒体的特点是含有大量红褐色细胞色素,且线粒体内膜上有特殊的氢离子通道,由电子传递链“泵”出的氢离子直接通过这种通道流回线粒体内,使氧化与磷酸化作用之间的偶联被打断,电子传递释放的自由能不能被ADP捕捉形成ATP,只能形成热能,由血液输送到机体的其他部位,起维持体温的作用。

另外,有些脂类作为脂溶性营养素(如脂溶性维生素)的溶剂,参与脂溶性物质的消化和吸收。脂类是代谢水的重要来源,每克脂肪氧化比碳水化合物多产生水67%～87%,比蛋白质产生的水约多1.5倍,因此,生长在沙漠的动物氧化脂肪既能供能又能供水。磷脂的乳化特性,有助于消化道内形成适宜的油水乳化环境,并有助于血液中脂质的运输以及营养物质的跨膜转运,因此,代乳料中用卵磷脂作为乳化剂,有利于提高小动物对饲料中脂肪和脂溶性营养物质的消化率,促进小动物生长。日粮中的脂类是动物必须脂肪酸的重要来源。

第二节 脂类的消化、吸收和代谢

脂类的水解产物必须先形成一种可溶于水的乳糜微粒，才能通过小肠微绒毛将其吸收。这一过程可概括为：脂类水解、水解产物形成可溶的微粒、小肠粘膜摄取这些微粒、小肠细胞将微粒中脂肪酸合成三酰甘油、三酰甘油进入血液循环。

一、脂类的消化

瘤胃尚未发育成熟的反刍动物对脂类的消化吸收与单胃动物类似，随着瘤胃功能的完善，反刍动物对脂类的消化、吸收与代谢明显不同于单胃动物。

(一)脂类在瘤胃的消化

瘤胃脂类的消化，实质上是微生物的消化。日粮中脂肪进入瘤胃后在微生物脂肪酶的作用下，被水解成游离脂肪酸。不饱和游离脂肪酸可被瘤胃微生物进一步氢化，氢化后的终产物为硬脂酸($C_{18:0}$)；有些不饱和游离脂肪酸需经过异构化，产生的共轭物如共轭亚油酸等中间产物再被氢化。脂肪酸氢化的程度取决于脂肪酸的不饱和程度、动物的饲喂水平和饲喂次数。与进入瘤胃时的日粮脂肪酸不同，过瘤胃的脂肪酸主要为十八碳酸($C_{18:0}$)和十八碳一烯酸($C_{18:1}$)及其异构体。瘤胃中的部分游离脂肪酸在微生物细胞增殖时被用于合成微生物脂肪，其中大部分用于组成细胞膜的磷脂。在过瘤胃脂肪酸中，85％～90％是游离脂肪酸，10％～15％是微生物磷脂。

1. 日粮脂类在瘤胃中的水解

进入瘤胃的脂类，在微生物分泌的脂酶、半乳糖脂酶和磷酸脂酶的作用下被水解。脂酶将三酰甘油水解为游离脂肪酸和甘油；半乳糖脂酶将半乳糖脂中相应的脂肪酸释放出来，形成半乳糖、脂肪酸和甘油。甘油被微生物转化为挥发性脂肪酸，部分游离脂肪酸被微生物利用。瘤胃细菌脂类来源于饲粮中的长链脂肪酸，以及短链脂肪酸的从头合成过程，大多数瘤胃细菌不能合成多不饱和脂肪酸。与瘤胃细菌相比，瘤胃原虫的脂类含有更多的不饱和脂肪酸及生物氢化产物，这可能是原虫吸收了细菌脂类的结果。瘤胃原虫可吸收细菌摄取的共轭亚油酸和反—11—$C_{18:1}$脂肪酸，使最终进入十二指肠的共轭亚油酸和反—11—$C_{18:1}$脂肪酸增加。

2. 部分不饱和脂肪酸经微生物作用变成饱和脂肪酸，必需脂肪酸减少

瘤胃是一个高度还原的环境，生物氢化是瘤胃脂肪消化的一个重要过程，该过程有助于保护微生物免受日粮中不饱和脂肪酸的损害。饲粮中90％以上含多个双键的不饱和脂肪酸在很短的时间内即被瘤胃微生物氢化。氢化作用必须在脂类水解释放出不饱和脂肪酸的基础上才能发生。氢化反应受细菌产生的酶催化，反应需要的氢来源于NADH或内源电子供体，也来源于瘤胃发酵产生的氢。瘤胃发酵产生的氢约14％用于微生物体内合成，特别是微生物脂肪合成与不饱和脂类氢化。

3. 部分氢化的不饱和脂肪酸发生异构变化

粗饲料和谷物中的脂类主要是甘油三酯、半乳糖甘油酯和磷脂，主要的脂肪酸是$C_{18:2}$和$C_{18:3}$。这两种脂肪酸的生物氢化涉及一个同分异构反应，即将顺—12—双键转化为反—11—

双键异构体，随后还原为反—11—$C_{18:1}$，最终进一步还原为硬脂酸($C_{18:0}$)。硬脂酸是$C_{18:1}$、$C_{18:2}$和$C_{18:3}$生物氢化后的主要产物，但瘤胃中产生的一些反式异构体随食糜进入小肠被吸收，结合到体脂和乳脂中。

4. 支链脂肪酸和奇数碳链脂肪酸增加

瘤胃微生物可利异丁酸、异戊酸、2-甲基丁酸以及支链氨基酸(缬氨酸、亮氨酸和异亮氨酸)等的碳架合成支链脂肪酸；也可利用丙酸与戊酸等合成奇数碳链脂肪酸。支链脂肪酸可占到细菌总脂肪酸的15%～20%，在细菌磷酸酯中可达30%。

(二)脂类在网胃、瓣胃和皱胃中的消化

脂类经过网胃和瓣胃时，基本上不发生变化；在皱胃，来源于瘤胃的脂类和微生物与胃分泌物混合，脂类逐渐被消化，微生物细胞也被分解。

(三)脂类在小肠的消化

日粮中脂类的数量在通过瘤胃前后变化很小，约占摄入量的87%以上的脂类能在十二指肠得到回收。由于瘤胃微生物能合成脂类，常出现瘤胃脂类数量大于日粮脂类数量的现象。如绵羊饲喂高精料，进入十二指肠的脂肪酸量是采食脂肪酸的104%。日粮中脂类在瘤胃中的消失主要是通过瘤胃上皮代谢途径，以及部分被微生物吸收或降解。进入十二指肠的脂类由吸附在饲料颗粒表面的脂肪酸、微生物脂类以及少量瘤胃中未消化的饲料脂类构成。微生物脂类和饲粮脂类被小肠胰脂酶分解为游离脂肪酸和甘油一酯，胆汁酸能促进脂肪酸与饲料颗粒分离。由于脂类中的甘油在瘤胃中被转化为挥发性脂肪酸，反刍动物十二指肠中缺乏一酰甘油，区别于非反刍动物，混合微粒由溶血性卵磷脂、脂肪酸及胆酸构成。溶血性卵磷脂由胆汁和饲粮中的磷脂在胰脂酶作用下形成。链长小于或等于14个碳原子的脂肪酸可不形成混合乳糜微粒而被直接吸收。由于反刍动物小肠中不吸收一酰甘油，其黏膜细胞中三酰甘油通过磷酸甘油途径重新合成。脂肪酸通过混合微粒的形式被吸收进入空肠上皮细胞。一些硬脂酸在结合成甘油三酯之前即被转化成油酸酯。甘油三酯被进一步结合成乳糜微粒和极低密度脂蛋白，并在淋巴系统中释放，最终进入胸导管的血液循环系统，在吸收过程中绕过了肝脏。

日粮中脂类的消化率是决定脂肪供能效率的主要因素，由于饲料脂肪在瘤胃中发生结构和数量的变化，测定十二指肠到回肠之间的脂肪消化率或全肠道消化率能更准确反映日粮脂肪的消化程度。脂肪酸在反刍动物小肠的消化率为55%～92%，碳链长度影响脂肪酸的消化率，脂肪酸碳链长度超过18个碳原子后，碳链越长，消化率越低。C_{16}和C_{18}脂肪酸的平均肠道消化率分别为70%和77%。C_{18}脂肪酸的平均消化率随双键数量的不同而不同：$C_{18:0}$为77%；$C_{18:1}$为85%；$C_{18:2}$为83%；$C_{18:3}$为76%。饱和脂肪酸的消化率约为不饱和脂肪酸的80%。肉牛随饲粮脂肪酸采食量的升高，其肠道消化率下降，且降低的原因是饱和脂肪酸消化率的下降。

(四)脂类在消化道后段的消化

在消化道的后段，脂类的消化与瘤胃类似，不饱和脂肪酸在微生物产生的酶的作用下可转化为饱和脂肪酸，胆固醇转化为胆酸。

二、脂类消化产物的吸收

反刍动物能有效吸收饱和脂肪酸和长链脂肪酸。瘤胃中产生的短链脂肪酸主要通过瘤胃

壁吸收；其余脂类的消化产物进入回肠后都能被吸收；呈酸性环境的空肠前段主要吸收混合微粒中的长链脂肪酸，空肠中后段主要吸收混合微粒中的其他脂肪酸；溶血磷脂酰胆碱也在中后段空肠被吸收。胰液分泌不足，磷脂酰胆碱可能在回肠积累。

由于反刍动物瘤胃微生物可将饲料中不饱和脂肪酸氢化为饱和脂肪酸，并在空肠后部能较好地吸收长链脂肪酸，因此，反刍动物的体脂中饱和脂肪酸比例大于不饱和脂肪酸。饲料脂类若不能过瘤胃，氢化作用就会发生，因此不容易改变反刍动物体脂中的脂肪酸组成。

三、脂类的转运

血中脂类主要以脂蛋白的形式转运。依据密度、组成和电泳迁移速率将脂蛋白质分为：乳糜微粒、极低密度脂蛋白（VLDL）、低密度脂蛋白（LDL）和高密度脂蛋白（HDL）。乳糜微粒在小肠黏膜细胞中合成，VLDL、LDL 和 HDL 既可在小肠黏膜细胞中合成，也可在肝脏合成。脂蛋白质中的蛋白质基团赋予脂类水溶性，使其能在血液中转运。中、短链脂肪酸可直接进入门静脉血液与清蛋白质结合转运。乳糜微粒和其他脂类经血液循环到达肝脏和其他组织。血中脂类转运至脂肪组织、肌肉和乳腺等毛细血管后，游离脂肪酸通过被动扩散进入细胞内，甘油三酯经毛细血管壁的酶分解成游离脂肪酸后再吸收，未被吸收的物质经血液循环到达肝脏进行代谢。

四、脂类的代谢

反刍动物脂肪合成主要在脂肪组织中进行，利用消化道吸收的脂肪酸为合成脂肪的原料。在饲料脂类和能量供给充足情况下，以合成三酰甘油的代谢为主，饥饿情况下以氧化分解代谢为主。成年反刍动物缺乏 ATP 柠檬酸裂解酶和 NADP 柠檬酸脱羧酶，不能将葡萄糖转化为脂肪。

（一）脂肪酸的合成

1．饱和脂肪酸的合成

脂肪酸的合成在细胞液中进行，合成原料是乙酰 CoA。乙酰 CoA 由线粒体中的丙酮酸氧化脱羧、氨基酸氧化降解、脂肪酸 β 氧化生成。脂肪酸的合成是以一分子乙酰 CoA 作为引物，其他乙酰 CoA 作为碳源供体，通过丙二酸单酰 CoA 的形式，在脂肪酸合成酶系的催化下，经缩合、还原、脱水、再还原反应步骤来完成。

2．不饱和脂肪酸的合成

生物细胞内的不饱和脂肪酸，如油酸、亚油酸、亚麻酸等，可经氧化脱氢途径和厌氧途径合成。在真核生物中，不饱和脂肪酸的合成是通过氧化脱氢进行的，催化这个反应的酶称为脱饱和酶。在 O_2 和 $NADPH+H^+$ 参与下，脱饱和酶将长链饱和脂肪酸转化为相应的不饱和脂肪酸。厌氧微生物通过厌氧途径生成含一个双键的不饱和脂肪酸。首先脂肪酸合成酶催化形成含 C_{10} 的 β 羟癸酰 ACP，然后在脱水酶的作用下，发生脱水反应，如果在 β、γ 碳之间脱水，则生成 3，4-癸烯酰 ACP，以后碳链继续延长，生成不同长度的单烯酰 ACP。

（二）脂肪的分解代谢

1．脂肪组织中的脂肪可通过水解而供能

甘油三酯在脂肪酶、甘油二酯脂肪酶和单脂酰甘油单脂脂肪酶的作用下水解为游离脂肪酸和甘油，从脂肪组织扩散进入血液。脂肪细胞缺乏甘油激酶，无法利用脂解产生的甘油。甘油通过血液运至肝脏后被磷酸化和氧化生成磷酸二羟丙酮，再经异构化生成3-磷酸甘油醛，然后可经糖酵解途径转化为丙酮酸继续氧化，或经糖异生途径生成葡萄糖。脂肪组织释放的游离脂肪酸与血清清蛋白形成复合物，被转运至其他组织中。游离脂肪酸被肝脏和肌肉组织摄取和代谢。在肝脏中，游离脂肪酸能被完全氧化（β-氧化）；或被转化为酮体，酮体可在肝外组织代谢并供能；或重新转变为三酰甘油，然后以极低密度脂蛋白的形式进入血液，脂蛋白中的脂类可被其他组织利用供能，也可在脂肪组织中沉积。脂肪酸的β-氧化作用主要发生在线粒体中，脂肪酸降解时从α碳原子与β碳原子之间断裂，同时β碳原子被氧化成羧基，从而生成乙酰CoA和比原来少两个碳原子的脂酰CoA。脂肪酸通过β-氧化作用可完全降解为乙酰CoA，然后乙酰CoA进入三羧酸循环彻底氧化成二氧化碳和水，同时释放能量。

2. 肌肉细胞中的脂肪是体内重要的脂肪代谢库，其代谢主要是氧化供能

细胞内营养素氧化代谢的总耗氧量，脂肪占60%。肌肉组织中沉积的脂肪可直接通过局部循环进入肌肉细胞进行氧化代谢，脂肪的能量利用效率高。饲粮和内源代谢供给的脂肪酸，肌细胞都能氧化利用。长链脂肪酸只在葡萄糖供能不足情况下才能发挥供能作用。进入肾脏的脂肪酸也主要用于氧化供能。

（三）脂类的代谢效率

1. 脂肪沉积的效率

不同营养物质在体内形成脂肪沉积的利用效率不同（表5-3）。生产中的诸多因素影响利用率，利用率的理论计算值用于实际生产一般偏高。产奶后期的奶牛，体内营养素的负平衡开始转为正平衡，体脂肪沉积开始恢复，饲料能量沉积体脂肪的利用率可达75%；干奶期奶牛利用饲料能量沉积体脂肪的效率只有59%。饲粮结构对沉积体脂肪的影响更明显，凡引起发酵产热增加和体内代谢产热增加的因素都会降低能量利用效率。

表5-3 营养素转变成脂肪的效率

营养素（前体）	脂肪（产物）	效率/%
饲粮脂肪	体脂肪	70～95
乙酸	棕榈酸酯	72
葡萄糖	三棕榈酸酯	80
蛋白质（鱼粉）	体脂肪	65

（引自周安国等，2010）

2. 脂肪氧化供能效率

按β-氧化途径计算，脂肪酸经此途径氧化要消耗2 mol ATP，每脱去一个2碳单位可生成5 mol ATP，每分子乙酰CoA彻底氧化可产生12 mol ATP。以棕榈酸为例，可净生成129 mol ATP[(12+5)×(16/2−1)+12−2]，每分子ATP在生理条件下可提供能量33.5 kJ，因此，棕榈酸氧化供能的效率约为43%。同样可以计算出乙酸氧化供能的效率约为38%，丙酸39%，丁酸41%，己酸42%，硬脂酸43%和甘油44%。

第三节 反刍动物脂类营养调控

一、必需脂肪酸的营养

(一)必需脂肪酸的概念

饲料中的脂肪除供能外,其生理功能主要体现在多不饱和脂肪酸的营养生理方面。凡是体内不能合成,必须由饲粮供给,或能通过体内特定先体物形成,对机体正常机能和健康具有保护作用的多不饱和脂肪酸称为必需脂肪酸(essential fatty acids,EFA)。通常认为属于 ω-6 和 ω-3 系列的多不饱和脂肪酸:亚油酸($C_{18:2}$ω-6)、α-亚麻油酸(亚麻酸,$C_{18:3}$ω-3)和花生四稀酸($C_{20:4}$ω-6)为必需脂肪酸。必需脂肪酸分子结构中的双键必须是顺式构型,即双键同侧的两个原子或原子团是相同或相似的。哺乳动物因自身缺乏 Δ12 和 Δ15 脱氢酶,不能在脂肪酸碳链的羧基端 C_{12} 或 C_{15} 的位置引入双键,因此不能合成亚油酸和亚麻酸。

亚油酸和 α-亚麻油酸不能在动物体内合成,花生四稀酸和 γ-亚麻油酸在动物体内可由亚油酸合成,但合成过程中 Δ-6 去饱和步骤为限速反应。反刍动物日粮中的青粗饲料和谷物含有丰富的亚油酸和亚麻油酸,但在瘤胃中微生物可将其氢化,使可利用必需脂肪酸减少,但反刍动物能有效保留饲粮中一定量的必需脂肪酸,因此,出现必需脂肪酸缺乏症的现象很少见。

在 ω-3 和 ω-6 两个系列中,ω-6 系列对高等哺乳动物更重要。以必需脂肪酸影响皮肤对水的通透性为标准衡量其防水损失的效能表明,花生四稀酸($C_{20:4}$ω-6)最有效,α-亚麻油酸($C_{18:3}$ω-3)的效能只有亚油酸($C_{18:2}$ω-6)的 9%,因此,动物营养需要只考虑 ω-6 系列中的亚油酸的需要。另外,多不饱和脂肪酸 $C_{22:5}$ω-3(EPA)和 $C_{22:6}$ω-3(DHA)也属于动物的必需脂肪酸。

(二)必需脂肪酸的生物学功能

1. 必需脂肪酸是生物膜脂质的主要成分

存在于细胞膜、线粒体膜和质膜等生物膜脂质中的必需脂肪酸,对维持膜的特性起关键作用,同时也参与磷脂的合成。磷脂中脂肪酸的浓度、链长和不饱和程度决定了细胞膜的流动性和柔韧性等物理特性,影响生物膜功能的发挥。

2. 必需脂肪酸是合成类二十烷的前体物质

类二十烷的作用与激素类似,也称为类激素,包括前列腺素、凝血恶烷、环前列腺素和白三烯等,没有特殊的分泌腺,不能储存于组织中,也不随血液循环转移,几乎所有的组织都可产生,仅在局部作用,调控细胞代谢。

3. 必需脂肪酸能维持皮肤和其他组织对水分的不通透性

许多膜的通透性与必需脂肪酸有关,如血-脑屏障、胃肠道屏障。正常情况下,皮肤对水分和其他许多物质是不通透的,这一特性是由于 ω-6 必需脂肪酸的存在,但必需脂肪酸不足时,水分可迅速通过皮肤,使饮水量增大,生成的尿少而浓。

4. 必需脂肪酸有助于降低血液胆固醇水平

α-亚油酸衍生的前列腺素 PGE1 能抑制胆固醇的生物合成。血浆脂蛋白质中 ω-3 和 ω-6

多不饱和脂肪酸的存在，使脂蛋白质转运胆固醇的能力降低，从而使血液中胆固醇水平降低。

(三)必需脂肪酸缺乏的判断

幼龄反刍动物缺乏必需脂肪酸，主要可见的表现是皮肤损害，出现角质鳞片，体内水分经皮肤损失增加，毛细血管变得脆弱，免疫力下降，生长受阻，甚至死亡。细胞水平的代谢变化表明，若必需脂肪酸缺乏，则影响磷脂代谢，造成膜结构异常，通透性改变，膜中脂蛋白质的形成和脂肪的转运受阻。

必需脂肪酸缺乏的生化水平变化，各种动物都有近似的变化规律，表现出体内亚油酸系列脂肪酸比例下降，特别是一些磷脂的含量减少。ω-6 系列的 $C_{20:4}$ 显著下降，ω-9 系列分子内部转化增加，ω-9 系列的 $C_{20:3}$ 显著积累，$C_{20:3}$ω-9/$C_{20:4}$ω-6 的比值显著增加，这个比值被称为三烯酸四烯酸比(triene-tetraene ratio)，可在一定程度上反映体内必需脂肪酸满足需要的程度，一般以 0.4 作为动物亚油酸最低需要的标识。

(四)必需脂肪酸的来源和供给

幼龄反刍动物能从饲料中获得所须的必需脂肪酸。常用饲料中主要的必需脂肪酸为亚油酸(表 5-4)，一般以玉米、燕麦为主要能源或以谷类籽实及其副产品为主的饲粮都能满足亚油酸需要。瘤胃微生物合成的脂肪能满足宿主动物脂肪需要的 20%，其中细菌合成占 4%，原生动物合成占 16%，后者合成的脂肪中亚油酸含量达 20%，加上饲粮脂肪在瘤胃中未被氢化的部分，正常饲养条件下，反刍动物不会出现必需脂肪酸缺乏。

表 5-4 常用饲料原料中的脂肪酸组成 %

饲料原料	脂肪酸	脂肪酸(占总脂肪重量)							
		$C_{14:0}$	$C_{16:0}$	$C_{16:1}$	$C_{18:0}$	$C_{18:1}$	$C_{18:2}$	$C_{18:3}$	$C_{20:0}$
大麦	1.6	—	27.6	0.9	1.5	20.5	43.3	4.3	—
玉米	3.2	0.1	16.3	—	2.6	30.9	47.8	2.3	—
蜀黍	2.3	—	20.0	5.2	1.0	31.6	40.2	2.0	—
燕麦	3.2	0.1	22.1	1.0	1.3	38.1	34.9	2.1	—
小麦	1.0	0.1	20.0	0.7	1.3	17.5	55.8	4.5	—
脱水苜蓿草粉(17%)	1.4	0.7	28.5	2.4	3.8	6.5	18.4	39.0	—
黑麦草	—	0.2	11.9	1.7	1.0	2.2	14.6	68.2	—
牧草	—	1.1	15.9	2.5	2.0	3.4	13.2	61.3	0.2
红三叶草	—	1.5	14.2	—	3.7	—	5.6	72.3	—
白三叶草	—	1.1	6.5	2.5	0.5	6.6	18.5	60.7	2.0

(引自孟庆翔等，2018)

二、日粮脂类与反刍动物生产

在饲粮中添加脂肪主要是为了提高饲粮的能量浓度，另外，脂肪添加能增加所添加的特定脂肪酸在十二指肠中的流量。由于瘤胃微生物代谢的作用，脂肪添加还能增加生物氢化产物在十二指肠中的流量。小肠 ω-3 多不饱和脂肪酸、共轭亚油酸和反—11—$C_{18:1}$脂肪酸的增加，有助于提高反刍动物产品的营养价值。

(一)脂类与瘤胃养分降解

日粮添加脂肪主要影响结构性碳水化合物即纤维物质在瘤胃中的降解,使瘤胃总挥发性脂肪酸、乙酸、氢及甲烷产量降低。脂肪酸的不饱和程度越高,对纤维消化和瘤胃发酵的抑制作用越强。相比于酯化脂肪酸,游离脂肪酸对瘤胃发酵的抑制作用更强,而且游离的油脂比完整种子中的油脂抑制作用更大。含有多不饱和脂肪酸的油脂对于瘤胃细菌的毒性作用比单不饱和脂肪酸更强。关于不饱和脂肪酸影响纤维在瘤胃降解的机理,主要有两种观点,即包被说和毒性说。包被理论认为日粮添加的脂肪,附着在饲料颗粒表面,限制了微生物及其纤维降解酶与饲料颗粒接触,从而抑制了纤维的降解,但是该理论对具有游离羧基时脂肪酸才能产生明显的抑制效应无法解释。

日粮中添加脂类对非结构性碳水化合物的影响较小,瘤胃淀粉发酵正常。

日粮添加脂类会抑制蛋白质在瘤胃的降解。绵羊瘤胃灌注亚麻籽油、日粮中添加玉米油或卵磷脂时,瘤胃蛋白质的降解率与氨态氮浓度下降,微生物蛋白质的合成效率提高。

(二)日粮脂类与动物生产

1. 日粮脂肪与产奶量

脂肪补充料在奶牛生产中应用较普遍,特别是在高产奶牛的泌乳初期,日粮中补充脂肪可以有效缓解奶牛能量负平衡,使泌乳高峰提前出现,增加产乳量,减少代谢病。同时,泌乳奶牛日粮中使用脂肪可减少低乳脂综合征的出现。为满足能量需求,高产奶牛日粮中谷物饲料的比例较高,但当谷物饲料喂量超过日粮干物质的50%～60%时,瘤胃发酵类型会发生改变,乙酸产量降低,乳脂率下降,产生低乳脂综合征。补充适宜水平的脂肪,不再需要饲喂大量淀粉,奶牛便可食入所需的能量。

2. 日粮脂肪与乳脂肪

瘤胃的氢化作用可把日粮中的大部分18碳不饱和脂肪酸转变成反式18碳饱和脂肪酸即硬脂酸,但是,硬脂酸可以在小肠黏膜、脂肪组织和乳腺中去饱和而生成油酸。因此,在脂肪组织和乳腺中顺9油酸与硬脂酸之比要高于血浆甘油三酯。反刍动物乳腺中脂肪酸的特点是4～10碳的短链饱和脂肪酸含量高。乳中4～10碳脂肪酸(约占总脂肪的40%～50%)是在乳腺中由乙酸酯等合成的,而十八碳脂肪酸来源于血液中脂肪酸。血液中脂肪酸主要来自饲粮,小部分来源于脂肪组织。乳中软脂酸一部分由乙酸酯合成,一部分来自于血液。当日粮中添加脂肪时,乳腺从血液中吸收的脂肪酸量增加,而使乳腺中短链脂肪酸的合成受到抑制,乳中脂肪酸的比例发生改变(表5-5),乳脂的物理性质(如熔点)也会发生变化,如提高乳中软脂酸的含量可使乳脂变硬,而通过去饱和的方法提高油酸含量,又可产生较软的乳脂。

3. 日粮脂肪的合理添加

为减小脂肪补充对反刍动物瘤胃发酵的负面影响,日粮中添加脂肪时应遵循一些准则。保证动物较高的饲草采食量,这样可使脂肪更多地吸附在纤维上而不是附着在瘤胃微生物表面,而且饲草的采食可保证正常的反刍,促进唾液分泌,改善微生物菌群的生态环境。日粮中钙和镁的含量要适宜,分别占干物质采食量的0.9%～1.0%和0.2%～0.3%,因为脂肪的添加会抑制钙和镁的吸收。日粮中脂肪含量为5%～6%时,养分利用率最大。另外,基于不饱和脂肪酸比饱和脂肪酸对瘤胃发酵更易产生抑制作用,脂肪酸的游离羧基基团,是产生抑制的重要基团,生产中可使用过瘤胃脂肪(瘤胃保护脂肪),使添加的脂肪直接到达小肠被吸收,既

表 5-5 常规油脂和保护油脂对乳中主要脂肪酸组成的影响 g/100g

脂肪酸	对照组	混合动植物脂肪(3%)	椰子油		牛羊脂		向日葵-大豆油	
			常规	保护	常规	保护	常规	保护
4∶0	2.6	2.8	2.6	2.4	3.5	2.8	4.2	3.9
6∶0	2.6	2.2	2.3	2.0	2.5	1.2	2.9	2.0
8∶0	1.7	1.3	1.5	1.2	1.6	0.6	1.5	0.8
10∶0	4.0	2.9	4.0	3.5	4.1	1.1	9.7	1.4
12∶0	4.5	3.2	5.5	16.6	4.6	1.2	4.4	1.3
14∶0	14.8	10.9	14.3	18.3	12.2	5.2	12.3	4.0
14∶1	—	—	3.2	2.9	1.5	1.0	3.1	0.5
16∶0	32.8	29.6	41.2	30.7	29.8	28.6	31.1	10.7
18∶0	9.3	9.9	3.3	4.1	8.2	13.3	5.3	13.3
18∶1	22.7	30.7	11.8	11.5	20.4	33.9	19.5	30.2
18∶2	3.1	2.5	0.7	0.6	2.1	2.1	1.8	28.0
18∶3	1.3	1.4	—	—	0.2	0.3	1.2	1.6

(引自冯养廉,2004)

避免了对微生物与养分降解的负面影响,又能达到改变体脂与乳脂组成的目的;或对脂肪酸的游离羧基进行化学修饰,生产脂肪酸的衍生物,如长链脂肪酸钙皂、脂肪醇、脂肪酸酰胺基和三酰甘油,可减少具有游离羧基基团的脂类的数量。

三、共轭亚油酸的生物合成与营养调控

共轭亚油酸(conjugated linoleic acid,CLA)泛指具有共轭双键的一类亚油酸,共 56 个同分异构体,对动物具有重要的生理意义,18∶2Δ9c,11t 和 18∶2Δ10t,12c-共轭亚油酸具有抗癌、促生长和抑制脂肪沉积而促进蛋白质沉积的作用,18∶2 Δ7t,9c、Δ9c,11t、Δ9t,11c 和 Δ10t,12c-共轭亚油酸具有抗动脉粥样硬化的作用。

反刍动物源食品中 CLA 的存在与日粮中不饱和脂肪酸在瘤胃中不完全生物加氢有关。乳脂和体脂中的 CLA 有两个来源:一是瘤胃微生物对亚油酸的生物加氢作用;二是动物组织从不饱和脂肪酸生物加氢的中间体 18∶1Δ11t 合成。

(一)共轭亚油酸的生物合成

1. 瘤胃生物加氢

日粮脂肪进入瘤胃,微生物酯酶催化酯键水解,释放出游离脂肪酸。负责瘤胃不饱和脂肪酸生物加氢的主要是细菌,瘤胃原虫的氢化作用可能是由被吞噬到原虫体内的细菌完成的,不是原虫自身的作用。单独的一种瘤胃细菌不能催化全部的生物加氢反应,依据生物加氢反应过程和终产物把细菌分为两大组,A 组对亚油酸、α-亚麻酸生物加氢,18∶1Δ11t 为反应终产物;B 组主要以 18∶1Δ11t 为反应底物,终产物是硬脂酸。A 组细菌包括溶纤维丁酸弧菌、白色瘤胃球菌、微球菌属及真细菌属,B 组包括 *Fusocillus* 属的一些菌株。

顺 12 双键的异构化是含有 18∶2Δ9c,12c 双键系列脂肪酸生物加氢的第一步。亚油酸同分异构酶催化亚油酸 18∶2Δ9c,12c 结构形成共轭双键结构,对 α-和 γ-亚麻酸也是如此。亚

油酸同分异构酶存在于微生物细胞膜上，并严格以 18：2Δ9c，12c 二烯系统和自由羧基为底物。第二步反应是 18：2Δ9c，11t 共轭亚油酸转变为 18：1Δ11t，但 18：1Δ11t 的加氢反应速度较慢，可使其浓度增高，在瘤胃中积累后造成吸收增加。

与亚油酸加氢类似，亚麻酸的生物加氢也是由异构化开始，接着是一系列双键减少，最终生成硬脂酸。饲料中主要的 $C_{18:3}$ 脂肪酸为 α-亚麻酸（18：3Δ9c，12c，15c）。其生物加氢的最初异构化产物为 18：3Δ9c，11t，15c，接着顺双键减少，形成 18：1Δ11t。18：1Δ11t 为 α-亚麻酸和亚油酸生物加氢共同的中间产物。此外，γ-亚麻酸（18：3Δ6c，9c，12c）也都形成 18：1Δ11t。

瘤胃 pH 下降常导致瘤胃菌群改变，伴随生物加氢路径的调整，最终导致发酵终产物发生改变。饲喂高精料日粮时，18：1Δ10t 代替 18：1Δ11t 作为乳脂中主要的反十八碳一烯酸异构体。瘤胃细菌存在 18：2Δ9c，10t 异构酶，低纤维日粮可提高乳脂中 18：1Δ10t，12c 共轭亚油酸的比例。

2. 组织合成共轭亚油酸

乳脂中的十八碳烯酸与共轭二烯酸存在线性关系，尤其是乳脂中的 18：1Δ11t 与 18：2Δ9c，11t 共轭亚油酸浓度呈高度线性相关，这种相关性可归因于这两种脂肪酸作为瘤胃生物加氢的中间体有共同的来源。反刍动物脂肪中的共轭亚油酸除了来自瘤胃代谢产生外，一部分是内源合成的，由 18：1Δ11t 被 Δ9-脱氢酶催化生成，内源合成的 18：2Δ9c，11t 共轭亚油酸是反刍动物体脂中共轭亚油酸的主要来源。

脱饱和酶系统是一个多酶混合物，包括 NADH-细胞色素 b5 还原酶、细胞色素 b5、酰基-CoA 和 Δ9-脱氢酶。Δ9-脱氢酶反应在脂肪酸的第 9 和第 10 位碳原子间引入顺双键。硬脂酰-CoA 和棕榈酰-CoA 是 Δ9-脱氢酶的主要底物，此反应的脂肪酸产物是磷脂和甘油三酯的重要成分。除 18：2Δ9c，11t 共轭亚油酸之外，其他存在于乳脂中的顺 9，反 n 共轭亚油酸也是 Δ9-脱氢酶催化的产物。Δ9-脱氢酶在组织中的分布存在种间差异性，其活性受日粮、激素平衡及生理状态的影响。生长反刍动物，脂肪组织中含有较多的 Δ9-脱氢酶，脂肪组织是动物内源合成 18：2Δ9c，11t 共轭亚油酸的主要场所。泌乳反刍动物，乳腺组织是内源合成 18：2Δ9c，11t 共轭亚油酸的主要场所。

（二）影响乳脂中共轭亚油酸含量的日粮因素

反刍动物源食品中脂肪的 CLA 含量取决于瘤胃中 CLA 与 18：1Δ11t 的产量和组织中 Δ9-脱氢酶的活力，受日粮中脂质底物的含量及组成的影响。

1. 脂质底物

日粮中添加植物油可提高乳脂中 CLA 含量，如葵花籽油、豆油、玉米油、亚麻籽油、花生油和菜籽油等，但高油玉米和青贮秸秆对乳脂中 CLA 含量影响很小。日粮高亚油酸水平不可逆地抑制 18：1Δ11t 的生物加氢，导致内源合成 18：2Δ9c，11t CLA 的底物积累。日粮中直接添加植物油对瘤胃细菌生长有抑制作用，饲喂脂肪酸钙可缓减这种抑制。饲喂全脂籽实也可降低这种抑制作用，但由于瘤胃细菌几乎不能利用未加工籽实中的多不饱和脂肪酸，因而饲喂完整籽实对乳脂中 CLA 含量没有影响。若对油料籽实进行破碎、烘烤或挤压等加工处理，日粮添加后，乳脂中 CLA 含量增加。

2. 日粮组成

高精料日粮可提高瘤胃及乳脂中反十八碳烯酸的含量；高精料日粮中添加缓冲剂可提高

瘤胃 pH,从而降低反十八碳烯酸的产量。与饲喂含类似脂质的全混合日粮相比,牧草可提高乳脂中 CLA 的含量。与生长晚期或再生牧草相比,含有生长早期牧草的日粮可增加乳脂中 CLA 的含量。

参考文献

孟庆翔,周振明,吴浩(主译). 2018. 肉牛营养需要(第 8 次修订版)[M]. 北京:科学出版社.

王之盛,李胜利. 2016. 反刍动物营养学[M]. 北京:中国农业出版社.

周安国,陈代文. 2010. 动物营养学[M]. 北京:中国农业出版社.

Bauman, D. E., Griinari, J. M., 2001. Regulation and nutritional manipulation of milk fat: low-fat milk syndrome[J]. Livestock Production Science, 70(1-2): 15-29.

Kelly, M. L., Berry, J. R., Dwyer, D. A., et al. 1998. Dietary fatty acid sources affect conjugated linoleic acid[J]. Journal of Nutrition, 128: 881-885.

(本章编写者:张延利、张亚伟;审校:王聪)

第六章　能量与营养

动物所需的能量主要来自饲料中碳水化合物、脂肪和蛋白质的化学能。在体内化学能可以转化为热能或机械能，也可以蓄积。本章主要阐述能量的概念、来源及作用、饲料的有效能、能量体系、反刍动物的能量需要和影响能量利用率的因素。

第一节　能量来源及其作用

一、能量的概念

能量是指做功的能力或物质运动的动力，以热能、机械能和化学能三种形式表现。20 世纪 70 年代，国际营养科学联合会及国际生理科学联合会将焦耳（Joule，J）作为营养和生理学研究的能量单位。NRC 奶牛营养需要（2001）、肉牛营养需要（2016）和小反刍动物营养需要（2007），仍以卡路里（Calorie，cal）作为动物营养需要的能量单位。因此，在目前的动物营养研究中，能量的表示单位包括 J 和 cal，1 cal＝4.184 J。

在动物营养学研究中，饲料能量是指饲料有机物完全氧化燃烧生成二氧化碳和水释放的热量。饲料中的能量不能完全被动物利用，其中可被利用的能量称为有效能。有效能的含量可用于反映饲料的能量营养价值，称为能值。

二、能量的来源

反刍动物维持生命和生产产品所需的能量，主要来自于饲料中的碳水化合物、蛋白质和脂肪。饲料有机物完全氧化生成二氧化碳和水释放的热量，取决于单位重量有机物分子中所含的碳元素（C）和氢元素（H）量，每克 C 完全氧化（即生成 CO_2）可以释放 33.6 kJ 的热量；而每克 H 完全氧化（即生成 H_2O）可以释放 114.3 kJ 的热量。碳水化合物、脂肪和蛋白质中碳元素和氢元素的含量分别为 44％和 6％，77％和 12％，52％和 7％。在相同质量条件下，三种物质完全氧化所释放的能量分别为，碳水化合物 17.5 kJ/g、脂肪 39.5 kJ/g 和蛋白质 23.6 kJ/g。碳水化合物和脂肪在体内完全氧化产热量，与燃烧法测定值相同，脂肪的有效能值约为碳水化合物的 2.25 倍。然而，蛋白质在体内氧化时首先脱氨基，使其转变成尿素等，随尿排出体外，存在能量损失，每克蛋白质在体内氧化产热量比燃烧法测定值少 5.44 kJ。

反刍动物采食饲料后，由于其消化道结构与单胃动物存在差异，碳水化合物主要被瘤胃微生物降解为挥发性脂肪酸（VFA）用于供能，脂肪在消化道中被分解为脂肪酸和甘油等，蛋白质在消化道中被分解为氨基酸用于供能。饲料中碳水化合物的含量高，是主要的能源物质，蛋白质作为能源物质利用率低，脂肪在饲料中的含量较少，不是主要的能量来源。

三、能量的作用

动物采食的饲料能量主要用于维持生命和生产产品。维持是指动物既不生产产品，又不从事劳役，成年动物或非生产动物保持体重不变，体内营养素的种类和数量相对恒定，分解代谢和合成代谢过程处于动态平衡。生长动物或生产产品的动物体内营养素周转代谢可保持动态平衡，在不同条件下动物分解代谢和合成代谢的能力不变，而不能保持体成分之间的比例恒定不变。维持能量需要是指动物在维持状态下对能量的需求，可用绝食代谢加随意活动量来表示。

绝食代谢是将基础代谢放宽到实际条件下可以测定的代谢。基础代谢是指维持生命的最基本活动（呼吸、循环、泌尿、细胞活动等）的代谢，即健康正常的动物在适宜温度的环境条件下和绝对安静的环境中空腹、清醒、静卧、放松状态下，维持自身生存所必需的最低限度的能量代谢。理想的基础代谢条件难以达到，动物测定较多的是绝食代谢。绝食代谢也称饥饿代谢或空腹代谢，指动物绝食到一定时间后，达到空腹条件时所测得的能量代谢。动物绝食代谢的水平一般比基础代谢略高。绝食代谢测定的条件包括：动物处于适温环境条件，健康、发育正常、试验前营养状况良好；动物处于饥饿和空腹状态，判断依据为稳定的低水平甲烷产量、呼吸熵稳定至 0.707（碳水化合物进入体内呼吸熵为 1，降至 0.707 说明体组织氧化供能）和消化道处于吸收后状态（反刍动物通常需禁食 120 h 以上）；动物处于安静和放松状态。绝食代谢的产热量用单位代谢体重（$W^{0.75}$）的产热量表示。成年动物的绝食代谢产热量平均为每日每千克代谢体重 300 kJ。

随意活动广义上是指动物在维持生命的过程中所进行的一切有意识的活动，这里主要是指在绝食代谢基础上，动物为了维持生存所必须进行的活动。随意活动的能量消耗难以准确测定，在确定维持能量需要时，活动量增减一般用绝食代谢来估计。舍饲牛、羊活动量增加 20%；放牧则增加 25%～50%；公畜另加 15%；处于应激条件下的动物可增加 100%，甚至更高。

第二节　能量在动物体内的转化

能量在动物体内的转化遵循能量守衡定律（图 6-1）。反刍动物摄入的饲料能量伴随着养分在体内的消化代谢过程，一部分被动物利用，一部分以粪能、尿能、消化道气体能（主要是甲烷能）和热增耗的形式损失。

一、总能

总能（gross energy，GE），又称为燃烧热，即饲料中的有机物质完全氧化生成 CO_2、H_2O 和其他氧化物所释放的能量。总能通过热量计测量，简单过程为将饲料样品压片并称重，装入氧弹，安装点火丝并加入氧气（25 个大气压）；样品测定前，记录水桶中的初始水温，样品被点燃在氧弹中剧烈燃烧，这一过程中产生的热量通过氧弹壁散失，引起桶内水温升高；达到平衡

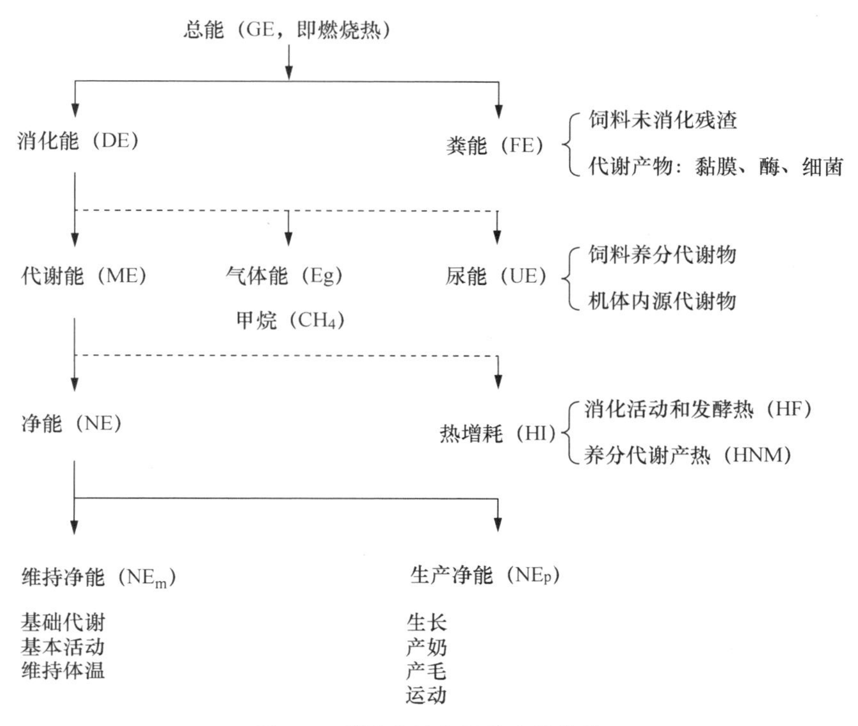

图 6-1　能量在动物机体内的转化

后，记录最终温度。然后根据样品的重量、水的重量、水的温升以及水的比热容来计算产生的热量。

常见饲料的 GE 约为 18.4 MJ/kg DM（表 6-1）。由于饲料中碳水化合物、脂肪和蛋白质的含量不同，其能值存在差异，富含脂肪的饲料，如全脂大豆（含脂肪 22%），其能值较高；灰分含量较高的饲料，其 GE 较低。

表 6-1　饲料及养分总能　　kJ/kg DM

饲料及养分名称	总能	饲料及养分名称	总能
葡萄糖	15.65	玉米	18.54
蔗糖	16.48	小麦	17.99
淀粉	17.70	麸皮	18.99
纤维素	17.49	燕麦	19.60
乳脂	38.07	米糠	22.10
植物油	39.04	大豆	23.00
硬脂肪	39.87	豆粕	20.68
棕榈酸	39.12	亚麻籽	21.43
甘油	17.99	玉米秸秆	18.12
尿素	10.59	燕麦秸秆	18.54
尿酸	11.46	全株玉米青贮	17.68
球蛋白	22.43	苜蓿干草	18.28
酪蛋白	24.52	三叶草干草	18.70

除采用燃烧法测定饲料能值外，根据饲料中碳水化合物、脂肪和蛋白质的含量，可以计算出饲料的能值，计算公式如下：

GE(kJ/g DM)＝粗蛋白质(%)×0.2393＋粗脂肪(%)×0.3975＋粗纤维(%)×0.2004＋无氮浸出物(%)×0.1744

法国国家农业科学研究院(INRA)基于对粗饲料总能测定，得出以下估算公式：

牧草饲料：GE(kJ/kg OM)＝18958＋A＋7.259×P±159　r＝0.945

青贮饲料：GE(kJ/kg OM)＝16359＋10.25×P＋710×pH±351　r＝0.900

式中：A 为牧草系数，苜蓿鲜草为 343、三叶草鲜草为－46、禾本科鲜草为－297；P 为粗蛋白质含量(g/kg OM)。

二、消化能

消化能(digestible energy，DE)是指饲料可消化养分所含的能量，即反刍动物摄入饲料的总能减去粪能(fecal energy，FE)。粪中除包括未被消化吸收的饲料养分外，还包括消化道微生物及其代谢产物、消化道分泌物和经消化道排泄的代谢产物以及消化道黏膜脱落细胞等，这些部分称为粪代谢物，所含能量称为代谢粪能(fecal energy from metabolic origin products，FmE)。为此消化能有表观消化能(apparent digestible energy，ADE)和真消化能(true digestible energy，TDE)两种表现形式。

ADE＝GE－FE

TDF＝GE－FE ＋FmE

用真消化能反映饲料的能值比表观消化能更准确，但测定较难，故现行动物营养需要和饲料营养价值表一般都采用表观消化能。消化能占 GE 的比例与反刍动物采食的饲料种类有关(表 6-2)。

表 6-2　饲料能量消化率

饲料名称	总能/(MJ/kg DM)	能量消化率/%	饲料名称	总能/(MJ/kg DM)	能量消化率/%
玉米	18.7～19.1	81～95	苜蓿青贮	18.1～18.4	59～62
小麦	18.1～18.5	80～94	禾本科牧草青贮	18.4～19.4	68～79
高粱	18.6～18.9	77～90	人工干草	18.3～19.5	61～67
麸皮	18.7～19.3	68～85	普通干草	18.4～19.0	56～66
豆粕	19.4～19.9	89～94	禾本科青草	18.7～19.1	71～75
花生粕	20.2～20.8	86～88	秸秆	17.9～18.9	37～47
玉米青贮	18.3～18.8	67～76			

反刍动物饲料营养价值评价中，采用动物饲养试验测定饲料能量消化率工作量大，难于全面测定，体外试验法和公式估算法成为现行常用的方法。

(一)NRC(2001)估算公式

总可消化养分(total digestible nutrients，TDN)估测法：

DE(Mcal/kg)＝0.04409×TDN(%)

TDN(%)＝tdNFC＋tdCP ＋(tdFA×2.25)＋tdNDF－7

式中，tdNFC为真可消化非纤维碳水化合物；tdCP为真可消化粗蛋白质；tdFA为真可消化脂肪酸；tdNDF为真可消化中性洗涤纤维，均以干物质百分比表示。

$$tdNFC = 0.98(100 - [(NDF - NDICP) + CP + EE + Ash]) \times PAF$$

粗饲料 $tdCP = CP \times \exp[-1.2 \times (ADICP/CP)]$

精饲料 $tdCP = [1 - (0.4 \times (ADICP/CP))] \times CP$

$$tdFA = FA$$

$$tdNDF = 0.75 \times (NDFn - L) \times [1 - (L/NDFn)^{0.667}]$$

式中，NDF为中性洗涤纤维；NDICP为中性洗涤不溶粗蛋白质；CP为粗蛋白质；EE为粗脂肪即乙醚浸出物；Ash为灰分；PAF为加工校正因子（表6-3）；ADICP为酸性洗涤不溶粗蛋白质；FA为脂肪酸并等于EE－1；NDFn为NDF－NDICP；L为酸性洗涤木质素。

对于大多数饲料：

$$DE(Mcal/kg) = (td\ NFC/100) \times 4.2 + (td\ NDF/100) \times 4.2 + (td\ CP/100) \times 5.6 + (FA/100) \times 9.4 - 0.3$$

对含甘油的添加脂肪：

$$DE(Mcal/kg) = 9.4 \times [FA\ digest \times 0.9 \times (EE/100)] + [4.3 \times 0.1 \times (EE/100)]$$

对不含甘油的添加脂肪：

$$DE(Mcal/kg) = 9.4 \times FA\ digest \times (EE/100)$$

式中，FA digest为脂肪消化率，均以干物质百分比表示。

表6-3　饲料可消化非纤维碳水化合物的加工校正因子

饲料名称	校正因子	饲料名称	校正因子
面包加工下脚料	1.04	蒸汽压片玉米	1.04
碾碎的大麦	1.04	玉米青贮（普通）	0.94
面包	1.04	玉米青贮（成熟）	0.87
谷物粉	1.04	糖蜜	1.04
巧克力粉	1.04	燕麦粒	1.04
饼干粉	1.04	高粱粒（干燥，碾碎）	0.92
玉米粒（干燥，破碎）	0.95	蒸汽压片高粱	1.04
玉米粒（粉碎）	1.00	小麦粒（碾碎）	1.04
玉米粒（高水分，粉碎）	1.04	其他饲料	1.00
带芯玉米（高水分，粉碎）	1.04		

（二）INRA（1998）估算公式

法国国家农业科学研究院采用可消化有机物（OMD）估算消化能量（ED）：

牧草鲜草：$ED(\%) = 0.957 \times OMD(\%) - 0.07 \quad r = 0.995$

牧草干草：$ED(\%) = 0.985 \times OMD(\%) - 2.56 \quad r = 0.985$

秸秆：　$ED(\%) = 0.985 \times OMD(\%) - 2.95 \quad r = 0.996$

牧草青贮：$ED(\%) = 1.0263 \times OMD(\%) - 5.72 \quad r = 0.991$

玉米青贮：ED(%)=1.001×OMD(%)-2.86　$r=0.981$

OMD可以根据饲草NDF、ADF、EE或者ADL含量计算：

OMD(%)=91.9-0.355×NDF+0.387×ADF-0.392×EE　$r=0.87$

OMD(%)=87.9-2.58×ADL　$r=0.81$

式中，各养分含量均以干物质百分比表示。

(三)中国饲养标准(2004)估算公式

2004年中华人民共和国农业行业标准(奶牛、肉牛和肉羊)提出了根据饲料养分估算DE的方法：

奶牛和肉牛：DE(kJ/kg)=GE(kJ/kg)×能量消化率

能量消化率(%)=94.280 8-61.537 0×(NDF/OM)

能量消化率(%)=91.669 4-91.335 9×(ADF/OM)

羊：DE(MJ/kg)=(2.385×DCP+3.933×DEE+1.757×DCP+1.674×DNFE)/1 000

式中，DCP为可消化粗蛋白质含量(%)；DEE为可消化粗脂肪含量(%)；DCF为可消化粗纤维含量(%)；DNFE为可消化无氮浸出物含量(%)。

三、代谢能

代谢能(metabolizable energy，ME)是指饲料中能被机体吸收利用的能量，为总能减去粪能、尿能(urine energy，UE)和可燃性气体能(combustible gases energy，Eg)后剩余的能量。

尿能(UE)是尿中有机物所含的总能，主要来自蛋白质的代谢产物(尿氮)。反刍动物尿氮主要来自于尿素，每克尿氮的能值为31 kJ。尿中能量除来自饲料养分吸收后在体内代谢的产物外，还有部分来自于体内蛋白质动员分解的产物，后者称为内源氮，所含能量为内源尿能(urinary energy from endogenous origin products，UeE)。因此，ME也分为表观代谢能(AME)和真代谢能(true metabolizable energy，TME)。

表观代谢能(AME)=GE-(FE+UE+Eg)=DE-(UE+Eg)

真代谢能(TME)=GE-(FE-FmE)-(UE-UeE)-Eg

(一)甲烷能估算公式

反刍动物可燃性气体能(Eg)主要来自于瘤胃发酵产生的CH_4，可占到饲料GE的5%～10%。不同饲料在瘤胃发酵时的CH_4产生量不同，一般精饲料的甲烷能损失量占消化能的9.2%，粗饲料占消化能的12.8%，秸秆占消化能的13.9%。生产中依据饲料养分含量可估算CH_4的产量。甲烷的热量为890.3 kJ/mol或39.75 kJ/L。

Moe等(1979)基于日粮碳水化合物中非结构性碳水化合物(NSC)、半纤维素(HC)和纤维(C)采食量估算CH_4排放能量，公式如下：

$$CH_4(Mcal/d)=0.814+0.122\times NSC+1.74\times HC+2.652\times C$$

式中，NSC、HC和C单位为kg/d。

Dong等(2013)基于康奈尔净碳水化合物－蛋白质体系(CNCPS)，建立了CH_4与CA(可溶性糖)、CB1(淀粉和果胶)和CB2(可利用细胞壁)的回归关系，用于评估各种饲料在瘤胃内的CH_4产量，公式如下：

$$CH_4=(0.89\pm0.15)CA+(1.24\pm0.14)CB1+(0.31\pm0.12)CB2+(3.28\pm7.19)$$

中国奶牛饲养标准(2014)中,基于可发酵有机物质(FOM)和可发酵 NDF(FNDF)估算 CH_4 产量及能量,如下:

CH_4(L/kg FOM)=60.456 2+0.296 7(FNDF/FOM,%)　　r=0.984 2

CH_4(L/kg FOM)=60.456 2+0.296 7(NDF/OM,%)　　r=0.9675

Eg(DE%)=8.680 4+0.037 3(FNDF/FOM,%)　　r=0.984 5

Eg(DE%)=7.182 3+0.066 6(NDF/OM,%)　　r=0.947 8

(二)代谢能估算公式

反刍动物的 Eg 难于测定,基于 ME 和 DE 具有高度的相关性,实际生产中常采用公式估算 ME。

NRC(2001)推荐使用公式如下:

ME(Mcal/kg)=(10.1×DE−0.45)+0.004 6×(EE−3)

式中,EE 为粗脂肪含量,认为脂肪 DE 转化为 ME 的效率为 100%,日粮 EE 含量低于 3%可以忽略,公式为 ME(Mcal/kg)=10.1×DE−0.45。而日粮 EE 含量高于 3%时,每提高 1%,ME 提高 0.004 6。

英国农业与食品研究理事会(AFRC)认为干物质中可消化有机物质(DOM)含量与 UE 和 Eg 损失稳定相关(1993),为此,采用如下公式估算:

一般饲料:ME(MJ/kg)=0.015 7×(DOM g/DM kg)

干草和秸秆:ME(MJ/kg)=0.015×(DOM g/DM kg)

豆科和禾本科青草:ME(MJ/kg)=0.016×(DOM g/DM kg)

德国 Oskar Kellner 研究所(1972)采用可消化粗蛋白质(DCP)、可消化粗脂肪(DEE)、可消化粗纤维(DCF)和可消化无氮浸出物(DNFE)估算 ME,公式如下:

ME(MJ/kg)=0.152×DCP+0.034 2×DEE+0.012 8×DCF+0.015 9×DNFE

式中,单位均为 g/kg DM。

此外,可以采用 DM 转化为 ME 的效率常数进行简单估算。NRC 奶牛营养需要(2001)及肉牛营养需要(2014)建议 ME=0.82 DE。对于大多数粗饲料以及混合饲料来说,转化效率常数为 0.80,成年羊为 0.81,生长牛(6 月龄)0.89,生长牛(12 月龄)0.83。

四、净能

净能(net energy,NE)是指饲料中用于维持动物生命和生产产品的能量,即饲料的代谢能减去饲料在体内的热增耗(heat increment,HI)后剩余的那部分能量。

净能(NE)=代谢能(ME)−热增耗(HI)

热增耗又称特殊动力作用,是指绝食动物喂给饲粮后短时间内,体内产热高于绝食代谢产热的那部分热能,以热的形式散失。HI 的来源包括:消化过程产热,例如咀嚼饲料,营养物质的主动吸收和将饲料残余部分排出体外时的产热;养分代谢做功产热,体组织中氧化反应释放的能量不能全部转移到 ATP 中,一部分以热的形式散失掉;与营养物质代谢相关的器官肌肉活动时产生的热量;肾脏排泄做功产热;饲料在胃肠道发酵产热。在冷应激环境中,热增耗是有益的,可用于维持体温。但在炎热条件下,热增耗将成为反刍动物的负担,必需将其散失,以防止体温升高,而散失热增耗,又需要消耗能量。反刍动物采食饲料后 HI 越低,ME 转化为

NE 的效率越高。

按照净能在体内的作用，可分为维持净能(net energy for maintenance，NE_m)和生产净能(net energy for production，NE_p)。维持净能是饲料能量用于维持生命活动、适度随意运动和维持体温恒定的部分，最终以热的形式散失。生产净能是指饲料能量用于沉积到产品或用于劳役做功中的部分，包括增重净能(net energy for gain，NE_G)、泌乳净能(net energy for lactation，NE_L)、妊娠净能(net energy for pregnancy，NE_C)以及产毛净能(net energy for wool，NE_W)。动物生产目的不同，消化能或代谢能转化为净能的效率不同。

(一)代谢能或消化能转化为维持净能

NRC 奶牛(2001)和肉牛(2014)采用 ME 估算 NE_m，公式如下：

$$NEm=1.37\times ME-0.138\times ME^2+0.0105\times ME^3-1.12$$

式中，单位均为 Mcal/kg。

代谢能用于维持的效率(K_m)很高，即使是低质量的粗饲料，K_m 仍能超过 0.6。

AFRC(1993)得出了 K_m 与 ME/GE 的回归式：

$$K_m=0.35(ME/GE)+0.503$$

INRA(1989)与 ARC 相似，采用公式为：

$$K_m=0.287(ME/GE)+0.554$$

我国肉牛饲养标准(2014)采用公式为：

$$NE_m=DE\times K_m$$

$$K_m=0.1875\times(DE/GE)+0.4579$$

式中，单位均为 kJ/kg。

(二)代谢能或消化能转化为增重净能

NRC(2001，2014)采用 ME 估算 NE_g，公式如下：

$$NE_g=1.42\times ME-0.174\times ME^2+0.0122\times ME^3-1.65$$

式中，单位均为 Mcal/kg。

AFRC(1993)和 INRA(1989)根据 ME 用于增重的效率(K_f)，其与 ME/GE 存在线性关系，得出公式如下：

$$K_f=0.78(ME/GE)+0.006$$

我国肉牛饲养标准(2014)采用公式为：

$$NEG=DE\times K_f$$

$$K_f=0.523\times(DE/GE)+0.00589$$

同时，为了便于应用，提出了 DE 同时转化为 NE_m 和 NE_g 的综合利用效率(K_{mf})。

$$NE_{mf}=DE\times K_{mf}$$

$$K_{mf}=K_m\times K_f\times 1.5/(K_m\times 0.5+K_f)$$

式中，单位均为 kJ/kg。

由于瘤胃 VFA 产量和比例与小肠可利用有机物的互作效应对 K_f 存在影响，乙酸产量与 K_f 显著负相关，我国肉牛饲养标准提出了 K_f 估算的新模型，如下：

$$K_f=11.7645+55.7560\times(IDOM/FNDF)$$

式中，IDOM 为肠可消化有机物质；FNDF 为可发酵 NDF。

哺乳犊牛和羔羊，采食奶的消化率很高，由于瘤胃尚未完全发育，ME 用于增重的效率很高。NRC(2001)计算公式如下：

$NE_g=(0.38\times ME/GE+0.337)\times ME$，乳及乳制品 ME/GE 为 0.93，因此，$NE_g=0.69\times ME$。ARC(1980)和 INRA(1989)分别采用转化率系数为 0.7 和 0.69。

(三)代谢能或消化能转化为泌乳净能

NRC(2001)采用 TDN 和 ME 估算 NE_L，公式如下：

$NE_L(Mcal/kg)=0.0245\times TDN(\%)-0.12$

$NE_L(Mcal/kg)=0.703\times ME-0.19+\{[(0.097\times ME+0.19)/97]\times(EE-3)\}$

式中，EE 为粗脂肪含量%，日粮 EE 含量低于 3%可以忽略，公式为 $NE_L(Mcal/kg)=0.703\times ME-0.19$；如饲料原料为脂肪添加物时，公式为 $NE_L(Mcal/kg)=0.8\times ME$。代谢能用于产奶的效率(Kl)很高，在 0.60 至 0.65 之间。

AFRC(1993)通过测定各种类饲料，得出了 K_L 与 ME/GE 的回归式，如下：

$K_L=0.35(ME/GE)+0.420$

INRA(1989)与 ARC 相似，采用公式为：

$$K_L=0.24(ME/GE)+0.463$$

我国奶牛饲养标准(2014)采用公式为：

$$NE_L=0.5501\times DE-0.3958$$

式中：单位均为 MJ/kg DM。

奶牛在泌乳初期，由于采食量低，机体处于能量负平衡，此时动用体脂减重产奶的能量转化效率很高，AFRC(1993)和 INRA(1989)采用 0.80，NRC(2001)和我国奶牛饲养标准采用 0.82。

(四)代谢能转化为妊娠净能

代谢能用于妊娠的效率(Kc)很低，NRC(2001)和 AFRC(1993)分别采用 0.14 和 0.133。

(五)代谢能转化为产毛净能

代谢能用于山羊和绵羊产毛的效率(K_W)很低，NRC(2001)采用 0.15 至 0.19，平均为 0.17。

第三节　能量体系

能量评价体系包括消化能体系、代谢能体系和净能体系，三种评价体系在不同时期为评定反刍动物对各类词料的利用以及生产性能的提升起到了积极的作用。考虑到反刍动物特殊的消化生理特点，净能体系可以更加准确地评价不同种类的饲料原料在各种反刍动物不同生产目的中的能量价值和利用效率。

一、消化能体系

消化是养分利用的第一步，粪能常是饲料能损失的最大部分，尿能通常较低。相对于代谢能和净能而言，消化能较容易测定。目前，世界各国羊的营养需要多采用消化能体系。但消化能未考虑尿能、气体能和热增耗的损失，不如代谢能和净能准确。用消化能评定反刍动物对饲料的利用时，与含粗纤维低的饲料相比，消化能体系往往过高估计高纤维饲料的有效能。

二、代谢能体系

在消化能的基础上，代谢能考虑了尿能和气体能的损失，比消化能体系准确，但测定较难。目前，代谢能体系主要用于羊的能量需要。中国肉羊饲养标准(2004)规定，代谢能可用消化能乘以 0.82 估算。据国内对 19 种日粮用牛呼吸测热室测定，牛饲料的代谢能平均为消化能的 84%。

三、净能体系

净能体系同时考虑了粪能、尿能、气体能和热增耗的损失，比消化能和代谢能更准确。净能与产品能紧密联系，可根据动物生产需要直接估计饲料用量，或根据饲料用量直接估计产品量。因而，净能体系是评定动物能量需要和饲料能量价值的趋势。但净能体系比较复杂，因为任何一种饲料用于动物生产的目的不同，其净能值不同。为使用方便，将不同的生产净能换算为相同的净能，如将用于维持、生长的净能换算为产乳净能，换算过程中存在较大误差。由于净能的测定难度大，费工费时，生产上常采用消化能和代谢能来推算净能。

目前，奶牛和肉牛的能量需要主要用净能体系来表示。为了应用的方便，我国将 1 kg 乳脂率为 4% 的标准乳含 3.138 MJ 产奶净能作为 1 个奶牛能量单位(NND)。法国 INRA(1989)将 1 kg 标准大麦所含 7.113 MJ 产奶净能作为 1 个产乳饲料单位(UFL)。荷兰则指定 1.65 kcal 产奶净能为 1 个产奶饲料单位。我国肉牛饲养标准(2004)以 1 kg 标准玉米的能量 8.08 MJ 作为 1 个肉牛能量单位(RND)。法国 INRA(1989)将 7 615 kJ 综合净能作为 1 个产肉饲料单位(UFV)。

第四节　反刍动物能量需要

反刍动物维持、增重、泌乳、妊娠和产毛等对能量的需要，各国制定了相应的标准，如中国饲养标准、美国(NRC)饲养标准、英国(AFRC 或 ARC)饲养标准和法国(INRA)饲养标准。本节主要参照我国与 NRC 奶牛、肉牛和小反刍动物饲养标准简要阐述各类反刍动物不同生产用途的能量需要量。

一、奶牛能量需要

(一)中国奶牛饲养标准(2004)

1. 维持能量需要

成年牛：在中立温度拴系饲养条件下，奶牛的绝食代谢产热(MJ)＝0.293$W^{0.75}$，逍遥运动增加20％，计算公式如下：

$$NE_m = 0.352\ W^{0.75}$$

由于第一和第二泌乳期奶牛的生长发育尚未停止，故第一泌乳期的能量需要须在维持基础上增加20％，第二泌乳期增加10％。放牧运动时，能量消耗增加(表6-4)。

牛在低温条件下，体热损失增加，在18℃基础上平均下降1℃，牛体产热增加2.5 kJ/(kg $W^{0.75}$ · d)。因此，在低温条件下应提高维持的能量需要量。

后备牛：在中立温度拴系饲养条件下，后备母牛的绝食代谢产热(MJ)＝0.531 $W^{0.67}$，逍遥运动增加10％，计算公式如下：

$$NE_m = 0.584\ W^{0.67}$$

表6-4　水平行走维持能量需要　　kJ/d

行走距离(km)	行走速度(m/s)	
	1	1.5
1	364$W^{0.75}$	368 $W^{0.75}$
2	372 $W^{0.75}$	377 $W^{0.75}$
3	381 $W^{0.75}$	385 $W^{0.75}$
4	393 $W^{0.75}$	398 $W^{0.75}$
5	406 $W^{0.75}$	418 $W^{0.75}$

2. 产奶的能量需要

我国对不同地区475个奶样的成分分析和测热，得出的主要回归公式如下：

NE_L(kJ)＝1 433.65＋415.3×乳脂率

NE_L(kJ)＝750.02＋387.98×乳脂率＋163.97×乳蛋白率＋55.02×乳糖率

NE_L(kJ)＝－166.19＋249.58×乳总干物质率

式中，各乳成分单位均为％。

根据对比屠宰试验，成年母牛每千克增重或减重，平均NE为25.104 MJ。泌乳期间增重的能量利用效率与产奶相似，因此每增重1 kg约相当8 kg标准奶(25.1/3.138＝8)。动员体脂肪减重的产奶利用率为0.82，故每减重1 kg能产生20.58 MJ NE_L，即6.56 kg标准奶。

3. 增重能量需要

增重沉积能(MJ)＝4.184×ADG×(1.5＋0.0045×BW)/(1－0.30×BW)

增重的沉积能与NE_g转化系数＝－0.5322＋0.3254 ln BW

增重NE_g＝增重的沉积能×转化系数

式中，ADG为日增重，BW为体重，单位均为kg；体重150、200、250、300、350、400、450、500和550 kg，对应系数为1.10、1.20、1.26、1.32、1.37、1.42、1.46、1.49和1.52。

4. 妊娠能量需要

奶牛妊娠前期(前五个月)胎儿与子宫能量难于测定，且平均日增重较低，仅几十克，可以忽略。从妊娠第六个月开始，胎儿能量沉积已明显增加。同时，牛妊娠的能量利用效率低，每1 MJ的妊娠沉积能量约需要4.87 MJ产奶净能，按此计算，妊娠6、7、8和9月时，每天应在维持基础上增加4.184、7.112、12.552和20.920 MJ的产奶净能。

(二)NRC奶牛营养需要(2001)

1. 维持能量需要

非妊娠干奶牛测定的绝食产热量平均为0.073 Mcal/kg $W^{0.75}$，再增加10%的活动补偿，因此，成年奶牛NE_m(Mcal/d)=0.080 Mcal/kg $W^{0.75}$。

放牧牛额外行走所需的能量为每行走1 km消耗NE_L为0.00045 Mcal/kg BW，采食活动每天增加消耗NE_L为0.001 2 Mcal/kg BW，坡地草场放牧的奶牛还需额外消耗NE_L为0.006 Mcal/kg BW。如果一头体重为600 kg的奶牛，采用坡地放牧饲养，应在维持需要的基础上增加(0.000 45×2+0.001 2+0.006)×600的NE_L，式中0.000 45×2是考虑到奶牛的往返运动。环境温度对维持能量需要存在影响，中等程度到严重的热应激时奶牛的维持需要量分别提高7%和25%。

2. 产奶的能量需要

奶中NE_L含量等于其中各组分(脂肪、蛋白和乳糖)燃烧热值的总和。乳脂、乳蛋白质及乳糖的燃烧热分别为9.29，5.71和3.95 Mcal/kg。

NE_L(Mcal/kg)=0.092 9×脂肪%+0.054 7×粗蛋白质%+0.039 5×乳糖%

式中，如果蛋白质测定为真蛋白质，而非粗蛋白质，系数应从0.054 7变为0.056 3。

如果明确了4%乳脂率标准奶(FCM)产量，每kg FCM的NE_L为0.749 Mcal；当只测定乳脂含量时，可使用如下公式计算：

NE_L(Mcal/kg)=0.360 +(0.096 9×脂肪%)

3. 体重变化能量需要

奶牛泌乳期和干奶期间，当饲粮供能不足或过量时，体组成的变化主要表现为组织的动用与恢复。每千克真实体组织增重或失重所含能值取决于组织中脂肪与蛋白的相对比例和各自的燃烧热。体况评分(BCS)与体脂和能量含量有关，相关性如下：

空腹时体脂肪的比例=0.037 683×BCS(9分制)

空腹时体蛋白质的比例=0.200 886−0.006 676 2×BCS(9分制)

而奶牛BCS通常采用5分制，两者之间可以换算，关系如下：

BCS(9分制)=[BCS(5分制)−1]×2+1

总沉积能(Mcal/kg)=空腹时体脂肪的比例×9.4+空腹时体蛋白质的比例×5.55

沉积能量用于产奶的效率为0.82，因此体沉积减重1 kg提供的NE_L为：

NE_L(Mcal/kg)=沉积的能量×0.82

非泌乳奶牛饲粮代谢能用作体组织能量沉积的效率为0.60，泌乳奶牛为0.75，泌乳期间体沉积增加1kg需要的泌乳净能为：

NE_L(Mcal/kg)=沉积的能量×(0.64/0.75)

4. 妊娠能量需要

妊娠期前190 d的妊娠能量需要为0，犊牛初生重平均为45 kg，代谢能用于妊娠的效率为

0.14，计算公式如下：

$$ME(Mcal/d)=[(0.00318\times D-0.0352)\times(CBW/45)]/0.14$$

将代谢能(ME)换算成泌乳净能(NE_L)时，采用的效率系数为0.64，则妊娠的NE_L需要为：

$$NE_L(Mcal/d)=[(0.00318\times D-0.0352)\times(CBW/45)]/0.218$$

式中：D为妊娠天数(范围为190～279 d)，CBW为犊牛初生重(kg)。

二、肉牛能量需要

(一)中国肉牛饲养标准(2004)

1. 维持能量需要

$$NE_m(MJ/d)=0.322\ W^{0.75}$$

此数值适合于中立温度、舍饲、有轻微活动和无应激环境条件下使用，当气温低于12℃时，每降低1℃，维持能量消耗需增加1%。

2. 增重能量需要

$$NE_g(KJ/d)=(2092+25.1\times BW)\times ADG/(1-0.3\times ADG)$$

式中：重量单位均为kg，此公式适用于生长育肥牛，生长母牛在此基础上乘以1.1。

由于我国肉牛能量需要考虑NE_m和NE_g的综合效率(K_{mf})，综合净能需要量为：

$$NE_{mg}=(NE_m+NE_g)\times F$$

式中：F为校正系数。

3. 妊娠能量需要

在维持净能需要的基础上，不同妊娠天数每千克胎儿增重的维持净能为：

$$NE_C(MJ/d)=Gw\times(0.19769\times t-11.76122)$$

$$Gw(kg)=(0.00879\times t-0.85454)\times(0.1439+0.0003558\times BW)$$

式中，Gw为胎儿日增重(kg)，t为妊娠天数。

妊娠综合净能需要为：

$$NE_{mg}=(NE_m+NE_C)\times 0.82$$

4. 产奶的能量需要

$$NE_L(kJ/d)=M\times 3.138\times FCM$$

$$NE_L(kJ/d)=M\times 4.148\times(0.092\times MF+0.049\times SNF+0.0569)$$

式中：M为日产奶量(kg/d)，FCM为4%标准乳(kg)，MF为乳脂含量(%)，SNF为乳非脂固形物含量(%)。

泌乳综合净能需要为：

$$NE_{mg}=(NE_m+NE_L)\times F$$

(二)NRC肉牛营养需要(2016)

1. 维持能量需要

$$NE_m(Mcal/d)=0.077\ Mcal/kg\ W^{0.75}$$

肉牛品种主要依据英系品种，主要考虑为适宜环境条件下舍饲肉牛，该公式中包括了肉牛活动量和环境因素的影响。

当环境温度发生变化时，与 20℃每相差 1℃，维持 NE_m 需要变化为 0.000 7 Mcal/kg $W^{0.75}$。NE_m 与环境温度（T_P，℃）存在相关关系：

$NE_m(Mcal/d)=[0.0007\times(20-T_p)+0.077]\times W^{0.75}$

在放牧条件下，如果放牧条件良好，NE_m 增加 10%至 20%；如果山地放牧，NE_m 增加 50%。

$NE_m(Mcal/d)=[0.006\times DMI\times(0.9-D)+0.05\times T/(GF+3)]\times BW/4.184$

式中，DMI 为干物质采食量（kg/d），D 为干物质消化率（小数形式表示），T 为地形指数（平地 1.0，丘陵 1.5，山地 2.0），BW 为体重（kg），GF 为单位面积牧场青草提供量（1 000 kg/hm^2）。

2. 增重的能量需要

肉牛增重净能（NE_g）也被界定为存留能量（RE），将其等同于 RE 转化为绝食体重（SBW）条件下的增重（SBG）。采用比较屠宰方法，NE_g 即为空体重（EBW）组织中增加的重量（EBG）所蓄积的能量，包括了蛋白质和脂肪的能值。RE 与 EBG 之间存在关系，如下：

$RE=0.0635\times EBW^{0.75}\times EBG^{1.097}$

$EBW=0.891\times SBW$；$EBG=0.956\times SBG$

脂肪比例 $=0.12\times RE-0.14$；蛋白质比例 $=0.253-0.027\times RE$

式中，能量单位为 Mcal，重量单位为 kg。

SBW、SBG、EBW 与 NE_m 之间存在关系：

$EBW=0.88\times SBW+14.6\times NE_m-22.9$

$EBG=0.93\times SBG+0.174\times NE_m-0.28$

三、羊的能量需要

（一）中国肉羊饲养标准（2004）

$ME(MJ)=NE_m/km+NE_g/kf+NE_C/kc+NE_L/kl+NE_W/kw$

$km=0.35\times q_m+0.503$

$kf=0.78\times q_m+0.006$

$kc=0.133$

$kl=0.35\times q_m+0.420$

$kw=0.18$

式中，km、kf、kc、kl 和 kw 分别为代谢能转化为 NE_m、NE_g、NE_C、NE_L 和 NE_W 的效率，q_m 为维持饲养水平条件下总能代谢率，即 ME/GE。

维持需要：$NE_m(MJ/d)=(4.185\times 56\times BW^{0.75}+A)/1000$

增重需要：$NE_g(MJ/d)=ADG\times(2.5+0.35\times BW)$（生长育肥羊和育成公羊）

$NE_g(MJ/d)=ADG\times(2.1+0.45\times BW)$（育成母羊）

$NE_g(MJ/d)=ADG\times(4.4+0.32\times BW)$（羯羊）

妊娠需要：$NE_C(MJ/d)=0.25\times W0\times Et\times 0.07372\times e^{-0.00643\times t}$

$Log(Et)=3.322-4.979\times e^{-0.00643\times t}$

泌乳需要：$NE_L(MJ/d)=Y\times(41.94\times MF+15.85\times P+21.41\times ML)/1000$

产毛需要：$NE_W(MJ/d)=23\times FL/1000$

式中，BW 为体重(kg)，ADG 为平均日增重(kg/d)，A 为随意活动需要量(A 数值为羔羊：舍饲 6.7 kJ/d，放牧 10.6 kJ/d；母羊：舍饲妊娠 9.6×BW，泌乳 5.4×BW)，t 为妊娠天数，Et 为妊娠第 t 天胎儿燃烧热(MJ)，W0 为羔羊初生重(kg)，Y 为乳产量(kg/d)，MF 为乳脂含量(g/kg)，P 为乳蛋白含量(g/kg)，ML 为乳糖含量(g/kg)。

(二)NRC 小反刍动物营养需要(2007)

1. 绵羊

维持需要：$NE_m(Mcal/d)=0.056\times BW^{0.75}$ 或者 $NE_m(Mcal/d)=0.062\times SBW^{0.75}$

式中，SBW 为空腹体重(kg)，是体重(BW)的 96%，适用于母羊和羯羊，公羊再乘以 1.15。

考虑羊的年龄，可以乘以年龄系数，计算为：e(−0.03×年龄)，当年龄超过 6 岁后，均取 6 进行计算。

放牧条件下，需增加 NE_m 需要量，如下：

NEm(Mcal/d)=(0.00062×BW×km，平地)+(0.00669×BW×km，山地)

增重需要：$NEG(Mcal/d)=ADG\times BW^{0.75}\times[276-(成年公羊体重-115)\times 2.1]/1\,000$

泌乳需要：$NEG(Mcal/d)=(251.73+(89.64\times MFC))+(37.85\times(MPC/0.95))\times 0.001\times MY$

式中，MFC 为乳脂率(%)；MPC 为乳蛋白率(%)；MY 为乳产量(kg/d)。

妊娠需要：$NEC(Mcal/d)=\{36.9644\times e[-11.465\times e(-0.00643\times t)-0.00643\times t]\times LBW/4)\}/0.13$

式中，t 为妊娠天数；LBW 为分娩羔羊总重(kg)。

2. 山羊

维持需要：$NE_m(Mcal/d)=X_m\times BW^{0.75}$

式中，X_m 为系数。哺乳羊：公羊 0.125，母羊和羯羊 0.107；生长羊：肉用公羊 0.126，肉用母羊和羯羊 0.108；乳用公羊 0.149，乳用母羊和羯羊 0.128；地方品种公羊 0.126，地方品种母羊和羯羊 0.108；安哥拉公羊 0.128，安哥拉母羊和羯羊 0.108。成年羊：肉用公羊 0.116，肉用母羊和羯羊 0.101；乳用公羊 0.138，乳用母羊和羯羊 0.120；地方品种公羊 0.116，地方品种母羊和羯羊 0.101；安哥拉公羊 0.130，安哥拉母羊和羯羊 0.113。

增重需要：$NE_g(kcal/d)=X_g\times ADG(g)$

式中：X_g 为系数。哺乳羊：3.20；生长羊：肉用 5.52；乳用 5.52；地方品种 4.73；成年羊：6.81。

妊娠需要：与绵羊相同。

第五节 饲料能量利用效率

一、饲料能量利用效率

饲料能量在动物体内经过一些列转化后，最终用于维持动物生命和生产。动物利用饲料能量转化为产品净能，投入能量与产出能量的比称为饲料能量效率。由于能量用于维持和生产时的效率不一样，能量利用效率用总效率和净效率衡量。总效率是产品中所含的能量与摄入饲料的有效能(指消化能或代谢能)之比。能量净效率是指产品能量与摄入饲料中扣除用于维持需要后的有效能(指消化能或代谢能)的比值。

反刍动物将饲料能量转化为人类所需产品的效率比较低,食入能量主要通过粪和热能的形式损失。如肉牛每天摄入的总能中,以热的形式损失45%,以粪的形式损失40%,尿和气体损失10%,只有5%沉积在体内,而在沉积的能量中,可食用部分不足50%。

二、影响饲料能量利用效率的因素

动物、生产目的、日粮组成、饲养水平及环境因素均影响饲料能量利用效率。

(一)动物品种、性别及年龄

动物的消化生理特点、生化代谢机制及内分泌特点不同,对饲料的能量利用率不同。如山羊比绵羊具有耐粗饲的特点,采食相同种类的粗饲料,山羊表现出更高的消化能。同样,牛与绵羊采食相同日粮时,牛对饲料养分中有机物质、粗蛋白质和酸性洗涤纤维的消化率均高于绵羊。荷斯坦奶牛代谢能转化为净能的效率可以达到0.7,而肉牛品种通常低于0.5。Ferrell和Jenkins(1998)以安格斯、比利时蓝、海福特、皮埃蒙特、婆罗门等品种作为父本,后代阉牛的维持能量需要以及用于增重的能量利用效率均存在差异,波动范围从0.27到0.44不等。以婆罗门为父本最高,而以安格斯牛最低。

(二)生产目的

能量用于不同的生产目的,效率不同。能量利用率由高到低为,维持、产奶、生长与肥育、妊娠和产毛。代谢能用于反刍动物维持的效率是70%~80%,用于泌乳的效率是60%~70%,用于妊娠的效率是10%~25%。由于动物能有效利用体增热来维持体温,能量用于维持的效率较高。当动物将饲料能量用于生产时,除随着采食量增加,饲料消化率下降外,能量用于产品形成时还需消耗能量。反刍动物将不同饲料代谢能用于维持的利用效率变异较小,而用于肥育时变异较大。

(三)饲养水平

在适宜饲养水平范围内,随着饲喂水平的提高,饲料有效能量用于维持部分相对减少,用于生产的净效率增加。在适宜的饲养水平以上,随采食量的增加,消化率下降,饲料消化能值和代谢能值减小。

(四)饲料成分

饲料的组成影响饲料养分的消化率,正常情况下,粪能是饲料能量中损失最大的部分。哺乳期幼龄反刍动物粪能损失占总能的比例不到10%,成年反刍动物采食精饲料时为20%~30%,采食粗饲料时为40%~50%,采食低值粗饲料时为60%。

三、能量利用效率的调控

通过降低粪能、尿能、气体能、热增耗和维持净能实现生产净能的提高。

(一)降低粪能的调控措施

降低粪能的有效途径在于提高饲料养分的消化效率,按照反刍动物日粮的构成,涉及粗饲料的加工、青贮饲料的调制、谷物饲料的合理加工、饲料组合效应以及添加剂的应用等。

1. 粗饲料的合理加工调制

包括物理加工、化学处理和微生物处理三种方式。物理处理按照细化可以分为粉碎处理，包括打粉和制粒，降低粗饲料颗粒长度可以提高反刍动物对粗饲料干物质、有机物和中性洗涤纤维的全消化道表观消化率；熟化处理，即通过高温处理以破坏秸秆类饲料原本形成的致密结构；辐射处理，即通过热辐射、射线照射等方法达到破坏秸秆类饲料致密细胞壁排布，扩大其与瘤胃内、以及消化道内的菌群微生物群落，以及消化道内分泌的消化酶之间的接触面积，以此促进秸秆在体内的分解与吸收，提高秸秆的消化能。微生物处理即通过细菌、真菌等微生物，利用它们具有分解纤维素等大分子结构的特性，破坏其内部所具有的木质素等大分子基团，提高消化率。真菌属的黑曲霉、木霉、康氏木霉和绿色木霉等均具有较强的纤维素分解能力，同时还具有分解果胶和半纤维素的作用。另外，此类微生物产生的纤维素酶，如曲酶、木酶和青酶等可以破坏植物细胞壁，同时可以补充瘤胃内源酶的不足，提高反刍动物对粗饲料的利用率。化学处理的方法主要包括：酸碱化处理、氧化处理、氨化处理等。氨化处理目前应用较为广泛，且对于秸秆自身的营养成分改善效果明显。

2. 青贮饲料的调制

在反刍动物养殖业中，全株玉米青贮饲料已经成为不可或缺的粗饲料。青贮饲料中乳酸菌添加剂的应用已成为常态。研究发现，全株玉米青贮中添加同型发酵乳酸菌，可以提高反刍动物对青贮饲料中性洗涤纤维的消化率，同时饲料转化率提高 9%，肉牛日增重提高 5%，奶牛日产奶量提高 0.37 kg/头。这是由于，同型发酵乳酸菌，如植物乳杆菌和粪肠球菌可以提高瘤胃中产琥珀酸丝状杆菌的数量，同时提高瘤胃内纤维素酶的活性。

3. 谷物饲料加工调制

淀粉是反刍动物的重要能量来源，通过对谷物饲料加工调制，可以改变饲料淀粉在反刍动物消化道内的消化部位并影响饲料淀粉的消化率。与粉碎处理比较，蒸汽压片提高了玉米和高粱的淀粉消化率，对高粱淀粉消化率影响更为显著。而蒸汽碾压提高大麦的淀粉消化率。膨化和颗粒化属于湿热处理，两种处理可使淀粉颗粒中分子间氢键削弱，使淀粉颗粒部分分解形成网状结构，黏度上升发生糊化现象，使淀粉容易被消化酶消化。压扁处理是通过破碎饲料颗粒的外种皮，使微生物和消化酶容易进入内部，从而增加对淀粉发酵。焙炒等干热处理使淀粉凝胶化，结晶区结构破坏，发生双键转移和再聚作用，使淀粉分子量降低，增加支链结构数目，从而会使淀粉瘤胃降解率降低。研究证明淀粉在反刍动物小肠内消化比在瘤胃中降解有更高的能量价值，因为葡萄糖在小肠内吸收比在瘤胃中降解成 VFA，其能量利用效率要高 42%。然而，过量的淀粉在瘤胃中发酵不仅会造成浪费，而且会引起瘤胃内环境的改变，影响营养物质的利用效率，甚至导致代谢疾病。而过瘤胃淀粉的应用可以有效解决这一问题。过瘤胃淀粉不仅可以提供大量外源葡萄糖，而且可以减少内源葡萄糖合成过程中的能量损失，节约生糖氨基酸和甘油，改善蛋白质和脂肪代谢。

4. 饲料组合效应

混合饲料的可利用能值或消化率，不等于组成该日粮各饲料的可利用能值或消化率的加权值，这就意味着饲料间存在组合效应。在设计日粮时，选择在瘤胃中降解率低的蛋白质和采取适当的蛋白质过瘤胃保护技术，可增加小肠可利用蛋白质数量，提高饲料能量利用效率。

5. 添加剂的应用

美国康奈尔大学的早期研究表明，在泌乳母牛的精料中添加 3%～4%脂肪，乳产量可以提高 2%～10%。适当增加反刍动物脂肪酸的摄入量,可以提高能量的利用效率。研究证实,玉米+4%植物油为精料补充料的能量构成,在相同蛋白质水平条件下,肉牛的增重效果、能量与蛋白转化效率均优于蒸汽压片玉米与玉米。李爱科等(1991)研究发现,反刍动物的低脂肪日粮中,适当提高日粮的脂肪量,对增加体脂肪的沉积量和代谢能用于增重的能量效率均有明显的效果。另外,研究证实,奶牛能量需要量的 16%来自长链脂肪酸时,对营养物质的利用率达到最高。

异位酸属于营养性添加剂,是瘤胃微生物生长所必需的营养物质,而且有利于微生物蛋白质的合成。主要包括异丁酸、异戊酸、2-甲基丁酸和戊酸。异位酸添加可以提高反刍动物对饲料的消化率,增加低质粗饲料的采食量,提高绵羊、肉牛和奶牛的氮沉积量,可使饲料转化效率提高 17%。

维生素 B_{12}是甲基丙二酰辅酶 A 变构酶的构成部分,可以催化甲基丙二酰辅酶 A 转化成琥珀酰辅酶 A,后者进一步转化成琥珀酸进入三羧酸循环。给母羊补充维生素 B_{12}可促进丙酸糖异生;奶牛补充维生素 B_{12}也可促进糖异生。生物素是糖异生过程中的几种关键酶(乙酰辅酶 A 羧化酶和丙酰辅酶 A 羧化酶)的辅酶因子,反刍动物日粮补充生物素亦可促进糖异生。研究发现,烟酸可以通过 PI3K/Akt-Fox01 通路激活 Fox01 蛋白活性,调节葡萄糖-6-磷酸酶和磷酸烯醇式丙酮酸羧激酶活性,进而调控反刍动物的糖异生。

(二)降低尿能的调控措施

降低反刍动物尿能的关键在于日粮氮的利用效率,降低蛋白质代谢产物随尿出除所含的能量。蛋氨酸与赖氨酸为反刍动物第一和第二限制性氨基酸,研究发现,配制低蛋白日粮饲喂奶牛会降低奶牛的生产性能,但是在低蛋白日粮中添加过瘤胃蛋氨酸和赖氨酸,使其含量分别达到可代谢蛋白质的 7.06%和 2.35%,可以提高产奶量,同时降低了尿氮的排放量。提高过瘤胃蛋白质比例,也具有降低尿氮排放的作用。研究发现,绵羊以粗饲料为基础日粮时,若通过瘤胃灌注酪蛋白增加氨基酸供应,代谢能利用率从 45%提高至 57%。

另外,优化饲粮碳水化合物组成是提高奶牛氮利用率的重要营养学措施。增加日粮中淀粉类碳水化合物的含量,能够提高奶牛的氮利用率。与高蛋白质日粮相比,在低蛋白质日粮条件下,增加饲粮中淀粉含量,奶牛氮利用率提高更加显著。赵勐等(2015)研究表明,奶牛饲粮中性洗涤纤维和淀粉比例为 1.71 时,可以获得最佳的氮利用率。植物提取物,如牛至油与肉桂醛等,在日粮中添加也具有降低尿氮的作用。

(三)降低气体能的调控措施

反刍动物采食饲料后,纤维素和半纤维素在瘤胃内产生 VFA 的同时产生 CH_4,是气体能的主要来源,据统计,每发酵 100 g 碳水化合物产生 CH_4 5 g 左右。降低反刍动物 CH_4 排放,采取的措施主要包括:添加离子载体、去原虫、调节日粮组成和提高反刍动物生产水平。

(四)降低热增耗的措施

在反刍动物日粮中添加过瘤胃脂肪是降低热增耗的有效手段,同时还可以改善饲料适口性,提高日粮能量水平。奶牛过瘤胃脂肪的添加量以干物质采食量的 3%为宜。另外,研究发现包被硝酸钙降低了山羊禁食产热,降低饲料能量的损耗能,但它并不影响体产热或代谢能。

(五)降低维持净能的措施

在适宜的环境条件下,反刍动物的维持净能是一定的,也处于最低水平;而当环境条件发生改变，气温升高或降低，有害气体升高，维持净能升高。因此，控制畜舍环境温湿度，创造适宜的环境，降低冷热应急的影响；增重动物可以适度限制活动，降低能量消耗；提高反刍动物的健康水平；控制繁殖母畜体重；及时清除粪尿，通风换气等非营养措施，在生产实践中均是有效的降低维持净能的技术手段。

1. 热应激调控

奶牛和肉牛是一种耐寒而怕热的动物。以奶牛为例，奶牛适宜生产的温度为 5～25℃，夏季高温高湿，南方大部分地区以及部分北方地区奶牛和肉牛均会发生不同程度的热应激反应，严重影响产奶和增重性能。一些饲料添加剂应用，可以缓解热应激的不良影响。如：乙酸钠、过瘤胃脂肪、有机铬、氯化钾、瘤胃素和酵母培养物等。乙酸钠作为反刍动物重要的能源物质，有利于机体水盐代谢的平衡。高温季奶牛日粮中添加乙酸钠，可在一定程度上缓解高温对奶牛产奶性能的抑制作用。过瘤胃脂肪的添加，可以提高维持净能的利用效率，炎热夏季奶牛日粮中每天添加 200 g 的脂肪酸钙，可以降低奶牛的呼吸频率和脉搏。铬是构成葡萄糖耐受因子的主要物质，协助胰岛素作用，影响糖类、脂类和核酸的代谢。高温时奶牛尿铬排泄增加，血清中皮质醇浓度升高，引起一系列应激反应。补充有机铬可以降低奶牛血清中皮质醇浓度，提高奶牛抗应激能力，改善生产性能，增强抗病力和适应性。高温季节，日粮中添加有机铬可以有效地降低奶牛直肠温度和呼吸频率。炎热气候条件下，奶牛皮肤蒸发量、饮水量和排尿量均增加，从而增加了体内电解质的排出，而钾的丧失尤其显著，使血浆钾水平下降。因此，提高高温季节奶牛日粮中的钾水平以维持机体电解质的平衡，有利于健康。碳酸氢钠在反刍动物瘤胃中起缓冲作用，中和瘤胃内微生物产生的有机酸，使瘤胃 pH 保持中性，为微生物提供一个良好的生长和繁殖环境，同时可以避免热应激诱发的酸中毒发生。酵母培养物能刺激瘤胃纤维分解菌和乳酸利用菌的繁殖，改变瘤胃发酵方式，降低瘤胃氨浓度和提高微生物蛋白质产量和饲料消化率。在热应激状态下，日粮中添加酵母培养物能降低奶牛的直肠温度。瘤胃素可以提高反刍动物血清 T_4 水平。一些具有清热解毒、凉血解暑作用的中草药，兼有药物和营养物质的双重作用，能够全面协调生理功能，减轻热应激造成的机能紊乱，增强奶牛对高温的适应性，增加营养物质的消化吸收利用，调整免疫机能，缓解热应激反应。如采用石膏、板蓝根、黄羊、苍术、白芍、黄芪、党参、淡竹叶和甘草等中草药配制饲喂奶牛，可以有效缓解热应激，降低维持能量消耗。

2. 冷应激调控

当温度低于 5℃奶牛就会进入冷应激状态，奶牛增加能量消耗来维持正常的体温，导致产奶量减少。研究发现，日粮中添加淀粉可显著提高育成牛的平均日增重和营养物质消化率，淀粉可在瘤胃内迅速降解，为机体供能的同时为瘤胃微生物提供可利用能量。然而，与添加淀粉相比，在处于冷应激条件下的繁殖母牛饲粮中添加脂肪可显著提高犊牛初生重，且可显著提高母牛血清中雌激素含量，促进母牛产后发情。另外，饲喂酒糟类饲料可显著提高奶牛抵抗冷应激的能力。饲粮中添加谷氨酰胺和 L-肉碱可以增强肉羊机体抵御冷应激的能力。

3. 有害气体排放调控

日粮营养平衡是降低畜舍有害气体的根本措施。粪尿是牛舍氨和硫化氢的主要来源。当日粮蛋白质和能量不平衡，蛋白质过高时，粪氮和尿氮水平增高，使氨气生成量增加。当日粮含硫氨基酸过高时可造成舍内硫化氢含量增加。日粮精粗比例则影响瘤胃中甲烷的产量。通过优化反刍动物日粮配制，平衡各种营养素，可以减少畜舍有害气体的产生。另外，微生态制剂和中草药也具有降低反刍动物有害气体排放的作用。研究发现,中草药以及酶制剂等组成的复合中草药制剂能降低有害气体对反刍动物造成的影响,进而降低维持能量消耗。日粮添加植物提取物,如丝兰提取物,也可以有效降低有害气体的排放。

参考文献

李胜利.2020.奶牛营养学[M].北京:科学出版社.

孟庆翔,周振明,吴浩(主译).2018.肉牛营养需要(第8次修订版)[M].北京:科学出版社.

赵广永.2012.反刍动物营养[M].北京:中国农业大学出版社.

中华人民共和国农业行业标准.2004.肉牛饲养标准[S],NY/N 815-2004.

中华人民共和国农业行业标准.2004.奶牛饲养标准[S],NY/N 34-2004.

中华人民共和国农业行业标准.2004.肉羊饲养标准[S],NY/N 816-2004.

周安国,陈代文,2010.动物营养学[M].北京:中国农业出版社.

McDonald, P., Edwards, R. A., Greenhalgh, J. F. D., et al. 2011. Animal nutrition[M]. 7th edition, Benjamin cummings.

NRC. 2007. Nutrient requirements of small ruminants: sheep, goats, cervids, and new world camelids[M]. National Academies Press, Washington DC.

NRC. 2001. Nutrient requirements of dairy cattle[M]. 7th rev. ed. National Academy Press, Washington, DC.

Givens, D. I., Owen, E., Axford, R. F. E., 2000. Forage Evaluation in Ruminant Nutrition[M]. Wallingford, Oxon, UK: CABI Publishing.

(本章编写者:郭刚、杨致玲;审校:张拴林)

第七章　矿物质营养

矿物元素是反刍动物进行生命活动所必需的营养素之一。目前，反刍动物体内能够检测到的矿物元素约为 45 种，主要来源于饮水和饲料。在反刍动物生理过程和体内代谢必不可少的矿物元素称为必需矿物元素。按照动物体内含量和营养需要量不同，可将矿物元素分为常量元素和微量元素两大类。常量元素是指在动物体内含量高于 0.01%的元素，营养需要量以克为单位计算，包括钙、磷、钠、氯、钾、镁和硫。微量元素是指在动物体内含量低于 0.01%的元素，营养需要量以毫克或微克为单位计算，包括铁、铜、锌、锰、碘、硒、钴和钼等。日粮中的矿物元素经过反刍动物胃肠粘膜吸收进入血液发挥营养生理作用。矿物元素不仅参与骨骼和其他机体组织的组成，也作为酶、激素和神经递质的组成成分参与机体调控和代谢，维持机体酸碱平衡、渗透压平衡、细胞膜电位平衡、神经传导及细胞膜电子传递，用于乳、肉和毛等反刍动物畜产品的生产。本章重点介绍矿物元素的体内含量、分布及来源，营养生理作用，吸收代谢特点、缺乏与过量的危害。

第一节　常量元素营养

一、钙、磷

(一)含量、分布及来源

1. 含量和分布

钙和磷是反刍动物体内含量最丰富的两种矿物元素，约占体重的 1%～2%，其中 98%的钙和 80%的磷以羟基磷灰石、氢氧化钙等化合物的形式存在于骨骼和牙齿中，其余的钙、磷分布于软组织和细胞外液中。骨骼灰分中约含钙 36%，含磷 17%，正常动物体内钙、磷比例约为 2:1。

细胞外液中的钙、磷大部分存在于血液中，成年反刍动物血液中的钙、磷浓度比较稳定，而幼龄动物的含量一般较高且波动较大。成年母牛血浆中钙的正常范围为 9～10 mg/dL，主要形式有钙离子(45%～50%)、钙结合蛋白(40%～45%)和其它结合钙(5%)。成年反刍动物血浆中的磷浓度含量较低，通常为 4～8 mg/dL。但血红细胞中磷的含量多达血浆的 6～8 倍，主要以 HPO_4^{-2} 或 $H_2PO_4^-$ 的形式存在。

2. 来源

植物性饲料中一般双子叶植物含钙较高，而单子叶植物含钙较少；从植物的不同部位来看，茎叶一般含钙较多，而籽实含钙较低。不同植物性饲料含磷量也不相同，一般油料作物含磷量高于豆科植物,豆科植物高于谷实类作物,但谷实类作物加工的副产品含磷量最高,在1%以上。瘤胃微生物分泌的消化酶能将植物体内的植酸盐分解,从而提高各种来源的钙、磷的利用率。但是不同来源的钙、磷的吸收率不同,如苜蓿草中的20%~30%的钙是草酸钙,苜蓿草中钙的吸收效率低于玉米青贮饲料。碳酸钙和氯化钙是常用的钙补充添加剂,磷酸氢钙是常用的磷补充物。

(二)营养生理作用

1. 钙

钙是骨骼与牙齿的主要组成成分,同时骨骼中钙的正常代谢是保证血钙稳态的关键。体液中的Ca^{2+}能降低神经肌肉的兴奋性,当其浓度下降时,肌肉神经的兴奋性增高,导致肌肉自发性收缩。反之,则会抑制神经肌肉的兴奋性。血浆中的Ca^{2+}可通过激活促凝血酶原激酶、凝血酶原和促进纤维蛋白的形成来参与正常血液凝结。钙是机体内多种酶的激活剂,如胰α-淀粉酶、胰蛋白酶原和磷酸化酶等;Ca^{2+}作为第二信使参与细胞内外的信息传递。此外,Ca^{2+}信号也在促进细胞参与细胞分裂的过程中发挥信息传递作用;钙能调节淋巴细胞分裂,介导巨噬细胞的吞噬功能;钙还可以调节细胞和毛细血管的通透性,控制炎症和水肿、维持酸碱平衡等。

2. 磷

磷不仅同钙一起用于构成骨骼和牙齿,促进骨质发育,还存在于动物体内每一个体细胞中,具有广泛的生物学功能。磷以磷酸根、磷脂的形式参与机体糖类、脂类和蛋白质三大营养物质的代谢过程。磷是核苷酸的基本组成成分,而核苷酸是传递遗传信息和调控细胞代谢的重要物质脱氧核糖核酸和核糖核酸的基本组成单位。磷以三磷酸腺苷和磷酸肌酸的形式参与机体能量代谢,在能量产生、传递和贮存过程中起重要作用。磷是辅酶 I、辅酶 II、乙酰辅酶 A 和氨基移移酶等辅酶的成分。磷还是细胞膜和体内缓冲物质的构成成分,参与维持体内的酸碱平衡以及机体免疫。磷同样是瘤胃微生物消化纤维类物质和合成微生物蛋白质所必需的营养素之一。

(三)吸收与代谢

小肠是反刍动物机体获得外源钙的主要器官,其中以十二指肠和空肠为主,日粮中的钙经皱胃酸性作用解离成Ca^{2+},Ca^{2+}是皱胃和小肠上段吸收的主要形式。钙的吸收是主动转运过程,也可以靠被动扩散而被吸收。成年反刍动物对钙的吸收以主动转运为主,特别是泌乳早期的奶牛,并受到维生素 D 衍生物 1,25-二羟维生素 D 的调控。通过准确调节 1,25-二羟维生素 D 的产量,可以控制日粮中钙的吸收率,从而维持细胞外液钙浓度的稳定。血液循环中的 1,25-二羟基维生素 D 进入肠上皮细胞并与维生素 D 受体(VDR)结合,从而启动 Ca 主动转运所必需的几种蛋白质的转录和翻译(图 7-1A)。响应 1,25-二羟基维生素 D 产生的第一个蛋白质是瞬时受体电位阳离子通道(TRPV6),使Ca^{2+}穿过肠上皮细胞顶端膜进入细胞。然后钙结合蛋白(CaBP)复合进入细胞的Ca^{2+},运输Ca^{2+}至基底外侧膜并将其传递给维生素 D 依赖性蛋白质质膜Ca^{2+}-ATP 酶(PMCa1),PMCa1 利用 ATP 转化为 ADP 释放的能量将细胞内的Ca^{2+}泵出细胞外。此外,与维生素 D 无关的$3Na^{+}/Ca^{2+}$交换蛋白也存在于肠上皮细胞基底外侧膜中,同样能够使Ca^{2+}通过基底外侧膜,但哺乳动物一般不利用$3Na^{+}/Ca^{2+}$交换蛋白将Ca^{2+}排出细胞。

饲喂高钙日粮或使用口服钙盐预防母牛低血钙症时，瘤胃是钙吸收的主要部位，但吸收机制与小肠有所不同，因为瘤胃上皮细胞中不存在 TRPV6，而 $3Na^{+}/Ca^{2+}$ 交换蛋白可能在将 Ca^{2+} 从瘤胃上皮泵出到组织液中发挥主要作用。相反，低钙日粮条件下，瘤胃则可能是钙净分泌的场所。普通饲料钙源在瘤胃液中的溶解度较低，瘤胃对日粮钙的吸收效率低于小肠。NRC(2001)中，把粗饲料钙的吸收率定为 30%，精饲料定为 60%。无机钙源通常具有较高的吸收系数，如石灰石中钙的吸收率为 70%。动物从消化道吸收的钙通过门静脉进入肝脏，随后由肝脏进入外周血液，分配至各器官组织，血液是钙运送至机体各个组织的运输介质。饲料中未被利用的钙和主要来自肠道黏液中的内源性钙随粪排出，尿中排出的钙量很小。

磷在胃和小肠各部位均可以被吸收，但主要的吸收部位在十二指肠和空肠。与非反刍动物相似，磷的吸收方式有两种(图 7-1B)：当动物大量摄取可吸收磷时，磷可通过被动扩散吸收；当日粮磷浓度较低时，磷可通过激活跨细胞主动转运吸收。首先，1,25-二羟基维生素 D 通过瘤胃和肠道上皮细胞顶端膜上的 VDR 激活 II 型钠磷协同转运蛋白(SLC34)的转录和翻译。随后产生的 SLC34 利用 3 个 Na^{+} 的电化学梯度所提供的动力使一个磷酸根离子穿过顶端膜。磷酸根离子扩散到基底外侧膜，在钠-钾-ATP 酶($Na^{+}-K^{+}-ATPcase$)作用下，磷酸根离子从磷酸盐通道移到细胞外液中。高磷日粮会降低 1,25-二羟基维生素 D 的产生，从而减少磷酸根离子的吸收，促进尿磷的排泄。反之，低磷日粮会促进 1,25-二羟基维生素 D 的产生，从而提高磷的吸收。

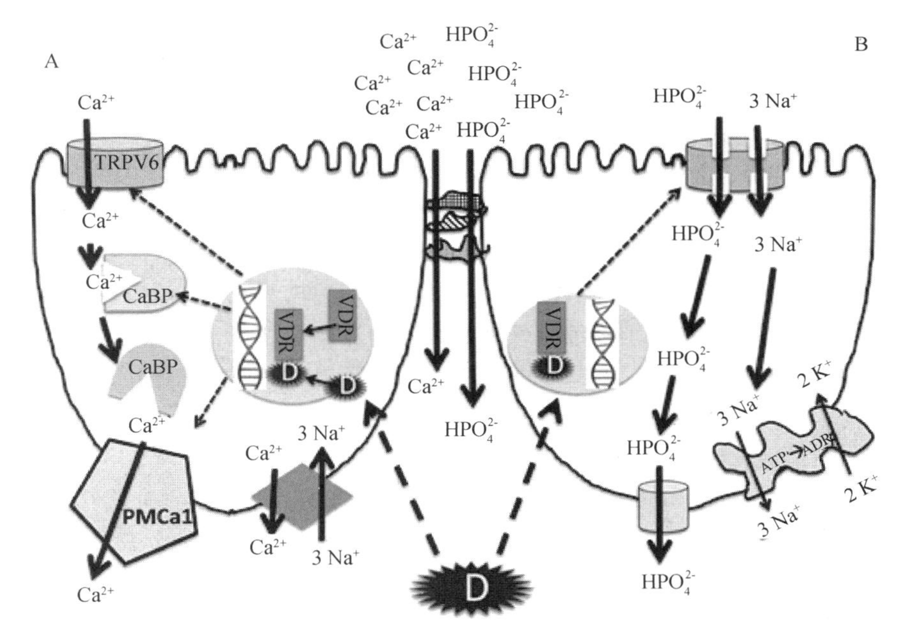

图 7-1　小肠中钙(A)和磷(B)的吸收机制

(引自 Goff,2018)

植物性饲料中的磷是反刍动物获取磷的主要来源，瘤胃微生物分泌的植酸酶几乎能够分解所有的植酸磷。吸收后的磷可以贮存在体内用于满足动物生产的需要，还可以分泌到消化道重新被吸收，只有一小部分从粪便中排出。唾液和肠腺分泌物中的磷也可分泌到消化道中被重吸收。NRC(2001)中，粗饲料中磷的吸收率为 64%，精饲料为 70%。但研究发现，NRC

(2001)低估了一些饲料磷的吸收率。

甲状旁腺激素、降钙素和活性维生素 D_3 调节机体钙的吸收、进入骨沉积、肾的重吸收和排泄等代谢过程。

(四)缺乏与过量

反刍动物在某些生理阶段和环境条件下常因钙、磷供给不足或比例不当而引起代谢紊乱并发生一系列疾病。

青年母牛日粮中钙磷供给不足或比例不当可引起骨骼中钙磷沉积受阻，生长缓慢；如果长期供给不足可能会增加佝偻病和骨软病等骨骼疾病的发病率。老龄动物缺钙后会动员骨钙来维持血钙平衡，进而导致骨质疏松症的发生，骨骼强度下降，易折断。乳热症是母牛分娩后较常见的一种因钙缺乏而引起的内分泌失调病，其症状表现为血钙浓度下降、肌肉痉挛，严重时出现瘫痪，甚至昏迷。另外，缺磷还可造成生产性能和繁殖性能降低，食欲下降或出现异食癖。

反刍动物对钙、磷有一定的耐受能力，但日粮中钙的浓度超过 1%时，有可能降低干物质采食量和生产性能。此外，长期摄入过量的钙会影响其他营养素的吸收。长期摄入过量的磷会引起钙代谢紊乱、继发性高血磷症。高磷日粮还会提高妊娠后期母牛的血磷含量，抑制 1,25-二羟基维生素 D 的产生，进而增加了奶牛分娩时产乳热和低钙血症的发病率。

二、钾、钠、氯

(一)含量、分布及来源

1. 含量和分布

钾在机体内的含量仅次于钙和磷，约占体重的 0.18%～0.27%。钾主要分布在肌肉和神经细胞内，浓度为 5.85～6.05 g/L。钾在细胞外液和血浆中的浓度约为 0.14～0.20 g/L；唾液中的浓度通常小于 0.39 g/L；瘤胃液中的浓度为 1.56～3.90 g/L；奶中的浓度为 1.50 g/L。钠约占体重 0.13%～0.16%，主要分布在体液和软组织中，少量存在于骨组织中。钠在血浆中的浓度约为 3.45 g/L，是血浆中主要的碱储；唾液中的浓度为 3.68～4.14 g/L；乳中的浓度为 0.58～0.69 g/L。钾与钠分别为细胞外液和细胞内液的主要阳离子，氯则是细胞外液的主要阴离子。氯在血浆中的浓度为 3.20～3.90 g/L；瘤胃液中为 0.36～1.07 g/L；乳中为 0.89～1.07 g/L。

2. 来源

植物性饲料含钾丰富，植物不同部位钾含量不同，籽实含钾较少，而茎叶含钾较多。除玉米外，各种植物性饲料干物质中平均含钾高于 5 g/kg，青绿饲料干物质中含钾则高于 15 g/kg，因此，日粮配制中一般不需要补充钾。植物性饲料缺乏钠和氯，为反刍动物配制日粮时要补充氯化钠。

(二)营养生理作用

钾、钠、氯的共同作用是作为电解质维持体细胞的渗透压、调节酸碱平衡和水盐代谢。钾通过维持动物体内正常的 pH 来保证体内多种酶对 pH 的特定要求，同时还是动物体内蛋白质和碳水化合物代谢中多种酶的活化剂和辅酶的组成成分。钾、钠协同保持神经冲动的传递和肌肉的收缩，适当提高钾的浓度可使神经肌肉兴奋性增强。细胞内的 K^+ 和细胞外的 Na^+ 联合作用，可激活 Na^+-K^+-ATP 酶，产生能量，从而维持细胞内外钾钠离子浓度梯度。钠是唾液盐中的主要成分，对瘤胃发酵过程中形成的酸起缓冲作用，有利于瘤胃微生物活动。氯离子是维持皱胃内低 pH 的核心阴离子，参与胃酸的形成，对蛋白质消化起重要作用。氯离子能够经隐窝上皮细胞主动分泌到肠腔中，从而作为 Na^+ 进入肠腔的驱动力，以满足 Na^+－己糖和 Na^+－氨基酸共转运蛋白对钠的需要。胰淀粉酶的活化需 Cl^- 的参与，氯还与体内氧和二氧化碳的转运有关。

（三）吸收与代谢

钾在消化道的所有部位均能被吸收，主要吸收方式是细胞旁扩散，尤其是在空肠和回肠末端。这是因为钾在日粮中的含量丰富，肠腔内钾浓度较高，而细胞外液中钾的浓度非常低，从而允许钾从肠腔顺着浓度梯度穿过细胞紧密连接被吸收。少量的钾在胃、大肠和小肠中以跨细胞主动运输的形式被吸收。胃壁细胞可通过质子泵将钾转移出胃腔进而被吸收。小肠和结肠细胞顶膜中的 K^+/Cl^- 共转运蛋白能使 K^+ 顺着浓度梯度穿过基底外侧膜进入组织液中被吸收。动物对钾的吸收率高达 90%，体内过量的钾主要以尿的形式排泄，醛固酮可通过提高肾脏对钠的重吸收，来增加钾在尿中的含量。

钠的吸收部位主要在瘤胃、小肠和大肠，吸收方式为跨细胞主动转运（图 7-2），在小肠也可进行被动吸收。钠和氯在体液中均以解离态 Na^+ 和 Cl^- 存在。目前 Na^+ 在胃肠道上皮细胞的转运机制主要包括 3 种：Na^+ 通过顶膜 Na^+-H^+ 交换蛋白沿电化学梯度进入胃肠道上皮细胞；Na^+ 通过顶膜的 Na^+－葡萄糖和 Na^+－氨基酸转运体蛋白沿电化学梯度进入十二指肠和空肠上皮细胞；Na^+ 在转运蛋白的协助下通过上皮细胞的 Na^+ 通道进入结肠细胞。此外，在整个胃肠道内 Na^+ 可通过顶膜的 $Na^+-HCO_3^-$ 协同转运蛋白沿电化学梯度进入胃肠道上皮细胞。穿过顶端膜进入细胞后，Na^+ 会通过细胞质基质扩散到基底外侧膜，进而在 Na^+-K^+-ATP 酶的作用下将其泵入组织液。如果十二指肠和空肠绒毛细胞顶膜上 Na^+－葡萄糖和 Na^+－氨基酸协同转运蛋白的运转所需的 Na^+，超过了日粮、唾液或胰液所提供的 Na^+，其余所需的钠则由小肠分泌提供。由于饲料中的钠的表观吸收率高达 80%～90%，粪中的钠很少，钠主要以尿的形式排出。

氯在整个胃肠消化道都可被吸收。氯主要通过顶膜的 Cl^-/OH^- 或 Cl^-/HCO_3^- 协同转运蛋白进入胃肠道细胞，其中结肠和回肠尤为突出，这一过程需要偶联 Na^+-H^+ 交换蛋白，从而使其逆电梯度进入细胞。进入细胞的氯顺着浓度梯度转运到血液。动物对氯的吸收率约为 90%，未被吸收的氯从尿及粪中排出，少量通过汗腺以氯化钠或氯化钾的形式从汗中排出。

（四）缺乏与过量

反刍动物一般很少发生严重缺钾的现象，仅在采食以低钾饲料为主的日粮而又同时不补钾时才有可能发生缺钾。犊牛长期饲喂人工乳，也可发生缺钾症状。泌乳母牛采食低钾日粮（含钾 0.06%～0.15%）数日后，采食量和饮水量明显减少，体重及产乳量下降；出现异食癖、被毛无光泽、皮肤柔韧性变差、血浆和乳中的含钾量下降，短期血液红细胞比容上升。持续缺钾时母牛全身肌肉无力、虚弱、肠音浑浊。缺钠初期，反刍动物表现为采食量和产乳量降低，异食癖。持续缺钠反刍动物出现厌食，体重下降，皮毛粗糙，严重时表现为运动失调、发抖、虚弱、脱水、心律不齐，甚至死亡。动物缺氯表现为厌食、嗜睡、体重减轻、多饮和多尿，后期表现为视觉障碍、呼吸频率降低、粪便伴有血液和粘液。氯缺乏还会导致严重的碱中毒和低氯血症。

反刍动物对钾的最大耐受量为日粮的 3.0%。反刍动物过量补饲钾可能会发生钾中毒，影响钠、镁的吸收，甚至出现低镁性痉挛，围产期奶牛出现乳房水肿。反刍动物体内钠、氯含量

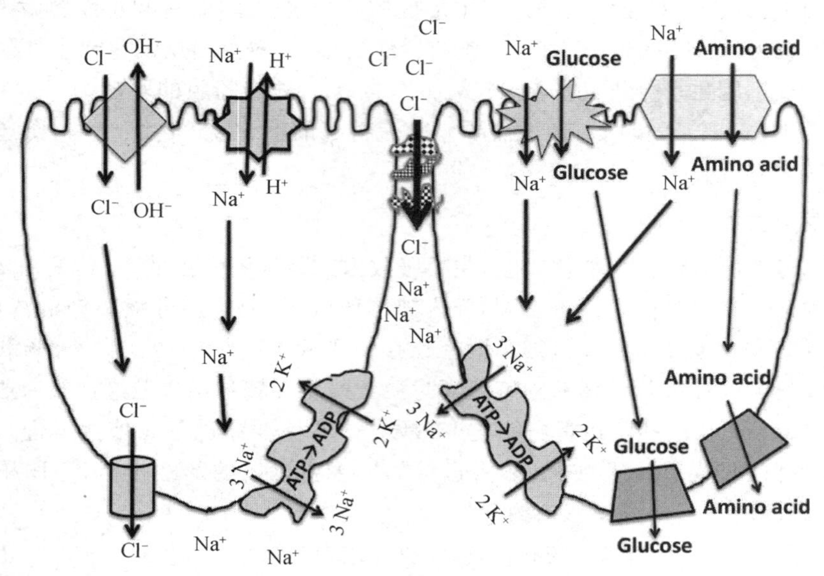

图 7-2 小肠绒毛上皮细胞对钠和氯的吸收

(引自 Goff,2018)

过高时,可能会发生厌食症、饮水增加、腹泻和体重降低;若体内氯浓度过高,在阳离子不足的情况下,酸碱平衡被破坏。

三、镁

(一)含量、分布及来源

1. 含量和分布

镁约占反刍动物体重的 0.05%。同钙、磷一样,动物骨骼是镁的贮存库,约占体内镁总量的 60%~70%。除了分布在骨骼外,其余大部分的镁分布于软组织和细胞内液中。镁离子在细胞内液中的浓度仅次于钾离子;软组织中,镁离子在心脏、横纹肌、肝脏、肾脏和大脑中的浓度较高。细胞外液中的镁仅占体内镁总量的 1%左右,其中血浆中镁的浓度通常在 1.9~2.4 mg/dL 之间。血浆中的镁大多数呈游离状态,其余的和蛋白质结合,或以磷酸盐、柠檬酸盐的形式存在。

2. 来源

植物性饲料中含镁较多,豆科作物的含镁量为禾本科的 2~3 倍,植物籽实含镁较多,茎叶次之。饼粕和糠麸含镁也较多。在缺镁地区、早春放牧以及饲喂玉米为主的反刍动物,可适量补充 MgO、$MgSO_4$ 等含镁的饲料添加剂。

(二)营养生理作用

镁是骨骼和牙齿的构成成分,在细胞代谢中起着重要作用。镁是许多重要酶促反应中关键酶的组成成分或活化剂,包括参与能量贮存和利用的各种磷酸激酶。镁通过促使 mRNA 和核糖体连接,作用于 DNA 的合成和分解,参与蛋白质合成。在反刍动物瘤胃中,镁参与瘤胃微生物酶的激活,以保证瘤胃微生物的正常代谢活动。作为细胞内重要的阳离子,镁不仅维持细胞内电解质平衡，而且与钙共同调节神经肌肉的兴奋性，协调维持神经肌肉的正常功能。

(三)吸收与代谢

幼龄反刍动物镁的主要吸收部位为小肠和结肠，成年反刍动物为瘤胃和网胃。镁在瘤胃和网胃中的吸收方式是跨细胞主动运输(图 7-3)，吸收率与瘤胃液中可溶性镁的浓度有关。瘤胃中镁的跨细胞主动转运包括两种方式。当日粮或瘤胃液中镁的浓度较低时，Mg^{2+}在阳离子通道和蛋白激酶双功能蛋白 TRPM7 作用下，利用颗粒层细胞顶端膜内外电位差产生的驱动力通过顶端膜的二价阳离子通道进入瘤胃上皮细胞，通常电位差越大，镁的通过量越大。由于瘤胃液中的K^+穿过颗粒层细胞顶端膜会降低膜内外的电位差，Ca^{2+}与Mg^{2+}竞争阳离子通道，因此，瘤胃液中K^+、Ca^{2+}的浓度会影响镁的通过量。当瘤胃液中可溶性镁的浓度较高时，在$Mg^{2+}-Cl^-$协同转运蛋白的作用下，镁穿过颗粒层细胞顶端膜进入瘤胃上皮细胞，该过程不受顶端膜内外电位差和瘤胃液中K^+浓度的影响，但瘤胃液中的短链脂肪酸能够提高$Mg^{2+}-Cl^-$协同转运蛋白的活性，从而提高Mg^{2+}的吸收。穿过颗粒细胞层的顶端膜，Mg^{2+}通过细胞的棘层与基底层的缝隙连接扩散到基底层细胞的外侧膜，Na^+-Mg^{2+}交换蛋白利用Na^+(1～3 Na^+)移动到细胞过程中产生的电动势将Mg^{2+}逆着其电化学梯度移动到细胞外液中，随后，Na^+在Na^+-K^+-ATP酶作用下泵出细胞。反刍动物体内过量的镁通过尿液排出体外，乳和粪便也会带走一部分镁。甲状旁腺激素可调节镁的代谢，甲状旁腺激素分泌增强时血浆中镁的浓度升高，尿中镁的排出量减少。

(四)缺乏与过量

低血镁症是反刍动物体内缺镁的主要症状，一般发生于放牧动物，特别是早春牛羊采食大量高钾高氮、低镁低钠的嫩草。老龄动物从骨骼中动员释放镁的能力下降，也易发生低血镁症。当动物血液中的镁浓度降至 1.7 mg/dL 以下时，甲状旁腺激素激活其靶组织的能力降低，动物出现继发性低钙血症，采食量和日粮消化率降低。如果血液中镁的浓度降至 1.2 mg/dL 以下时，反刍动物出现过度兴奋、肌肉痉挛和抽搐。反刍动物体内镁含量过高通常会引起采食量下降、运动失调、昏睡、严重可致死亡。此外，高镁还是反刍动物尿结石的重要原因，镁盐摄入量过多易引起渗透性腹泻。

四、硫

(一)含量、分布及来源

1. 含量和分布

硫是反刍动物的必需矿物元素之一，约占体重的 0.15%。动物体内组织器官中硫的含量由多到少依次为毛、软骨、肝、骨、肌肉、肺、脑、睾丸和血液。机体中 21.5%的硫存在于含硫氨基酸中，骨和软骨中硫的含量为 0.15%～0.3%，血浆中为 140 mg/mL。胆汁和精液中也含有大量的硫。

2. 来源

反刍动物所需的硫通常由饲料供给，糠麸类、饼粕和谷实类饲料含硫量为 0.15%～0.40%，块根、块茎和青玉米类饲料含硫量为 0.05%～0.10%。蛋氨酸、蛋氨酸羟基类似物和硫酸盐是反刍动物日粮中常用的补充硫的添加剂。

(二)营养生理作用

硫的营养生理功能通过体内含硫化合物实现。瘤胃微生物利用有机或无机硫合成含硫氨基酸;补饲含硫氨基酸能促进与蛋白质和能量代谢有关的谷胱甘肽和辅酶A的形成,促进角蛋白的合成;半胱氨酸和胱氨酸的脱氢以及可逆转变起着脱氧与氢转运的作用,同时也是脱氢酶和脂化酶的活化剂;蛋氨酸参与蛋白质和血红素的合成并为合成乙酰胆碱、肾上腺素等提供所需的甲基。此外,硫还对脂质代谢、骨质钙化、肝素抗凝血、体内酸碱平衡和解毒起着重要作用。

(三)吸收与代谢

饲料和唾液中的含硫化合物在瘤胃内被微生物利用合成含硫氨基酸,或经胃壁吸收,被氧化为硫酸盐进入体液中,其中血液中的硫酸盐经唾液重新进入瘤胃,形成硫的体内循环。微生物蛋白中的硫以胱氨酸和蛋氨酸的形式,饲料中的硫以硫酸盐或硫化物阴离子的形式在小肠被吸收。硫在小肠的吸收方式为,在 Na^+-S^{2-} 协同转运蛋白的作用下通过小肠上皮细胞顶端膜,扩散到基底外侧膜,以2个氯离子为交换将硫泵出细胞进入细胞外液。硫主要经粪和尿两种途径排泄。由尿排泄的硫主要来自蛋白质分解形成的完全氧化的尾产物或经脱毒形成的复合含硫化合物。

(四)缺乏与过量

饲料蛋白质含量充足时动物通常不会出现硫不足的情况。反刍动物硫缺乏会出现纤维消化率下降、采食量降低、微生物蛋白质合成减少、体重减轻、虚弱、唾液过多、迟钝以及消瘦等现象。此外,硫不足会导致瘤胃中产生的乳酸不能被微生物有效利用,使瘤胃、血液及尿中的乳酸浓度提高,可能发生酸中毒。用非蛋白氮替代蛋白质饲喂绵羊而不同时补硫会影响羊毛的生长。山羊和绵羊的食毛症和脱毛症与缺硫有关,症状包括被毛组织中的含硫量低,被毛严重脱落,表皮细胞角化明显,毛囊上皮紧缩。

日粮硫过量会降低反刍动物的采食量和生产性能。日粮中的无机硫可以还原为硫化物,干扰其他矿物质元素,特别是铜和硒的吸收。过量的硫易造成急性硫中毒,引起神经系统损害,其症状表现为视觉丧失、昏睡、肌肉抽搐和卧倒不起。急性硫中毒的绵羊呼吸中有很重的硫酸味,剖检可见严重的肠炎、腹膜渗出物以及一些器官特别是肾脏有出血瘀点。过量的硫在瘤胃内会产生硫化氢气体,硫化氢是一种神经毒素,能导致动物急性死亡。饲料中添加过量硫酸盐易导致反刍动物幼畜白肌病的发生。此外,硫酸盐吸收不良,易造成反刍动物渗透性腹泻。

第二节　微量元素营养

一、铁

(一)含量、分布及来源

1. 含量和分布

铁在动物体内的含量与动物种类、年龄、性别、健康状况和营养状况有关,牛50～80 mg/kg,绵羊 80 mg/kg。动物体内的铁大部分以有机化合物的形式存在，60%～70%的铁存在于红血球的血红蛋白和肌肉的肌红蛋白中，20%左右以不稳定态存在于肝脾和其他组织中，存在于骨骼中的铁约占总铁量的 5%。

2. 来源

植物性饲料是良好的铁源。大多数植物性饲料风干物质中铁含量 100～300 mg/kg，通常豆科作物铁含量高于禾本科，茎秆中的铁含量高于籽实。硫酸亚铁和氯化亚铁是良好的铁补充剂，而氧化铁和碳酸亚铁则较差。

(二)营养生理作用

铁作为反刍动物体内多种酶和激素的辅助因子的组成成分，参与蛋白质和能量代谢。铁是构成血红蛋白、肌红蛋白和细胞色素酶系统的重要成分，作为氧的载体在组织内输送氧。铁还有提高机体免疫功能的作用，各种外分泌物和白细胞中的乳铁蛋白能与游离铁结合成复合物，竞争性抑制病原微生物。此外，铁对瘤胃微生物利用纤维素具有促进作用。

(三)吸收与代谢

动物对饲料中铁的吸收率较低，饲料中的铁须在消化道中解离成铁离子形式被吸收。铁吸收主要在十二指肠，瘤胃也可吸收一部分。可溶的 Fe^{2+} 能被小肠上皮细胞吸收，而 Fe^{3+} 则吸收较差。在动物体内，Fe^{3+} 可在小肠绒毛内被亚铁还原酶还原成 Fe^{2+}，皱胃内的酸性环境也可将 Fe^{3+} 还原为 Fe^{2+}。消化过程中铁也会与一些螯合剂结合，如组氨酸、粘蛋白或果糖。这些螯合剂通过溶解铁离子并维持其 Fe^{2+} 的状态来增强铁的吸收。血红蛋白铁和亚铁血红素铁是动物能直接吸收的有机铁。

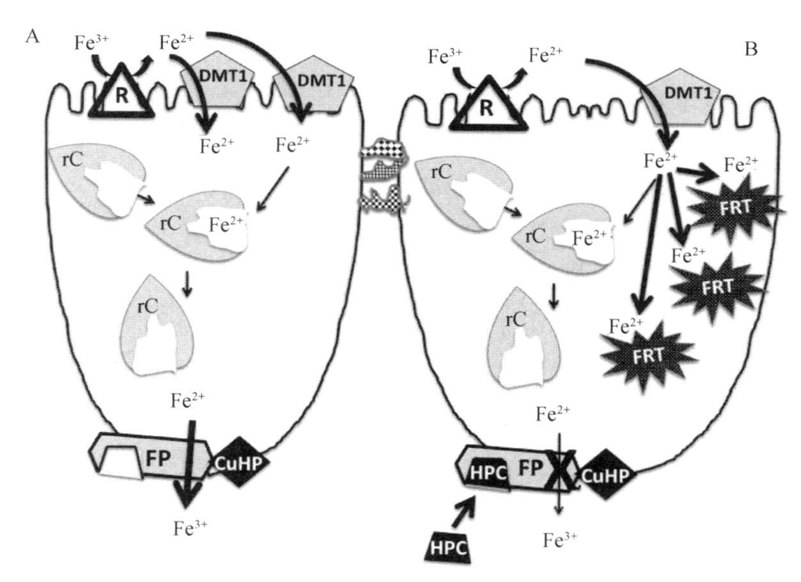

图 7-3　铁在肠上皮细胞的吸收

(引自 Goff，2018)

反刍动物肠道铁的吸收方式可能与单胃动物相似。小肠铁吸收是一个二价金属离子转运蛋白 DMT1、多聚结合蛋白、膜铁转运蛋白等多种与铁转运相关的蛋白质介导的过程(图 7-3)。当细胞外液中铁浓度降低时，肠上皮顶端膜中的铁还原酶 R 将日粮中的 Fe^{3+} 转化为

Fe^{2+}，二价金属离子转运蛋白(DMT1)表达量上调，Fe^{2+} 在 DMT1 作用下穿过顶端膜，与多聚结合蛋白(rC)结合，并被转运到基底外侧膜，铁转运蛋白(FP)将 Fe^{2+} 泵出基底外侧膜，在此过程中 Fe^{2+} 被与 FP 相连的膜铁辅助转运蛋白(CuHP)转化为 Fe^{3+}。进入细胞外液后，Fe^{3+} 与运铁蛋白结合，从而将铁从血液运输到机体各组织，特别是造血组织。如果机体内的铁浓度适当，DMTR1 的合成量会减少，从而减慢 Fe^{2+} 的吸收。此外，高铁日粮会诱导铁蛋白(FRT)的大量产生，FRT 螯合进入肠细胞中的 Fe^{2+}，阻止 Fe^{2+} 被转运至基底外侧膜。肝细胞上存在转铁蛋白受体，可以感知 FRT 的载铁量。当肝脏中有足够的铁储备时，肝脏会分泌铁调素(HCP)，HCP 会在肠上皮细胞中启动 FRT 的合成来抑制 Fe^{2+} 的吸收。铁调素还能与 FP 结合，有效阻止铁从肠细胞中排出。粪中的铁绝大部分为饲料中未吸收的铁，内源铁很少从粪尿排出，粪中排出的内源铁主要来自肠上皮脱落的细胞。

(四)缺乏与过量

依靠单一哺乳可使犊牛和羔羊血红素合成减少而发生红细胞低色素性贫血，出现肉色泽变浅、精神萎靡、采食量低和增重差等现象。缺铁会影响三羧酸循环，从而影响体内氧的运输和贮存，呼吸链和过氧化物的氧化还原过程发生紊乱，影响机体的正常代谢。缺铁还会降低机体免疫功能，增加细菌和寄生虫感染的敏感性，以至发病率和死亡率增加。

动物具有调控铁吸收的内在机制，因此，日粮中铁过量一般不会中毒。过量的铁能在消化道中与磷形成不溶性的磷酸盐而减少动物对磷的吸收，产生缺磷所致的骨骼疾病。日粮中过量的铁还与动物氧化应激、腹泻、采食量和体增重降低有关。铁的耐受量，牛为 1000 mg/kg，绵羊为 500 mg/kg。

二、铜

(一)含量、分布及来源

1. 含量和分布

铜是反刍动物必需的矿物元素，广泛分布于体组织中，体内平均含铜 2～3 mg/kg。铜主要贮存于肝脏，牛肝脏中铜含量高达 100～400 mg/kg。新生犊牛各器官与组织中的铜含量由高到低的顺序为：肝脏、心脏、肾脏、脑、肺、肌肉和骨骼。血浆中 80% 的铜结合在血浆铜蓝蛋白上，分布于其他器官的铜，也主要以与蛋白质结合的形式贮存，如肝铜蛋白、血球铜蛋白等。

2. 来源

大多数植物性饲料中铜含量在 5～25 mg/kg(风干物质基础)。一般饼粕和糠麸类饲料中含铜较丰富，为 10～30 mg/kg。豆科饲料含铜也较丰富，禾本科和谷实类饲料含铜较低，为 4～10 mg/kg，秸秆类饲料含铜最低。铜主要存在于植物的叶片和种子的胚中，茎秆中含铜较少。反刍动物常用的含铜添加剂有硫酸铜、氧化铜、碳酸铜和氨基酸螯合铜等。

(二)营养生理作用

在骨骼形成的过程中，铜作为赖氨酰氧化酶的辅助因子参与骨中胶原纤维的合成。铜能促进肠道对铁的吸收和运输、无机铁转变为有机铁以及铁贮存于骨髓；铜能加速血红蛋白和卟啉的合成，促进幼稚红细胞成熟并释放，有助于机体造血。铜是酪氨酸酶、细胞色素氧化酶和超氧化物歧化酶等体内重要酶的组成部分，参与能量和蛋白质代谢。铜是超氧化物歧化酶、铜诱导金属硫蛋白和血浆铜蓝蛋白的重要成分，这些酶能清除体内自由基，有效防止过量超氧阴离子基引起的血压升高、脂质过氧化。铜是动物保持毛、皮正常色素的必须营养素，含铜酪氨酸酶参与色素的形成。在角质蛋白合成中，铜能将—SH 基氧化成—S—S—，促进毛发的生长和弯曲度的形成。铜能增加垂体释放促甲状腺激素、促黄体素和促肾上腺皮质激素，影响肾上腺皮质类固醇和儿茶酚胺的合成，从而影响反刍动物的繁殖能力。铜在动物体内通过一些含铜蛋白参与调节炎症反应，从而增强机体免疫防御能力。铜还能促进瘤胃微生物的生长和活性。

(三)吸收与代谢

小肠为铜吸收的主要部位，反刍动物的前胃也能吸收少量的铜。铜的吸收率与硫、铁、锌和钼的浓度有关。幼龄反刍动物对铜的吸收率高于成年反刍动物，犊牛生后 4 周内铜的吸收率高达 60%，但到成年只有 1%～5%。肝铜含量通常作为动物对铜吸收以及供给情况是否合适的指标。

推测反刍动物与单胃动物肠道吸收铜的机制相似。日粮中的铜大部分以 Cu^{2+} 的形式存在，但一般认为只有 Cu^{+} 可以通过肠细胞顶端膜转运。胃和十二指肠上皮细胞刷状缘的铜金属还原酶(R)可以将顶端膜表面的可溶性 Cu^{2+} 还原为 Cu^{+}(图 7-4)。随后 Cu^{+} 在高亲和力 Cu^{+} 转运蛋白(CTR1)作用下，穿过顶膜进入肠上皮细胞，这是 Cu^{+} 进入肠上皮细胞的主要途径。进入肠上皮细胞的 Cu^{+} 会被铜伴侣蛋白(Atox1)结合，Atox1 将其转移到高尔基体中，进而再将其转移到铜转运蛋白(ATP7)中，该蛋白能够在高尔基体转运囊泡膜中携带 6 个 Cu^{+}。随后 6 Cu^{+}－ATP7A 复合物被整合到高尔基转运小泡的膜中，并转移至基底外侧膜。囊泡膜嵌入到基底外侧膜，此时 ATP7A 利用 ATP 释放的能量将 Cu^{+} 转移到细胞外液中。在此过程中，基底外侧膜中的铜氧化酶将 Cu^{+} 转化为 Cu^{2+} 释放到组织液中，然后，Cu^{2+} 扩散到血浆中，很快与白蛋白和组氨酸分子结合，运输到肝脏，只有很少一部分进入其他组织。

如果机体内有足够的铜储备，肠细胞会大量产生金属硫蛋白(MT)，导致进入细胞的 Cu^{+} 更有可能与 MT 结合，而不是与 Atox1 结合。虽然 MT 可以将 Cu^{+} 释放给 Atox1，但速度非常缓慢，最终 MT 结合的 Cu^{+} 随死亡、脱落的肠细胞与粪便一起排出体外。此外，高铜还可以降低顶端膜中 CTR1 的表达量。铜除随粪便排出外，胆汁也是铜排出的途径之一，铜随尿排出的量较少，随汗腺排出的更少。

(四)缺乏与过量

牛的肝铜浓度正常为 200～300 mg/kg DM，肝铜浓度＜20 mg/kg DM，即可界定为铜缺乏。牛缺铜的早期典型症状为被毛褪色，特别是在眼眶周边，被毛缺乏光泽，粗乱，红毛变为淡锈红色，以至黄色，黑色变为淡灰色；组织细胞氧化机能下降，角蛋白中巯基(—SH)氧化成二硫基(—S—S—)受阻，影响毛发生长。引起铁元素吸收和利用障碍，使 Fe^{3+} 不能转变为 Fe^{2+} 合成血红蛋白，出现小红细胞性低血色素贫血；赖氨酰基氧化酶活性和单胺氧化酶活性下降，血管内锁链素和异锁链素增多，血管壁弹性下降，引起动脉破裂和骨骼中胶原稳定性下降，导致骨骼变脆和骨质疏松症；免疫功能下降，嗜中性细胞杀死入侵微生物的能力下降导致机体易受感染；发情周期紊乱，受胎率降低，卵巢机能低下，分娩困难，胎衣不下；造成神经脱髓鞘作用和神经系统损伤，患畜表现出运动失调，后肢麻痹。腹泻是反刍动物缺铜的独特临床症状，但其病变的发病机理尚未阐明。

铜中毒发生于过量补铜或采食工农业来源铜化合物污染的饲料情况下。铜中毒最初表现

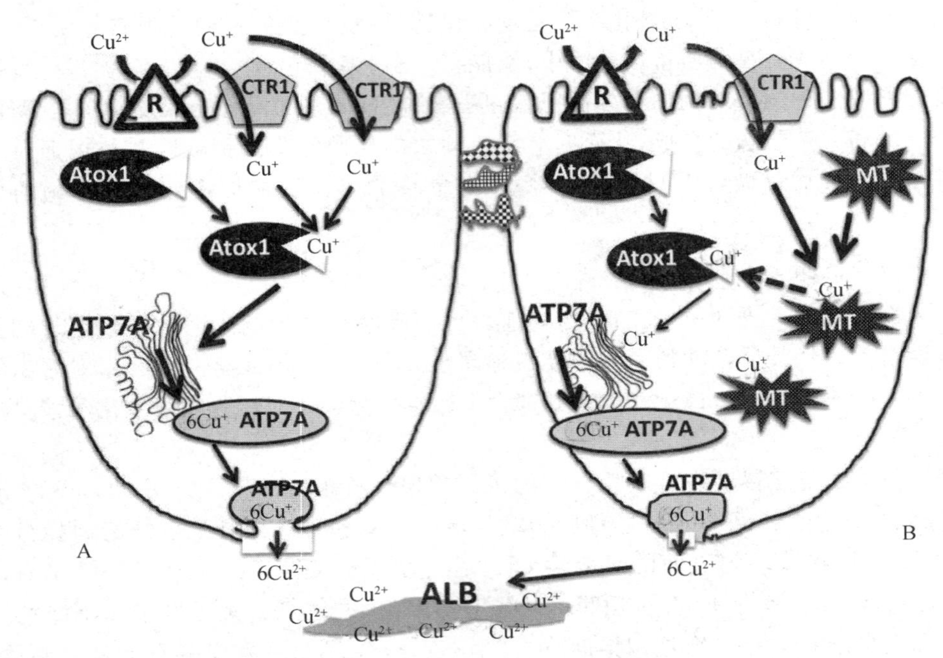

图 7-4 铜在肠上皮细胞的吸收

(引自 Goff,2018)

为血清转氨酶和乳酸脱氢酶活性增加,持续饲喂高铜日粮时,可使铜元素在体组织,特别是在肝中蓄积。当应激因素发生时,有可能导致大量铜从肝中释放并进入血液,引起溶血现象。溶血病畜出现黄疸,正铁血红蛋白、血红蛋白尿,肝细胞坏死,肌酸磷酸激酶增加,并有死亡的危险。由于牛具有借胆汁从体内排出铜的能力,故牛对日粮中高铜的耐受力大于绵羊。在日粮钼浓度正常的情况下,牛对铜的最大耐受量为 40 mg/kg。

三、锌

(一)含量、分布及来源

1. 含量和分布

牛羊体内锌含量为 20～30 mg/kg(以无脂体重计)。存在于反刍动物肌肉和骨骼中的锌约占动物体中锌含量的 90%。皮肤、毛发、肝脏、胃肠道和胰腺等均有锌的存在。血液中血浆和血细胞锌浓度的比例约为 1∶9。红细胞中的锌占全血锌量的 75%～88%,而白细胞中的锌仅占全血锌量的 3%左右。红细胞中的锌主要存在于碳酸酐酶中。

2. 来源

植物性饲料含锌量为 25～150 mg/kg(风干基础)。糠麸和饼粕类饲料中富含锌,青饲料中含锌量也较多,而谷实类、块根与块茎类饲料中含锌量较少。植物体内,锌主要分布在茎尖和嫩叶中。常用饲料中的锌不能满足动物生产的需要,缺锌地区和高产反刍动物生产中常用硫酸锌或氨基酸螯合锌等含锌饲料添加剂补充。

(二)营养生理作用

锌是动物体内 300 多种金属酶和功能蛋白的组成成分或激活剂,参与体内营养物质代谢。

锌能结合到半胱氨酸配位体基团上，并存在于核膜蛋白、转录因子及与基因调控有关的蛋白质中，对基因表达、细胞增殖和分化等起调节作用。锌有利于稳定胰岛素分子的活性以及避免受胰岛素酶降解等功能，参与体内碳水化合物代谢。锌对生物膜的功能和结构以及抗氧化起重要作用，锌与细胞膜蛋白上的巯基、磷脂的磷酸基等结合后，能增加细胞膜的稳定性，降低细胞膜不饱和脂肪酸脂质过氧化。锌通过影响细胞免疫、体液免疫、细胞因子的分泌、调控基因表达和淋巴细胞凋亡等来改善机体的免疫功能。锌影响精子的生成、成熟、体内保存以及获能等过程，影响前列腺素的合成和黄体的功能，对动物的繁殖起重要作用。锌能促进瘤胃微生物的生长和活性，改善瘤胃发酵。

（三）吸收与代谢

反刍动物锌的吸收部位主要是小肠，真胃和结肠也可吸收锌。锌的吸收方式主要是跨细胞主动转运。当动物体内锌不足时（图 7-5A），小肠细胞刷状缘从肠腔中摄取可溶性 Zn^{2+}，Zn^{2+} 通过锌转运蛋白（ZIP4）穿过肠细胞顶端膜；或通过二价金属转运蛋白（DMT1）与铁和锰竞争穿过顶端膜进行转运。穿过顶端膜的 Zn^{2+} 与锌伴侣蛋白（ZnT7）结合转移到基底外侧膜，然后 ZnT7 将 Zn^{2+} 传递给锌肠转运蛋白（ZnT1），ZnT1 将 Zn^{2+} 转移到组织间液中，Zn^{2+} 与白蛋白（Alb）结合。当动物体内有足够的锌时（图 7-5B），肠细胞顶端膜中的 ZIP4 含量就会降低。肠上皮细胞也开始产生大量的金属硫蛋白（MT），MT 会与穿过顶端膜的 Zn^{2+} 结合，减少 ZnT7 获得 Zn^{2+} 的量，进而减慢锌的吸收速度，当细胞死亡并脱落时，Zn^{2+} —MT 复合物一起随粪便排出。

动物吸收的锌主要同血液中的白蛋白结合，小部分与 α-巨球蛋白结合，很少以离子状态存在。锌代谢受体内平衡机制调控。同蛋白结合的锌通过门脉循环运输到肝脏中，随后从肝脏中释放回血液，随后进入到全身各个组织。各器官组织中锌的周转速率不同，骨骼锌不易被机体代谢利用；被毛中的锌不能被体组织利用；肝、胰、肾和脾脏中锌的周转率最高；红细胞和肌肉中的锌周转率较低。动物从饲料中摄入的锌除部分吸收外，其余均随粪排出，粪锌中含有内源锌，内源锌含量随机体锌状况和摄取锌量而异。锌的摄取量越高，内源锌排出量越高。内源锌主要来自肠液、胰液、胆汁及小肠粘膜排出的液体。正常生理状态下，尿中排出的锌量小，且

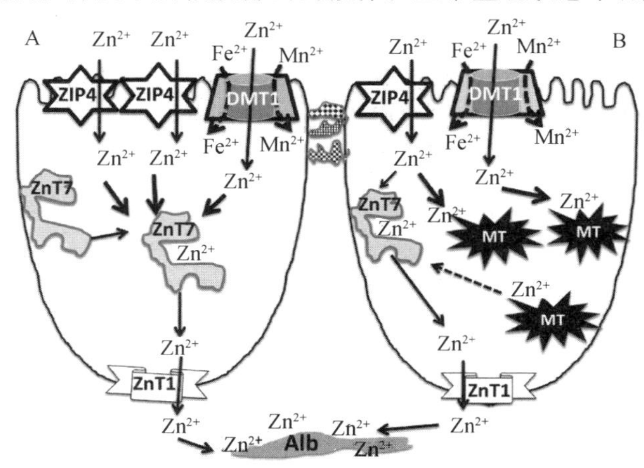

图 7-5　锌在肠上皮细胞的吸收

（引自 Goff，2018）

排出量较稳定。此外，乳中锌是泌乳动物从体内排出锌的一个主要途径。

(四)缺乏与过量

锌缺乏会使蛋白质等物质体内代谢受阻，表现为口腔黏膜增生、味蕾的结构和功能异常，从而使动物食欲减退，采食量下降。长期缺锌时，可见动物蹄角异常，睾丸生长减慢，四肢、颈部、头和鼻腔角化不全。缺锌也可引起视力减退、唾液过多、瘤胃功能下降，伤口不能正常愈合等。公母牛缺锌均会影响繁殖力。绵羊缺锌时伴有不同程度的脱毛，严重时成片脱落，皮肤损害常见于鼻四周及后肢膝部以下。缺锌羔羊角的正常环状结构消失，脱落后留下海绵状物，严重缺锌可导致蹄壳开裂及脱落。

反刍动物对高锌的耐受力较单胃动物差，牛和绵羊锌的耐受量分别为 500 mg/kg 和 300 mg/kg。生长牛饲喂 900 mg/kg 锌的日粮出现锌中毒，表现为肝铜及日增重下降。当日粮含锌量为 1 700～2 100 mg/kg 时，出现异嗜症状。生长羊日粮中含锌达 2 500～3 000 mg/kg 时，除增重、采食量和血红素下降外，出现急性角弓反张与突然死亡。高锌抑制瘤胃微生物生长和活性，影响瘤胃发酵。

四、锰

(一)含量、分布及来源

1. 含量和分布

动物体内锰含量低，为 0.2～0.3 mg/kg，骨骼、肝、脑垂体和被毛等组织的浓度较高，肌肉组织中浓度较低。肝脏中锰含量较为稳定，约为 8～20 mg/kg(以干物质计)。骨骼和被毛中的锰含量受食入量影响较大，当日粮中锰含量较多时，被毛中的锰甚至高于肝脏。

2. 来源

植物性饲料中含锰较多，但锰在植物体内分布不均匀且变动幅度较大，主要受土壤类型、土壤 pH、肥力和植物种类的影响。一般来说，青、粗料和糠麸类饲料含锰丰富，饼粕类饲料含锰较多，而谷实与块根、块茎类饲料含锰较少。动物日粮中常添加硫酸锰、碳酸锰和氨基酸螯合锰等补充锰的需要。

(二)营养生理作用

锰作为动物体内多种酶的组成成分和活化剂，参与碳水化合物、脂质和蛋白质代谢。锰超氧化物歧化酶与其他抗氧化剂协同减轻过氧化物对机体细胞的损害作用。锰参与构成骨骼基质的硫酸软骨素的形成，硫酸软骨素是有机基质粘多糖的组成成分，其合成受阻将影响体内软骨的成骨作用。锰可提高非特异性免疫中相关酶的活性，增强巨噬细胞的杀菌能力，提高机体免疫力。锰对脑功能和生殖机能的正常发挥具有重要作用。

(三)吸收与代谢

锰主要在肠道被吸收，动物对饲料中锰的吸收率通常小于 4%，甚至仅吸收 1%左右。锰在反刍动物肠道吸收的机制尚不明确，目前发现二价金属转运蛋白，如 ZIP14 和 ZIP8，可将 Mn^{2+} 移动并穿过肠上皮细胞顶端膜，但 Mn^{2+} 如何到达并穿过细胞基底外侧膜的方式尚不可知。奶牛 Mn 摄入量为 700 mg/d 时，表观吸收率为 6%～7%，1600 mg/d 时，吸收率接近 11%。由此可见，锰食入量较高的牛，可能存在不饱和的旁细胞吸收。

吸收的锰经门脉循环进入肝脏，小部分与铁转运蛋白结合进入体组织中。在线粒体丰富的组织中，一部分吸收的锰可与 α2-巨球蛋白和白蛋白结合经血液进入体循环。动物体内有锰浓度的调节机制，当吸收量超过需要量时，常通过胆汁排泄多余的锰，锰的肠肝循环也可以作为稳恒的一个因素。胆汁是反刍动物体内锰的主要排泄途径，锰几乎不从尿中排出。

(四)缺乏与过量

动物缺锰的共同症状为：生长停滞、骨骼异常和繁殖障碍，新生幼畜由于内耳发育不全导致运动共济失调。母牛缺锰时发情不正常，易出现静止发情。公畜缺锰时出现精子发育受损、睾丸及附睾退化、性激素不足。

牛、羊对日粮中锰的最大耐受量为 1 000 mg/kg，生产中很少出现锰中毒的情况，高锰的副作用表现为采食量和生长速度降低。

五、碘

(一)含量、分布及来源

1. 含量和分布

哺乳动物体内含碘 0.2～0.3 mg/kg，70%～80%存在于甲状腺中，肌肉中占 10%～12%，皮肤中为 3%～4%，骨骼中占 3%，其余存在于其他器官组织。血液中的碘主要是血清蛋白结合碘(PBI)，牛羊的 PBI 值约为 3～4 μg/100 mL，常作为动物体内碘状态的评定指标。

2. 来源

植物性饲料中的碘含量主要受土壤中碘含量的影响，沿海地区植物体内的碘含量通常高于内陆地区。植物体内的碘主要分布于根系，其次为茎叶。动物可有效利用各种碘源，但碘化钠，碘化钾和碘化钙易于氧化，乙二胺二氢碘化物(EDDI)在饲料中更稳定。

(二)营养生理作用

碘是甲状腺素的主要成分，碘的功能通过甲状腺激素体现。甲状腺激素可调节碳水化合物、脂质和蛋白质的代谢，影响反刍动物毛皮状况和繁殖机能。碘还是动物消化道微生物必不可少的营养素之一，在缺碘的日粮中添加碘可提高瘤胃中纤维分解菌的活力。

(三)吸收与代谢

反刍动物消化道各部位均可吸收碘，其中瘤胃是主要的吸收部位。饲料中约 70%～80%的无机碘直接从瘤胃吸收，另有 10%从瓣胃吸收；有机碘亦可在瘤胃吸收，吸收率与含碘化合物在瘤胃液中的溶解度有关，溶解度低的一般在皱胃吸收。在小肠中，碘以无机碘的形式吸收，含碘氨基酸以及小分子肽也可以被直接吸收。

甲状腺是反刍动物碘代谢的中心环节。被动物吸收的碘约 30%以上被甲状腺上皮细胞摄取，并被氧化为元素碘，在碘化酶的催化下与酪氨酸苯环上的氢置换形成一碘酪氨酸和二碘酪氨酸，然后进一步转化为具有活性的三碘甲腺氨酸、甲状腺素，通过血液循环进入其它组织发挥作用。进入器官的 80%甲状腺素被脱碘酶分解，释放出的碘循环到甲状腺重新用于合成。

动物体内的碘主要通过尿排出，少量不吸收的碘通过粪便排出，乳腺也是碘排出的重要通道，乳碘约占总排出碘的 8%左右。

(四)缺乏与过量

日粮缺碘可导致甲状腺素合成量减少，细胞氧化速度缓慢，基础代谢率降低。动物碘缺乏，新生幼畜甲状腺肿大、无毛或少毛、皮肤厚而干燥、虚弱或见死胎；成年动物引起甲状腺肿大、繁殖力降低。

犊牛和青年牛对高碘耐受性较差，奶牛对碘的最大可耐受浓度为 50 mg/kg。碘中毒犊牛表现为：增重和采食量下降、流水样鼻涕、气管充血、咳嗽。奶牛长期食入过量的碘也会造成甲状腺肿大，组织学检查显示腺体有囊性结节增生、滤泡性萎缩及纤维化区。

六、硒

(一)含量、分布及来源

1. 含量和分布

体内含硒为 0.05～0.2 mg/kg，硒广泛分布于动物体内的各组织和体液中，肌肉组织中占 50%～52%，皮肤、被毛与角质中占 14%～15%，骨骼中占 10%，肝脏中占 8%，其余分布于其他器官组织中。动物体内的硒以含硒酶和含硒蛋白两种形式存在。

2. 来源

硒主要分布于植物籽实中，其次是叶、茎和根。植物体内的硒受土壤硒水平的影响。我国黑龙江省克山县和四川省凉山地区缺硒严重；湖北省恩施地区和陕西省紫阳县属富硒地区。常用饲料中的硒一般不能满足动物的生产需要，需以亚硒酸钠、蛋氨酸硒等含硒添加剂补充。

(二)营养生理作用

硒的最主要功能是作为谷胱甘肽过氧化物酶的成分，参与还原体内的过氧化氢和由脂肪酸形成的过氧化物，从而保护细胞膜结构的完整和功能的正常。硒能增强动物体液和细胞的免疫功能，增强 T 细胞介导的肿瘤特异性免疫。硒通过参与基因表达的 mRNA 翻译阶段，调控基因表达。日粮补硒可提高公畜精子的活力、防止妊娠母畜流产和减少胚胎死亡。硒可以减弱砷、铅和铬等有害重金属的毒性作用。硒是瘤胃微生物的必需微量元素，补充硒可以促进瘤胃微生物的生长和活性。硒在激素调节中的作用主要体现在脱碘酶对甲状腺激素的作用，脱碘酶能催化甲状腺激素 T4 脱碘转化为活性更强的甲状腺激素 T3。

(三)吸收与代谢

硒的主要吸收部位是十二脂肠，瘤胃和真胃几乎不吸收硒。硒与硫为同族元素，其化学性质有类似之处，吸收机制与硫相同，在小肠同一部位逆浓度梯度被吸收。此外，小肠以被动转运的方式吸收少量的无机硒。反刍动物瘤胃微生物可以通过置换反应，将含硫氨基酸中的硫置换为硒，合成硒蛋白，用于维持自身生长繁殖。

无机硒经小肠吸收后进入血液，被血红细胞摄取，与谷胱甘肽和谷胱甘肽还原酶参与一系列还原反应，无机硒还原为硒化氢，硒化氢在酶的作用下生成硒半胱氨酸，参与蛋白质的合成。硒代蛋氨酸和硒半胱氨酸是有机硒在机体内存在的两种形式。硒代蛋氨酸作为蛋氨酸的类似物，可以转化为硒化物，沿着硒化氢途径合成硒蛋白；也可以沿着蛋氨酸的途径，替代蛋氨酸参与蛋白质合成。

反刍动物经粪和尿排出的硒量大致相等，约占摄入量的 30%～35%，另有 2%～3%的硒以二甲基硒形式从呼吸道排出；内源硒随着胆汁的分泌进入十二指肠，随粪排出。反刍动物体内硒的存留量为摄入量的 20%～25%。

(四)缺乏与过量

急性硒缺乏主要出现在犊牛和羔羊，表现为心肌衰竭甚至死亡。亚急性缺硒症状主要表现为白肌病或肌肉营养不良。短期或临界缺硒则使幼畜生长不良，体弱和腹泻，母畜的繁殖性能受到影响。母牛长期缺硒，乳房炎、胎衣不下的发病率增加，母羊则发生胚胎早期死亡。

当动物体内硒含量过高时，硒不再表现为抗氧化作用，而是以产生活性氧自由基为主，导致机体氧化损伤。硒慢性中毒表现为食欲下降、消瘦、长骨关节糜烂、蹄变形、跛行、被毛脱落，病畜反应迟钝；急性中毒时表现为蹒跚、腹痛、麻痹，最终可因呼吸衰竭而死亡。牛长期采食含硒 3～20 mg/kg 的牧草就有发生慢性中毒的危险。

七、钴

(一)含量、分布及来源

1. 含量和分布

钴是反刍动物的必需微量元素。体内的钴约 45%存于肌肉中，骨骼中约占 14%，健康绵羊肾、肝、胰、脾和心脏干样中的钴含量分别为 0.25、0.15、0.11、0.09 和 0.06 mg/kg。钴在动物体内主要以维生素 B_{12}(钴铵素)的形式存在，血钴浓度低而且变化幅度大。

2. 来源

植物性饲料中钴的含量为 0.01～0.5 mg/kg。氯化钴、硝酸钴和碳酸钴等无机盐可作为反刍动物钴添加剂。

(二)营养生理作用

瘤胃微生物利用钴合成维生素 B_{12}，维生素 B_{12}是钴在体内发挥生物学效应的唯一已知的存在形式。钴可促进瘤胃纤维分解菌活动，提高纤维消化率。钴能增强机体的造血功能，在胚胎期参与造血，可治疗多种贫血，尤其是低色素小细胞贫血。钴能提高反刍动物的免疫力和繁殖性能。钴盐有促进肝和其他器官蓄积维生素 C 的作用，有助于垂体和肾上腺的激素合成。

(三)吸收与代谢

日粮中钴能以阳离子的形式被直接吸收，小肠后段是钴吸收的主要部位。钴与铁部分共享肠黏膜转运通道。肠道吸收的钴进入血液后与运钴蛋白结合，经门静脉至肝脏，然后输送至全身各组织。直接以阳离子形式吸收的钴主要随尿排出，少量与胆汁一起排泄，未被利用的钴大部分随粪排出。瘤胃微生物利用钴合成维生素 B_{12}的效率为 3%～13%，但合成的维生素 B_{12}吸收率较低。

(四)缺乏与过量

反刍动物日粮中钴含量低于 0.07 mg/kg 时就会出现缺乏症，其早期症状为异嗜、拒食、消瘦、贫血、生长不良、被毛呈波纹状等。缺钴严重时病畜肝脏脂肪变性，由于贫血而出现粘膜苍白，并因中性白细胞的减少而使动物的抗病力下降。日粮长期缺钴导致瘤胃微生物活性降低，在日粮缺钴后的几天内即可观察到瘤胃内琥珀酸盐的浓度增高。动物对钴缺乏的敏感程度不一样，羔羊最敏感，其次为成年绵羊、山羊、犊牛和成年牛。

日粮钴过量引起动物中毒的现象很少见，食入过量的钴能被迅速排出体外。日粮钴过量，反刍动物表现出采食量降低、体重下降、贫血、消瘦、血色指数增高等现象。过量进食钴会使瘤胃机能尚未发育成熟的犊牛患红血球增多症，但这种失调不发生于成年反刍动物。

八、钼

(一)含量、分布及来源

1. 含量和分布

钼广泛分布于动物体的所有体细胞和体液中，其中骨骼 60%～65%，皮肤 10%～11%，被毛 5%～6%，肝脏 2%～3%，其余组织约 9%～18%。在正常状况下，牛血浆中钼含量为 6 μg/100 mL，肝脏为 1.7×10^{-6} mg/kg，牛乳为 73 μg/L。绵羊血浆中钼含量为 1.0～2.0 μg/100 mL，肝脏为 0.7×10^{-6} mg/kg。反刍动物乳中钼的浓度随日粮中钼水平的提高而增加。

2. 来源

植物性饲料中的钼含量受土壤条件、植物种类及气候因素等的影响，通常豆科饲料作物含钼量高于禾本科。

(二)营养生理作用

钼作为黄嘌呤氧化酶、醛氧化酶和亚硫酸盐氧化酶等体内重要酶的组成成分，参与机体物质代谢。已发现钼是细菌氢化酶的组成成分，对瘤胃微生物生长和活性具有促进作用，能提高纤维的消化率。

(三)吸收与代谢

反刍动物日粮中 Mo^{6+} 水溶性形式钼源如钼酸钠、钼酸铵等能被很快吸收，Mo^{4+} 不易吸收。反刍动物主要在瘤胃中吸收钼，小肠也有一定的吸收能力。胃肠道吸收的钼迅速进入血液，大部分钼与血浆蛋白结合，运送到组织器官中。日粮中钼的吸收主要受硫水平的影响。在动物体内，特别是在瘤胃中，钼酸盐的氧原子与硫原子互相置换形成硫酸盐，它与血红蛋白或细菌蛋白结合的复合物又与铜原子亲合生成蛋白复合物，阻碍了钼的吸收。此外，硫酸盐可抑制肾小管对钼的重吸收。与其他矿物元素不同，进入体内被吸收的钼，除与有关酶和血浆蛋白结合外，大部分钼均迅速排出体外。尿液是钼排出的主要途径，其次为胆汁和乳汁。

(四)缺乏与过量

生产中很少出现缺钼症状。反刍动物对钼敏感，泌乳牛与犊牛易发生钼中毒，尤其是水牛。牛出现钼中毒的症状是严重的持续性腹泻，粪便稀薄并带有气泡；骨骼和关节异常，跛行；食欲不振，贫血，消瘦，生长速度下降或完全停止，幼畜常出现佝偻病；被毛粗糙，色泽变浅，皮肤弹性降低，可视黏膜苍白。绵羊毛失去卷曲度，羊毛品质下降。钼中毒还可造成泌乳家畜泌乳量减少和种畜繁殖障碍。继发性铜缺乏症是钼中毒主要的危害之一，主要症状包括被毛褪色、贫血、皮肤发红及多种含铜酶活性下降等。

九、铬

(一)含量、分布及来源

1. 含量和分布

铬在动物体的含量为 1～10 mg/kg，动物组织具有蓄积铬的作用，其中肝和肾可能是铬含量较高的组织。

2. 来源

自然界中的铬主要以 Cr^{3+} 和 Cr^{6+} 形式存在，但大多数 Cr^{6+} 具有毒性。植物性饲料中铬的含量约为 0.1～1.0 mg/kg，禾类籽实、糠麸、块根块茎类饲料和啤酒酵母是良好的有机铬来源。反刍动物对饲料中铬的利用率低，需要额外补充。烟酸铬、酵母铬和甲基嘧啶铬是反刍动物补充铬的常用添加剂。

(二)营养生理作用

铬通过胰岛素发挥其生物学功能。铬作为葡萄糖耐受因子的活性成分有增强及协同胰岛素的生物学作用，参与机体碳水化合物、脂肪和蛋白质的代谢。铬通过增加组织对胰岛素的敏感性介导，间接影响促卵泡生长素和促黄体生成素的分泌与释放。铬能增强机体的特异性免疫功能。

(三)吸收与代谢

铬主要在小肠中部被吸收，其次是回肠和十二指肠。铬的吸收率与铬的溶解度有关，三氯化铬吸收率约为 2%。草酸盐能促进铬的吸收，而铁、锌和植酸降低铬的吸收。从肠道中吸收的铬经体循环后，大部分经尿排出，少部分经粪排出。

(四)缺乏与过量

铬缺乏导致动物对葡萄糖耐受性降低，血中循环胰岛素水平升高，动物生长受阻，繁殖能力下降，出现神经症状。同等剂量的 Cr^{6+} 的毒性大于 Cr^{3+}，无机铬毒性高于有机铬。进入细胞的 Cr^{6+}，通过抑制 α-酮戊二酸脱氢酶活性而减少线粒体耗氧量。若大量 Cr^{6+} 进入细胞核，则可引起 DNA 的病理学变化。铬中毒症状为过敏性皮炎、鼻中隔溃疡或穿孔，甚至产生肺癌。急性中毒主要表现为胃发炎或充血，反刍动物瘤胃或皱胃产生溃疡。

十、稀土元素

稀土元素是元素周期表中元素钪、钇和镧系共 17 种化学元素的合称，因具有独特的电子结构和良好的理化性质，被广泛应用于养殖业中，并取得了较好的效果。研究发现，饲料中添加稀土，可以有效提高反刍动物的生产性能、减少死亡率和调节免疫反应等。

(一)含量、分布及来源

1. 含量和分布

稀土元素主要分布于动物网状组织如肝、脾和骨骼等，以蛋白质和低分子量的络合物形式转运和贮存。

2. 来源

稀土元素在植物性饲料中含量很低，主要存在于植物根部，茎叶和籽实中含量较少。动物生产中常用稀土添加剂补充稀土元素的需要。

(二)营养生理作用

稀土作为一种生理激活剂，可激活动物体内的促生长因子，促进酶的活化，改善体内新陈代谢，提高饲料转化率，增强机体免疫能力，加速动物生长和生产。

1. 稀土元素作为一种辅助性营养元素是体内多种重要酶的活化剂或抑制剂。通过对酶的影响，来影响动物机体的物质代谢。

2. 稀土元素通过对核糖核酸聚合酶的影响，调节核酸代谢。稀土元素还是腺肝酸环化酶的抑制剂。稀土元素能与 DNA 结合，明显降低 DNA 的解链温度，促进 DNA 的解链，有利于 DNA 的复制、转录和蛋白质的合成，促进细胞的分裂增殖。此外，稀土元素对 RAN 酶也有激活作用，可使 RNA 水解速度加快。

3. 稀土元素通过在胰岛 β 细胞原生质膜上的键合刺激胰岛 β 细胞分泌胰岛素，降低血糖浓度，对高血糖有缓解作用。稀土元素还能降低血液中的胆固醇含量，影响三羧酸循环，调节脂类代谢。

4. 稀土元素能够清除体内产生的有害自由基，提高机体免疫力。

5. 稀土元素在一定范围内有代替其它必需元素的作用，适量的稀土与其它元素共用时，会表现出与其它元素协同的作用。稀土能够增加磷的吸收。

6. 稀土元素可改善反刍动物瘤胃微生物区系，使各种微生物比例达到理想状态，从而维持瘤胃内环境保持稳定，促进瘤胃对营养物质的有效利用。

(三)吸收与代谢

稀土元素在机体的主要吸收途径为：通过口腔与皮肤的呼吸作用以气溶胶的形式进入肺部；通过采食进入消化道。经呼吸道进入体内的稀土，先沉积在肺部，后逐渐向肝转移，然后由肝进入其他组织。经消化道摄入的稀土吸收很少，但幼龄动物由于消化道发育不全可能对稀土的吸收率高。进入机体的稀土元素分配于各组织和器官中，轻稀土主要分布在肝中，重稀土主要分布于骨骼中。轻稀土主要由胆汁排出，重稀土主要经肾由尿排出。螯合剂显著影响稀土的排出。

(四)缺乏与过量

稀土是一种生理活性物质，目前尚未确定它是动物的必需元素。饲料过量添加稀土元素会破坏瘤胃的缓冲体系，使瘤胃内环境发生异常变化。高剂量稀土元素会损害小鼠精子质量，精子畸形率增加；镧离子可以使血睾屏障功能失调，打破生精周期，还可以穿过血睾屏障，进入睾丸内部，对睾丸间质细胞和生精有毒害作用，影响睾酮分泌。

第三节　反刍动物矿物质营养调控

一、阴阳离子平衡

矿物质离子参与机体渗透压、酸碱平衡和水分代谢的调控，饲料阴阳离子的组成直接影响动物的生产性能和健康状况。常用的日粮阴阳离子调节剂有碳酸氢钠、碳酸氢钾、柠檬酸钠、柠檬酸钾、氯化氨、氯化钙、硫酸氨、硫酸钙和硫酸镁等。

(一)阴阳离子平衡的概念及表示方法

日粮阴阳离子平衡(DACB)又称电解质平衡，通常采用日粮中阴阳离子平衡差值(DACD)或阳离子与阴离子的物质量的比值来表示。根据是否考虑日粮中常量矿物质元素以及日粮中矿物质的吸收效率，DACD(单位为 mEq/kg DM 或 mEq/100 g DM)的计算公式主要包括以下几种：

(1)DCAD=(Na^++K^+)/Cl^-；

(2)DCAD=(Na^++K^+)-(Cl^-+S^{2-})；

(3)DCAD=(Na^++K^++0.15 Ca^{2+}+0.15 Mg^{2+})-(Cl^-+0.6 S^{2-}+0.5 P^{3-})；

(4)DCAD=(Na^++K^+)-(Cl^-+0.6 S^{2-})。

由于在机体内K^+主要存在于细胞内液，而Na^+、Cl^-存在于细胞外液，这三种矿物质元素对酸碱平衡或渗透压调节起重要作用。此外，S^{2-}对酸碱平衡有与Cl^-相似的影响。故反刍动物日粮阴阳离子平衡常采用(Na^++K^+)-(Cl^-+S^{2-})表示。有时DCAD也可简化成(Na^++K^+-Cl^-)。

(二)阴阳离子平衡对营养代谢的影响

动物机体新陈代谢不断产生酸性和碱性物质，而体液酸碱度须始终维持在相对恒定的范围内(pH为7.35～7.45)。尽管机体可通过酸碱平衡缓冲系统调节体液酸碱度，但是这种调节能力是有限的，一旦超出调节范围，机体就有可能出现酸中毒或碱中毒。体液酸碱度与日粮阴阳离子摄入量、内源产酸和阴阳离子排泄量有关，所以，合理调节日粮阴阳离子浓度可以改善机体酸碱平衡。

阴阳离子平衡除能调节机体酸碱平衡外，在动物机体水的代谢、日粮中营养物质的消化吸收以及矿物元素的正常功能等方面具有重要作用。日粮阴阳离子平衡影响氮基酸的平衡，如在日粮中添加高剂量可吸收的钠、钾盐，能降低精氨酸和赖氨酸间的拮抗作用。日粮阴阳离子平衡能提高氮的沉积率，减少尿素氮的产生。日粮阴阳离子平衡有利于稳定瘤胃内环境，为微生物提供适宜的生存环境，提高粗饲料的利用率。只有日粮中被消化吸收的那部分，并且电离了的阴、阳离子，才能起到调节酸碱平衡的作用。

(三)阴阳离子平衡对反刍动物健康和生产性能的影响

日粮阴阳离子平衡失调会打破体内离子平衡和酸碱平衡，导致反刍动物发生代谢病。通常饲草中阳离子比例高于阴离子比例，反刍动物采食饲草型日粮易使血液pH升高，发生代偿性碱中毒。泌乳初期大量血钙用于合成初乳，此时日粮阴阳离子失调引起的代谢性碱中毒会破坏体内的钙稳态，机体无法补充血液中用以产生初乳的钙量，造成低血钙症。奶牛在热应激时，呼吸频率增加，CO_2呼出量超过体内形成的速度，血液中的CO_2分压下降引起血液中的碳酸分解，导致呼吸性碱中毒。在严重的热应激下，大量的唾液钾离子可能随着动物流口水流失，从而导致代谢性酸中毒。

作为影响动物营养物质利用率的重要因素之一，日粮中的阴阳离子平衡与动物的生产性能密切相关。当动物体内过酸或过碱时，大多数代谢过程不是用于动物产品的生产而是用于调整酸碱平衡。因此，对于各种动物，在各种特定的条件下，其日粮阴阳离子平衡差值都有一个特定的范围，偏离这个范围动物的生产性能就会降低。奶牛DCAD为250～350 mEq/kg DM时产乳量最高，育肥牛和羊的最适DCAD为400～700 mEq/kg DM。

二、包被微量元素

日粮中的微量元素既是瘤胃微生物又是宿主动物本身生长所需的必需营养因子。但是，日粮中直接添加微量元素会使其在瘤胃中浓度过高，对微生物的生长和饲料养分的降解产生负面影响;或与其他元素在瘤胃中形成难溶的螯合物而降低其在小肠的吸收率。为此,利用瘤胃与真胃 pH 的差异,采用 pH 敏感材料,对微量元素进行包被处理,使其在瘤胃中释放的部分能满足微生物需求,又能保证所添加元素最大限度到达小肠被吸收,从根本上提高了反刍动物日粮中微量元素的有效利用。目前,研究较为全面的是微量元素铜、硒和锌。

(一)包被铜

铜作为动物体内多种酶的组成成分,参与体内氧化磷酸化过程,骨骼的形成,铁的吸收和运输以及免疫反应等代谢过程。日粮缺铜会引起动物贫血、生长受阻、发育不良及免疫力下降等。铜的吸收受日粮中硫与钼含量的影响。饲料中的硫酸盐或含硫氨基酸经过瘤胃微生物的作用转化为硫化物(S^{2-}),与铜有较强的亲和力,两者相互作用可使铜在消化道中的溶解度降低。此外,S^{2-}离子可逐步取代钼酸根离子中的氧形成氧硫钼酸盐或硫代钼酸盐,与铜结合形成不能为机体利用的化合物。而且,日粮含铜量稍有增加,就会抑制瘤胃微生物活力,导致粗纤维消化和微生物蛋白质合成等能力下降。为此,研发的包被铜添加剂,可使铜过瘤胃,在小肠消化吸收,然后发挥其作用,从而提高饲料的消化利用率,提高反刍动物的生产性能。山西农业大学研究结果表明,包被硫酸铜可以显著促进瘤胃发酵,提高肉牛和奶牛日粮养分表观消化率,提高肉牛增重性能和奶牛泌乳性能。

(二)包被硒

硒是动物体内谷胱甘肽过氧化物酶的组成成分,能保护细胞膜结构完整和功能正常;硒对胰腺的功能和组成有重要影响;硒能保证肠道脂酶的活性,促进乳糜微粒的形成,有利于饲料脂类及脂溶性维生素的消化吸收。日粮硒缺乏会影响机体蛋白质的生物合成,动物生产性能降低,免疫力下降,繁殖功能紊乱。反刍动物硒的主要吸收部位是十二指肠,瘤胃和真胃几乎不吸收硒。但日粮中的硒在瘤胃中经过微生物作用,取代含硫氨基酸中的硫而合成含硒氨基酸,沉积到细菌蛋白中形成难以被利用的细菌硒。另外,瘤胃微生物能将日粮中氧化型硒(Se^{6+}或Se^{8+})还原成元素硒(Se^{0})或硒化物(Se^{2-})等还原型硒,降低了硒的生物学利用率。为此,山西农业大学研制包被硒添加剂,可使亚硒酸钠过瘤胃,在小肠消化吸收,提高高产奶牛和肉牛的生产性能。

(三)包被锌

锌是体内 DNA 和 RNA 聚合酶等 300 多种酶的组成成分,具有催化、分解、合成和稳定酶蛋白四级结构以及调节酶活性等多种功能。锌在机体碳水化合物和能量代谢、蛋白质合成、核酸代谢、上皮组织的完整性、细胞的分化和基因表达、维生素 A 的运输和利用以及维生素 E 的吸收等代谢途径中起重要作用。奶牛锌缺乏,导致牛奶中锌含量低,无法满足健康消费需求。但是,直接添加到饲料中的锌添加剂,会在瘤胃被微生物作用,形成细菌锌,其吸收利用率降低,并且锌可使部分瘤胃微生物分泌的酶类失活。为此,山西农业大学研制包被锌添加剂,可使硫酸锌过瘤胃,在小肠消化吸收,然后发挥其作用,提高高产奶牛和肉牛的生产性能,增加锌在畜产品中的沉积,对于生产富锌畜产品具有重要意义。

参考文献

邓丽青,张军民,赵青余.2009.有机铬对奶牛的应用研究及安全性评价[J].饲料研究,03:52-54.

刘强．反刍动物营养调控研究[M]．中国农业科学技术出版社，2008.

扬文正．动物矿物质营养[M]．中国农业出版社，1996.

Cousins, R. J., 2010. Gastrointestinal factors influencing zinc absorption and homeostasis [J]. International Journal for Vitamin and Nutrition Research, 80(45): 243-248.

Du, H. S., Wang, C., Wu, Z. Z., et al. 2019. Effects of rumen-protected folic acid and rumen-protected sodium selenite supplementation on lactation performance, nutrient digestion, ruminal fermentation and blood metabolites in dairy cows[J]. Journal of the Science of Food and Agriculture, 99(13): 5826-5833.

Faulkner, M. J., Weiss, W. P., 2017. Effect of source of trace minerals in either forage-or by-product-based diets fed to dairy cows: 1. Production and macronutrient digestibility[J]. Journal of Dairy Science, 100(7): 5358-5367.

Feng, X., Jarrett, J. P., Knowlton, K. F., et al. 2016. Short communication: comparison of predicted dietary phosphorus balance using bioavailabilities from the NRC (2001) and Virginia Tech model[J]. Journal of Dairy Science, 99(2): 1237-1241.

Goff, J. P. 2018. Invited review: Mineral absorption mechanisms, mineral interactions that affect acid-base and antioxidant status, and diet considerations to improve mineral status [J]. Journal of Dairy Science, 101(4): 2763-2813.

Gozzelino, R., Arosio, P., 2016. Iron homeostasis in health and disease [J]. International Journal of Molecular Sciences, 17(1): 130.

Gurney, M. A., Laubitz, D., Ghishan, F. K., et al. 2017. Pathophysiology of intestinal Na+/H+ exchange[J]. Cellular and Molecular Gastroenterology and Hepatology, 3(1): 27-40.

Hashimoto, A., Kambe, T., 2015. Mg, Zn and Cu transport proteins: a brief overview from physiological and molecular perspectives[J]. Journal of Nutritional Science and Vitaminology, 61(Supplement): S116-S118.

Heitzmann, D., Warth, R., 2008. Physiology and pathophysiology of potassium channels in gastrointestinal epithelia[J]. Physiological Reviews, 88(3): 1119-1182.

Hu, W., Murphy, M. R., 2004. Dietary cation-anion difference effects on performance and acid-base status of lactating dairy cows: a meta-analysis[J]. Journal of Dairy Science, 87(7): 2222-2229.

Jenkitkasemwong, S., Wang, C. Y., Mackenzie, B., et al. 2012. Physiologic implications of metal-ion transport by ZIP14 and ZIP8[J]. Biometals, 25(4): 643-655.

La, S. K., Wang, C., Liu, Q., et al. 2020. Effects of copper sulphate and rumen-protected copper sulphate addition on growth performance, nutrient digestibility, rumen fermentation and hepatic gene expression in dairy bulls. Journal of Animal and Feed Sciences, 29(4): 287-296.

Leonhard-Marek, S., Stumpff, F., Martens, H., 2010. Transport of cations and anions across forestomach epithelia: conclusions from in vitro studies[J]. Animal, 4(7): 1037-1056.

Liu, Y. J., Zhang, Z. D., Dai, S. H., et al. 2020. Effects of sodium selenite and coated sodium selenite addition on performance, ruminal fermentation, nutrient digestibility and hepatic gene expression related to lipid metabolism in dairy bulls[J]. Livestock Science,237:104062

Lutsenko,S. ,Barnes,N. L. ,Bartee,M. Y. ,et al. 2007. Function and regulation of human copper-transporting ATPases[J]. Physiological Reviews,87(3):1011-1046.

Petering,D. H. ,Mahim,A. ,2017. Proteomic high affinity Zn^{2+} trafficking: where does metallothionein fit in? [J]. International Journal of Molecular Sciences,18(6):1289.

Peterson,A. B. ,Orth,M. W. ,Goff,J. P. ,et al. 2005. Periparturient responses of multiparous Holstein cows fed different dietary phosphorus concentrations prepartum [J]. Journal of Dairy Science,88(10):3582-3594.

Sabbagh,Y. ,Giral,H. ,Caldas,Y. ,et al. 2011. Intestinal phosphate transport. advances in chronic kidney disease[J],18(2):85-90.

Sangkhae,V. ,Nemeth,E. ,2017. Regulation of the iron homeostatic hormone hepcidin [J]. Advances in Nutrition:An International Review Journal,8(1):126-136.

Schweigel,M. ,Kuzinski,J. ,Deiner,C. ,et al. 2009. Rumen epithelial cells adapt magnesium transport to high and low extracellular magnesium conditions [J]. Magnesium Research,22(3):133-150.

Schweigel,M. ,Park,H. S. ,Etschmann,B. ,et al. 2006. Characterization of the Na^{+}-dependent Mg^{2+} transport in sheep ruminal epithelial cells[J]. AJP Gastrointestinal and Liver Physiology,290(1):56-65.

Thilsing,T. ,Larsen,T. ,Jørgensen,R. J. ,et al. 2007. The effect of dietary calcium and phosphorus supplementation in zeolite A treated dry cows on periparturient calcium and phosphorus homeostasis[J]. Journal of Veterinary Medicine Series A,54(2):82-91.

Underwood,E. J. 1977. Trace Elements in Human and Animal Nutrition (Fourth Edition)[M]. Academic Press,New York.

Wadhwa,D. R. ,Care,A. D. ,2002. The absorption of phosphate ions from the ovine-reticulorumen[J]. Veterinary Journal,163(2):182-186.

Wang,C. ,Han L. ,Zhang,G. W. ,et al. 2021. Effects of copper sulfate and coated copper sulfate addition on lactation performance,nutrient digestibility,ruminal fermentation and blood metabolites in dairy cows[J]. British Journal of Nutrition,125(3):251-259.

Weiss,W. P. ,Socha,M. T. ,2005. Dietary manganese for dry and lactating Holstein cows [J].Journal of Dairy Science,88(7):2517-2523.

Wu,Q. ,La,S. K. ,Zhang,J. ,et al. 2021. Effects of coated copper sulphate and coated folic acid supplementation on growth,rumen fermentation and urinary excretion of purine derivatives in Holstein bulls[J]. Animal Feed Science and Technology,276:114921.

Zhang,Z. D. ,Wang,C. ,Du,H. S. ,et al. 2020. Effects of sodium selenite and coated sodium selenite on lactation performance,total tract nutrient digestion and rumenfermentationin Holstein dairy cows[J]. Animal,14(10):2091-2099.

(本章编写者:陈雷;审校:王聪、张建新)

第八章 维生素营养

维生素是反刍动物维持健康和机体正常生理功能必不可少的一类小分子有机物质。维生素既不是能源物质,也不属于机体的构成物质,它们主要以辅酶或催化剂的形式参与体内新陈代谢,从而保证机体组织器官的细胞结构和功能正常。维生素缺乏可引起机体代谢紊乱,导致免疫力下降或生产性能降低。根据其溶解性可分为脂溶性维生素和水溶性维生素两大类。本章主要介绍各种维生素的特性及营养生理功能。

第一节 脂溶性维生素

脂溶性维生素包括维生素 A、维生素 D、维生素 E 和维生素 K。在动物体内,脂溶性维生素与脂肪一起吸收,并可在体内贮存。脂溶性维生素以被动扩散方式穿过肌肉细胞膜的脂相,主要经胆囊从粪中排出。摄入过量的脂溶性维生素可引起中毒及代谢和生长障碍。反刍动物需要从日粮中获得维生素 A、维生素 D 和维生素 E。在紫外线照射下,动物皮下的 7-脱氢胆固醇能转化为维生素 D,但全封闭式的舍饲和高产动物均需在日粮中添加维生素 D。瘤胃微生物能合成维生素 K。

一、维生素 A

(一)特性和效价

维生素 A 是含有 β-白芷酮环的不饱和一元醇,有视黄醇、视黄醛和视黄酸三种衍生物,其中以反式视黄醇效价最高。维生素 A 只存在于动物体中,植物中不含维生素 A,而含有维生素 A 原(先体),包括 β-胡萝卜素、α-胡萝卜素、γ-胡萝卜素和玉米黄素等,其中以 β-胡萝卜素活性最强,玉米黄素和叶黄素无维生素 A 活性。在动物肠壁中,一分子 β-胡萝卜素经酶作用可生成两分子视黄醇。

维生素 A 的活性被定义为视黄醇当量(RE),一个国际单位(IU)的维生素 A 相当于 0.3 μg 视黄醇,1 μg 视黄醇相当于 1 μg 视黄醇当量。国际上公认 1 mg β-胡萝卜素可转变成 400 IU 维生素 A(约 120 μg 视黄醇)。

(二)吸收与代谢

到达皱胃和小肠的维生素 A 和胡萝卜素,在胃蛋白酶和肠蛋白酶的作用下,从与之结合的蛋白质上脱落下来。在小肠中,游离的维生素 A 被酯化后吸收。胆盐有表面活性剂的作用,可促进 β-胡萝卜素的溶解和进入小肠细胞。β-胡萝卜素通过小肠黏膜细胞后,被双加氧酶分解成两分子的视黄醛，再还原为视黄醇(维生素 A)，并以视黄醇与极低密度脂蛋白相结合的形式储存于肝脏的主细胞中。当机体组织需要时，维生素 A 被水解成游离的视黄醇并与特异转运蛋白质结合成复合物进入血液到达所需部位。小肠中 50%～90%的维生素 A 可被吸收，胡萝卜素的吸收率为 50%～60%。

(三)生理功能与缺乏症

维生素 A 能保持反刍动物各种器官系统粘膜上皮组织的完整性及正常生理机能，保持反刍动物的正常视力和繁殖机能。其生理功能及缺乏症主要有以下几点：

1. 维持视觉正常

动物的感光过程依赖于视网膜中杆状细胞内存在的特殊蛋白质，即视紫红质，视紫红质是由视蛋白和 11-顺视黄醛(11-顺维生素 A 脱氢的产物)结合而成的一种感光物质。当维生素 A 缺乏时，视紫红质的合成减少，使动物在弱光下的视力减弱，产生夜盲症或者失明。

2. 维持上皮组织及细胞膜结构的完整，促进结缔组织中黏多糖的合成

当维生素 A 缺乏时，上皮组织增生，角质化严重，使眼、呼吸道、消化道和泌尿生殖道的黏膜上皮均受到影响，泪腺分泌停止，引起角膜炎、干眼病，呼吸道感染和生殖道病变。妊娠母牛维生素 A 缺乏还会导致流产、早产、死胎、胎衣不下、胎儿畸形或瞎眼，小公牛睾丸变性而终生不育。

3. 提高动物的免疫力

维生素 A 可增强上皮组织的完整性和维持细胞膜的正常通透性，从而提高抗病力。维生素 A 可以促进胸腺和骨髓中淋巴细胞分化，增强 T 细胞和 B 细胞的协同作用、吞噬作用以及分泌型抗体的形成，提高动物血清的总补体活性，促进机体产生特异性的溶血素抗体。维生素 A 可刺激前列腺素(PGE_1)的产生，进而影响环-单磷酸腺苷(cAMP)的活性，cAMP 不仅调节能量代谢，还可促进抗体的形成，进而提高免疫力。

4. 维持骨骼正常代谢

维生素 A 缺乏时，黏多糖蛋白的合成受阻，成骨细胞和破骨细胞间的平衡被破坏，导致成骨细胞活动增强，引起骨质过度增加，骨的钙化不全或增生。

(四)来源与需要量

1. 来源

反刍动物所需的维生素 A 必须由外源供给。胡萝卜及青绿饲草中含有丰富的 β-胡萝卜素，而谷物及其副产品(黄玉米除外)缺乏 β-胡萝卜素。β-胡萝卜素易被氧化，青贮、日晒、加热等过程均会被破坏。生产中可使用维生素 A 添加剂补充。

2. 需要量

根据 NRC(2001)标准，成年奶牛维生素 A 的需要量为 110 IU/kg(BW)，考虑到改善乳腺健康以及提高产后产乳量，干乳期奶牛维生素 A 的需要量和泌乳期奶牛相同。生长母牛的需要量平均为 80 IU/kg(BW)。犊牛对维生素 A 的需要量，代用乳为 9 000 IU/kg(DM)，开食料和生长料为 4 000 IU/kg(DM)。

我国奶牛饲养标准(NY/T 34—2004)中，维生素 A 的维持需要为 43 IU/kg BW；母牛妊娠最后四个月为 76 IU/kg BW(即 1 头体重 650 kg 的母牛妊娠最后 4 个月的维生素 A 需要量约为 50 000 IU)；体重 40～60 kg 的生长母牛根据其日增重的不同，维生素 A 的需要量为

40～49 IU/kg(BW)，每产 1 kg 含脂 4%的标准乳所需的维生素 A 为 502 IU。

根据 NRC(2016)标准，生长育肥牛的维生素 A 需要量为 2 200 IU/kg(DM)；妊娠母牛为 2 800 IU/kg(DM)；泌乳母牛和繁殖公牛为 3 900 IU/kg(DM)。

二、维生素 D

(一)特性和效价

维生素 D 属于固醇类衍生物，人工合成的为无色晶体，不易被酸、碱、氧化剂及加热所破坏。根据侧链结构的不同，维生素 D 可分为 D_2、D_3、D_4、D_5、D_6 及 D_7 等多种形式，但具有生物学功能的只有维生素 D_2(麦角钙化醇，植物体内的活性形式)和 D_3(胆钙化醇，动物体内的活性形式)两种，分别由麦角固醇和 7-胆钙化醇经紫外线照射转化而成。

维生素 D 的计量，以 0.025 μg 晶体维生素 D_3 活性为 1 IU，1 μg 维生素 D 相当于 40 IU。

(二)吸收与代谢

维生素 D 的主要吸收部位在小肠，肠道维生素 D_2 的吸收需要脂肪和胆汁酸盐的协助。肠道吸收的维生素 D_2 与乳糜微粒结合并通过特异的维生素 D 结合蛋白转运至肝脏。动物自身皮肤合成的维生素 D_3 经血液输送入肝脏。维生素 D_2 和维生素 D_3 在肝脏微粒体或线粒体中均需要经过 25-羟化酶的催化，转化为 25-羟基维生素 D 并释放至血液中，然后在专一性的 α-球蛋白协助下转运到肾脏，在肾小管线粒体内经混合功能单氧化酶(mixed function monooxygenase)的羟化而形成 1,25-二羟基维生素 D(活性形式)，随后，这种活性维生素 D 被输送到小肠和骨骼等靶细胞发挥作用。

肾脏合成 1,25-二羟基维生素 D 受血钙水平的调节，同时也受甲状旁腺激素(parathyroid hormone; PTH)和降钙素(calcitonin)的调节。血钙含量增加抑制 1,25-二羟基维生素 D 的生成。1,25-二羟基维生素 D 动员骨钙的分解和饲料钙的吸收，使血钙水平上升恢复正常，被认为是一种钙调激素的前体物。

(三)生理功能与缺乏症

维生素 D 的主要功能是调节钙磷的吸收与代谢，促进骨骼和牙齿的生长发育与健康。维生素 D 的生理功能主要有以下几点。

1. 保证幼畜牙齿和骨骼生长发育的正常，预防幼畜关节变形和佝偻病的发生。
2. 维持成年反刍动物血钙和血磷的水平，预防软骨病及产后瘫痪的发生。
3. 促进泌乳奶牛对日粮钙磷的吸收，提高产乳水平。
4. 增强动物的免疫力。活化的淋巴细胞和胸腺 T 细胞上存在维生素 D 的受体，维生素 D 可刺激单核细胞变为成熟的巨噬细胞，提高机体免疫力。

维生素 D 缺乏导致肠道对钙磷的吸收减少，血液中钙磷浓度降低，骨骼中沉积的减少，导致骨骼钙化不全，犊牛和羔羊出现佝偻病，成年反刍动物为软骨病或骨质疏松症。患佝偻病的牛，肋骨端呈念珠状肿胀、骨中灰分含量下降；成年牛易骨折。长期缺乏会使反刍动物钙、磷和氮沉积量降低，代谢率增加。

(四)来源与需要量

1. 来源

动物自身转化和饲草均可为反刍动物提供维生素 D。动物体内的 7-脱氢胆固醇分布于皮下、胆汁、血液及其他组织中，在波长 290～315 nm 紫外线照射下可转化为维生素 D_3，可满足放牧动物对维生素 D 的需要。常年舍饲的动物可能会存在维生素 D 的缺乏。维生素 D 在鱼肝油内含量丰富，饲料中含量较少。青绿植物中的麦角固醇，在紫外线照射下可转化为维生素 D_2，因此，晒制干草是舍饲动物维生素 D 的重要来源。

2. 需要量

由于动物接受日照的时间、日粮中钙磷来源、含量与比例、日粮中脂肪与维生素 A 的含量、肠道 pH、动物的生理状况等均影响维生素 D 的合成、吸收和利用，因此很难确定维生素 D 的准确需要量。一般放牧动物不需要通过日粮补充维生素 D；常年舍饲且以青贮饲料和副产品为主要日粮的动物，需要在日粮中补充维生素 D；维生素 D 补充过量，动物会出现厌食、呕吐、精神不振、先多尿而后无尿甚至肾衰竭等中毒症状。我国奶牛饲养标准(2004)规定维生素 D 的需要量，泌乳牛为 6 000～24 750 IU/d，干乳牛为 18 333 IU/d。NRC(2016)维生素 D 的推荐量为：肉牛 275 IU/kg(DM)，犊牛、生长牛和成年母牛 660 IU/100 kg(BW)。

三、维生素 E

(一)特性和效价

维生素 E 是一系列称作生育酚和生育三烯酚的脂溶性化合物的总称。人工提取或合成的维生素 E 为淡黄色油状物，对热和酸稳定，对碱不稳定，易被氧化，它与维生素 A 或不饱和脂肪酸等易被氧化的物质同时存在时，可保护维生素 A 和不饱和脂肪酸不受氧化，因此维生素 E 可作为这些物质的抗氧化剂。现在已从植物中分离出 α-、β-、γ-和 δ-、ζ_1-、ζ_2-、η-和 ε-八种具有维生素 E 活性的化合物，其中以 α-生育酚的生物活性最强，它也是饲料中维生素 E 最普遍的存在方式。α-生育酚具有 8 种不同形式的立体异构体，其中生物学活性最高的为 RRR-α-生育酚。

1 IU 维生素 E 相当于 1 mg 全消旋 α-生育酚乙酸酯，1.49 IU 维生素 E 相当于 1 mg RRR-α-生育酚。

(二)吸收与代谢

日粮中直接添加的维生素 E 会被反刍动物瘤胃微生物降解一部分，但全消旋 α-生育酚乙酸酯在瘤胃中几乎不被降解。进入小肠的维生素 E 在胆汁酸盐和胰液的作用下被吸收。吸收后的维生素 E 在 β-脂蛋白携带下经淋巴系统转运，并以非酯化的形式储存于脂肪组织、肝脏及肌肉中。当日粮维生素 E 供给不足时，机体首先动用血浆及肝脏中的维生素 E，其次为心肌和肌肉部位，最后为体脂中的维生素 E。

(三)生理功能与缺乏症

维生素 E 的主要功能是作为脂溶性细胞抗氧化剂，参与细胞膜的保护、繁殖以及免疫等活动。

1. 保护细胞膜结构的完整性

存在于细胞膜上的维生素 E 与微量元素硒协同作用，维持细胞膜结构的完整性。维生素 E 又称抗氧化维生素，通过及时清除体内细胞进行氧化反应时产生的自由基，避免细胞膜上不饱和脂肪酸的过氧化反应。当维生素 E 与自由基反应生成生育酚自由基后，可被维生素 C、谷胱甘肽及辅酶 Q 还原，继续发挥作用。因此，维生素 E 的抗氧化作用常与维生素 C，β-胡萝卜素和硒等协同完成。

2. 提高动物的免疫力

维生素 E 通过清除免疫细胞代谢产生的过氧化物，保护细胞膜免受氧化损伤，维持细胞与细胞器的完整及正常功能。维生素 E 参与花生四烯酸的代谢和调控前列腺素（$PGF_{2\alpha}$）的合成速度。

3. 其它功能

维生素 E 可作为电子传递系统中电子的受体，参与调节 DNA 的生物合成，保护神经系统、骨骼肌及视网膜的正常生理功能等。另外，维生素 E 的抗氧化性能对改善畜产品的品质也有重要作用。肉牛肥育期或奶牛泌乳期补充一定量的维生素 E 能有效改善产品的色泽和风味，延长货架期。

缺乏维生素 E 时，反刍动物主要表现为肌肉营养不良，犊牛和羔羊出现白肌病；母牛出现胎衣不下、乳腺炎或不育症等繁殖疾病；奶牛所产牛奶含有氧化味道，出现心脏衰竭和心肌损伤等。

（四）来源和需要量

1. 来源

维生素 E 主要存在于植物油中，以麦胚油、大豆油、玉米油及葵花籽油中含量最为丰富。新鲜牧草中维生素 E 含量为 80～200 IU/kg，晒制干草和青贮料中 α-生育酚的含量比新鲜牧草低 20%～80%。反刍动物日粮中需要添加维生素 E，为了防止氧化，多以全消旋 α-生育酚乙酸酯的形式添加。

2. 需要量

NRC(2001)规定采食贮存牧草为主的奶牛维生素 E 需要量：高产泌乳奶牛 375 IU/d，中低产泌乳奶牛 240 IU/d，干乳牛和围产期奶牛 150 IU/d。犊牛日粮中维生素 E 需要量为 50 IU/kg (DM)。为解决奶牛繁殖和免疫力低下的问题，生产中常加大维生素 E 的添加量。

四、维生素 K

（一）特性和效价

维生素 K 是一类具有抗出血作用的醌类脂溶性化合物的总称，基本结构为 2-甲基-1，4 萘醌。天然存在的维生素 K 有 K_1（叶绿醌）和 K_2（甲基萘醌）两种，前者来自植物，呈黄色油状；后者来自微生物的发酵产物，为淡黄色晶体。人工合成的维生素 K 称为 K_3（2-甲基萘醌），微溶于水。维生素 K 对热稳定，但易被光和碱破坏，故应避光保存。

（二）吸收与代谢

天然的维生素 K 是脂溶性的，因此吸收也需要胆汁盐和胰液的存在。吸收后和肠道形成的乳糜微粒结合，经淋巴系统转运至肝脏、皮肤和肌肉中储存。

（三）生理功能与缺乏症

维生素 K 的重要生理功能是促进肝脏合成凝血酶原，此外也和肝脏合成凝血因子Ⅶ、Ⅸ和Ⅹ有关。当缺乏维生素 K 时，血中凝血酶原和凝血因子浓度降低，一旦出血则凝血时间延长或血流不止。草木樨和发霉腐败的苜蓿中含有双香豆素，它的化学结构与维生素 K 相似，可通过对酶的竞争性抑制妨碍维生素 K 的利用，使凝血酶原和凝血因子合成减少。因此，牛羊饲喂草木樨和发霉腐败的苜蓿有可能发生维生素K缺乏症，出现僵直、跛行或组织血肿，长期采食将造成无法控制的出血。水杨酸也是维生素K的拮抗物，若长期使用需要补充维生素K。

（四）来源与需要量

反刍动物瘤胃内能合成大量的甲基萘醌，各种新鲜的或干燥的绿色多叶植物中含有丰富的叶绿醌，能满足机体对维生素K的需求，日粮中无需添加。采食发霉的双香豆素含量高的草木樨或三叶草的干草或口服抗生素使消化道菌群紊乱，均会导致反刍动物维生素K合成不足，出现凝血时间延长或全身出血，可用维生素K治疗。

第二节　水溶性维生素

水溶性维生素包括B族维生素、维生素C以及胆碱等，均可溶于水。B族维生素主要包括：硫胺素（VB_1）、核黄素（VB_2）、泛酸、胆碱、烟酸、吡哆素（VB_2）、生物素、叶酸（VB_9）、维生素B_{11}和钴胺素（VB_{12}）。它们构成某些酶的辅酶或辅基参与机体的代谢活动。对健康反刍动物而言，瘤胃微生物能合成大部分水溶性维生素，体组织中能合成维生素C，而且常用饲料中含有较多的水溶性维生素，极少发生水溶性维生素缺乏症。但在高产或应激等特殊情况下，对瘤胃机能尚未发育完善的犊牛或羔羊，需要补充B族维生素。

一、硫胺素

硫胺素（Thiamin，B_1）由一分子嘧啶和一分子噻唑通过一个甲基桥结合而成，含有硫和氨基，故称硫胺素，为嘧啶的衍生物。工业合成的盐酸硫胺素为无色结晶，易溶于水，在弱酸溶液中稳定，而在中性或碱性溶液中易氧化而失去生物活性。

硫胺素主要在十二指肠吸收，在肝脏经ATP作用被磷酸化而转变成活性辅酶，即焦磷酸硫胺素（羧辅酶）。硫胺素在体组织中贮存很少，当大量摄入硫胺素后，吸收减少，排泄量增加。排泄的主要途径为粪和尿，少量亦可通过汗排出体外。

（一）来源与需要

硫胺素在谷类植物种子和胚芽、豆类、啤酒酵母中含量丰富，禾本科植物、块根及多汁青饲料中含量也比较多。饲料中的硫胺素经过瘤胃时约有48%被降解，成年牛瘤胃每天合成的硫胺素为28～72 mg。未断奶犊牛代乳料中需要补充硫胺素，NRC（2001）推荐量为6.5 mg/kg（DM）。

（二）生理功能与缺乏症

硫氨素在体内的活性形式为焦磷酸硫胺素（TPP），TPP是α-酮酸脱氢酶系（由TPP、二氢硫辛酸和FAD组成）的辅酶，参与体内α-酮酸（丙酮酸、α-酮戊二酸、支链α-酮酸）的氧化脱羧反应，该反应是反刍动物碳水化合物和脂类代谢途径中非常重要的反应，可为机体提供所需的能量。在磷酸戊糖代谢途径中需TPP依赖酶（转酮酶）的配合，对机体的氧化供能，核酸代谢中戊糖及脂肪酸合成中NADPH的提供具有重要意义。此外，分布在神经元细胞内的TPP，与神经系统的能量代谢、神经递质、神经冲动以及神经细胞膜中脂肪酸和胆固醇的合成有关。

神经组织所需的能量主要靠碳水化合物的氧化供给。当硫胺素缺乏时,丙酮酸氧化受阻,能量供应减少,造成神经组织中丙酮酸和乳酸的堆积,可引起多发性神经炎,严重时形成脑灰质软化(PEM)和大脑半球坏死性病变,发生厌食、共济失调、心肌炎等神经症状及严重腹泻。硫胺素缺乏症多发生在饲料中存在硫胺素酶、瘤胃异常发酵过程中产生硫胺素酶、饲喂硫酸盐含量高的日粮以及瘤胃 pH 迅速下降等情况下。

二、核黄素

核黄素(Riboflavin,B_2)由 6,7-二甲基异咯嗪环和核糖醇组成,因其呈橘黄色而得名。核黄素在酸性和中性溶液中稳定,但易被碱破坏,在光线特别是紫外光照射下可发生不可逆的分解。饲料中的核黄素大多以黄素腺嘌呤二核苷酸(FAD)和黄素单核苷酸(FMN)的形式存在,在肠道随蛋白质的消化被释放出来,经磷酸酶水解成游离的核黄素,进入小肠粘膜细胞后再次被磷酸化,生成 FMN。在门脉系统与血浆白蛋白结合,在肝脏转化为 FAD 或黄素蛋白质。

(一)来源与需要

青绿饲料、青贮饲料、谷物发芽饲料、酒糟类饲料、糠麸类和油饼类饲料均含有丰富的核黄素。反刍动物瘤胃微生物可合成大约 1.5 倍代谢所需的核黄素量。

(二)生理功能与缺乏症

核黄素是黄素蛋白的成分之一,在碳水化合物、蛋白质和脂类代谢过程中的多个反应中发挥重要作用。核黄素是动物体黄酶类(如氨基酸氧化酶、琥珀酸脱氢酶等)的辅酶成分。黄酶的辅酶有 FAD 和 FMN 两种,在氧化还原反应中起着传递氢的作用。因此,核黄素缺乏会影响 FAD 和 FMN 的功能进而使体内生物氧化和新陈代谢发生障碍。幼龄反刍动物易缺乏核黄素,表现为口腔粘膜充血、口角发炎、流涎、流泪以及厌食、腹泻及生长不良等非特异症状。犊牛代用乳中核黄素的添加量为 6.5 mg/kg DM。

三、泛酸

泛酸(Pantothenic acid)是由 α,γ-二羟-β,β-二甲基丁酸与 β-丙氨酸用肽链连结而成的一种化合物,呈黄色黏稠油状,在中性溶液中对温热、氧化及还原较稳定,但酸、碱和干热可使其分解为丙氨酸和其他氧化物。生产中常用泛酸钙作为饲料添加剂。

(一)来源与需要

绿色植物、酵母、糠麸、胡萝卜和苜蓿干草等饲料中泛酸含量丰富,谷类籽实中泛酸含量少。饲料中约 78%的泛酸在瘤胃中被微生物降解,反刍动物瘤胃微生物合成泛酸的量约为饲料中泛酸含量的 20~30 倍。犊牛代用乳中泛酸的浓度应达到 13.0 mg/kg DM。

(二)生理功能与缺乏症

泛酸是辅酶 A(CoA)和酰基载体蛋白(ACP)的组成成分。CoA 是许多酰化酶的辅酶,在碳水化合物、蛋白质和脂类代谢中有重要作用,参与脂肪氧化、氨基酸分解和乙酰胆碱合成代谢中的关键反应。ACP 是脂肪酸形成过程中的主要酰基载体。泛酸可以促进抗体的合成,提高动物对病原体的抵抗力。泛酸缺乏时,抗体浓度下降。实际生产中泛酸一般不会缺发,犊牛实验性缺乏会表现出厌食、生长缓慢、皮炎和腹泻。

四、胆碱

胆碱(Choline)为β-羟乙基三甲胺羟化物,饲料中的胆碱主要以卵磷脂的形式存在,常温下为无色液体,有粘滞性和较强的碱性,易吸潮,易溶于水。

(一)来源与需要

通常含脂肪的饲料均可提供一定量的胆碱。绿色植物、谷类籽实(除玉米外)及其副产品以及饼粕类饲料中均含有丰富的胆碱。饲料中的胆碱在瘤胃会被微生物降解,但反刍动物可在肝脏中由丝氨酸经脱羧、甲基化而合成胆碱,合成的量和速度与日粮中含硫氨基酸、甜菜碱、叶酸、维生素B_{12}及脂肪水平有关。NRC(2001)建议犊牛代乳料中的胆碱含量为1 000 mg/kg(DM)。

(二)生理功能和缺乏症

从传统意义上讲,胆碱并不是一种维生素,因为它不构成酶的辅酶或辅基,且需要量以克计,不同于真正维生素用毫克计。胆碱是卵磷脂和脑磷脂的构成成分,卵磷脂是动物体细胞膜的结构成分,脑磷脂是神经细胞膜的结构物质和信号传递物质。胆碱还是乙酰胆碱的前体,乙酰胆碱是肌肉收缩、血管扩张等活动的重要神经递质。胆碱通过长链脂肪酸的磷酸化,可协同脂肪输送,促进脂肪在肝脏的氧化,具有抗脂肪肝的效应。此外,胆碱还是体内一碳基团的供体,参与甲基转移作用。因此,当胆碱缺乏时,动物表现出脂肪肝症状,犊牛出现肌肉无力、肝脏浸润及肾出血。

五、烟酸

烟酸(Niacin)也称尼克酸,是具有烟酸生物学活性的吡啶3-羧酸衍生物的总称,在动物体内很容易转变成具有生物活性的尼克酰胺(烟酰胺)。烟酸结构简单,性质稳定,不易被光、空气、热及酸碱破坏。

烟酸主要在小肠上段被吸收,在小肠黏膜中可转变成尼克酰胺,然后在组织中与蛋白质结合,变成辅酶烟酰胺腺嘌呤二核苷酸(NAD,辅酶Ⅰ)或烟酰胺腺嘌呤二核苷酸磷酸(NADP,辅酶Ⅱ),其代谢产物主要经尿排出。

(一)来源与需要

烟酸广泛分布于谷类籽实、种皮、饼粕与苜蓿等饲料中,反刍动物瘤胃微生物可合成烟酸,一般不会缺乏。

(二)生理功能与缺乏症

动物体内,NAD和NADP是许多脱氢酶的专一性辅酶,在氧化还原反应中起传递氢的作用。NAD与NADP参与碳水化合物、蛋白质和脂肪的代谢。烟酸参与脂肪的代谢,可降低血脂,预防酮病。幼龄反刍动物易出现烟酸缺乏症,需要在饲粮中添加烟酸或色氨酸。动物烟酸缺乏表现为:食欲不振、生长停滞、肌无力、消化道功能紊乱及腹泻等。烟酸缺乏还可能发生鳞状皮炎,通常还伴有小红细胞性贫血症的发生。

六、吡哆素

吡哆素(Pyridoxine,B_6)是吡哆醇(主要存在于植物中)、吡哆醛和吡哆胺三类化合物的总称，后两者主要存在于动物产品中，为无色晶体，易溶于水及乙醇，在酸溶液中稳定，在碱溶液中被破坏，遇光被破坏，不耐高温。三种化合物的维生素活性都相似。

(一)来源与需要

吡哆素在酵母、谷物、饼粕及花生中含量较多。饲粮来源的加瘤胃微生物合成的吡哆素基本可以满足反刍动物正常生长和生产的需要。

(二)生理功能和缺乏症

维生素 B_6 以磷酸吡哆醛和磷酸吡哆胺为活性形式，参与碳水化合物、蛋白质及脂肪代谢过程；作为转氨酶的辅酶参与氨基酸代谢相关的各种反应。

七、生物素

生物素(Biotin，B_7)为具有脲基环的环状分子，分子结构中含有一个硫原子和一条戊酸的侧链，结构比较简单，对热、酸与碱稳定。生物素有 8 种立体异构体，只有 D-生物素具有生物活性。

(一)来源与需要

绿叶植物和酵母中生物素含量丰富。反刍动物的瘤胃微生物能合成生物素。NRC(2001)建议犊牛代用乳中生物素浓度应达到 0.1 mg/kg DM。

(二)生理功能和缺乏症

生物素作为丙酰 CoA 羧化酶与丙酮酸羧化酶的辅酶，在糖异生过程中起重要作用；作为乙酰 CoA 羧化酶的辅酶因子，调控脂肪酸合成的起始步骤；生物素参与胆固醇代谢和长链不饱和脂肪酸的合成。由于来源充足，动物一般不会缺乏生物素，如因某些原因缺乏时，常表现皮肤炎症，肢蹄疾病，犊牛后肢瘫痪，成年牛跛行等。

八、叶酸

叶酸(Folic acid，B_9)由蝶啶环、对氨基苯甲酸和谷氨酸三部分组成，在酸性溶液中对光不稳定，易被光破坏。叶酸在动物体内的转运需要叶酸结合蛋白，哺乳动物的肝脏、肾脏、小肠刷状缘膜、粒性白细胞及血清中均发现叶酸结合蛋白。叶酸以辅酶和四氢叶酸的多谷氨酸形式广泛分布于动物组织中。肝脏中叶酸的含量较高，与骨髓一起均是叶酸转化为 5-甲基四氢叶酸的主要场所。叶酸可通过粪、尿和汗液排出。血浆中的 5-甲基四氢叶酸被输送到肝脏以外的组织脱去甲基后返回肝脏，部分随胆汁排入肠道而被重吸收。因此，血浆叶酸水平的维持有赖于肝肠循环。

(一)来源与需要

绿色植物含叶酸丰富，豆类及一些动物性饲料也是叶酸的良好来源。反刍动物瘤胃微生物能合成叶酸。瘤胃功能不全的幼年反刍动物需要补充叶酸。

(二)生理功能和缺乏症

叶酸是一碳单位的载体，参与嘌呤、嘧啶、胆碱的合成和某些氨基酸的代谢。叶酸是抗贫血因子和动物促生长因子。叶酸对维持免疫系统功能的正常也是必需的。叶酸缺乏导致 DNA 和 RNA 的生物合成受损，从而减少了细胞分裂。动物叶酸缺乏主要表现为巨幼红细胞性贫血、食欲降低、消化不良、腹泻、生长缓慢、皮肤粗糙、脱毛、白细胞和血小板减少。

九、维生素 B_{12}

维生素 B_{12}是一类含有钴的类钴啉(corrinoid),是唯一含有金属元素的维生素,化学名称为 α-(5,6-二甲基苯丙咪唑)-钴胺酰胺-氰化物,亦称氰钴胺素(cyanocobalamin)。维生素 B_{12}为暗红色结晶,在 pH 为 4.5～5 的水溶液中稳定,可被日光、氧化剂、还原剂、醛类、抗坏血酸、二价铁盐等破坏。腺苷钴胺素和甲基钴胺素为维生素 B_{12}的天然存在形式。氰钴胺素是人工合成的维生素 B_{12},因其结构相对稳定和容易购买等特性,被广泛用于动物生产中。在动物体内,氰钴胺素的氰离子可被羟基、甲基或 5′-脱氧腺苷取代而形成羟钴胺素、甲钴胺素和 5′-脱氧腺苷钴胺素,后两种形式的维生素 B_{12}在动物体内代谢中起辅酶的作用。

(一)来源与需要

肉类和肝中维生素 B_{12}含量丰富,植物性饲料中不含维生素 B_{12},但豆类根瘤中由于根瘤菌的存在可合成维生素 B_{12}。反刍动物瘤胃微生物能利用钴元素合成维生素 B_{12},饲料中钴的含量是限制瘤胃微生物合成维生素 B_{12}的主要因素。在肠道微碱性环境中维生素 B_{12}与胃壁细胞分泌的特殊黏多糖结合形成二聚复合物,在回肠黏膜的刷状缘,维生素 B_{12}从二聚复合物中游离出来被吸收。若维生素 B_{12}的量超过了血液中的结合容量,多余的经尿排出体外。粪便中含有大量被损失的维生素 B_{12},当体内的维生素 B_{12}贮存量不足时,尿和粪中维生素 B_{12}的损耗则下降。NRC(2001)建议,犊牛代乳料中维生素 B_{12}的浓度为 0.07 mg/kg DM。

(二)生理功能和缺乏症

维生素 B_{12}主要以二脱氧腺苷钴胺素和甲钴胺素两种辅酶的形式参与代谢活动,如嘌呤和嘧啶的合成、甲基的转移、某些氨基酸的合成以及碳水化合物和脂肪的代谢。与缺乏症密切相关的重要功能是促进红细胞的形成和维持神经系统的完整。反刍动物缺乏维生素 B_{12}时,瘤胃丙酸的代谢发生障碍。维生素 B_{12}缺乏与钴缺乏的症状相似,牛和绵羊表现为食欲不振、消瘦和贫血等;奶牛发生酮病;犊牛表现为贫血、生长停滞、神经疾病和运动失调。

十、维生素 C

维生素 C(Ascorbic acid),又称抗坏血酸,是已糖的衍生物,本身具有很强的还原性,但易被氧化剂和微量重金属 Fe^{2+} 或 Cu^{2+} 氧化破坏。维生素 C 在动物体内有两种活性形式,还原型抗坏血酸(L-抗坏血酸)和氧化型坏血酸(脱氢-L-抗坏血酸),在弱酸性环境条件下二者可发生可逆的互换,但在中性或碱性环境中易发生不可逆的改变,水化成为 2,3-二酮古乐糖酸而失去生物活性。

(一)来源与需要

反刍动物在肝脏中可合成维生素 C,一般无需添加。

(二)生理功能和缺乏症

维生素 C 不具有辅酶的功能,但对其他酶系统具有保护、调节和促进催化的作用。维生素 C 的主要功能如下:①合成胶原和黏多糖,参与细胞间质的生成。当维生素 C 缺乏时,出现坏血病,此时,毛细血管间质减少,脆性增加,通透性增大,引起皮下、肌肉、胃肠黏膜出血,骨骼、牙齿易折断或脱落,创口及溃疡面不易愈合。②解毒作用。某些重金属如铅、砷和汞等有毒物质以及细胞毒素，进入动物体内可与含巯基(—SH)的酶类结合使其失活，导致动物中毒。维生素C是强还原剂，能保护此类酶的活性巯基，发挥解毒作用。③参与体内氧化还原反应。此外，在四氢叶酸合成、酪氨酸代谢、肾上腺皮质激素合成以及铁的吸收过程中，都需要维生素C的参与。

第三节　反刍动物维生素营养调控

传统反刍动物营养理论认为宿主动物瘤胃合成的脂溶性维生素K和B族维生素能满足动物的需要，饲粮中只需要补充脂溶性维生素A、维生素D和维生素E。但是，随着动物品种的不断改良和动物集约化饲养程度的提高，动物生产性能越来越高，反刍动物瘤胃微生物合成的B族维生素加上来自于饲料中未被降解的部分不能满足动物对维生素的需求。饲粮中直接补充维生素，又会遭到瘤胃微生物不同程度的降解，为此，需要对维生素进行包被处理，使其既能满足瘤胃微生物生长的需要，又能使大部分维生素到达小肠被吸收而满足宿主动物的需要。研究发现，补充包被维生素能调节奶牛物质代谢、刺激采食、增加产奶、提高牛奶品质、改善能量平衡、降低疾病发生和促进繁殖性能。

一、脂溶性维生素

脂溶性维生素A、维生素D、维生素E和维生素K为反刍动物所须的必需营养因子，维生素A和维生素E必需通过日粮提供来满足需求，部分天然饲料原料中含有维生素A的前体物质与维生素E，维生素D可由紫外线对皮肤的照射而形成，维生素K可由瘤胃和肠道微生物合成。但是，生产中，饲料原料中所含的维生素与动物接受光照产生的维生素D不能满足高产反刍动物的需求。

(一)维生素A

饲料中维生素A和β-胡萝卜素的利用率与其在瘤胃中的降解率和小肠吸收率有关。日粮中添加的维生素A约60%在瘤胃中被破坏。维生素A在瘤胃中的消失率与日粮组成有关。体外试验发现，高粗料日粮，维生素A在瘤胃中的消失率约为20%；精饲料的比例为50%～70%时，维生素A在瘤胃中的消失率约为70%。日粮中的β-胡萝卜素约35%在瘤胃中被破坏；育肥牛对牧草中β-胡萝卜素的表观消化率约为77%。对于饲喂高精料日粮的牛，维生素A的利用率相当于β-胡萝卜素的50%，而且β-胡萝卜素除了具有维生素A的生理功能外，本身可作为抗氧化剂增强中性粒细胞的功能。现有的研究表明，泌乳早期奶牛日粮中添加高于NRC(2001)推荐量的维生素A(280 IU/kg BW)，产奶量提高；干奶牛日粮中添加维生素A 150 000和250 000 IU/d或β-胡萝卜素300和600 mg/d，乳腺组织感染和乳房炎发病率降低；补充β-胡萝卜素300～400 mg/d，母牛繁殖性能改善。为避免维生素A在瘤胃中被微生物降解或破坏，可以采用包被维生素A添加剂。与日粮中直接添加维生素A相比，添加包被维生素A能更有效地提高奶牛产奶量和奶中维生素A的含量；以包被维生素A的形式添加，泌乳奶牛瘤胃维生素A和丙酸浓度提高。试验结果表明，维生素A对瘤胃发酵和微生物生长具有调控作用。因此，反刍动物对维生素A的需要量，β-胡萝卜素的营养生理功能以及日粮中维生素 A 或 β-胡萝卜素的适宜添加方式均需进一步研究。

(二)维生素 D

饲养标准中推荐的反刍动物对维生素 D 的需要量是指日粮中应该添加的量，不考虑动物皮下合成和饲草所含的维生素 D。血浆中 25-羟基维生素 D 的含量可用来判断牛的维生素 D 状态，20～50 ng/mL 表示正常，5 ng/mL 表示缺乏，200～300 ng/mL 表示过量或中毒。反刍动物对维生素 D 的耐受量与日粮中钙和磷的含量呈负相关。研究发现，育肥牛宰前 1 周，日粮中添加维生素 D 0.5～7.5×10^6 IU/d，牛肉的剪切力下降，嫩度提高，但牛的采食量和生产性能降低。

考虑到日粮中直接添加的维生素 D 会被瘤胃微生物降解成无活性的代谢产物，可采用注射补充的方式。但是，反刍动物对注射补充维生素 D 的最大耐受量比日粮添加至少低 100 倍，而且，重复的注射更容易引起中毒。目前关于过瘤胃维生素 D 添加剂的研发及其在反刍动物养殖中的应用还未见报道。

(三)维生素 E

体外试验发现，日粮中添加的维生素 E 在瘤胃中不会被微生物破坏。以牛的健康和免疫功能作为判断标准，正常母牛产前血浆中 α-生育酚的浓度应为 3 μg/mL。反刍动物日粮中维生素 E 的添加量与日粮组成和动物生理状态有关。新鲜牧草的饲喂量为日粮 DM 的 50%时，补充饲养标准推荐量 67%的维生素 E 就可以满足动物需求。但在下列情况时，维生素 E 的供给量要增加：日粮中硒的含量不能满足动物需求；降低日粮中不饱和脂肪酸在瘤胃中的氢化；动物处于免疫应激状态；延长乳、肉产品的货架期；处于围产期的母牛。维生素 E 通过胎盘的量很少，新生犊牛主要依赖初乳获得维生素 E，虽然 α-生育酚在牛常乳中的含量为 0.4～0.6 μg/mL，但初乳中 α-生育酚的含量可达 3～6 μg/mL。维生素 E 属于毒性较小的维生素之一，这可能与其吸收率较低有关，目前，关于反刍动物维生素 E 毒理学的研究还未见报道。

二、水溶性维生素

反刍动物肝脏和肾脏能合成维生素 C，瘤胃和小肠中的微生物能合成大部分 B 族维生素，因此，即使日粮中不添加水溶性维生素，动物也不会出现临床缺乏症。B 族维生素的主要营养功能是作为酶的辅助因子参与氨基酸、能量、脂肪酸和核酸的代谢(表 8-1)。由 B 族维生素构成的酶直接参与动物乳与乳成分的合成，因此，随着泌乳牛产奶量的增加，对这些酶(辅酶)的需求量也相应增加。与 15 年前相比，泌乳牛乳和乳成分产量约增加了 33%，但是，采食量只增加了约 15%。因此，日粮中补充 B 族维生素成为反刍动物营养研究的重点。

通过外源补充，有效提高动物体组织中 B 族维生素的含量，达到改善动物生产性能的目的。反刍动物补充 B 族维生素需要明确：动物的需要量、日粮中的含量、瘤胃微生物合成量、瘤胃微生物对 B 族维生素的降解率以及维生素在小肠的吸收率(表 8-2)。奶牛对维生素的需要=(净需要－饲料维生素 B 含量×瘤胃降解率×小肠吸收率－瘤胃合成维生素 B 的量×小肠吸收率)/小肠吸收率。

表 8-1　维生素对代谢的调控

名称	主要功能	名称	主要功能
维生素 A	基因调控，免疫，视力	烟酸	能量代谢
维生素 D	钙和磷的代谢，基因调控	泛酸	碳水化合物和脂肪代谢
维生素 E	抗氧化	吡哆醇	氨基酸代谢
维生素 K	凝血	核黄素	能量代谢
生物素	碳水化合物、脂肪和蛋白质代谢	硫胺素	碳水化合物和蛋白质代谢
胆碱	脂肪的代谢和转运	维生素 B_{12}	核酸和氨基酸代谢
叶酸	核酸和氨基酸的代谢	维生素 C	抗氧化，氨基酸代谢

（引自 Weiss 和 Ferreira，2006）

表 8-2　泌乳奶牛 B 族维生素需要量

B 族维生素	净需要	维持需要	瘤胃降解率/%	瘤胃表观合成	小肠吸收率/%
硫胺素，mg/d	41～44	26	48～70	26～143	55～77
核黄素，mg/d	156～230	95	99	206～267	23～37
泛酸，mg/d	420～427	304	75	38	
吡哆醇，mg/d	42～48	26	40～50	14～96	69～85
烟酸，mg/d	289～575	256	94～99	446～1804	67～85
生物素，μg/d	6～15	5	40～70	－16～－14	28～50
钴胺素，μg/d	0.6～3.0	0.4	60～90	60～102	5～48
胆碱，mg/d	12～20	8	99		
叶酸，mg/d	35～96	33	97～99	7～21	16～79

（引 NRC，2001；2016）

常用采食量和十二指肠流量之差来反映 B 族维生素在反刍动物瘤胃中的合成与降解情况，十二指肠流量超过采食量，表明维生素在瘤胃中有净合成。除生物素外，其他 B 族维生素在奶牛瘤胃中均有净合成。但是，肉牛瘤胃中有生物素的净合成。B 族维生素的十二指肠流量与动物日粮组成有关，饲喂低粗料日粮的奶牛，十二指肠硫胺素、烟酸、叶酸、维生素 B_6 和维生素 B_{12} 流量高于饲喂高粗料日粮的奶牛，维生素十二指肠流量的增加与动物采食量的增加有关。与高粗料日粮相比，饲喂低粗料日粮的奶牛，瘤胃中叶酸和维生素 B_{12} 的合成量较高。增加日粮中淀粉的含量，奶牛十二指肠维生素 B_6、生物素和叶酸流量提高，瘤胃烟酸、叶酸和维生素 B_6 表观合成量增加，维生素 B_{12} 的表观合成量降低。总之，增加瘤胃可发酵碳水化合物可促进除维生素 B_{12} 外的 B 族维生素的合成。

瘤胃微生物对饲料原料中本身所含的和日粮中添加的 B 族维生素的降解率不同。奶牛日粮中添加的核黄素、烟酸和叶酸在瘤胃中的消失率接近 100%；硫胺素和维生素 B_{12} 的消失率约为 67%；维生素 B_6 和生物素的消失率约为 40%～45%。瘤胃微生物的降解与瘤胃壁的吸收导致维生素在瘤胃中的消失，但是，瘤胃和皱胃不是 B 族维生素的主要吸收部位。另外，有些瘤胃微生物的生长和对饲料养分的降解需要 B 族维生素。因此，有效提高动物体组织中 B 族维生素的含量，避免日粮中高水平 B 族维生素的添加，生产中可采用包被 B 族维生素添加剂。利用 pH 敏感材料作为壁材，对 B 族维生素进行包被处理，使其在瘤胃中释放的量能满足微生物生长的需求，又能使添加的 B 族维生素最大限度到达小肠被吸收，满足动物生长与生产的需求。

来源于饲料原料本身所含的与日粮中添加的B族维生素在反刍动物小肠中的表观吸收率没有显著差异。奶牛对硫胺素、烟酸和维生素B_6的小肠表观吸收率为70%～85%，核黄素和生物素平均为35%，维生素B_{12}为13%。叶酸的小肠吸收率很低，可能是由于胆汁分泌的影响，被吸收的叶酸，部分由胆汁重新进入肠道，导致小肠表观吸收率测定值降低。另外，由于表观吸收率是通过维生素在十二指肠与回肠流量的差值计算所得，肠道微生物合成的B族维生素会降低测定值。

(一)烟酸

反刍动物的烟酸主要有三个来源：饲料原料中的烟酸、由色氨酸转化而来的烟酸以及瘤胃微生物合成的烟酸。反刍动物烟酸的需要量与饲粮中蛋白质和能量的水平有关，当日粮亮氨酸、精氨酸和甘氨酸含量增加时，烟酸的需要量提高；提高日粮中色氨酸含量会导致烟酸的需要量下降；高能日粮或添加抗生素会导致烟酸需要量提高。烟酸参与反刍动物肝脏门静脉中血液氨转化为尿素的脱毒过程，以及肝脏中酮体的代谢过程。但是，只有少量研究证明，围产期奶牛日粮中添加烟酸6～12 g/d，血液酮体和血浆非酯化脂肪酸浓度降低。而且，在补充脂肪的日粮中添加烟酸会对泌乳牛产生负面影响。烟酸参与能量产生的代谢以及氨基酸和脂肪酸的合成，对奶牛泌乳很重要。研究发现，奶牛日粮中添加烟酸12 g/d，3.5%脂肪矫正奶、乳脂肪和乳蛋白质产量均增加。

(二)生物素

生物素在瘤胃中的代谢率较低，日粮中添加的生物素能有效达到十二指肠。奶牛日粮中添加生物素，血清与牛乳中生物素含量提高。日粮中添加生物素20 mg/d(奶牛)或10 mg/d(肉牛)，2～3个月可以减少蹄部病变，6个月可以减少临床跛行。动物肢蹄健康状况改善的原因为，生物素促进了蹄部角质化细胞角蛋白的合成；生物素通过提高乙酰CoA羧化酶的活性促进了蹄部脂肪酸的合成。角蛋白的合成是维持动物蹄部完整的决定性因素，角质化细胞的细胞外基质主要由胆固醇、脂肪酸和神经酰胺组成。另外，生物素可以提高高产奶牛产奶量，提高奶牛肝脏中糖异生酶的活性。但是，生物素提高奶牛产奶量的机制还未见报道。

(三)叶酸

叶酸是动物体内代谢中一碳单位转移所必须的维生素。一碳单位的转移是氨基酸代谢、嘧啶和嘌呤的生物合成，以及与表观遗传相关的DNA甲基化和去甲基化的基本步骤。因此，叶酸与细胞的分裂和生长速率密切相关，是反刍动物瘤胃微生物与动物生长所须的必需营养因子。外源补充叶酸能提高瘤胃中细菌、真菌、原虫和纤维分解菌的数量，提高纤维物质在瘤胃中的降解率，缓减不饱和脂肪酸对瘤胃发酵的负面影响。肌肉注射或日粮中直接添加叶酸，可以促进犊牛生长。叶酸参与蛋白质和能量代谢的调控。由于叶酸在成年反刍动物瘤胃中的降解率为97%左右，为提高叶酸的添加效果，生产中可使用包被叶酸添加剂。利用pH敏感材料制作的包被叶酸添加剂可以降低叶酸在瘤胃中的释放率，使其最大限度到达小肠被吸收。日粮中添加包被叶酸添加剂，奶公牛肝脏蛋白质合成代谢(Akt/mTOR/P70S6K)关键基因表达上调；泌乳早期奶牛能量负平衡得到缓减，产奶量和乳蛋白质产量提高。

另外，叶酸与其他维生素、矿物质、氨基酸及代谢产物协同作用，共同维持包括胆碱、维生素B_{12}、甜菜碱、蛋氨酸、丝氨酸、甘氨酸、维生素B_6、钴及硫等在内的一碳单位代谢。研究发现，甜菜碱能提高叶酸的利用效率，叶酸与硒之间互作效应显著。

(四)胆碱

胆碱可由蛋氨酸转化而成，补充胆碱能使更多的蛋氨酸被用于蛋白质合成。胆碱在瘤胃中的降解率约为 99%，已研制出过瘤胃保护胆碱添加剂，并用于科研与生产。日粮中添加过瘤胃胆碱，育肥青年母牛生产性能提高；围产期奶牛脂肪肝发病率降低；奶牛产奶量增加。奶牛产奶量的变化与日粮中蛋氨酸含量有关，当日粮能提供充足的小肠可吸收蛋氨酸时，补充过瘤胃胆碱，不影响产奶性能。目前尚缺乏实际生产条件下反刍动物胆碱需要量的试验数据。

(五)维生素 C

维生素 C 可能是哺乳动物最重要的水溶性抗氧化物。大部分维生素 C 在瘤胃中被降解，因此，需要为反刍动物提供可注射的或者过瘤胃的维生素 C 产品。患乳房炎的牛血液中维生素 C 的浓度低于健康牛。奶牛临床乳腺炎和产奶量的下降同时伴随着血浆和乳中维生素 C 浓度的降低。高硫日粮中添加过瘤胃维生素 C，育肥牛胴体品质改善。由于动物机体组织能合成维生素 C 等原因，目前关于维生素 C 在反刍动物生产中的应用与研究很少。

参考文献

金鹿，闫素梅，鲍宏云，等．2014. 包被维生素 A 对奶牛瘤胃发酵特性及营养物质表观消化率的影响[J]. 动物营养学报，26(7)：1968-1974.

乔良，董润利，闫素梅，等．2008. 日粮中添加不同处理及水平的 V_A 对奶牛泌乳性能及乳中 V_A 含量的影响[J]. 安徽农业科学，(25)：10884-10886.

周安国，陈代文．2010. 动物营养学[M]. 北京：中国农业出版社．

王之盛，李胜利．2016. 反刍动物营养学[M]. 北京：中国农业出版社．

郑家三，夏成，王琳琳，等．2013. 过瘤胃维生素 D 对围产期奶牛低血钙症的影响[J]. 中国畜牧兽医，040(008)：57-60.

中华人民共和国农业部，2004. 奶牛饲养标准(NY/T 34—2004)[S]. 北京：中国农业出版社．

中华人民共和国农业部，2004. 肉牛饲养标准(NY/T 815—2004)[S]. 北京：中国农业出版社．

中华人民共和国农业部，2004. 肉羊饲养标准(NY/T 816—2004)[S]. 北京：中国农业出版社．

Chen，B.，Wang，C.，Wang，Y. M.，et al. 2011. Effect of biotin on milk performance of dairy cattle：a meta-analysis[J]. Journal of Dairy Science，94：3537～3546.

Chew，B. P.，1993. Role of carotenoids in the immune response. Journal of Dairy Science，76：2804～2811.

Cheng，K. F.，Wang，C.，Zhang，G. W.，et al. 2020. Effects of betaine and rumen-protected folic acid supplementation on lactation performance，nutrient digestion，rumen fermentation and blood metabolites in dairy cows[J]. Animal Feed Science and Technology，262：114445.

Du，H. S.，Wang，C.，Wu，Z. Z.，et al. 2019. Effects of rumen-protected folic acid and rumen-protected sodium selenite supplementation on lactation performance, nutrient digestion, ruminal fermentation and blood metabolites in dairycows. [J] Journal of the Science of Food and Agriculture, 99:5826-5833.

Guretzky, N. A. J., Carlson, D. B., Garrett, J. E., et al. 2006. Lipid metabolite profiles and milk production for Holstein and Jersey cows fed rumen-protected choline during the periparturient period[J]. Journal of Dairy Science, 89:188-200.

Hartwell, J. R., Cecava, M. J., Donkin, S. S., 2000. Impact of dietary rumen undegradable protein and rumen-protected choline on intake, peripartum liver triacylglyceride, plasma metabolites and milk production in transition dairy cows[J]. Journal of Dairy Science, 83(12): 2907-2917.

La, S. K., Li, H., Wang, C., et al. 2019. Effects of rumen-protected folic acid and dietary protein level on growth performance, ruminal fermentation, nutrient digestibility and hepatic gene expression of dairycalves. [J] Journal of Animal Physiology and Animal Nutrition, 103:1006-1014.

NRC. 2000. Nutrient requirements of beef cattle seventh revised edition. National Academy Press, Washington, D C.

NRC. 2001. Nutrient requirements of dairy cattle seventh revised edition. National Academy Press, Washington, D C.

NRC. 2007. Nutrient requirements of small ruminant, sheep, goats, cervids, and New World camelids. National Academies Press, Washington, D C.

NRC. 2016. Nutrient requirements of beef cattle eighth revised edition. National Academy Press, Washington, D C.

Ragaller, V., Huther, L., Lebzien. P., 2009. Folic acid in ruminant nutrition: a review[J]. British Journal of nutrition, 101:153-164.

Wang, C., Liu, Q., Guo, G., et al. 2016. Effects of dietary supplementation of rumen-protected folic acid on rumen fermentation, degradability and excretion of urinary purine derivatives in growing steers[J]. Archives of Animal Nutrition, 70(6):441-454.

Wang, C., Liu, Q., Guo, G., et al. 2018. Effects of dietary soybean oil and coated folic acid on ruminal digestion kinetics, fermentation, microbial enzyme activity and bacterial abundance in Jinnan beef steers[J]. Livestock Science, 217:92-98.

Wang, C., Wu, X. X., Liu, Q., et al. 2018. Effects of folic acid on growth performance, ruminal fermentation, nutrient digestibility and urinary excretion of purine derivatives in post-weaned dairy calves[J]. Archives of animal nutrition, 73:18-29.

Weiss, W., Ferreira, G., 2006. Water soluble vitamins for dairy cattle[R]. In Proceedings of the 2006 Tri-State Dairy Nutrition Conference, Fort Wayne, Indiana, USA.

Wang, C., Liu, C., Zhang, G. W., et al. 2020. Effects of rumen-protected folic acid and betaine supplementation on growth performance, nutrient digestion, rumen fermentation and blood metabolites in Angus bulls[J]. British Journal of Nutrition, 123:1109-1116.

Zhang, Z., Liu, Q., Wang, C., et al. 2020. Effects of palm fat powder and coated folic acid on growth performance, ruminal fermentation, nutrient digestibility and hepatic fat accumulation of holstein dairy bulls[J]. Journal of Integrative Agriculture, 19(4): 1074-1084.

Zhang, G. W., Wang, C., Du, H. S., et al. 2019. Effects of folic acid and sodium selenite on growth performance, nutrient digestion, ruminal fermentation and urinary excretion of purine derivatives in holstein dairy calves[J]. Livestock Science, 231: 103884.

Zhang, Z., La, S. K., Zhang, G. W., et al. 2020. Diet supplementation of palm fat powder and coated folic acid on performance, energy balance, nutrient digestion, ruminalfermentation and blood metabolites of early lactation dairy cows[J]. Animal Feed Science and Technology, 265: 114520.

（本章编写者：张静；审校：刘强、陈红梅）